U0388012

"十四五"时期国家重点出版物
出版专项规划项目

水体污染控制与治理科技重大专项"十三五"成果系列丛书

重点行业水污染全过程控制技术系统与应用标志性成果

流域水污染治理成套集成技术丛书

石化行业
水污染治理成套集成技术

◎ 周岳溪　宋玉栋　等 编著

化学工业出版社

·北京·

内 容 简 介

本书为"流域水污染治理成套集成技术丛书"的一个分册。本书在国家水体污染控制与治理科技重大专项课题成果基础上，结合现场调研和相关文献，吸收石化行业水污染控制技术进展，以重点石化、化工装置和炼化一体化企业为对象，按照"源头减量-过程资源化减排-末端处理"的水污染全过程控制的技术理念，对水污染控制技术进行系统梳理总结，主要介绍了石化行业废水特征与防治政策、石油炼制废水分质处理与循环利用、有机原料生产水污染全过程控制、合成材料生产水污染全过程控制、石化综合污水达标处理与回用和炼化一体化企业水污染全过程控制优化等技术与典型案例，旨在为石化行业水污染全过程控制提供技术指导和案例借鉴。

本书具有较强的技术性和针对性，可供从事石化、化工企业和化工园区废水处理处置及污染控制的工程技术人员、科研人员和管理人员参考，也可供高等学校环境工程、石油化工、化学工程及相关专业师生参阅。

图书在版编目（CIP）数据

石化行业水污染治理成套集成技术/周岳溪等编著.
—北京：化学工业出版社，2021.7（2023.8 重印）
（流域水污染治理成套集成技术丛书）
ISBN 978-7-122-39394-4

Ⅰ.①石… Ⅱ.①周… Ⅲ.①石油化工-水污染防治-研究 Ⅳ.①X52

中国版本图书馆 CIP 数据核字（2021）第 116064 号

责任编辑：刘兴春 刘 婧　　　　　　　装帧设计：史利平
责任校对：宋 玮

出版发行：化学工业出版社（北京市东城区青年湖南街 13 号　邮政编码 100011）
印　　装：北京建宏印刷有限公司
787mm×1092mm　1/16　印张 20½　彩插 1　字数 466 千字　2023 年 8 月北京第 1 版第 2 次印刷

购书咨询：010-64518888　　　　　　　　售后服务：010-64518899
网　　址：http://www.cip.com.cn
凡购买本书，如有缺损质量问题，本社销售中心负责调换。

定　　价：148.00 元　　　　　　　　　　　　　　　版权所有　违者必究

前 言

石化行业是我国国民经济支柱性产业，化学品生产和使用的主要行业之一，近年来生产链延长、产品种类增加、生产规模大型化、炼化一体化等发展特征明显，排放的废水具有污染物种类多、水质波动性较大等特点，水污染治理与管理难度较大，是流域水污染治理和水生态环境风险防控的重点行业之一，急需系统治理与管理的成套集成技术，为行业的可持续发展提供技术支撑和案例借鉴。

本书作者及其团队"十一五"至"十三五"相继负责承担了国家水体污染控制与治理科技重大专项（以下简称水专项）"松花江重污染行业有毒有机物减排关键技术及工程示范（2008ZX07207-004）""松花江石化行业有毒有机物全过程控制关键技术与设备（2012ZX07201-005）"和"石化行业水污染全过程控制技术集成与工程实证（2017ZX07402002）"等石化、化工行业污染全过程控制课题。本书属于"十三五"课题"石化行业水污染全过程控制技术集成与工程实证（2017ZX07402002）"的技术成果之一，全书以重点石化、化工装置和炼化一体化大型石化企业为对象，基于生产工艺和废水排放特征，针对水污染控制的关键环节，按照"源头减量-过程资源化减排-末端处理"的水污染全过程控制理念，对石化行业废水来源与特征、污染防治要求和技术进展进行了系统阐述，对目前工业化应用的水污染控制技术以及部分前瞻性技术进行系统梳理和集成，对各项技术的适用范围、技术特征与效能和典型应用案例进行了详细说明。本书共6章，主要内容包括概述、石油炼制废水分质处理与循环利用成套技术、有机原料生产水污染全过程控制成套技术、合成材料生产水污染全过程控制成套技术、石化综合污水达标处理与回用成套技术，以及炼化一体化园区（企业）水污染全过程控制优化技术，具有较强的技术应用性和针对性，可供从事石化、化工企业和化工园区废水处理处置及污染控制的工程技术人员、科研人员和管理人员参考，也可供高等学校环境工程、石化、化工工程及相关专业师生参考。

本书由周岳溪、宋玉栋等编著，具体编著分工如下：第1章由周岳溪、宋玉栋、席宏波、于茵、吴昌永、沈志强编著；第2章由张华、李兴春、吴百春、张晓飞、戴景富、金成浩、吴昌永、沈志强、栾金义、何绪文、张新妙、夏瑜、魏玉梅、徐恒、张宇、林清武、刘泽阳、宋玉栋、周岳溪编著；第3章由栾金义、何绪文、张新妙、夏瑜、魏玉梅、徐恒、吴昌永、沈志强、宋玉栋、周岳溪编著；第4章由陆书来、刘姜、李江利、张德胜、何绪文、吴昌永、沈志强、张辉、于万权、姜山、宋玉栋、周岳溪编著；第5章由吴昌永、栾金义、何绪文、付丽亚、沈志强、李志民、郭树君、张新妙、夏瑜、魏玉梅、徐恒、王盼新、陈扬、唐安中、刘发强、宋玉栋、周岳溪编著；第6章由席宏波、于茵、沈志强、吴昌永、宋玉栋、周岳溪编著；全书最后由宋玉栋统稿、周岳溪修改并定稿。

本书的编写和出版得到了"石化行业水污染全过程控制技术集成与工程实证"课题（2017ZX07402002）的资助；得到了水专项办公室、中国环境科学研究院领导、"十三五"水专项"重点行业水污染全过程控制"项目组等的支持；得到了陈为民、彭力、周献慧等专家的指导，得到了水专项石化行业相关课题参加人员的支持。 本课题组赖波、杨婧晖、赵婧、张红、董婧、杨健、常风民、范志庆、余丽娜、刘利、王俊钧、李勇、王国威、王永杰、康莹莹、郑盛之、庞翠翠、秦红科、李鑫、窦连峰、李大群、廉雨、徐少阳、李莎、徐静、宋广清、赵京田、王烨、邢飞、张欣、张炳虎、霍磊、陈静、石忠涛、高祯、苟晓涛、谷小凤、刘诗一、孙青亮、徐敏、陈诗然、陈婷婷、陈兴兴、戴本慧、段妮妮、任艳、刘苗茹、周璟玲、岳岩、陈雨卉、杨茜、白兰兰、冯芦芦、赵萌、尚海英、林成豪、王钦祥、肖海燕、丁岩、郭明昆、朱晨、王翼、王佩超、张雪、宋嘉美、刘明国、曹刚、陈叶、黄震、胡玉龙、胡田、付丽亚、吕倩倩、庞维聪、王然、王百党、徐守强、徐洁、朱泽敏、张猛、朱跃、朱建文、魏继苗、施金豆、陈腾、晋晓璐、罗会龙、罗梦、王鹤宁、马洁、易然、靳晓光、李敏、李文锦、李亚可、李志丽、刘璐洁、刘涛、韩振峰、孙艺欣、卢洪斌、汪素珍、任静、王碧、王洁、王露露、孙秀梅、马玉石、孟家兴、孟令瑶、谭煜、邢鑫、田翔淼、王霞、王雅宁、阳金、杨艳、李亚男、杨洋、杨宗璞、袁野、张盛、张斯宇、张晓辉、张倬玮、韩微、付龙飞、郭珍珍、章昭、赵檬、李欣雅、苑莲花、宋雨佩等参与了文献调研、研究试验、数据整理、图表绘制和文字编辑等工作；另外，化学工业出版社对本书出版给予了大力支持，在此谨呈谢意。

限于编著者知识与水平，加之时间紧迫，书中难免存在不足和疏漏之处，恳请读者不吝指正。

编著者

2021 年 4 月

目 录

第1章
概　述

1.1　石化行业废水来源与特征

石化行业是我国国民经济支柱性产业，同时也是废水污染控制的重点行业。石化废水来自石油化工生产过程中原料配制、工艺反应、容器清洗、产品精制分离等环节，废水中除含有原料和产品组分外，通常还含有反应副产物以及原料带入的杂质组分，污染物种类多，组成复杂。因此，废水污染特征受到产品类型、生产工艺、装置规模及运行管理水平的影响。石化行业以石油炼制-有机原料-合成材料生产链为主体，石油炼制、有机原料和合成材料生产废水以及石化园区综合污水具有不同的污染特征。

1.1.1　石油炼制废水的来源与特征

石油炼制是以原油、重油等为原料，通过一次加工、二次加工生产汽油馏分、柴油馏分、燃料油、润滑油、石油蜡、石油焦、石油沥青和石油化工原料的生产过程。原油一次加工，主要采用物理方法将原油切割为沸点范围不同、密度大小不同的多种石油馏分。原油二次加工，主要用化学方法或化学-物理方法，将原油馏分进一步加工转化，以提高某种产品收率，增加产品品种，提高产品质量。石油炼制主要生产装置有常减压蒸馏、催化裂化、加氢裂化、延迟焦化、催化重整、芳烃分离、加氢精制、烷基化、气体分馏、沥青、制氢、脱硫、制硫等，部分炼厂还有溶剂脱沥青、溶剂脱蜡、石蜡成型、溶剂精制、白土精制和润滑油加氢等装置。石油炼制装置废水包括工艺废水、循环冷却水排污水、化学水制水排污水、蒸汽发生器排污水、余热锅炉排污水等。工艺废水指与生产物料直接接触后从生产设备排出的水，按照污染物组成特点可分为含油污水、含硫污水、含盐污水和含碱污水等。

1.1.1.1　常减压装置

常减压装置利用沸程不同将石油中各组分进行分离，以原油为主要原料生产石脑油、柴油、蜡油、渣油等。常减压装置生产工艺流程如图 1-1 所示，主要由电脱盐、初馏塔、常压加热炉、常压塔、汽提塔、减压加热炉、减压塔等系统组成。原油换热升温后经电脱盐系统脱水、脱盐，再经加热后入初馏塔处理，塔顶馏出物经冷凝分离后得到不凝气体瓦斯气及石脑油，塔底油再经加热后送入常压塔。常压塔顶馏出物冷凝分离后得到不凝气体瓦斯气及石脑油，侧线产物分别经汽提塔汽提后获得相应馏分，即溶剂油、轻柴油、重柴油，塔底油经加热后入减压塔。减压塔顶馏出物经分离后得到不凝气体瓦斯气及柴油，侧一线产物柴油与减顶柴油一并出装，侧线产物蜡油作催化裂化、加氢原料，塔底渣油作催化、焦化原料或去罐区。

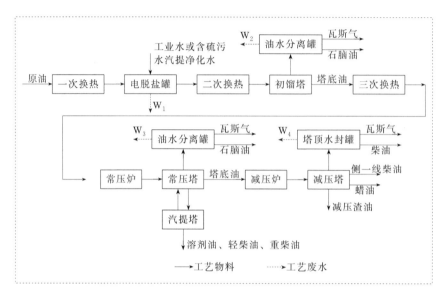

图 1-1 常减压装置生产工艺流程及废水产生节点
W_1—含盐污水；$W_2 \sim W_4$—含硫污水

常减压装置工艺废水主要包括电脱盐废水（含盐污水）、初馏塔、常压塔、减压塔顶罐切水（含硫污水）等。电脱盐废水水质受原油品质和电脱盐工艺影响，反冲洗废水污染物浓度高于正常排水。某电脱盐装置正常排水 COD 浓度约为 1000mg/L，石油类为 100～200mg/L，反冲洗废水石油类浓度可达 5000mg/L 以上，COD 浓度可达 5000mg/L 以上。含硫污水硫化物浓度为 50～600mg/L，氨氮浓度为 100～1300mg/L。

1.1.1.2 催化裂化装置

催化裂化装置以常减压装置减压渣油、常压渣油、热蜡油及延迟焦化装置焦化蜡油为主要原料，采用高温催化裂化工艺，干气、液化气脱硫一般采用单乙醇胺（MEA）湿法脱硫，主要产品有汽油、柴油、液化气，副产品有干气和油浆。

生产工艺流程如图 1-2 所示（图中 W_n 指废水，后同），一般由反应-再生系统、分馏系统、稳定系统、脱硫系统、三机及热工系统六部分组成。原料油经换热升温后喷入提升管反应器，在高温催化剂作用下迅速升温、气化并发生催化裂化反应，生成高温油气混合物送入分馏塔分离，油浆部分循环、部分送出装置，轻柴油部分送出、部分送再吸收塔作吸收剂，塔顶油气经油气分离器分离，气体送气压机升压生成压缩富气后与粗汽油入稳定单元经多次吸收、分离后分别得干气、液化气、汽油。

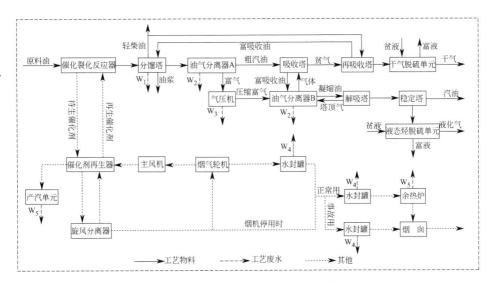

图 1-2　催化裂化装置生产工艺流程及废水产生节点

裂化反应后表面积炭的待生催化剂送入再生器，通过燃烧去掉表面积炭后返回至反应器重新参与反应，烧焦生成的烟气经旋风分离器除去少量催化剂后进入烟气轮机做功带动主风机提供烧焦所需空气，再经余热炉进一步回收热量后排入烟囱。

该装置工艺废水主要包括分馏塔顶油水分离器切水、富气水洗水（含硫污水）和再生烟气脱硫废水（含盐污水）；其中，含硫污水含有大量的硫化物、挥发酚、氰化物，COD 浓度也较高，其中氰化物主要来自分馏塔顶油水分离器切水和富气洗涤水。某催化裂化装置含硫污水硫化物浓度为 300～6400mg/L，氨氮浓度为 600～9570mg/L，氰化物浓度为 0.01～30mg/L，挥发酚浓度为 100～800mg/L。

1.1.1.3　加氢裂化装置

加氢裂化装置在较高的温度和压力下，使原料油在催化剂作用下发生加氢、裂化和异构化反应，转化为轻质油，主要产品为加氢干气、液化气、柴油、重石脑油、轻石脑油、航空煤油及加氢尾油。

该装置生产工艺流程如图 1-3 所示，主要分为反应部分、分馏部分、吸收稳定部分和脱硫及溶剂再生部分。原料油经过滤、脱水后与氢气加热炉出口循环氢混合进入精制反应器，在催化剂作用下进行加氢精制反应，以使原料中的硫、氮和氧等化合物转化为硫化氢、氨和水，并使芳烃、烯烃加氢饱和后送入裂化反应器发生裂化反应，反应流出物进入高压分离器，顶部分离出循环氢进入氢气加热炉，下部抽出反应生成油入低压分离器闪蒸出干气，再经脱硫化氢塔脱除酸性气体后送入分馏单元分离出轻石脑油、柴油、重石脑油和尾油。

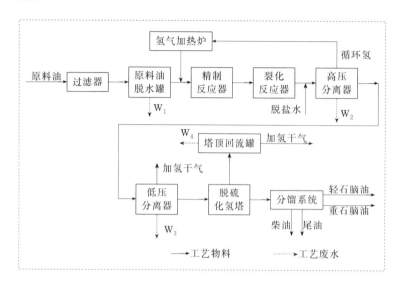

图1-3 加氢裂化装置生产工艺流程及废水产生节点

该装置工艺废水主要包括原料油脱水罐废水以及高压分离器废水、低压分离器废水和脱硫化氢塔塔顶回流罐废水等含硫污水。加氢裂化装置含硫污水中硫化物和氨氮浓度通常较高，如某加氢裂化装置含硫污水硫化物浓度达15000～30000mg/L，氨氮浓度达16～28000mg/L。

1.1.1.4 加氢精制装置

加氢精制根据处理的原料可分为汽油加氢精制、柴油加氢精制和润滑油加氢精制。以柴油加氢为例，柴油加氢装置以常减压直馏柴油、催化柴油、焦化柴油和焦化汽油的混合油为原料，在一定温度、压力条件下，在氢气和催化剂作用下原料中的烯烃和芳烃得到饱和，从而改善油品的安定性、腐蚀性和燃烧性能，得到优良品质的精制柴油、粗汽油和干气等。

该装置生产工艺流程如图1-4所示。原料油经过滤后与氢气混合送加热炉加热后进入加氢反应器，在催化剂作用下进行加氢反应，以使原料中的硫、氮和氧等化合物转化为硫化氢、氨和水，并使芳烃、烯烃加氢饱和，反应流出物进入高压分离器，顶部分离出循环氢进入氢气压缩机，下部抽出反应生成油入低压分离器闪蒸出加氢干气，再经脱硫化氢塔脱出加氢干气后送入分馏单元分离得精制柴油、粗汽油。

该装置工艺废水主要包括高压、低压分离器废水，脱硫化氢塔塔顶回流罐废水和分馏塔塔顶回流罐废水，主要为含硫污水，硫化物和氨氮浓度高。某柴油加氢装置含硫污水中硫化物浓度达11000～39300mg/L，氨氮浓度达1090～7230mg/L。

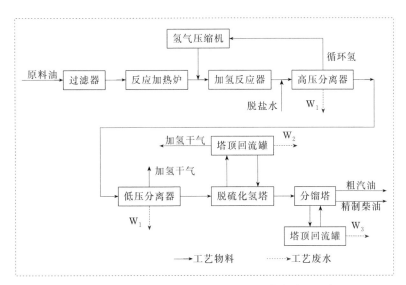

图 1-4 柴油加氢装置生产工艺流程及废水产生节点

1.1.1.5 延迟焦化装置

延迟焦化是使减压渣油通过加热裂解，变成轻质油、中间馏分油和焦炭的加工过程。焦化反应被"延迟"到焦炭塔内发生，从而达到重质烃类轻质化的目的。延迟焦化装置主要采用"一炉两塔"大型化延迟焦化工艺，装置的生产原料主要是常减压装置的减压渣油，产品主要是脱硫干气、脱硫和脱硫醇液化气、汽油、柴油、蜡油、焦炭等。

该装置生产工艺流程如图 1-5 所示。原料渣油经加热后送入焦炭塔进行裂解、缩合反应，生成焦炭和油气，高温油气自焦炭塔顶入分馏塔分离出产物轻蜡油、重蜡油、柴油及混合油气。油气再经塔顶进料平衡罐分离，粗汽油送吸收塔，富气经压缩机压缩后送入进料平衡罐再次分离出油、气后经稳定单元多次吸收、分离后得到干气、液化气、汽油。干气经脱硫后，液化气经脱硫、脱硫醇后出装置，同时脱硫塔富液经溶剂再生后返回脱硫塔。

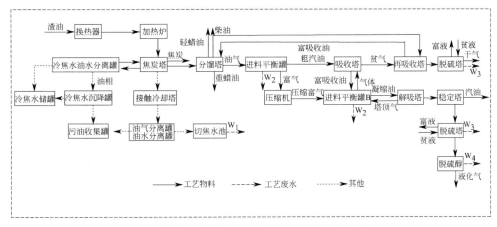

图 1-5 延迟焦化装置生产工艺流程及废水产生节点

焦炭塔冷焦产生的大量蒸汽及少量油气进入接触冷却塔冷却后，重油返回焦炭塔，塔顶油气入油气分离罐，分离出污油入污油收集罐，污水入切焦水池。同时冷焦水送至冷焦水油水分离罐油水分离后，冷焦水入冷焦水储罐储存、回用，油相再经冷焦水沉降罐沉降分离后，污油送污油收集罐，水送入冷焦水储罐。

焦炭塔塔内焦炭经高压水逐层切削后，切焦水经处理后循环使用，部分排污，焦炭外运。

废水主要来自冷焦和水力除焦过程，主要污染物为石油类和焦粉。排出的含油废水大部分循环使用，有少量含油废水排至含油废水系列处理。另一主要废水为分馏塔顶排出的含硫污水，一般进行汽提处理。

该装置工艺废水主要包括冷焦水、切焦水等含油污水和分馏塔顶油水分离器切水等含硫污水。含硫污水硫化物和氨氮浓度较高。例如，某延迟焦化装置含硫污水硫化物浓度达 $100 \sim 16000 \mathrm{mg/L}$，氨氮浓度达 $100 \sim 5000 \mathrm{mg/L}$。

1.1.1.6 催化重整装置

催化重整装置是以 $C_6 \sim C_9$ 馏分的石脑油为原料，将其中的环烷烃、烷烃脱氢、异构化生成芳烃，主要采用连续再生重整工艺。

该装置生产工艺流程如图 1-6 所示，包括石脑油预处理、重整反应和催化剂连续再生等单元。原料油经过精馏切除轻组分拔头油，同时去除水分。预加氢单元中，原料在催化剂作用下与氢气反应，烯烃变为饱和烃，S、N、O 等转化成 H_2S、NH_3 和 H_2O；砷、铅、汞等金属进行进一步脱除。预处理后的精制油在重整催化剂作用下吸收热量并发生环烷脱氢和异构化反应。

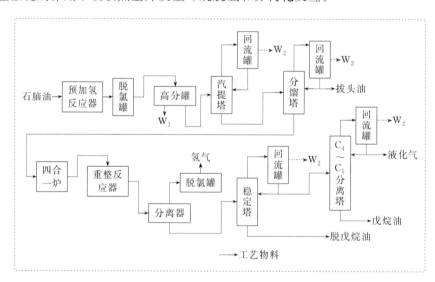

图 1-6　催化重整装置生产工艺流程及废水产生节点

W_1—含硫废水；W_2—含油废水

该装置工艺废水主要包括预分馏原料脱水、预加氢高压分离罐切水、汽提塔回流罐切水等含硫污水和稳定塔回流罐切水等含油污水。其中，含硫污水硫化物和氨氮浓度较高，例如某催化重整装置含硫污水硫化物浓度达 $180\sim33000mg/L$，氨氮浓度达 $0.4\sim13000mg/L$。

1.1.1.7 硫黄回收装置

硫黄回收装置以上游常减压、催化裂化等装置产生的含硫废水及催化裂化装置干气脱硫系统和延迟焦化装置脱硫系统产生的含高浓度硫化氢的甲基二乙醇胺溶液（富液）为主要原料，采用硫化氢与空气部分燃烧方法及二级转化克劳斯制硫工艺，主要产品有硫黄、液氨。

该装置生产工艺流程如图 1-7 所示，由溶剂再生单元、硫黄回收单元、含硫污水汽提单元组成。在溶剂再生单元，催化裂化干气脱硫系统及延迟焦化脱硫系统来的含有高浓度硫化氢的甲基二乙醇胺富液经过闪蒸罐闪蒸出轻烃后，进入溶剂再生塔汽提得到高浓度硫化氢气体送硫黄回收单元，同时得到贫液溶剂甲基二乙醇胺溶液。在含硫污水汽提单元，含硫污水经原料水脱气罐、原料水罐脱除轻油气、轻污油后进入汽提塔汽提处理，得到高浓度粗氨气经精制后生成液氨，塔底排出净化水，塔顶酸性气送至硫黄回收单元。在硫黄回收单元，自溶剂再生单元来的硫化氢和含硫污水汽提单元来的酸性气混合进入酸性气分液罐分液，含硫污水定期送至含硫污水汽提单元原料水罐，酸性气入燃烧炉燃烧产生高温过程气经冷却降温后进入反应器，在 CLAUS 催化剂作用下，硫化氢与二氧化硫发生反应生成硫黄。反应产生的尾气送入急冷塔冷却后产生含硫污水送至含硫污水汽提单元，经急冷后的尾气经尾气吸收塔吸收后送至尾气焚烧炉。

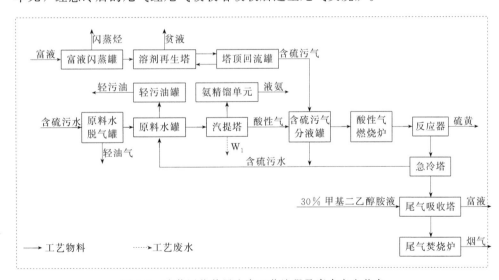

图 1-7 硫黄回收装置生产工艺流程及废水产生节点

该装置工艺废水主要为酸性气凝结水，为含硫污水。某硫黄回收装置含硫污水中硫化物浓度为 $0.2\sim4540mg/L$，氨氮浓度达 $0.1\sim17500mg/L$。

1.1.1.8 小结

主要石油炼制装置排水节点及污染特点如表 1-1 所列。石油炼制废水主要包括含油污水、含硫污水、含碱废水、含盐污水等。

表 1-1　石油炼制装置排水节点及水污染特征

生产装置	排水节点	污染特点
常减压	电脱盐罐切水	高含盐含乳化油污水
	初馏塔顶油水分离器切水	含硫污水
	常压塔顶油水分离器切水	含硫污水
	减压塔顶油水分离器切水	含硫污水
催化裂化	分馏塔顶油气分离器切水	含硫污水
	富气水洗水	含硫污水
	再生烟气脱硫废水	含盐污水
延迟焦化	焦化塔冷焦水	含油污水
	焦化塔切焦水	含油含焦污水
	分馏塔顶油水分离器切水	含硫污水
催化重整	预分馏原料脱水	含硫污水
	预加氢高压分离罐切水	含硫污水
	汽提塔回流罐切水	含硫污水
	稳定塔回流罐切水	含油污水
加氢裂化	高压、低压分离器排水	含硫污水
	分馏塔顶回流罐切水	含硫污水
加氢精制	高压、低压分离器排水	含硫污水
	脱硫化氢汽提塔塔顶回流罐切水	含硫污水
氧化沥青	沥青氧化尾气气液分离罐凝液沉降分离污油罐排水	含油污水
	沥青成型冷却水	污染物浓度较低
丙烷脱沥青	丙烷罐排水	含油污水
	混合冷凝器排水	含油污水
	丙烷接收罐排水	含油污水
酮苯脱蜡	酮回收塔排水	含油污水
润滑油糠醛精制	脱水塔排水	含油污水
硫黄回收	酸性气凝结水	含硫污水
气体分馏	脱硫醇水洗水	含油污水
烷基化(硫酸法)	原料脱水罐排水	含油污水
	水洗沉降分离罐切水	含油污水
烷基化(氢氟酸法)	干燥剂再生分水罐排水	含油污水
	CaF_2 沉淀池排水	含油含盐污水
原油罐区	原油储罐切水	含油含盐污水

　　含油污水指石油炼制废水中以石油类为主要污染物的污水，排水量较大，水中主要含有原油、成品油、润滑油及少量有机溶剂等。石油类多以浮油、分散

油、乳化油及溶解油的状态存在于污水中。含油污水主要来自装置中凝缩水、油气冷凝水、油品油气水洗水、油泵轴封、油罐切水、油罐等设备洗涤水、机泵轴封冷却水、地面冲洗水、含油雨水等。

含硫污水中除含有大量硫化氢和氨外，还含有酚、氰化物和石油类。该类污水经汽提预处理净化，可回收氨和硫化氢，且净化水含盐量低，可回用于石油炼制工艺注水。含硫污水主要来自常减压、催化裂化、焦化等装置塔顶油水分离器排水，加氢裂化、加氢精制等装置高压、低压分离器排水，以及富气水洗、液态烃水洗等操作排水。含硫污水又可细分为加氢型和非加氢型两种：一般炼厂中常减压、催化裂化、延迟焦化等装置排出的含硫污水为非加氢型含硫污水；加氢裂化、加氢精制等装置排出的含硫污水为加氢型含硫污水。通常加氢型含硫污水较非加氢型含硫污水硫化物浓度更高，氯离子等浓度更低，宜分别进行汽提净化和回用。

含碱废水（碱渣、废碱液）来自常减压、催化裂化等装置中汽油、航空煤油、柴油、液化气碱洗过程，废水中含游离态烧碱，并含有较高浓度的硫化物、环烷酸盐、酚钠盐、有机硫醇、硫醚等。碱渣的组成差别较大，汽油碱渣中酚钠盐浓度高，柴油碱渣中环烷酸盐浓度较高。随着近年来油品碱洗精制逐渐被加氢精制取代，炼厂碱渣产生量大幅下降，许多炼厂仅产生液化气碱渣。

含盐污水主要来自原油储罐切水、原油电脱盐废水、催化裂化再生烟气脱硫废水等。其中电脱盐废水含油量高，乳化严重，易对炼油综合污水处理系统产生冲击，宜进行单独预处理。催化裂化再生烟气脱硫废水含有较高浓度的催化剂粉尘和亚硫酸盐。

石油炼制废水水质水量特征受到原油品质、加工工艺等的直接影响。世界石油资源中高硫、重质等劣质原油比例逐年上升，导致污水含硫量增加，电脱盐废水处理难度增大，污水水质更加复杂，废水处理稳定达标难度增大。

1.1.2　有机原料生产废水的来源与特征

石化行业生产的有机原料种类繁多，可分为基础原料、聚合物单体和中间体等，其中基础原料包括乙烯、$C_3 \sim C_4$ 烯烃、BTX 芳烃、合成气和乙炔等。聚合物单体和中间体通常为在上述基础有机原料分子上通过化学反应引进新的官能团形成的醇、醛、酮、酸、腈、胺、卤代有机物和硝基化合物等。

典型的有机原料生产路径如图 1-8 所示。

1.1.2.1　乙烯装置

乙烯装置一般以轻柴油、石脑油、天然气、炼厂气及油田气等为原料，通过高温裂解与深冷分离而制取乙烯、丙烯、氢气、甲烷、碳四、液化气以及裂解汽油、燃料油等产品。

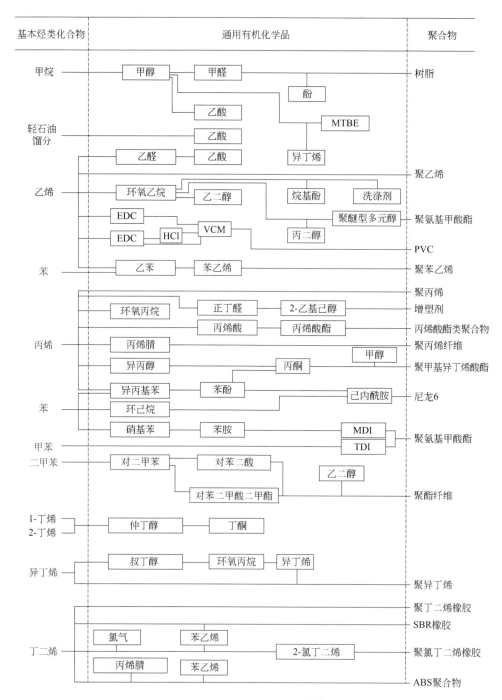

图 1-8　有机原料生产路径[1]

乙烯装置生产工艺流程如图 1-9 所示。原料经预热后进入裂解炉裂解产生裂解气并经热量交换、急冷器降温冷却后进入油洗塔分离，侧线采出裂解柴油，塔釜采出裂解燃料油部分送出、部分用于原料预热或发生低压稀释蒸汽，塔顶采出含氢、气态烃、裂解汽油以及稀释蒸汽和酸性气体的裂解气送入水洗塔后再次冷却；稀释蒸汽冷凝水与裂解汽油由塔底排出进入油水分离器，分离出水部分用于水洗塔急冷循环水，部分送至稀释蒸汽发生器；裂解汽油经脱 C_5 塔、脱 C_9 塔脱除 C_5、C_9 组分后加氢产生加氢汽油。裂解气自水洗塔塔顶去往压缩机压缩后入碱洗塔脱除酸性气体，再经干燥器干燥后送入脱乙烷塔脱出 C_2 以上组分，再经脱丙烷塔等一系列后续分离过程分别产出丙烯、丙烷、C_4 及 C_5 以上组分。C_2 以下组分经深冷单元分离出甲烷、H_2 后再经乙烯精馏塔分离得乙烷、乙烯，C_5 以上组分送汽油加氢单元脱除 C_5、C_9 后加氢产生加氢汽油。

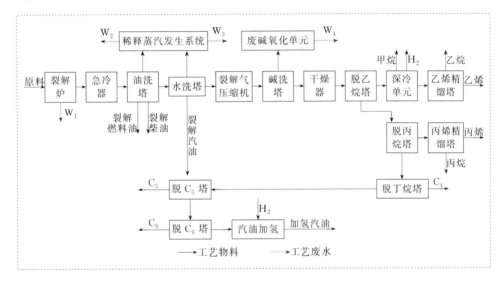

图 1-9　乙烯装置生产工艺流程及废水产生节点

该装置产生的工艺废水主要为废碱氧化单元排水、裂解炉汽包、蒸汽罐凝液和稀释蒸汽罐排水，其中废碱氧化单元排水污染物浓度较高，含有高浓度硫化钠、碳酸钠和氢氧化钠。某乙烯装置废碱液含硫化钠 $10\%\sim12\%$，碳酸钠 $4\%\sim5\%$ 和氢氧化钠 $1\%\sim3\%$。

1.1.2.2　联合芳烃装置

联合芳烃装置以裂解汽油和含芳烃成分的石油炼制产物为原料，经抽提等过程实现芳烃的分离和转化，最终得到苯、甲苯、二甲苯等产品。

该装置生产工艺流程如图 1-10 所示，主要包括芳烃抽提、歧化、苯-甲苯分馏、吸附分离、异构化、二甲苯分馏等单元。石脑油与抽提单元来的加氢抽余油经加氢预处理单元加氢精制并汽提后进入铂重整单元进行重整反应，使环烷烃脱氢生成芳烃、烷烃异构化脱氢生成芳烃，同时得到富氢。反应生成重整油经脱丁烷塔脱除轻组分后再经脱庚烷塔 A 脱出 $C_5\sim C_7$ 馏分送抽提单元，塔底液与脱庚烷塔 B 塔底液进入白土塔 A 经白土吸附除去微量烯烃后，再与甲苯塔塔底液一同进入二甲苯塔，塔顶蒸出混合二甲苯部分送往罐区、部分送往异构化反应器，塔底液送往邻二甲苯塔分离出邻二甲苯后，入重芳烃塔处理，塔顶馏分送往歧化反应器，塔底液作为重芳烃副产品排出装置。

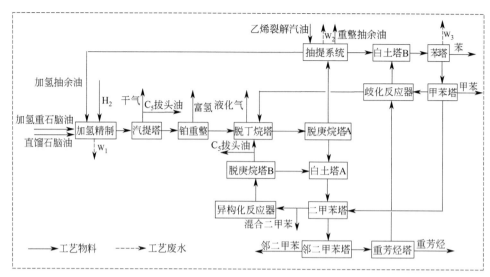

图 1-10　联合芳烃装置生产工艺流程及废水产生节点

来自重整单元脱庚烷塔的 $C_5 \sim C_7$ 馏分与乙烯裂解汽油分别经环丁砜抽提处理后，加氢裂解汽油抽余油送往加氢预处理单元作补充原料，重整抽余油送出装置。抽提物经白土塔 B 处理后送往苯塔分离出苯，塔底液进入甲苯塔处理，部分甲苯送出装置，甲苯混合液送往歧化反应器，塔底液送往二甲苯塔。

来自抽提单元的甲苯混合液与重芳烃塔塔顶馏分经歧化和转烷基化反应后再经汽提处理，轻组分送往重整单元脱丁烷塔，重组分送往抽提单元白土塔 B。

来自二甲苯塔的混合二甲苯经异构化反应后送往脱庚烷塔脱除重组分入脱丁烷塔，塔底液经白土塔 A 处理后送往二甲苯塔。

该装置工艺废水主要包括加氢精制单元废水、环丁砜抽提单元废水和苯塔单元废水，主要污染物为 COD 和石油类，总体浓度不高。某联合芳烃装置废水中 COD 浓度为 21.7～167mg/L，石油类浓度为 1.02～5.77mg/L。

1.1.2.3　环氧乙烷/乙二醇装置

环氧乙烷/乙二醇装置以乙烯、氧气为原料，生产乙二醇，同时生成中间产物环氧乙烷，副产多乙二醇。

该装置生产工艺流程如图 1-11 所示，包含乙烯氧化反应、环氧乙烷吸收与汽提、二氧化碳吸收与汽提、乙二醇回收与杂质脱除、轻组分脱除、环氧乙烷精制、乙二醇水合反应、多效蒸发、乙二醇精制、多元醇回收等主要单元操作过程。原料乙烯和氧气按一定比例混合后送入反应器，在一定的温度和压力下经催化剂作用反应产生环氧乙烷和少量二氧化碳，经脱碳单元脱除 CO_2 后送入环氧乙烷吸收塔吸收，生成的环氧乙烷水溶液经汽提塔、再吸收塔解吸与再吸收后送入乙二醇反应器反应生成乙二醇溶液，再经六效蒸发器提浓后进入脱醛塔脱醛、脱水塔脱水，再进入乙二醇塔分离得到产品乙二醇、副产物多乙二醇。

该装置工艺废水主要包括脱醛塔脱醛废水、碳酸盐再生塔排水和脱水塔排水，主要污染物为醛和乙二醇、多乙二醇，废水中 COD 浓度为 600 ～ 1000mg/L。

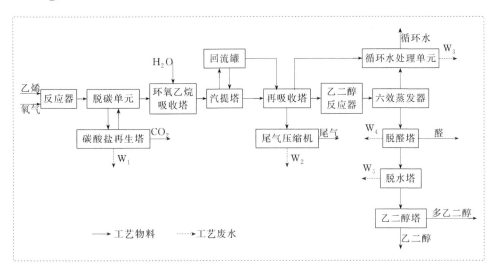

图 1-11　环氧乙烷/乙二醇装置生产工艺流程及废水产生节点

1.1.2.4　丁辛醇装置

低压羰基合成是目前丁辛醇生产的主要工艺。该工艺以丙烯、氢气和合成气为原料，经低压羰基合成生产粗丁醛，再经丁醛精制、缩合、加氢反应制得丁醇和辛醇。

该装置生产工艺流程如图 1-12 所示。重油在高温和高压下部分氧化产生粗

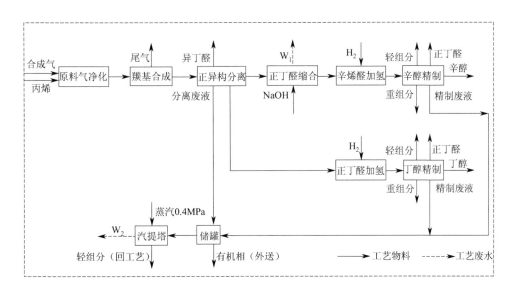

图 1-12　丁辛醇装置生产工艺流程及废水产生节点

合成气，经过脱硫、脱羰基铁（镍）后与经过脱硫和汽化的丙烯、催化剂溶液一起进入羰基合成反应器，与溶于反应液中的三苯基磷铑催化剂充分混合发生羰基化反应生成混合丁醛。混合丁醛经过异构物塔分离，塔顶出异丁醛，塔釜出正丁醛，并除去粗产品中的重组分。分离出的正丁醛一部分直接加氢、精馏得到产品正丁醇；另外一部分正丁醛经过缩合、加氢、精馏得到产品辛醇；分离出的异丁醛经过加氢、精馏得到产品丁醇。

该装置产生的工艺废水包括丁醛缩合层析器排水（缩合废水）和丁醇、辛醇精馏系统真空装置排水（精制废液）。其中，缩合废水污染物以丁酸钠、丁醇、丁醛、辛烯醛等有机物为主，含盐量高、色度深，为典型的高含盐有机废水，精制废液污染物以丁醇为主，并含有一定量的醛类。某丁辛醇装置缩合废水 COD 浓度达 56200~78800mg/L，精制废液 COD 浓度达 81000~88000mg/L。

1.1.2.5 丙烯酸（酯）装置

丙烯酸（酯）装置以丙烯、甲醇、乙醇、正丁醇为主要原料，并以甲苯、氢氧化钠（烧碱装置）、对甲苯磺酸、对苯二酚单甲醚、对苯二酚、吩噻嗪等为辅料。采用丙烯氧化法制得丙烯酸，再经酯化反应制得各类丙烯酸酯产品，产品分别为丙烯酸、丙烯酸甲酯、丙烯酸乙酯、丙烯酸丁酯。

该装置包括三个生产单元，分别是丙烯酸单元（图 1-13）、丙烯酸甲/乙酯单元（图 1-14）和丙烯酸丁酯单元（图 1-15），各单元的主要生产工艺流程说明如下。

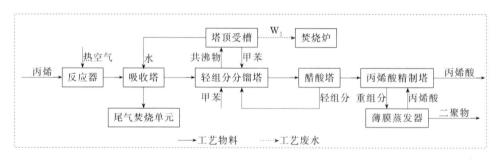

图 1-13 丙烯酸（酯）装置丙烯酸单元生产工艺流程及废水产生节点

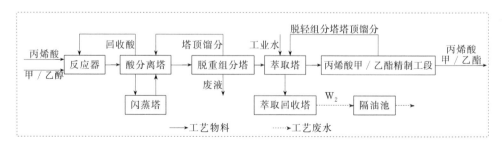

图 1-14 丙烯酸（酯）装置丙烯酸甲/乙酯单元生产工艺流程及废水产生节点

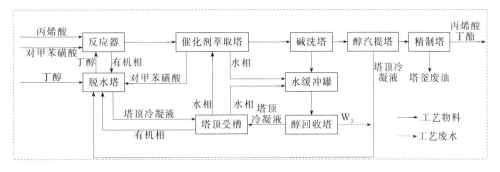

图 1-15　丙烯酸（酯）装置丙烯酸丁酯单元生产工艺流程及废水产生节点

（1）丙烯酸单元

原料丙烯和热空气混合后进入反应器，在催化剂作用下在一定的温度和压力下进行反应，使丙烯氧化，产生粗丙烯酸、醋酸和水。粗丙烯酸经脱水、脱醋酸再进行精制（甲苯共沸精馏）得到成品丙烯酸。伴随着两段主反应，还有若干副反应发生，并生成甲醛、丙烯醛、醋酸、丙酸、乙酸、糠醛、丙酮、甲酸、马来酸（顺丁烯二酸）等副产物。

（2）丙烯酸甲/乙酯单元

丙烯酸和甲/乙醇按一定摩尔比进入酯化反应器，在催化剂、一定的温度和压力下进行酯化反应，使醇和酸反应生成酯和水，再经丙烯酸分馏、萃取、醇回收、醇汽提、精制得到成品丙烯酸甲/乙酯。

（3）丙烯酸丁酯单元

丙烯酸和丁醇按一定摩尔比进入酯化反应器，在对甲基苯磺酸或甲基磺酸等催化剂、一定的温度和压力下进行酯化反应，生成酯和水，再经脱水萃取、中和、醇回收、醇汽提、精制得到成品丙烯酸丁酯。

丙烯酸单元工艺废水主要包括轻组分分馏塔塔顶受槽废水，主要污染物为甲醛、乙酸、丙烯酸、丙烯醛和甲苯。某丙烯酸（酯）装置废水中 COD 浓度达 15000～60000mg/L。

丙烯酸甲/乙酯单元工艺废水为萃取回收塔废水，主要污染物为丙烯酸、甲/乙醇。某丙烯酸甲/乙酯装置废水中 COD 浓度达 1500～2000mg/L。

丙烯酸丁酯单元工艺废水为醇回收塔废水，主要污染物为丙烯酸钠、丁醇和丙烯酸丁酯等。某丙烯酸丁酯装置废水中 COD 浓度达 20000～100000mg/L。

1.1.2.6　环氧氯丙烷装置

环氧氯丙烷装置采用三步生产工艺，首先采用高温氯化法生产中间产品氯丙烯，再通过氯醇法生产二氯丙醇，最后通过皂化法得到产品环氧氯丙烷。氯丙烯系统以丙烯和氯气为原料，丙烯高温氯化生成氯丙烯，精制副产盐酸。环氧氯丙烷系统以氯丙烯、氯气和水为原料，氯醇化反应生成二氯丙醇；以二氯丙醇和石灰乳为原料，环化反应生产环氧氯丙烷。

该装置生产工艺流程如图 1-16 所示。氯丙烯生产过程中次氯酸塔的塔上部有一定浓度的碳酸钠水溶液，与从塔底部通入的氯气进行反应，从而获得一定浓度的次氯酸，进而次氯酸通过次氯酸化反应装置，与同时进入此反应装置的氯丙烯反应，生成二氯丙醇水溶液，然后通过沉淀过滤去除杂质获得二氯丙醇，再进入皂化反应器；在皂化反应器内水蒸气从其底部通入，同时碱液与二氯丙醇发生反应，由水蒸气快速蒸出通过皂化反应产生的环氧氯丙烷和水，环氧氯丙烷和水组成的混合物在分相器里冷凝分层，由此分层后得到的下层物质便是粗环氧氯丙烷，最后粗产物通过多塔的精馏工艺过程得到精制的环氧氯丙烷产品。

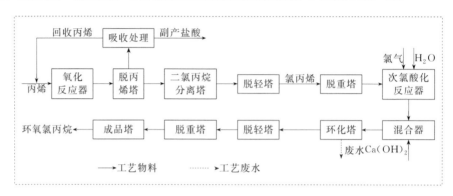

图 1-16 环氧氯丙烷装置生产工艺流程及废水产生节点

该装置工艺废水主要为氯丙烯精馏塔废水、水洗塔废水和分解釜排水、环化塔废水，主要污染物为环氧氯丙烷、三氯丙烷、NaCl、NaOH 等。

1.1.2.7 己内酰胺装置

己内酰胺生产方法主要有苯法和甲苯法，其中苯法在工业上应用最广泛。苯法以苯为基础原料，经加氢制取环己烷，环己烷氧化得到环己酮，再与羟胺肟化生成环己酮肟，经贝克曼重排得到己内酰胺。

该装置生产工艺流程如图 1-17 所示。苯在氧化铝为载体的镍催化剂存在下，经气相加氢反应得到环己烷。环己烷以钴为催化剂经液相氧化生成环己醇和环己酮。环己醇按上法脱氢转化、精馏得到环己酮，与硫酸羟胺和氨发生肟化反应生成环己酮肟，同时还生成副产品硫酸铵。分离出的环己酮肟在过量发烟硫酸存在下经贝克曼重排生成己内酰胺。反应生成物中的硫酸用氨中和得到副产品硫酸铵。分离出来的粗己内酰胺，经提纯精制得到己内酰胺成品。

该装置工艺废水主要为苯甲酸蒸馏塔、汽提塔排水以及硫酸铵结晶冷凝液和冷凝液缓冲罐排水。其中苯甲酸蒸馏塔、汽提塔排水污染物以甲苯和乙酸为主，硫酸铵结晶冷凝液和冷凝液缓冲罐排水污染物以己内酰胺为主。某己内酰胺装置排水 COD 浓度达 4000~7000mg/L，氨氮浓度达 100~200mg/L。

1.1.2.8 苯乙烯装置

苯乙烯装置以乙烯、苯为原料，生产苯乙烯，并副产甲苯。生产工艺流程如图 1-18 所示。原料苯、乙烯进入烷基化/转烷基化反应器经催化剂作用生成烷基化液及

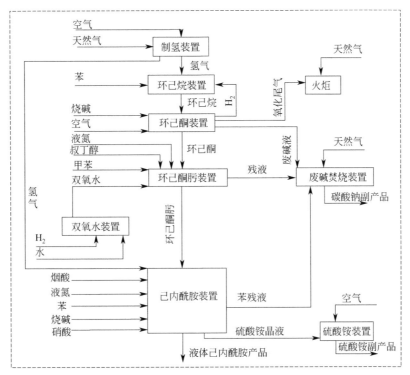

图 1-17 己内酰胺装置生产工艺流程简图

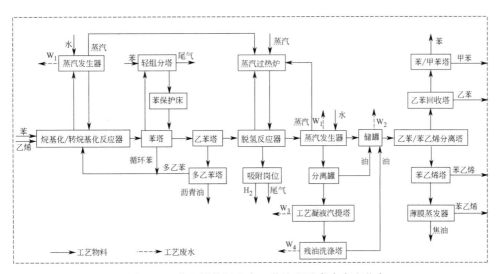

图 1-18 苯乙烯装置生产工艺流程及废水产生节点

转烷基化液,入乙苯精馏单元经苯塔、乙苯塔、多乙苯塔多次精馏后生成半成品乙苯,并副产沥青油,分离得到未反应苯及多乙苯返回烷基化/转烷基化反应器。乙苯进入脱氢反应器,在脱氢催化剂作用下,高温脱氢制取脱氢混合液和脱氢尾气,脱氢混合液在苯乙烯精馏单元精馏分离,得到产品苯乙烯及副产品甲苯、焦油,同时分离出苯、乙苯返回循环使用。脱氢尾气经吸附岗位吸附提纯得到氢气后排出。

该装置工艺废水主要为苯塔回流罐排水、苯/甲苯/乙苯塔回流罐排水、工艺凝液过滤器反冲洗水、蒸汽过热器排水，主要污染物为甲苯、乙苯、苯乙烯等苯系物。

1.1.2.9 苯酚丙酮装置

苯酚丙酮装置以苯、丙烯为原料，烃化生成异丙苯，再经氧化、提浓、分解，生产苯酚和丙酮。生产工艺流程如图 1-19 所示。原料丙烯经脱丙烷塔脱除丙烷后与原料苯进入烃化单元发生烃化和反烃化反应生成异丙苯（CHP），同时生成副产品污苯和重芳烃。异丙苯经碱洗、水洗后进入氧化反应器，经空气氧化生成过氧化氢异丙苯送往闪蒸塔，氧化尾气经冷却、洗涤后放空。经闪蒸塔提浓过氧化氢异丙苯进分解器分解生成含苯酚、丙酮、异丙苯及 AMS（α-甲基苯乙烯）的混合物，入中和工段，经己二胺中和后送往精馏单元，经精馏得到成品苯酚、丙酮，同时得到副产物 AMS、焦油，少量 AMS 与氢气反应生成异丙苯，随循环异丙苯一同经碱洗塔碱洗后回氧化岗位。

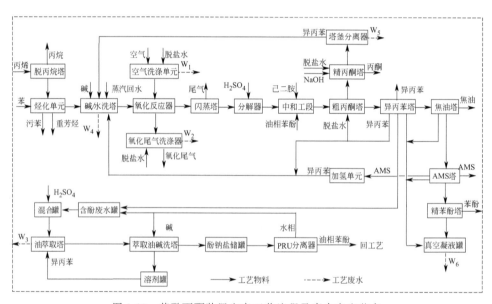

图 1-19 苯酚丙酮装置生产工艺流程及废水产生节点

该装置工艺废水主要包括氧化工段含酚废水、精制工段含酚废水、异丙苯碱洗罐排水和苯酚回收工段废水，主要污染物为苯酚、丙酮、苯乙酮、2-苯基异丙醇、硫酸钠、氢氧化钠等。

1.1.2.10 己二酸装置

己二酸生产方法主要有苯法（环己烷法）和苯酚法，苯法中又分为苯完全氢化制 KA 油硝酸氧化法、苯部分氢化制环己醇硝酸氧化法，其中以苯完全氢化制 KA 油硝酸氧化法应用最广泛。装置生产工艺流程如图 1-20 所示。原料精苯经催化加氢生成环己烷，环己烷在催化剂作用下进行液相空气氧化反应制得 KA 油（环己酮、环己醇的混合物），之后 KA 油与硝酸反应制得己二酸。

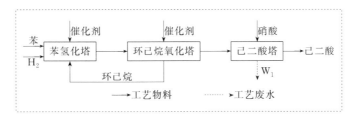

图 1-20　己二酸装置生产工艺流程简图

该装置工艺废水主要包括结晶器排水、洗涤排水、离心机排水、过滤器排水，主要污染物为己二酸、乙酸和石油类等。

1.1.2.11　苯胺装置

苯胺装置首先以苯、浓硝酸为原料反应生成硝基苯，再用氢气还原硝基苯生成苯胺。生产工艺流程如图 1-21 所示，共分 4 个基本单元，即制氢和 CO_2 单元、硝基苯单元、苯胺单元和废酸提浓单元。

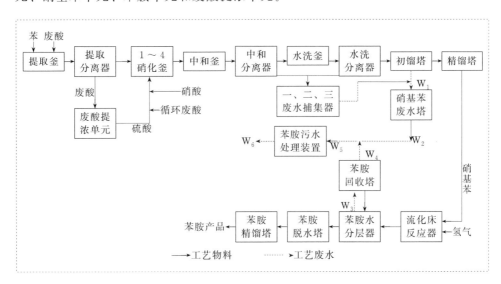

图 1-21　苯胺装置生产工艺流程及废水产生节点

该装置工艺废水主要包括硝基苯、初馏塔、排水、苯胺水分层器排水，主要特征污染物为硝基苯、苯胺。

1.1.2.12　丙烯腈装置

丙烯腈装置以丙烯、氨、空气为原料，采用一步氧化法生产丙烯腈，并副产氢氰酸、粗乙腈和稀硫酸铵。装置生产工艺流程如图 1-22 所示。原料丙烯、液氨经丙烯、氨蒸发器蒸发、过热混合后进入反应器，原料空气经空压机送入反应器，三种原料在反应器内经催化剂作用后反应，反应器出口气体经绝热冷却后，未反应的氨在急冷塔内与硫酸反应生成硫酸铵，其余气体进入吸收塔再用低温水进行吸收，吸收塔塔底富水（含丙烯腈、乙腈、氰化氢等）经回收塔、脱氢氰酸塔处理后，在脱氢氰酸塔顶得到高纯度的液体氢氰酸，粗丙烯腈经过成品塔精馏后，得到丙烯腈产品。

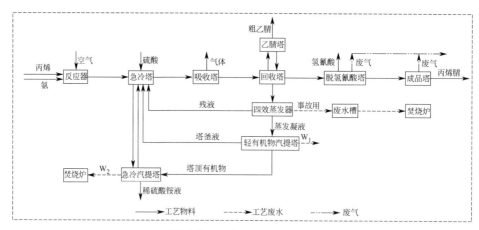

图1-22　丙烯腈装置生产工艺流程及废水产生节点

该装置工艺废水主要包括有机物汽提塔排水、回收塔排水和急冷塔废水，污染物主要为有机腈、氰化物和硫酸铵。其中，急冷塔废水含有高浓度氰化物、有机腈和硫酸铵，例如某丙烯腈装置急冷塔废水含氰化物2300mg/L、含氨氮35000mg/L。

1.1.2.13　精对苯二甲酸装置

对苯二甲酸以对二甲苯、氢气、空气等为原料，液相氧化生成粗对苯二甲酸（CTA），再经加氢精制、结晶、分离、干燥，得到精对苯二甲酸。装置生产工艺流程如图1-23所示。对二甲苯（PX）以醋酸为溶剂，在催化剂的作用下与空气中的氧反应生成对苯二甲酸。催化剂是包含了钴、锰、溴的混合溶液。反应后的产品为混杂着副产物的粗对苯二甲酸，副产物主要成分为4-羧基苯甲醛（4-CBA），将粗对苯二甲酸以纯水溶解，再于钯催化剂的催化下，通入H_2，于$85kg/cm^2$（表压）及$285\sim288℃$温度下，使4-羧基苯甲醛（4-CBA）还原成对甲基苯甲酸。对甲基苯甲酸易溶于水，经再结晶、分离和干燥，可将对甲基苯甲酸分离，得到高精度的精对苯二甲酸。

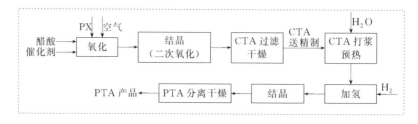

图1-23　精对苯二甲酸装置生产工艺流程简图

该装置工艺废水主要包括脱水塔顶排水和PTA母液过滤机排水，污染物主要为对二甲苯、乙酸、对苯二甲酸、对甲基苯甲酸等。某精对苯二甲酸装置排水COD浓度达$4000\sim9000mg/L$。

1.1.2.14　小结

有机原料生产废水中污染物主要为未充分回收的产品、原料及反应副产物。由于有机原料生产废水中的有机物分子多带有醛基、酚羟基、硝基、氨基、卤素、芳环，因此通常具有有毒、难生物降解等特征，导致有机原料生产废水处理难度较大，且易对以生物处理为主体的园区综合污水处理厂产生冲击。

典型有机原料生产装置主要工艺废水排放节点及其特征污染物如表 1-2 所列。

表 1-2　有机原料生产装置排水节点与污染特征

生产装置	排水节点	特征污染物
乙烯	废碱液	碱、硫化物、黄油等
	裂解炉汽包、蒸汽罐凝液	石油类等
	稀释蒸汽罐排水	石油类、酚
环氧乙烷/乙二醇	脱醛塔脱醛废水	甲醛、乙醛、乙二醇等
	水处理再生排水槽排水	乙二醇、钠盐等
	脱水塔排水	醛、乙二醇等
丁辛醇	丁醛缩合层析器排水	丁酸钠、丁醇、丁醛、辛烯醛等
	辛醇精馏系统真空装置	丁醇等
丙烯酸及酯	丙烯酸废水	乙酸、甲醛、丙烯醛、丙烯酸、甲苯等
	丙烯酸丁酯废水	丙烯酸钠、对甲基苯磺酸钠、丁醇、丙烯酸丁酯等
	丙烯酸甲/乙酯废水	丙烯酸、甲/乙醇等
环氧氯丙烷	氯丙烯精馏塔废水	二氯丙烯、氯丙烯、二氯丙烷等
	水洗塔废水	盐酸等
	分解釜排水	NaCl、NaOH、环氧氯丙烷、三氯丙烷等
丙烷脱氢	压缩机冷凝水	重烃、轻烃、聚合物、钝化剂、阻聚剂等
芳烃联合（对二甲苯）	脱庚烷塔回流罐、异构化汽提回流罐排水	芳烃等
	苯-甲苯回流罐、成品回流罐排水	芳烃等
	歧化汽提塔回流罐排水	芳烃等
己内酰胺	苯甲酸蒸馏塔、汽提塔排水	甲苯、乙酸等
	硫酸铵结晶冷凝液、冷凝液缓冲罐排水	己内酰胺等
苯乙烯	苯塔回流罐排水、苯/甲苯/乙苯回流罐排水	甲苯、乙苯、苯乙烯等
	工艺凝液过滤器反冲洗、蒸汽过热器排水	甲苯、乙苯、苯乙烯等
苯酚丙酮	氧化工段含酚废水、精制工段含酚废水	苯酚、丙酮、硫酸钠、NaOH 等
	异丙苯碱洗罐排水、苯酚回收工段废水	苯酚、丙酮、硫酸钠、NaOH 等
己二酸	结晶器排水、洗涤排水	己二酸、乙酸等
	离心机、过滤器排水	石油类等

续表

生产装置	排水节点	特征污染物
苯胺	硝基苯、苯胺汽提塔排水	苯胺、硝基苯等
	氧化单元排水、硫酸铵结晶冷凝液	苯胺、硝基苯等
丙烯腈	有机物汽提塔排水、回收塔排水	氰化物、丙烯腈、氨氮
	急冷塔废水	氰化物、丙烯腈、氨氮
精对苯二甲酸	脱水塔顶排水	对二甲苯、乙酸
	PTA 母液过滤机排水	对苯二甲酸、对甲基苯甲酸

1.1.3 合成材料生产废水的来源与特征

合成材料包括合成树脂、合成橡胶和合成纤维，通常是以低分子化合物——单体为主要原料，采用聚合反应生成大分子，或者是以普通聚合物为原料，采用改性等方法生产新的聚合物。其生产废水中通常含有聚合所用的单体、聚合物（低聚物及高聚物）和助剂等。单体和助剂通常具有很高的毒性，聚合物和助剂通常难以生物降解。

合成材料的通用生产工艺流程如图 1-24 所示，通常包含配制、聚合反应、产品分离、加工成型 4 个单元。流程的输入包括单体、共聚单体、催化剂、溶剂以及能量和水，输出包括产品、废气、废水和固体废物。

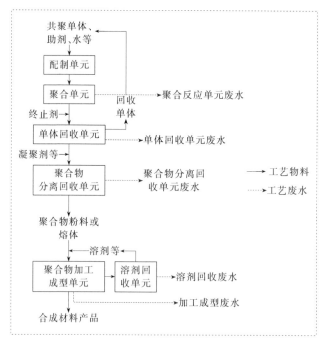

图 1-24 合成材料通用生产工艺流程

1）配制单元　用于所需反应组分的混合过程，特别是满足特定质量要求的单体和助剂。可能包括均质、乳化或气液混合过程，有些单体在进行配制之前还需要进行额外的精馏纯化。

2）聚合反应单元　共聚单体在催化剂、溶剂等的作用下在聚合反应釜中发生聚合反应，生成产品聚合物。

3）产品分离单元　对聚合反应单元产生的产品聚合物进行分离和纯化，以满足聚合物产品的纯度要求，通常采用热分离、化学凝聚和机械分离单元操作。聚合物中的残余单体和溶剂在该单元被分离、回收或处置，用于聚合物处理和保护的添加剂可在该单元投加。

4）加工成型单元　将产品分离单元获得的高纯度聚合物通过混炼、造粒等过程转化为用户所需要的聚合物形态，如颗粒、纤维、胶片等。

合成材料产品型号众多，常用的聚合工艺包括气相聚合、本体缩聚、溶液聚合、悬浮聚合和乳液聚合等，其中污水处理难度较大的是悬浮聚合、乳液聚合和本体缩聚。

（1）悬浮聚合

悬浮聚合工艺产生的废水主要来自聚合反应单元和产品分离单元。

1）聚合反应单元废水　对于间歇悬浮聚合工艺（如悬浮聚合聚氯乙烯），聚合反应单元废水主要为反应釜清洗废水。其中含有残余单体、助剂、副产物和产品聚合物，水量较小但污染物浓度较高。

2）产品分离单元废水　由于悬浮聚合获得的聚合物颗粒粒径较大，产品分离常采用水洗过滤工艺。水洗过滤废水包含聚合母液以及水洗过滤单元的聚合物洗涤废水。因此，该废水水量较大，且组成复杂。

（2）乳液聚合

乳液聚合的工艺废水主要来自聚合反应单元和产品分离单元。

1）聚合反应单元废水　乳液聚合反应单元的废水主要包括聚合反应釜的清洗废水和胶乳过滤器清洗废水，尽管水量较小，但污染物浓度通常较高，主要污染物为聚合物胶乳和凝固物。

2）产品分离单元废水　乳液聚合工艺的产品分离单元通常包含凝聚、清洗过滤、干燥等操作过程。产品分离单元排水主要为胶乳凝聚母液以及清洗过滤过程排放聚合物清洗废水，水量较大，且组成复杂，主要污染物包括单体、副产物、助剂、流失的聚合物、凝聚剂及其反应产物。

（3）本体缩聚

许多缩聚产品（如 PET 树脂）的低分子量副产物为水，聚合反应过程中需要不断将反应产生的水蒸出，然后冷凝成废水排出系统。该冷凝水中可能会含有低分子量原料和有机副产物，而成为高浓度有机废水。例如，PET 树脂生产废水中含有较高浓度的乙醛、乙二醇、二氧六环和 2-甲基-1,3-二氧环戊烷（2-MD）。

1.1.3.1　低密度聚乙烯装置

低密度聚乙烯装置以乙烯、丁烯为主要原料，同时以氢气、三乙基铝、戊烷油为原辅料，采用低压气相法聚乙烯工艺技术，生产低密度聚乙烯树脂。装置生产工艺流程如图 1-25 所示。原料经精制单元除去 O_2、CO、CO_2、H_2O、H_2S、甲醇、炔烃等对催化剂有毒杂质后进入聚合反应器反应，反应产生热量经循环气压缩机、循环气冷却器移出系统，反应生成物经脱气仓脱除气体后送往造粒区造粒得低密度聚乙烯树脂产品，同时脱气仓脱出气体经回收系统冷凝回收未反应单体后，不凝气体火炬焚烧后排空。

　　该装置工艺废水主要为造粒废水，污染物浓度较低。如某低密度聚乙烯装置排水中 COD 浓度仅为 10.8～55.8mg/L。

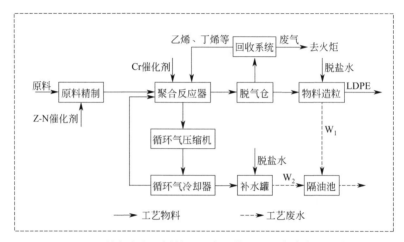

图 1-25　低密度聚乙烯装置生产工艺流程及废水产生节点

1.1.3.2　高密度聚乙烯装置

　　高密度聚乙烯装置主要以乙烯为原料、1-丁烯为共聚单体，生产高密度聚乙烯产品。生产工艺流程如图 1-26 所示。乙烯、氢气、丙烯、己烷和 1-丁烯等原料与来自催化剂制备单元的三乙基铝等高效催化剂混合后进入聚合反应单元反应，产生淤浆经离心分离器初步分离后，母液经己烷精制、丁烯回收单元回收得己烷、1-丁烯返回至聚合反应单元，粉料通入流化床干燥器干燥后送入粉料处理

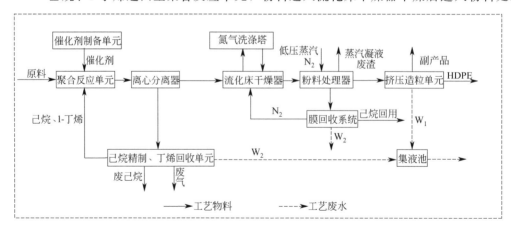

图 1-26　高密度聚乙烯装置生产工艺流程及废水产生节点

器再经低压蒸汽和 N_2 进一步处理，以降低其中己烷含量，经处理合格的粉料送至挤压造粒单元进行造粒包装，氮气通入膜回收系统回收己烷后送流化床回用，己烷返回至聚合反应单元。

该装置工艺废水主要为造粒废水和膜回收及己烷精制废水，污染物浓度较低。例如某高密度聚乙烯装置排水中 COD 浓度在 10mg/L 以下，膜回收及己烷精制废水中 COD 浓度仅为 273～379mg/L。

1.1.3.3　聚丙烯装置

聚丙烯装置采用液相间歇本体法生产聚丙烯，以丙烯为原料，通过丙烯精制、聚合、闪蒸去活、尾气回收、包装入库等步骤生成聚丙烯。生产工艺流程如图 1-27 所示，主要由精制系统、聚合系统、闪蒸系统、丙烯回收系统等单元组成。

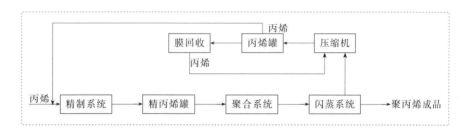

图 1-27　聚丙烯装置生产工艺流程简图

在精制系统，来自罐区的原料丙烯依次送入固碱干燥塔、水解塔、脱硫塔、干燥塔、脱氧塔、脱砷塔脱除丙烯中微量的水、硫、氧、砷、二氧化碳等后送至精丙烯储罐，用丙烯泵送至聚合釜用于聚合反应。

在聚合系统的聚合釜内，精丙烯在主催化剂、助催化剂和第三组分的作用下，维持在 3.2～3.8MPa、70～78℃条件下反应 1.5～2.5h，接近"干锅"时将未反应完的丙烯回收，回收丙烯经冷凝器冷凝为液体重复利用。

在闪蒸系统，聚合后得到的聚丙烯粉料在压力下喷入闪蒸釜。闪蒸置换合格后的聚丙烯粉料达到安全包装条件后在 N_2 保护下出料包装。

低压回收丙烯气经压缩后进分液罐除去气体中夹带的液态水、污油，然后经丙烯冷凝器将丙烯冷凝成液体，液态丙烯与 N_2 在丙烯储罐内分离，不凝气进入膜法丙烯回收系统，液相丙烯定期送罐区。

该装置工艺废水主要为造粒废水，污染物浓度较低。

1.1.3.4　顺丁橡胶装置

顺丁橡胶以丁二烯为单体，目前世界上顺丁橡胶生产大部分采用溶液聚合法，以连续溶液聚合为主。装置生产工艺流程如图 1-28 所示，主要工序包括：催化剂、终止剂和防老剂的配制和计量；丁二烯的聚合；胶液的凝聚；后处理、橡胶的脱水和干燥；单体、溶剂的回收和精制。催化剂经配制、陈化后，与单体丁二烯、溶剂油一起进入聚合装置，在此合成顺丁橡胶胶液，胶液中加入终止剂和防老剂进入凝聚工序，胶液用水蒸气凝聚后，橡胶成颗粒状与水一起输送到脱水、干燥工序，干燥后的生胶包装后去成品仓库，在凝聚工序用水蒸气蒸出的溶剂油和丁二烯经回收精制后循环使用。

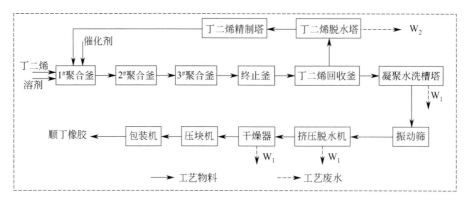

图 1-28   顺丁橡胶装置生产工艺流程及废水产生节点

该装置工艺废水主要包括热水罐、洗涤水罐、吸收溶剂分水罐排水，挤压脱水机、膨胀脱水机、干燥机排水，废油储罐、丁二烯脱水塔回流罐、丁二烯回收塔回流罐排水以及切割塔回流罐、脱水塔回流罐排水，主要污染物为石油类，污染物浓度总体较低。某顺丁橡胶装置总排水中 COD 浓度为 204～540mg/L。

1.1.3.5 ABS 装置

ABS 装置以丁二烯、苯乙烯、丙烯腈为主要原料，并以多种小品种化学品助剂为辅料，以乳液接枝-本体 SAN 掺混工艺为主流技术，生产 ABS 树脂产品。装置生产工艺流程如图 1-29 所示，主要包括 PBL 聚合单元、ABS 聚合单元、凝聚脱水干燥单元、SAN（苯乙烯-丙烯腈）单元、掺混造粒单元等。

（1）PBL 聚合单元

原料丁二烯经过碱洗后与引发剂、乳化剂、水按一定比例加入反应釜中，在一定的温度和压力下进行反应 25.5h，最终生成聚丁二烯胶乳，经脱除未反应单体后的聚丁二烯胶乳进入 ABS 聚合单元。

（2）ABS 聚合单元

聚丁二烯胶乳在乳化剂、活化剂的作用下与苯乙烯、丙烯腈单体在一定温度下进行乳液接枝聚合，反应结束后加入颜色增进剂、抗氧剂搅拌均匀备用。

（3）凝聚脱水干燥单元

来自 ABS 聚合单元的 ABS 胶乳在一定温度、搅拌和凝聚剂硫酸的作用下凝聚成 ABS 浆液，经过真空过滤、脱水、破碎、干燥，与化学品添加剂按一定比例混合均匀生产出含化学品粉料，最后送入粉料料仓储存备用，一部分进行商品粉料包装。

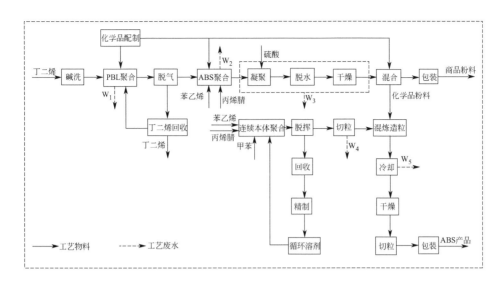

图 1-29　ABS 装置生产工艺流程及废水产生节点

（4）SAN 单元

一定比例的苯乙烯和丙烯腈在以甲苯为循环溶剂的介质中，在一定温度、压力和搅拌条件下发生连续本体聚合反应，再经脱挥、造粒生产出 SAN 颗粒料，同时部分未反应苯乙烯、丙烯腈和甲苯经回收、精制后返回继续利用，在此过程中精馏塔定期排出含有低聚物的重组分。

（5）掺混造粒单元

ABS 粉料和 SAN 料按照一定比例经过挤出机高温熔融挤出，束条经水浴冷却、风刷干燥、切粒、筛分最后送入包装工序。

该装置工艺废水主要包括聚丁二烯单元的 PBL 反应釜清洗水和胶乳过滤器清洗水、接枝聚合单元的聚合釜清洗水和胶乳过滤器清洗水、凝聚干燥单元的真空过滤机和离心机排水、混炼单元的造粒排水。其中造粒排水污染物浓度较低，可循环利用。聚合釜清洗水和胶乳过滤器清洗水污染物以聚合胶乳为主，污染物浓度较高；凝聚干燥单元的真空过滤机和离心机排水以有机腈、苯乙酮等溶解性有机物和 ABS 接枝粉料为主。

1.1.3.6　丁苯橡胶装置

丁苯橡胶装置以苯乙烯、丁二烯为原料，采用低温乳液聚合工艺生产丁苯橡胶产品。生产工艺流程如图 1-30 所示。来自单体配制单元的丁二烯、苯乙烯与来自化学品配制单元的乳化剂等化学品助剂冷却至一定温度后进入聚合单元反应，待反应完成后加入终止剂，终止反应后的胶乳经丁二烯闪蒸槽和苯乙烯脱气塔回收未反应的丁二烯、苯乙烯，然后进入胶乳掺混单元，按规定进行胶乳混合，同时按要求加入防老剂，得到的混合胶乳入凝聚单元凝聚脱水后送入干燥包装单元得到成型胶块。

该装置工艺废水主要包括乳清沉淀槽、回收水槽、挤压脱水机排水等凝聚废

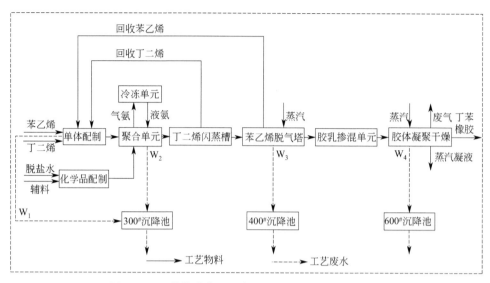

图 1-30　丁苯橡胶装置生产工艺流程及废水产生节点

水以及苯乙烯滗析器排水。其中，凝聚废水水量大，污染物浓度高。

1.1.3.7　乙丙橡胶装置

乙丙橡胶装置以乙烯、丙烯、二烯烃为原料，以己烷为溶剂，采用溶液法，主要产品是由乙烯、丙烯和二烯烃组成的无规共聚物，即三元乙丙橡胶。生产工艺流程如图 1-31 所示，主要包括催化剂配制单元，聚合单元，失活和洗涤单元，提浓、干燥单元，甲醇回收单元，己烷回收单元和二烯烃回收单元。

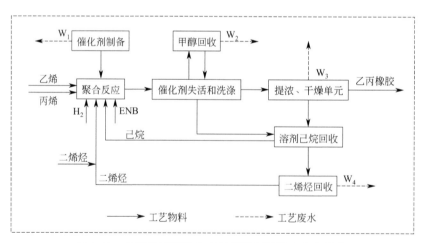

图 1-31　乙丙橡胶装置生产工艺流程及废水产生节点

该装置工艺废水主要为失活洗涤废水、颗粒输送水箱排水以及己烷/二烯烃回收塔排水、真空泵排水。其中，失活洗涤废水、颗粒输送水箱排水特征污染物主要为催化剂和颗粒物；二烯烃回收塔排水、真空泵排水特征污染物为石油类。

1.1.3.8　丁腈橡胶装置

丁腈橡胶装置采用连续或间歇式乳液聚合工艺，以丁二烯和丙烯腈为原料，以激发剂、调节剂、阻聚剂、防老剂、乳化剂、除氧剂和终止剂等为辅料生产丁腈橡胶。生产工艺流程如图 1-32 所示，由单体储存与配制单元、聚合单元、单体回收单元、凝聚干燥单元组成。

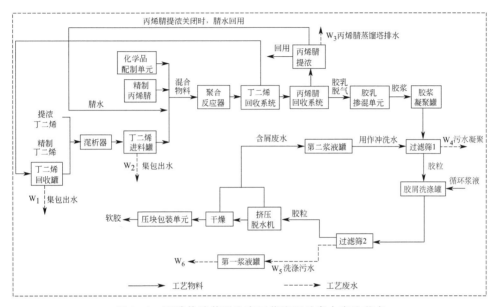

图 1-32　丁腈橡胶装置生产工艺流程及废水产生节点

该装置工艺废水主要为丙烯腈蒸馏塔排水和过滤筛排水，特征污染物为丙烯腈及乳化剂等。

1.1.3.9　聚对苯二甲酸乙二醇酯装置

聚对苯二甲酸乙二醇酯生产装置，采用直接酯化法，以对苯二甲酸和乙二醇为原料，生产聚对苯二甲酸乙二醇酯（PET）。生产工艺流程如图 1-33 所示，包括两个生产单元，即将对苯二甲酸（PTA）和乙二醇（EG）生成对苯二甲酸双羟乙酯（BHET）的酯化单元和由对苯二甲酸双羟乙酯缩聚生产 PET 树脂的缩聚单元。

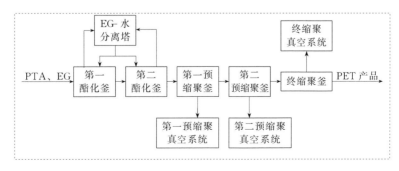

图 1-33　聚对苯二甲酸乙二醇酯装置生产工艺流程简图

（1）酯化单元

原料（PTA 和 EG）和适量催化剂（如醋酸锑）按一定摩尔比加入浆料配料槽，在搅拌作用下形成需要浓度的悬浮液送到酯化反应釜，加入稳定剂等添加剂，2 分子 EG 和 1 分子 PTA 反应生成 1 分子 BHET 和 2 分子水。第一酯化釜和第二酯化釜中产生的水蒸气及部分乙二醇通过乙二醇分离塔（工艺塔）进行精馏分离，水蒸气在塔顶经冷凝后作为废水排出，即酯化废水。回收乙二醇经过一个缓冲罐返回到酯化釜参与酯化反应。

（2）缩聚单元

将 BHET 熔体送入预缩聚反应釜进行缩聚反应，然后预缩聚产物进入终缩聚釜进一步缩聚以达到产品所需要的聚合度和性能要求。为将缩聚反应产生的乙二醇不断从反应釜中排出，从而使缩聚反应不断发生，聚合度不断提高，缩聚反应在真空条件下进行，且聚合度越高，所需的真空度越高。当终缩聚釜出口熔体黏度达到一定的质量指标时，缩聚产物可制成聚酯切片，或直接纺丝生产涤纶纤维。

该装置工艺废水主要为酯化单元废水和缩聚单元废水，主要特征污染物为乙醛、二氧六环和 2-甲基-1,3-二氧环戊烷等。

1.1.3.10　腈纶装置

腈纶生产装置以丙烯腈、醋酸乙烯酯、醋酸、二甲胺等为原料，生产差别化腈纶。DMAC 二步湿法腈纶装置工艺流程如图 1-34 所示，包括聚合单元、原液单元、纺丝单元、DMAC 生产单元、四效蒸发单元。聚合单元是指醋酸乙烯酯和丙烯腈在 50℃催化条件下生成聚丙烯腈的阶段；原液单元是指将聚合工艺过程中产生的聚丙烯腈和生产及回收单元的 DMAC 混合产生纺丝原液的阶段；纺丝单元是指将聚丙烯腈加工成纤维的阶段。

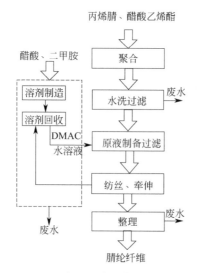

图 1-34　DMAC 二步湿法腈纶装置生产工艺流程简图

该装置工艺废水主要来自腈纶聚合物过滤水洗排水和纺丝单元排水。其中腈纶聚合物过滤水洗排水含有低分子量和高分子量聚合物以及聚合母液成分，水量较大，难降解污染物浓度高；纺丝单元排水主要含有原液溶剂和纺丝油剂等污染物。

1.1.3.11 小结

综上所述，合成材料（聚合物）生产废水中通常含有聚合所用的单体、聚合物（低聚物及高聚物）和助剂等，可生化性差，并具有一定的毒性。

典型合成材料生产装置的排水节点及其特征污染物如表1-3所列。

表1-3 合成材料装置排水节点及特征污染物

生产装置	排水节点	特征污染物
聚乙烯	造粒水箱排水	聚乙烯絮状物、石油类等
聚丙烯	颗粒水罐排水	碎屑、颗粒等
ABS树脂	聚丁二烯单元:PBL反应釜清洗水、胶乳过滤器清洗水	PBL胶乳等
	接枝聚合单元:聚合釜清洗水、胶乳过滤器清洗水	ABS接枝胶乳等
	凝聚干燥单元:真空过滤机、离心机排水	ABS接枝粉料等
	混炼单元:造粒排水	ABS树脂粉料等
顺丁橡胶	热水罐、洗涤水罐、吸收溶剂分水罐排水	石油类
	挤压脱水机、膨胀脱水机、干燥机排水	石油类
	废油储罐、丁二烯脱水塔回流罐、丁二烯回收塔回流罐排水	丁二烯等
	切割塔回流罐、脱水塔回流罐排水	石油类
丁苯橡胶	乳清沉淀槽、回收水槽、挤压脱水机排水	胶粒、凝聚母液等
	苯乙烯澄析器排水	苯乙烯、胶乳等
丁腈橡胶	丙烯腈蒸馏塔排水	丙烯腈等
	长网机排水	丙烯腈、拉开粉等
乙丙橡胶	失活洗涤废水、颗粒输送水箱排水	催化剂、颗粒等
	己烷/二烯烃回收塔排水、真空泵排水	石油类
聚对苯二甲酸乙二醇酯	酯化单元废水	乙醛、二氧六环和2-甲基-1,3-二氧环戊烷等
	缩聚单元废水	乙醛、乙二醇和2-甲基-1,3-二氧环戊烷等
腈纶	腈纶聚合物过滤水洗排水	聚合物、聚合母液等
	纺丝单元排水	溶剂、油剂等

1.1.4 石化综合污水的特征

① 石化综合污水通常汇集了园区（企业）范围内多套主要生产装置和辅助生产装置排放的生产废水和周边居住区的生活污水，因此污水来源多，污水总量通常较大，且污染物组成较石化装置废水更加复杂，水质水量通常有较大波动。

特别是近年来炼化一体化园区（企业）发展迅速，园区内生产装置数量不断增加，石化综合污水的水质特征日益复杂。

② 由于不同废水之间的相互稀释作用，与部分高浓度装置废水中某类或某种污染物浓度极高不同，除石油类外，综合污水中的大部分污染物浓度在几十mg/L 以下，缺少回收价值。

随着近年来污水排放及回用水质标准的提高，综合污水处理要求不断提高，而石化综合污水的复杂性、波动性又进一步增加了综合污水的处理难度。单纯依赖末端治理实现综合污水稳定达标技术难度大，处理成本高。

1.1.5 事故污水的特征

石化行业涉及多种危险化学品的生产、存储、使用、加工和输送，为高火灾爆炸事故风险行业，易造成危险化学品泄漏或排放，如事故处理不当，易造成突发性水污染事件，特别是会影响下游饮用水源地的供水安全。《生活饮用水卫生标准》（GB 5749—2006）中包含 53 项有机化合物毒理指标，其中 52 项指标可能出现在石化废水中。《地表水环境质量标准》（GB 3838—2002）对集中式生活饮用水地表水源地特定项目标准限值规定的 96 项特征污染物指标中，有 80 多项有机物指标及多项重金属指标等可能出现在石化废水中。

在石化生产事故发生和处理处置过程中，可能产生含有高浓度污染物的消防废水、受污染雨水等事故污水。由于火灾爆炸事故通常造成局部存储物料的泄漏，因此，事故污水中可能含有某种浓度较高的特征污染物。例如 2005 年吉林石化公司双苯厂爆炸事故发生后，消防废水中含有高浓度的硝基苯；2019 年江苏响水特别重大爆炸事故发生后，产生大量含有高浓度苯胺的受污染河水。由于现场条件的复杂性和爆炸位置的不确定性，事故污水组成也具有不确定性特征，需要专门针对事故污水分析确定。

1.2 石化行业水污染防治政策要求

1.2.1 相关法律法规

1.2.1.1 《中华人民共和国环境保护法》

《中华人民共和国环境保护法》（2014 修订）（以下简称"环境保护法"）明确了企业的污染治理主体责任，要求："企业应当优先使用清洁能源，采用资源利用率高、污染物排放量少的工艺、设备以及废弃物综合利用技术和污染物无害化处理技术，减少污染物的产生。""排放污染物的企业事业单位和其他生产经营者，应当采取措施，防治在生产建设或者其他活动中产生的废气、废水、废渣、医疗废物、粉尘、恶臭气体、放射性物质以及噪声、振动、光辐射、电磁辐射等对环境的污染和危害。""重点排污单位应当按照国家有关规定和监测规范安装使用监测设备，保证监测设备正常运行，保存原始监测记录。严禁通过暗管、渗井、渗坑、灌注或者篡改、伪造监测数据，或者不正常运行防治污染设施等逃避监管的方式违法排放污染物。""企业事业单位和其他生产经营者超过污染物排放标准或者超过重点污染物排放总量控制指标排放污染物的，县级以上人民政府环境保护主管部门可以责令其采取限制生产、停产整治等措施；情节严重的，报经有批准权的人民政府批准，责令停业、关闭。"同时，环境保护法还明确了对造成重大环境污染事故人员行政拘留、对违法排污且拒不改正的企业按日连续处罚的措施。环境保护法的实施显著提高了非法排污的成本，对企业的监管趋严。

1.2.1.2　《中华人民共和国水污染防治法》

《中华人民共和国水污染防治法（2017 修正）》（以下简称"水污染防治法"）明确了超标即违法、不得超总量的原则，推行排污许可制度，规范企业排污行为。要求"直接或者间接向水体排放工业废水和医疗污水以及其他按照规定应当取得排污许可证方可排放的废水、污水的企业事业单位和其他生产经营者，应当取得排污许可证"。《排污许可证申请与核发技术规范 石化工业》（HJ 853—2017）已颁布实施。

石化生产过程涉及大量化学品的使用和生产，石化污水中通常含有高浓度有毒有害污染物。水污染防治法对有毒有害污染物的污染防治提出了明确要求，第三十二条规定："国务院环境保护主管部门应当会同国务院卫生主管部门，根据对公众健康和生态环境的危害和影响程度，公布有毒有害水污染物名录，实行风险管理。排放前款规定名录中所列有毒有害水污染物的企业事业单位和其他生产经营者，应当对排污口和周边环境进行监测，评估环境风险，排查环境安全隐患，并公开有毒有害水污染物信息，采取有效措施防范环境风险。""化学品生产企业以及工业集聚区、矿山开采区、尾矿库、危险废物处置场、垃圾填埋场等的运营、管理单位，应当采取防渗漏等措施，并建设地下水水质监测井进行监测，防止地下水污染。""禁止利用无防渗漏措施的沟渠、坑塘等输送或者存储含有毒污染物的废水、含病原体的污水和其他废弃物。""排放工业废水的企业应当采取有效措施，收集和处理产生的全部废水，防止污染环境。含有毒有害水污染物的工业废水应当分类收集和处理，不得稀释排放。工业集聚区应当配套建设相应的污水集中处理设施，安装自动监测设备，与环境保护主管部门的监控设备联网，并保证监测设备正常运行。向污水集中处理设施排放工业废水的，应当按照国家有关规定进行预处理，达到集中处理设施处理工艺要求后方可排放。""国家对严重污染水环境的落后工艺和设备实行淘汰制度。国务院经济综合宏观调控部门会同国务院有关部门，公布限期禁止采用的严重污染水环境的工艺名录和限期禁止生产、销售、进口、使用的严重污染水环境的设备名录。生产者、销售者、进口者或者使用者应当在规定的期限内停止生产、销售、进口或者使用列入前款规定的设备名录中的设备。工艺的采用者应当在规定的期限内停止采用列入前款规定的工艺名录中的工艺。依照本条第二款、第三款规定被淘汰的设备，不得转让给他人使用。""企业应当采用原材料利用效率高、污染物排放量少的清洁工艺，并加强管理，减少水污染物的产生。"

1.2.1.3 《中华人民共和国大气污染防治法》

石化废水中挥发性污染物浓度高，在废水处理过程中可能向大气散发挥发性有机化合物、恶臭气体等，因此石化污水处理过程中应考虑废气等二次污染的防治。《中华人民共和国大气污染防治法》（2018 年修订）（以下简称"大气污染防治法"）第四十五条要求："产生含挥发性有机物废气的生产和服务活动，应当在密闭空间或者设备中进行，并按照规定安装、使用污染防治设施；无法密闭的，应当采取措施减少废气排放。"第九十九条规定："违反本法规定，有下列行为之一的，由县级以上人民政府生态环境主管部门责令改正或者限制生产、停产整治，并处十万元以上一百万元以下的罚款；情节严重的，报经有批准权的人民政府批准，责令停业、关闭：（一）未依法取得排污许可证排放大气污染物的；（二）超过大气污染物排放标准或者超过重点大气污染物排放总量控制指标排放大气污染物的；（三）通过逃避监管的方式排放大气污染物的。"

随着近年来雾霾治理力度的加大，特别是近年雾霾和臭氧协同控制要求的提出，石化废水处理过程中挥发性有机化合物的控制要求将进一步提高。

1.2.1.4 《中华人民共和国固体废物污染环境防治法》

石化废水处理过程中产生的污泥属于工业固体废物，部分污泥因含有大量高风险污染物属于危险废物，必须得到安全有效的处理处置。《中华人民共和国固体废物污染环境防治法》（2020 年修订）（以下简称"固体废物污染环境防治法"）第四条要求："固体废物污染环境防治坚持减量化、资源化和无害化的原则。任何单位和个人都应当采取措施，减少固体废物的产生量，促进固体废物的综合利用，降低固体废物的危害性。"第五条要求："固体废物污染环境防治坚持污染担责的原则。产生、收集、贮存、运输、利用、处置固体废物的单位和个人，应当采取措施，防止或者减少固体废物对环境的污染，对所造成的环境污染依法承担责任。"第三十六条要求："产生工业固体废物的单位应当建立健全工业固体废物产生、收集、贮存、运输、利用、处置全过程的污染环境防治责任制度，建立工业固体废物管理台账，如实记录产生工业固体废物的种类、数量、流向、贮存、利用、处置等信息，实现工业固体废物可追溯、可查询，并采取防治工业固体废物污染环境的措施。禁止向生活垃圾收集设施中投放工业固体废物。"第三十九条要求："产生工业固体废物的单位应当取得排污许可证。排污许可的具体办法和实施步骤由国务院规定。"第七十七条要求："产生危险废物的单位，应当按照国家有关规定制定危险废物管理计划；建立危险废物管理台账，如实记录有关信息，并通过国家危险废物信息管理系统向所在地生态环境主管部门申报危险废物的种类、产生量、流向、贮存、处置等有关资料。"第七十九条要求："产生危险废物的单位，应当按照国家有关规定和环境保护标准要求贮存、利用、处置危险废物，不得擅自倾倒、堆放。"第八十一条要求："收集、贮存危险废物，应当按照危险废物特性分类进行。禁止混合收集、贮存、运输、处置性质不相容而未经安全性处置的危险废物。贮存危险废物应当采取符合国家环境保护标准的防护措施。禁止将危险废物混入非危险废物中贮存。"

1.2.1.5　《中华人民共和国清洁生产促进法》

石化生产工艺对石化废水的产生量及特性具有直接影响，通过清洁生产实现石化废水的源头减量，是石化废水污染控制的重要方面。《中华人民共和国清洁生产促进法》（2012 修正）第十九条要求，"企业在进行技术改造过程中，应当采取以下清洁生产措施：（一）采用无毒、无害或者低毒、低害的原料，替代毒性大、危害严重的原料；（二）采用资源利用率高、污染物产生量少的工艺和设备，替代资源利用率低、污染物产生量多的工艺和设备；（三）对生产过程中产生的废物、废水和余热等进行综合利用或者循环使用；（四）采用能够达到国家或者地方规定的污染物排放标准和污染物排放总量控制指标的污染防治技术。"第二十七条要求："企业应当对生产和服务过程中的资源消耗以及废物的产生情况进行监测，并根据需要对生产和服务实施清洁生产审核。有下列情形之一的企业，应当实施强制性清洁生产审核：（一）污染物排放超过国家或者地方规定的排放标准，或者虽未超过国家或者地方规定的排放标准，但超过重点污染物排放总量控制指标的；（二）超过单位产品能源消耗限额标准构成高耗能的；（三）使用有毒、有害原料进行生产或者在生产中排放有毒、有害物质的。"因此，石化行业属于实施强制性清洁生产审核的行业。

1.2.1.6　《中华人民共和国环境保护税法》

《中华人民共和国环境保护税法》（以下简称"环境保护税法"）于 2016 年 12 月 25 日通过，自 2018 年 1 月 1 日起施行，2018 年 10 月 26 日修正。国务院又公布了《中华人民共和国环境保护税法实施条例》，细化了有关规定，并与环境保护税法同步实施。按规定，应税大气污染物、水污染物按照污染物排放量折合的污染当量数确定计税依据，应税固体废物按照固体废物的排放量确定计税依据，应税噪声按照超过国家规定标准的分贝数确定计税依据。环境保护税法规定，大气污染物税额为每污染当量 1.2～12元，水污染物每污染当量 1.4～14 元，危险废物每吨 1000 元（表 1-4）。纳税人排放应税大气污染物或水污染物的浓度值低于排放标准 30% 的，减按 75% 征收环境保护税；低于排放标准 50% 的，减按 50% 征收环境保护税。至此，排污收费纳入法治的轨道。

除 COD、氨氮等常规污染指标外，石化行业排放标准中含有的多种特征污染物也成为应税污染物，企业污染治理水平将更加直接地与企业经济效益挂钩，从而进一步推动企业开展污染治理。

表 1-4 环境保护税法应税污染物和当量值表

污染物	污染当量值/kg	污染物	污染当量值/kg
总汞	0.0005	有机磷农药(以 P 计)	0.05
总镉	0.005	乐果	0.05
总铬	0.04	甲基对硫磷	0.05
六价铬	0.02	马拉硫磷	0.05
总砷	0.02	对硫磷	0.05
总铅	0.025	五氯酚及五氯酚钠(以五氯酚计)	0.25
总镍	0.025	三氯甲烷	0.04
苯并[a]芘	0.0000003	可吸附有机卤化物(AOX)(以 Cl 计)	0.25
总铍	0.01	四氯化碳	0.04
总银	0.02	三氯乙烯	0.04
悬浮物(SS)	4	四氯乙烯	0.04
生化需氧量[①](BOD$_5$)	0.5	苯	0.02
化学需氧量[①](COD$_{Cr}$)	1	甲苯	0.02
总有机碳[①](TOC)	0.49	乙苯	0.02
石油类	0.1	邻二甲苯	0.02
动植物油	0.16	对二甲苯	0.02
挥发酚	0.08	间二甲苯	0.02
总氰化物	0.05	氯苯	0.02
硫化物	0.125	邻二氯苯	0.02
氨氮	0.8	对二氯苯	0.02
氟化物	0.5	对硝基氯苯	0.02
甲醛	0.125	2,4-二硝基氯苯	0.02
苯胺类	0.2	苯酚	0.02
硝基苯类	0.2	间甲酚	0.02
阴离子表面活性剂(LAS)	0.2	2,4-二氯酚	0.02
总铜	0.1	2,4,6-三氯酚	0.02
总锌	0.2	邻苯二甲酸二丁酯	0.02
总锰	0.2	邻苯二甲酸二辛酯	0.02
彩色显影剂(CD-2)	0.2	丙烯腈	0.125
总磷	0.25	总硒	0.02
单质磷(以 P 计)	0.05		

① 同一排放口中的化学需氧量、生化需氧量和总有机碳，只征收一项。

1.2.1.7 《排污许可管理条例》

《排污许可管理条例》，自 2021 年 3 月 1 日起施行。该条例规定："依照法律规定实行排污许可管理的企业事业单位和其他生产经营者（以下称"排污单位"），应当依照本条例规定申请取得排污许可证；未取得排污许可证的，不得排放污染物。""污染物产生量、排放量或者对环境的影响程度较大的排污单位，实行排污许可重点管理。"因此，石化企业一般实行排污许可重点管理。

该条例规定："排污单位应当按照生态环境主管部门的规定建设规范化污染物排放口，并设置标志牌。污染物排放口位置和数量、污染物排放方式和排放去向应当与排污许可证规定相符。""排污单位应当按照排污许可证规定和有关标准规范，依法开展自行监测，并保存原始监测记录。原始监测记录保存期限不得少于 5 年。排污单位应当对自行监测数据的真实性、准确性负责，不得篡改、伪造。实行排污许可重点管理的排污单位，应当依法安装、使用、维护污染物排放自动监测设备，并与生态环境主管部门的监控设备联网。排污单位发现污染物排放自动监测设备传输数据异常的，应当及时报告生态环境主管部门，并进行检查、修复。排污单位应当建立环境管理台账记录制度，按照排污许可证规定的格式、内容和频次，如实记录主要生产设施、污染防治设施运行情况以及污染物排放浓度、排放量。环境管理台账记录保存期限不得少于 5 年。""排污许可证执行报告中报告的污染物排放量可以作为年度生态环境统计、重点污染物排放总量考核、污染源排放清单编制的依据。"

1.2.2　产业规划与政策

根据近年来相关产业政策，石化行业将向大型化、园区化和炼化一体化方向发展。

《产业结构调整指导目录（2019 年本）》对石化行业均规定了鼓励类、限制类和淘汰类项目目录。

（1）鼓励类

① 高标准油品生产技术开发与应用。

② 10 万吨/年及以上离子交换法双酚 A，15 万吨/年及以上直接氧化法环氧丙烷，20 万吨/年及以上共氧化法环氧丙烷，万吨级己二腈生产装置，万吨级脂肪族异氰酸酯生产技术开发与应用。

③ 乙烯-乙烯醇共聚树脂、聚偏氯乙烯等高性能阻隔树脂，聚异丁烯、乙烯-辛烯共聚物、茂金属聚乙烯等特种聚烯烃，高碳 α-烯烃等关键原料的开发与生产，液晶聚合物、聚苯硫醚、聚苯醚、芳族酮聚合物、聚芳醚醚腈等工程塑料生产以及共混改性、合金化技术开发和应用，高吸水性树脂、导电性树脂和可降解聚合物的开发与生产，长碳链尼龙、耐高温尼龙等新型聚酰胺开发与生产。

④ 5 万吨/年及以上溴化丁基橡胶、溶聚丁苯橡胶、稀土顺丁橡胶，丙烯酸

酯橡胶，固含量大于 60％的丁苯胶乳、异戊二烯胶乳开发与生产，合成橡胶化学改性技术开发与应用，聚丙烯热塑性弹性体（PTPE）、热塑性聚酯弹性体（TPEE）、氢化苯乙烯-异戊二烯热塑性弹性体（SEPS）、动态全硫化热塑性弹性体（TPV）、有机硅改性热塑性聚氨酯弹性体等热塑性弹性体材料开发与生产。

⑤ 苯基氯硅烷、乙烯基氯硅烷等新型有机硅单体，苯基硅油、氨基硅油、聚醚改性型硅油等，苯基硅橡胶、苯撑硅橡胶等高性能硅橡胶及杂化材料，甲基苯基硅树脂等高性能树脂，三乙氧基硅烷等高效偶联剂。

⑥ 全氟烯醚等特种含氟单体，聚全氟乙丙烯、聚偏氟乙烯、聚三氟氯乙烯、乙烯-四氟乙烯共聚物等高品质氟树脂，氟醚橡胶、氟硅橡胶、四丙氟橡胶、高含氟量 246 氟橡胶等高性能氟橡胶，含氟润滑油脂，消耗臭氧潜能值（ODP）为零、全球变暖潜能值（GWP）低的消耗臭氧层物质（ODS）替代品，全氟辛基磺酰化合物（PFOS）和全氟辛酸（PFOA）及其盐类的替代品和替代技术开发和应用，含氟精细化学品和高品质含氟无机盐。

⑦ 差别化、功能性聚酯（PET）的连续共聚改性〔阳离子染料可染聚酯（CDP、ECDP）、碱溶性聚酯（COPET）、高收缩聚酯（HSPET）、阻燃聚酯、低熔点聚酯、非结晶聚酯、生物可降解聚酯、采用绿色催化剂生产的聚酯等〕；阻燃、抗静电、抗紫外、抗菌、相变储能、光致变色、原液着色等差别化、功能性化学纤维的高效柔性化制备技术；智能化、超仿真等功能性化学纤维生产；原创性开发高速纺丝加工用绿色高效环保油剂。

⑧ 聚对苯二甲酸丙二醇酯（PTT）、聚萘二甲酸乙二醇酯（PEN）、聚对苯二甲酸丁二醇酯（PBT）、聚丁二酸丁二酯（PBS）、聚对苯二甲酸环己烷二甲醇酯（PCT）、生物基聚酰胺、生物基呋喃环等新型聚酯和纤维的开发、生产与应用。

（2）限制类

① 新建 1000 万吨/年以下常减压、150 万吨/年以下催化裂化、100 万吨/年以下连续重整（含芳烃抽提）、150 万吨/年以下加氢裂化生产装置。

② 新建 80 万吨/年以下石脑油裂解制乙烯、13 万吨/年以下丙烯腈、100 万吨/年以下精对苯二甲酸、20 万吨/年以下乙二醇、20 万吨/年以下苯乙烯（干气制乙苯工艺除外）、10 万吨/年以下己内酰胺、乙烯法醋酸、30 万吨/年以下羰基合成法醋酸、天然气制甲醇（CO_2 含量 20％以上的天然气除外），100 万吨/年以下煤制甲醇生产装置，丙酮氰醇法甲基丙烯酸甲酯、氯醇法环氧丙烷和皂化法环氧氯丙烷生产装置，300 吨/年以下皂素（含水解物）生产装置。

③ 新建 7 万吨/年以下聚丙烯、20 万吨/年以下聚乙烯、乙炔法聚氯乙烯、起始规模小于 30 万吨/年的乙烯氧氯化法聚氯乙烯、10 万吨/年以下聚苯乙烯、20 万吨/年以下丙烯腈-丁二烯-苯乙烯共聚物（ABS）、3 万吨/年以下普通合成胶乳-羧基丁苯胶（含丁苯胶乳）生产装置，新建、改扩建氯丁橡胶类、丁苯热塑性橡胶类、聚氨酯类和聚丙烯酸酯类中溶剂型通用胶黏剂生产装置。

④ 新建以石油、天然气为原料的氮肥。

⑤ 新建初始规模小于 20 万吨/年、单套规模小于 10 万吨/年的甲基氯硅烷

单体生产装置，10 万吨/年以下（有机硅配套除外）和 10 万吨/年及以上、没有副产四氯化碳配套处置设施的甲烷氯化物生产装置，没有副产三氟甲烷配套处置设施的二氟一氯甲烷生产装置，可接受用途的全氟辛基磺酸及其盐类和全氟辛基磺酰氟（其余为淘汰类）、全氟辛酸（PFOA），六氟化硫（SF_6，高纯级除外），特定豁免用途的六溴环十二烷（其余为淘汰类）生产装置。

⑥ 单线产能小于 20 万吨/年的常规聚酯（PET）连续聚合生产装置。

⑦ 常规聚酯的对苯二甲酸二甲酯（DMT）法生产工艺。

⑧ 间歇式氨纶聚合生产装置。

（3）淘汰类

① 200 万吨/年及以下常减压装置（青海格尔木、新疆泽普装置除外），采用明火高温加热方式生产油品的釜式蒸馏装置，废旧橡胶和塑料土法炼油工艺，焦油间歇法生产沥青，2.5 万吨/年及以下的单套粗（轻）苯精制装置，5 万吨/年及以下的单套煤焦油加工装置。

② 湿法氨纶生产工艺。

③ 二甲基甲酰胺（DMF）溶剂法氨纶及腈纶生产工艺。

④ 常规聚酯（PET）间歇法聚合生产工艺及设备。

《关于促进石化产业绿色发展的指导意见》（发改产业〔2017〕2105 号）要求："以'布局合理化、产品高端化、资源节约化、生产清洁化'为目标，优化产业布局，调整产业结构，加强科技创新，完善行业绿色标准，建立绿色发展长效机制，推动石化产业绿色可持续发展。""城镇人口密集区和环境敏感区域的危险化学品生产企业搬迁入园全面启动，新建化工项目全部进入合规设立的化工园区"，"实现'三废'治理由企业分散治理向园区集中治理转变。""重大污染源得到有效治理，化学需氧量、氨氮、二氧化硫、氮氧化物、挥发性有机物等主要污染物及有毒有害特征污染物排放强度持续下降。"

《石化产业规划布局方案》（发改产业〔2014〕2208 号）旨在通过科学合理规划，优化调整布局，从源头上破解产业发展的"邻避困境"，提高发展质量，促进民生改善，推动石化产业绿色、安全、高效发展。要求："新设立的石化产业基地应布局在地域空间相对独立、安全防护纵深广阔的孤岛、半岛、废弃盐田等区域，按照产业园区化、炼化一体化、装置大型化、生产清洁化、产品高端化的要求，统筹规划，有序建设，产业链设置科学合理，原油年加工能力可达到4000 万吨以上，规划面积不小于 40 平方千米。物流条件优越，原油、成品油具有管道或船舶运输条件。原油和成品油罐区总能力达到 600 万立方米。项目COD、氨氮、二氧化硫、细颗粒物等污染物实现近零或达标排放，固体废弃物实现无害化处理。陆域安全防护距离须符合国家标准，安全防护区内不得保留非关联常住居民、企业和产业。临水区必须设立防护沟，在充分考虑雨天叠加影响的前提下，防护沟和事故池总容量必须满足基地消防需要。"

此外，行业竞争压力的增大和环境管理标准的提高，要求石化行业尽快开展产业升级改造。《石化和化学工业发展规划（2016—2020 年）》明确指出，石化行业发展应坚持绿色发展的原则，即"发展循环经济，推行清洁生产，加大节能减排力度，推广新型、高效、低碳的节能节水工艺，积极探索有毒有害原料（产品）替代，加强重点污染物的治理，提高资源能源利用效率。"

1.2.3 水污染防治政策

2015年4月，《水污染防治行动计划》（以下简称"水十条"）出台，对我国水污染防治提出了明确目标、指标和要求，成为未来一个时期我国水污染防治的纲领性文件。

石化行业是"水十条"重点关注的行业之一。

①"水十条"要求"狠抓工业污染防治""专项整治十大重点行业""集中治理工业集聚区污染""强化经济技术开发区、高新技术产业开发区、出口加工区等工业集聚区污染治理""集聚区内工业废水必须经预处理达到集中处理要求，方可进入污水集中处理设施"。这些方面均涉及石化行业。特别是石化工业聚集园是我国工业集聚区的重要组成部分。全国省级以上开发区中多个园区以石化、化工产业为主体。

②"水十条"要求"具备使用再生水条件但未充分利用"的化工、制浆造纸等项目，"不得批准其新增取水许可。""鼓励钢铁、纺织印染、造纸、石油石化、化工、制革等高耗水企业废水深度处理回用。""到2020年，石化、食品发酵等高耗水行业达到先进定额标准。"因此，石化行业也是"水十条"节水的重点行业。

③"水十条"要求"全力保障水生态环境安全""保障饮用水水源安全""强化饮用水水源环境保护"。而石化行业生产和使用有毒污染物种类多、数量大，易随废水排放进入水体，是饮用水源地的重要风险源。因此，加强石化行业水污染防治，也是落实"水十条"饮用水安全保障的重要举措。

④"水十条"要求"推广示范适用技术。加快技术成果推广应用，重点推广饮用水净化、节水、水污染治理及循环利用、城市雨水收集利用、再生水安全回用、水生态修复、畜禽养殖污染防治等适用技术。""推动水处理重点企业与科研院所、高等学校组建产学研技术创新战略联盟，示范推广控源减排和清洁生产先进技术。""攻关研发前瞻技术。整合科技资源，通过相关国家科技计划（专项、基金）等，加快研发重点行业废水深度处理、生活污水低成本高标准处理、海水淡化和工业高盐废水脱盐、饮用水微量有毒污染物处理、地下水污染修复、危险化学品事故和水上溢油应急处置等技术。"因此，石化行业的"控源减排和清洁生产先进技术""节水、水污染治理及循环利用技术""废水深度处理技术"均是"水十条"的实施要求。

随着我国石化行业规模的不断扩大和水环境质量标准的不断提高，对石化行业污染控制提出了更高的要求。当前石化行业下行压力依然很大，在提高排放标准的同时，降低污染治理成本，减小企业负担，推动石化行业健康发展，对于我国经济社会的健康发展和保障就业民生具有重要意义。

1.2.4　"十三五"节能减排综合工作方案

国务院于 2016 年 12 月 20 日发布《"十三五"节能减排综合工作方案》（国发〔2016〕74 号）。《"十三五"节能减排综合工作方案》明确了"十三五"节能减排目标，提出全国化学需氧量、氨氮、二氧化硫和氮氧化物排放总量分别控制在 2001 万吨、207 万吨、1580 万吨和 1574 万吨以内，比 2015 年分别下降10％、10％、15％和 15％。全国挥发性有机物排放总量比 2015 年下降 10％以上。2020 年规模以上工业企业单位增加值能耗比 2015 年降低 18％以上，石油石化、化工、电力、钢铁、有色、建材等重点耗能行业能源利用效率达到或接近世界先进水平。要以改善环境质量为核心，改革完善总量减排制度，改变单纯以行政区域为单元分解污染物排放总量指标的方式和总量减排核算考核办法，通过实施排污许可制，落实企事业单位污染物排放总量控制要求。《"十三五"节能减排综合工作方案》中提出了实施节能重点工程、主要大气污染物重点减排工程、主要水污染物重点减排工程、循环经济重点工程四大类工程，其中炼油化工是重点挥发性有机物治理行业。

1.2.5　石化行业挥发性有机物综合整治方案

2014 年 12 月 5 日，环境保护部发布《石化行业挥发性有机物综合整治方案》（环发〔2014〕177 号）。整治方案要求："全面开展石化行业 VOCs 综合整治，大幅减少石化行业 VOCs 排放，促进环境空气质量改善。严格控制工艺废气排放、生产设备密封点泄漏、储罐和装卸过程挥发损失、废水废液废渣系统逸散等环节及非正常工况排污。通过实施工艺改进、生产环节和废水废液废渣系统密闭性改造、设备泄漏检测与修复（LDAR）、罐型和装卸方式改进等措施，从源头减少 VOCs 的泄漏排放；对具有回收价值的工艺废气、储罐呼吸气和装卸废气进行回收利用；对难以回收利用的废气按照相关要求处理。到 2017 年，全国石化行业基本完成 VOCs 综合整治工作，建成 VOCs 监测监控体系，VOCs排放总量较 2014 年削减 30％以上。"

1.2.6　排放标准

1.2.6.1　石化行业污染物排放标准

"水十条"明确要求"所有排污企业必须依法实现全面达标排放"，并"采取措施确保稳定达标"。2015 年，环境保护部颁布了《石油炼制工业污染物排放标准》（GB 31570—2015）、《石油化学工业污染物排放标准》（GB 31571—2015）、《合成树脂工业污染物排放标准》（GB 31572—2015）等专门针对石化行业的排放标准（附件 1～3）。排放标准限值较原来执行的《污水综合排放标准》（GB 8978—1996）更加严格。因此该行业急需经济适用的达标处理技术。

一方面，排放标准限值较原来执行的《污水综合排放标准》（GB 8978—1996）更加严格，如目前许多企业执行《污水综合排放标准》（GB 8978—1996）二级排放标准，即化学需氧量（COD）120mg/L、石油类 10mg/L，新标准要求达到 COD 60mg/L、石油类 5mg/L，而"在国土开发密度已经较高、环境承载能力开始减弱，或水环境容量较小、生态环境脆弱，容易发生严重水环境污染问题而需要采取特别保护措施的地区，应严格控制企业的污染排放行为"，排放标准执行 COD 50mg/L、石油类 3mg/L 的特别排放限值。

另一方面，新标准提出了需要控制的废水中特征污染物的种类及排放浓度限值，要求对含有铅、镉、砷、镍、汞和铬的废水在车间或生产设施进行预处理。给出了生产合成树脂单位产品以及加工单位原油的基准排水量，实际排水量超过基准排水量或超过生产设施环保验收确定的排水量时需将实测水污染物浓度换算为基准排水量排放浓度，再与排放限值比较判定是否达标。要求废水混合处理时，需执行排放标准中最严格的排放限值。基准排水量也有显著的下降，例如《污水综合排放标准》（GB 8978—1996）中炼油废水基准排放量为 $1.0 \sim 2.5 \mathrm{m}^3/\mathrm{t}$ 原油，而新标准为 $0.4 \sim 0.5 \mathrm{m}^3/\mathrm{t}$ 原油，这在很大程度上强制企业进行节水和废水循环利用。

此外，部分地区根据当地水环境质量改善需要，制定了更严的污水排放标准，对水污染控制提出了更高的要求。

1.2.6.2 地方污水或废水排放标准

目前广东、辽宁、重庆、浙江、河南、贵州、北京、天津、四川、江苏、河北、山东、湖北、福建、山西、上海等省（市、自治区）均发布了省级或流域级水污染物排放标准。其中，由于天津市和北京市均属于缺水地区，且经济较发达，因此其地方排放标准最为严格，其中水污染物控制指标和排放限值如下。

北京市颁布的《水污染物综合排放标准》（DB 11/307—2013）悬浮物、化学需氧量、五日生化需氧量、氨氮、总氮、总磷、总有机碳、石油类、硫化物、氟化物、挥发酚、总钒、苯、总氰化物、全盐量等指标的限值均严于《污水综合排放标准》（GB 8978—1996）和《石油炼制工业污染物排放标准》（GB 31570—2015）（表 1-5）。

表 1-5 行业排放标准与地方排放标准的对比

单位：mg/L（除 pH 值外）

项目	GB 8978—1996 一级标准	GB 31570—2015 直接排放（特别排放限值）	DB 11/307—2013 北京市		DB 12/356—2018 天津市	
			A 排放限值	B 排放限值	一级标准	二级标准
pH 值	6~9	6~9	6.5~8.5	6~9	6~9	6~9
悬浮物	70	50	5	10	10	10

项目	GB 8978—1996	GB 31570—2015	DB 11/307—2013		DB 12/356—2018	
	一级标准	直接排放（特别排放限值）	北京市		天津市	
			A 排放限值	B 排放限值	一级标准	二级标准
化学需氧量	100	50	20	30	30	40
五日生化需氧量	30	10	4	6	6	10
氨氮	15	5.0	1.0（1.5）	1.5（2.5）	1.5	2.0
总氮	—	30	10	15	10	15
总磷	0.5	0.5	0.2	0.3	0.3	0.4
总有机碳	—	15	8	12	20	30
石油类	10	3.0	0.05	1.0	0.5	1.0
硫化物	1.0	0.5	0.2	0.2	0.5	1.0
氟化物	10	—	1.5	1.5	1.5	1.5
挥发酚	0.5	0.3	0.01	0.1	0.01	0.1
总钒	—	1.0	0.3	0.3	—	—
苯	0.1	0.1	0.01	0.05	0.1	0.2
甲苯	0.1	0.1	0.1	0.1	0.1	0.2
邻二甲苯	0.4	0.2	—	—	0.4	0.6
间二甲苯	0.4	0.2	—	—	0.4	0.6
对二甲苯	0.4	0.2	—	—	0.4	0.6
乙苯	0.4	0.2	0.2	0.4	0.4	0.6
总氰化物	0.5	0.3	0.2	0.2	0.2	0.2
总铜	0.5	—	—	—	0.5	1.0
总锌	2.0	—	—	—	2.0	2.0
可吸附有机卤化物	—	—	0.5	1.0	1.0	5.0
全盐量	—	—	1000	1600	—	—

注：2013 年 12 月 1 日至翌年 3 月 31 日执行括号内限值。

1.2.6.3　发达国家石油化工行业水污染物排放标准

（1）德国化工生产水污染物排放标准（2004 年 6 月 17 日）[2]

德国化工生产水污染物排放标准分为直接排放标准（表 1-6）和间接排放标准（表 1-7）。其中，直接排放标准指标除 COD、TN、TP 等常规指标外，重点是鱼卵毒性、溞毒性、藻毒性、发光细菌毒性、致突变性（umu 试验）；间接排放标准指标主要为 AOX、Hg、Cd、Cu、Ni、Pb、总铬、Zn、Sn、六价铬、挥发性卤代有机物等重金属和有毒有机物。

表 1-6　德国化工生产[①]水污染物直接排放标准 (排入受纳水体)

序号	指标	限值	备注
1	COD[②·③]	2500mg/L	原废水 COD ＞50000mg/L
		去除率90%	750mg/L＜原废水 COD ＜50000mg/L
		75mg/L	原废水 COD＜750mg/L
		原废水 COD	原废水 COD＜75mg/L
2	TN	50mg/L	
		75mg/L	TN 去除率达到 75%以上
3	TP	2mg/L	
4	鱼卵毒性	2 倍	限值为稀释倍数
5	溞毒性	8 倍	限值为稀释倍数
6	藻毒性	16 倍	限值为稀释倍数
7	发光细菌毒性	32 倍	限值为稀释倍数
8	致突变性(umu 试验)	1.5	诱变率

① 如非特别说明，样品为随机样或 2h 混合样。

② 如按照水主管部门安排通过清洁生产措施降低了 COD 负荷，则按照措施实施前的 COD 确定执行的排放标准。

③ COD 标准不适用于腈纶生产废水。

表 1-7　德国化工生产水污染物间接排放标准 (和其他废水混合前)

序号	指标	限值	备注
1	AOX	3mg/L	环氧氯丙烷、环氧丙烷、环氧丁烷生产废水
		80g/t 产品	二步法乙醛生产废水
		30g/t 产品	一步法乙醛生产废水
		8mg/L	AOX 相关有机着色剂或主要用于生产有机着色剂的芳香族中间体的生产废水
		8mg/L	AOX 相关活性药物成分的生产废水
		10g/t 产品	通过甲烷氯化和甲醇酯化生产氯代烃或通过高氯酸化生产四氯化碳和过氯乙烷
		2g/t EDC 产品	1,2-二氯乙烷和氯乙烯的生产废水
		5 g/t 产品	PVC 生产废水
		0.3mg/L	原废水 AOX 浓度 0.1～1mg/L
		1mg/L 或 20g/t 产品	原废水 AOX 浓度＞1mg/L
2	Hg	0.05mg/L	生产废水
3	Cd	0.2mg/L	生产废水
4	Cu	0.5mg/L	生产废水
5	Ni	0.5mg/L	生产废水
6	Pb	0.5mg/L	生产废水
7	总铬	0.5mg/L	生产废水
8	Zn	2mg/L	生产废水

序号	指标	限值	备注
9	Sn	2mg/L	生产废水
10	六价铬	0.1mg/L	装置排放口随机样品
11	挥发性卤代有机物	10mg/L	装置排放口随机样品

（2）美国水污染物排放标准

美国排放限值确定是以技术为依据的，根据不同工业行业的工艺技术、污染物产生水平、处理技术等因素确定各种污染物排放限值，截至 1994 年美国环保署（US EPA）共制定了 52 个行业的出水限值准则和标准。排放标准可分为三大类：一是新污染源执行的排放限值；二是公共处理设施执行的排放限值；三是间接排放源（排入公共污水处理厂）执行的预处理标准[3]。按照不同控制技术及污染物的特性对现有污染源、新污染源分别规定了排放限值。

1）新污染源执行标准（NSPS）　新污染源指的是新污染源执行标准公布之后开始兴建的污染物排放源。新污染源执行标准是应用经证实了的最佳可行控制技术（BADT，也就是示范技术）所能达到的最大排放削减。其项目包括所有的污染物，即有毒污染物、常规及非常规污染。

美国是世界上第一个提出排水综合毒性控制（whole effluent toxicity，WET）的国家，也是应用其指标最为成功的国家之一。1972 年，美国制定了《清洁水法》，对有毒物质实行排放总量上的限制。1977 年，《清洁水法》将控制常规污染物拓展到了控制有毒物质排放。1984 年，美国环保署（US EPA）发布法规提出除基于技术排放限值进行污染物控制外，明确 WET 作为控制排放的一种途径。1989 年美国在《清洁水法》中正式提出了用 WET 方法从总量上控制有毒物质的排放。

2）公共处理设施的排放限值　《清洁水法》在 1972 年提出，公共处理设施必须在 1977 年 7 月 1 日前达到二级处理水平的排放限值，美国环保署为公共处理设施制定的二级处理标准见表 1-8。

表 1-8　美国二级排放标准

项目	BOD	SS	pH 值
30d 平均值	30mg/L	30mg/L	6～9
7d 平均值	45mg/L	45mg/L	6～9
30d 平均去除率	85%	85%	—

3）间接排放源预处理标准　间接排放指的是企业的污染物排入污水处理厂而非直接排入环境的行为，间接排放源预处理标准分为现有污染源的预处理标准（PSES）和新污染源的预处理标准（PSNS）。其目的是保护公共污水处理厂的正常运行并达到排污许可证规定的排放要求。

在美国，生物抑制性是废水预处理目标制定需要考虑的重要内容之一。根据美国预处理条例，废水预处理的目的旨在防止引入干扰集中式污水处理厂运行或对污泥造成污染的污染物进入；防止引入能够穿透处理设施进入受纳水体的污染物；防止引入影响废水处理及管道维护操作工人健康和安全的污染物；促进污水再生利用和污泥的资源化利用，其核心是防止有毒物质排入环境。在废水预处理目标的制定过程中，需要针对污染物指标分别考虑处理出水水质、污泥品质、废水抑制性和空气质量等方面的要求，计算满足不同方面要求的集中式污水处理厂可承受污染负荷（allowable headworks loadings，AHL），然后选择最小的负荷作为集中式污水处理厂的最大可承受污染负荷（MAHL），而基于废水生物抑制性的可承受污染负荷计算需要以生物抑制性基准值为依据。

1.3 石化行业水污染控制技术进展

石化行业经过上百年的发展，工艺、技术和装备日臻完善，清洁化、自动化水平不断提高，新型生产工艺和污染控制技术不断涌现。特别是随着近年来排放标准的提高、水资源压力的增大以及先进水污染控制技术的研发与应用，清洁生产和末端处理相互补充、相互协调的污染全过程控制理念逐渐被提出和实践，进一步提高了污染控制的效率，水污染控制技术不断向精细化、专业化方向发展，在清洁生产源头减量、装置废水资源回收与预处理、综合污水达标处理与回用等方面均取得了显著的技术进展。

1.3.1 石油炼制废水污染控制技术进展

1.3.1.1 原油储罐切水含油量控制技术

原油在炼油厂原油罐区脱水过程中会排放含油污水，污水含油量与切水操作密切相关。早期主要采用人工切水，具有劳动强度大、切水含油难以精确监控、易发生切水跑油等问题。近年来，通过增上二次脱水设施，将原油罐脱出污水进行二次脱水，或采用自动切水器代替人工切水，提高对切水的控制精度，显著降低了原油储罐切水的含油量。常用的自动切水器按照控制切水通断的原理，可分为基于浮球断油原理的自动切水器、基于储罐内油水界面检测的自动切水器和基于脱水含油量检测的自动切水器三类。

1.3.1.2 电脱盐废水污染控制技术

近年来，随着三次采油技术的应用，原油劣质化、重质化趋势明显，导致原油电脱盐废水水质不断恶化，处理难度不断加大，特别是电脱盐反冲洗废水含油量高，乳化严重，极易对炼油污水处理系统产生冲击。针对上述问题，各石化企业一方面优化原油电脱盐工艺，在保证脱盐、脱水效果的同时实现排水污染物（主要是油）的源头减量，常用方法包括保证原油储罐停留时间充足、更换高效电脱盐设备、提高电脱盐温度、调整破乳剂型号、调整油水界面、优化注水量和混合强度、延长水层停留时间等；另一方面采用适宜的电脱盐废水处理措施，实现油的回收利用和污染物的减排，常用的处理工艺包括超声波-水力旋流分离、电场协同破乳除油、化学破乳、模块化聚结除油、缓冲沉降-高精度旋流分离过滤、隔油-粗粒化、压力除油罐、气旋浮分离等。

1.3.1.3　含硫废水汽提处理与回用技术

含硫废水的处理方法主要为汽提法和氧化法，由于氧化法脱氨、脱氰的效果较差，且硫化物被氧化生成硫代硫酸盐和硫酸盐会使废水中的含盐量增加，因此该方法逐渐被汽提法所取代。含硫污水在汽提处理前需进行预处理，脱除污水中的轻烃气、油等影响系统正常运行的污染物。目前最常用的含硫污水汽提工艺包括单塔低压汽提、单塔加压侧线采出汽提和双塔汽提工艺。

含硫废水经过汽提净化后尽管仍含有一定量的硫、氨、酚等，但往往含有较低浓度的盐，可用于电脱盐装置注水、延迟焦化切焦水，常减压、催化裂化分馏塔塔顶注水，以及加氢装置低压分离器和高压分离器注水等。因加氢装置的注水水质要求较高，原则上应坚持采用加氢型含硫污水的汽提净化水作为加氢装置的回注水。因此，将加氢型含硫污水与非加氢型含硫污水分别进行收集和汽提处理成为了近年来提高石油炼制装置污水回用率的有效手段。

1.3.1.4　炼油废碱液处理技术

废碱液主要产生于油品精制和液化气精制等过程，不同类型废碱液具有不同的污染物组成特点，如催化裂化汽油碱渣含有高浓度酚钠盐，而柴油碱渣含有高浓度环烷酸盐。近年来，随着油品加氢精制工艺的全面推广，油品精制碱渣产生量大幅下降，许多炼厂目前仅剩余液化气碱渣。目前常用的炼油废碱液处理技术包括湿式氧化法、中和-生物强化处理技术和中和-曝气生物滤池处理技术，其中湿式氧化工艺又可分为湿式空气氧化工艺和缓和湿式氧化工艺。

1.3.1.5　催化裂化烟气脱硫废水处理技术

催化裂化催化剂再生烟气钠碱法脱硫废水中含有高浓度悬浮物和亚硫酸盐，一般采用混凝澄清或过滤实现悬浮物的去除，然后采用空气氧化法实现亚硫酸盐的氧化，处理出水污染物以硫酸钠为主，在必要的情况下可进一步采用膜浓缩、蒸发结晶等技术实现盐的回收和废水的回用。

1.3.1.6　延迟焦化装置冷焦水密闭循环处理技术

早期的延迟焦化装置冷焦水处理采用敞开式循环处理工艺，污水中大量挥发性物质散入空气中，对周边环境造成严重恶臭污染。针对上述问题，21世纪初我国研究开发了冷焦水密闭循环处理技术，通过水-水混合器注水降温、重力沉降、旋流分离、空冷等措施，实现了冷焦水的密闭循环处理，水资源得到节约，污水中的油和焦粉得到回收和资源化，恶臭污染得到有效控制。

1.3.2　有机原料生产废水污染控制技术进展

1.3.2.1　乙烯装置废碱液污染控制技术

乙烯装置废碱液来自裂解气碱洗水洗塔碱洗段，含有高浓度黄油、碳酸钠、硫化钠、氢氧化钠。目前工程化应用的污染控制技术包括通过优化裂解气碱洗过程降低废碱液污染物含量的源头控制技术和湿式氧化、生物处理等废碱液处理技术。当乙烯装置靠近炼油厂或天然气处理装置时，可考虑采用强酸或 CO_2 中和废水，释放出含 H_2S 和 CO_2 的混合气体，然后采用 Claus 装置将 H_2S 转化为硫黄；当乙烯装置靠近酸性气体火炬或焚烧炉等焚烧装置及其尾气脱硫处理装置时，也可考虑通过焚烧的方式对含 H_2S 和 CO_2 的混合气体进行处理。

采用降低裂解气重组分含量、优化碱洗塔操作温度、降低系统进氧量、向碱洗塔加注黄油抑制剂、定期排放碱洗塔底部黄油等措施，可减少裂解气碱洗过程黄油产生量，实现乙烯装置废碱液源头控制。此外，通过萃取、聚结除油等措施可对废碱液中的黄油进行回收和利用。

1.3.2.2　苯酚丙酮装置源头减排清洁生产技术

异丙苯法生产苯酚、丙酮过程中，排放的工艺废水中含有高浓度的苯酚、丙酮等物质，具有显著的回收价值。通过优化粗丙酮塔塔顶压力、进料板位置等可大幅降低塔釜物料丙酮含量，优化精丙酮塔塔顶压力、回流比及除醛回流等，在保证侧线采出产品质量合格的同时可使塔釜丙酮得到最佳分离，塔釜废水丙酮含量大幅下降。将混合异丙苯碱洗塔废水等纳入苯酚萃取回收范围，同时对萃取工艺进行优化，可提高苯酚萃取效率，减小苯酚流失量。

1.3.2.3　丙烯酸（酯）废水污染控制技术

丙烯酸废水中含有高浓度甲醛、丙烯醛、丙烯酸、甲苯等有毒有机物，污染物浓度高、毒性强，难以直接进行生物处理。焚烧处理技术是目前丙烯酸废水处理的主流技术，已用于国内多套丙烯酸生产装置废水的处理。该技术的特点在于占地面积小、污染物降解彻底，设备投资大，运行管理要求高，处理成本较高。

通过出水大比率回流稀释可降低丙烯酸（酯）废水中有毒污染物浓度，稀释后废水可采用厌氧-好氧工艺处理，运行成本显著低于焚烧法。

针对丙烯酸丁酯废水中丙烯酸钠浓度高的特点，依托国家水专项课题实施，研究开发了以双极膜电渗析为核心的有机酸回收技术，并完成了中试，可从废水中回收氢氧化钠和丙烯酸，实现废水 COD、盐度和生物抑制性的同步降低。

1.3.2.4　丙烯腈废水污染控制技术

丙烯氨氧化法制丙烯腈生产工艺中，产生大量含高浓度氰化物、有机腈等有毒物质的废水，毒性极高，处理难度大，目前国内外主要采用焚烧法处理。废水焚烧过程消耗大量燃料油，处理成本很高，焚烧尾气需妥善处理，否则将造成大气污染。2000 年前，国内建设的丙烯腈装置均配套老式直筒型焚烧炉，废水焚烧后高温烟气直排，无相关余热回收和烟气净化设施，无法达到国家现行环保要求。2000 年后逐步采用了满足《危险废物焚烧污染控制标准》（GB 18484）要求的新式丙烯腈废水焚烧炉，配备余热回收、除尘及 NO_x 控制相关设施，多采用多级燃烧和还原-氧化技术。针对丙烯腈废水焚烧处理存在的问题，依托国家水专项实施，研究开发了丙烯腈废水膜分离资源化-辐射分解脱氰-生物处理集成处理技术，并完成了中试。

1.3.2.5　环氧氯丙烷废水污染控制技术

传统的环氧氯丙烷生产工艺为丙烯高温氯化法，包含丙烯氯化、氯丙烯氯醇化及二氯丙醇皂化反应三个反应单元。环氧氯丙烷废水主要含有氯化钙、氢氧化钙及大量氯代有机物，处理难度大，目前我国主要通过与其他低浓度废水混合后进行生物处理。中石化某企业建有一套环氧氯丙烷废水预处理设施，设计能力为150t/h，采用絮凝、离心沉降的方法处理来自氯丙烷装置环化单元废水，处理后废水送综合污水处理厂进行处理。

甘油氯化法生产环氧氯丙烷工艺以甘油为主要原料，通过氯化、环化反应生产环氧氯丙烷。该工艺与丙烯高温氯化法相比具有以下特点：

① 工艺流程短，投资少；

② 无需昂贵的催化剂，生产成本较低；

③ 副产物少，废物处理成本低；

④ 操作条件比较温和，安全可靠；

⑤ 不消耗丙烯，原料资源丰富。

目前该工艺已在多家企业得到工程应用。

1.3.2.6　精对苯二甲酸废水污染控制技术

传统的精对苯二甲酸（PTA）废水处理技术先通过沉淀回收对苯二甲酸（TA），再采用厌氧-好氧工艺进行处理。近年来开发出了 PTA 精制废水超滤-离子交换-反渗透深度处理技术，可对废水中高浓度的对苯二甲酸、对甲基苯甲酸进行回收，并实现废水的再利用。

1.3.2.7　己内酰胺废水污染控制技术

己内酰胺废水中含有较高浓度的难降解有机物，且部分为难降解有色物质，其生物处理出水通常有高 COD、高色度的问题，难于实现稳定达标。可采用臭氧催化氧化技术对己内酰胺废水生物处理出水进行处理，保障出水COD 和色度稳定达标。己内酰胺废水典型的达标处理工艺为混凝气浮-水解酸化-两级 A/O-混凝沉淀过滤-臭氧氧化-内循环 BAF-臭氧催化氧化集成处理技术。

1.3.3 合成材料生产废水污染控制技术进展

1.3.3.1 聚乙烯和聚丙烯废水处理技术

聚乙烯或聚丙烯生产废水污染物浓度较低，一般采用隔油等简单预处理后进入综合污水处理厂进行进一步处理。

1.3.3.2 ABS 树脂装置废水污染全过程控制技术

自"十五"以来，我国针对 ABS 树脂生产工艺的主要产污环节研发了清洁生产技术，实现废水和污染物的源头减量：

① 针对丁二烯聚合反应釜和 ABS 接枝聚合反应釜清洗废水排放量大、胶乳浓度高的问题，将清洗废水过滤去除凝固物后与相应的聚合物胶乳混合，然后进行后续的接枝聚合或凝聚干燥，实现了废水中聚合物的再利用，提高产品收率，并降低废水处理难度和成本。

② 针对传统接枝聚合反应釜内传质传热效果不佳，造成凝固物生成量大、釜壁挂胶严重、反应釜清釜频繁、清釜废水排放量大、污染严重的问题，通过改进反应釜延长了清釜周期，可实现废水和污染物的源头减量，同时提高产品收率，降低清釜操作和污水处理带来的生产成本。

③ 针对传统凝聚工艺凝聚效果不佳造成粉料流失问题，研发了复合凝聚清洁生产工艺，避免了粉料的流失，提高了粉料收率。

ABS 树脂装置排放废水胶乳、悬浮颗粒物、有毒有机物和含氮污染物含量高，可采用混凝气浮-生物处理工艺进行处理。通过混凝气浮实现废水中胶乳、悬浮颗粒物和磷的去除，通过生物处理实现废水中有机物和氮的去除。

1.3.3.3 腈纶废水污染控制技术

腈纶生产通常采用悬浮聚合工艺，工艺过程中产生大量含有高浓度聚合物、单体和溶剂的废水。采用先脱单体再过滤脱水工艺代替先过滤再脱单体工艺，可大幅提高脱单效果、降低脱单成本以及废水中的单体浓度。采用纤维束过滤等可实现腈纶废水中部分高分子量聚合物的截留回收，并保障后续处理单元的稳定运行。腈纶废水中的丙烯腈、DMAC 等有机物均可生物降解，因此可在生物处理单元通过生物降解作用予以去除。采用活性污泥法处理腈纶废水生物处理过程中，活性污泥体积指数（SVI）值高，污泥膨胀问题突出，国家重大水专项研究开发了适合腈纶废水水质特性的微生物载体，并研发筛选了相应的处理工艺，提高了生物处理单元的处理效果。经生物处理后，腈纶废水中残留 COD 主要为难以生物降解的有机物，可通过氧化混凝工艺予以去除，即通过混凝去除废水中的微生物絮体和低分子量聚合物，通过氧化去除废水中的溶解态有机物，最终实现难降解有机物的有效去除。

1.3.3.4 PET 废水污染控制技术

直接酯化法生产 PET 过程中，酯化单元产生一定量的高浓度有机废水，主要特征污染物为乙醛、乙二醇和 2-MD。通过降低酯化温度、延长酯化时间，可减小乙醛生成量；对聚酯装置酯化单元工艺塔采用组合塔盘结构进行改造，可使酯化废水中的乙二醇含量≤0.06%，较传统工艺塔酯化废水中 0.30% 的乙二醇含量，实现了 0.24% 乙二醇的直接回收利用。PET 树脂装置采用四级乙二醇（EG）喷射技术代替水蒸气喷射技术，可降低真空单元高浓度废水的排放量。

早期高浓度废水经汽提处理后采用热媒炉对汽提产生的有机废气进行焚烧处理，近年来开发了从废水中回收乙醛的汽提处理工艺，从而使 PET 装置副产乙醛。回收乙醛后的废水污染物浓度中等，可采用厌氧-好氧组合工艺进行处理。

1.3.3.5 乳液聚合丁苯橡胶废水污染控制技术

乳液聚合丁苯橡胶生产过程中产生大量高浓度有机废水，平均每吨丁苯橡胶产品产生 7～8t 废水。废水中含有反应助剂和反应副产物等多种有毒有机物和难降解有机物，末端处理难度大。丁苯橡胶废水主要是来自回收工段的苯乙烯滗析器分离水和后处理的凝聚分离水及洗胶水，含有大量环状有机物和低聚物，主要污染物为苯乙烯、甲苯、乙苯、苯甲醛、丁二烯、LAS、凝聚剂（三烷基氯化铵、二腈二胺甲醛缩合物）等，废水氨氮、总磷、悬浮物、盐等主要污染物浓度高，可生化性差（BOD/COD 值通常＜0.3）。

采用环保型终止剂 N-368 替代传统终止剂福美钠（SDD），不仅可消除橡胶产品中的致癌物亚硝基胺，而且可避免装置尾气中含有二硫化碳，从而实现污染物的源头减量。丁苯橡胶废水采用催化氧化-混凝沉淀工艺进行预处理，可实现废水中难降解有机物和磷的有效去除，并提高废水可生化性。

1.3.4 综合污水达标处理与回用技术进展

1.3.4.1 预处理技术

石化综合污水在进行生物处理前通常需要进行预处理，以去除污水中石油类、聚合物胶乳粉料、有毒有机物等干扰后续生物处理单元稳定运行的污染物。预处理单元技术的选择依据石化综合污水的水质水量特征，常用技术包括格栅、沉砂池、隔油池、气浮池、调节池、均质池、水解酸化池等。

在炼油综合污水处理过程中，油污去除是预处理的重点，设计规范要求进入生化系统油浓度＜20mg/L。隔油和气浮是最常用的除油预处理组合，此外通过罐中罐、浮动环流收油技术强化除油功能的污水调节均质罐也可发挥除油功能。石化综合污水中聚合物胶乳粉料等的去除可采用混凝气浮或混凝沉淀等技术，有毒有机物的去除可采用水解酸化等技术。

1.3.4.2 生物处理技术

生物处理旨在利用微生物的生长代谢作用，实现石化污水中可生物降解有机物、氮和磷的低成本去除。生物处理单元是目前石化综合污水处理工程的主体。废水生物处理技术种类繁多，形式多样，目前石化综合污水的生物处理主要采用活性污泥法工艺，部分企业或园区采用了接触氧化法、移动床生物膜法（MB-BR）等生物膜法工艺。由于排放标准对氮磷要求的提高，石化综合污水生物处理单元功能已从早期的单纯去除有机物升级为同时去除有机物和氮磷，如缺氧/好氧工艺（A/O）、厌氧/缺氧/好氧工艺（A^2/O）和短程硝化反硝化工艺等。部分活性污泥法采用了膜生物反应器（MBR），部分活性污泥法通过投加粉末活性炭等方式进一步提高系统抗毒性物质抑制性冲击的能力和对难降解有机物的去除能力，如粉末活性炭活性污泥（PACT）和湿式氧化法（WAR）的组合工艺等。

1.3.4.3 分离去除悬浮物及胶体的深度处理技术

石化综合污水的生物处理出水中通常含有活性污泥絮体、脱落生物膜等悬浮物，以及微生物代谢产物等胶体物质。一方面，生物处理出水中的悬浮物和胶体物质易在污水回用设施滋生生物膜，甚至造成堵塞，影响石化废水的正常回用；另一方面，悬浮物和胶体物质会堵塞非均相臭氧催化氧化反应器，覆盖在催化剂表面，影响传质效果和污染物降解效率，或者对过滤膜造成污染，降低膜通量，缩短使用周期。因此，通常需要对石化综合污水生物处理出水进行深度处理，以分离去除其中的悬浮物和胶体，常采用砂滤、高密度沉淀池、微絮凝连续砂滤、微絮凝接触过滤、微砂加炭沉淀、多介质过滤、气浮滤池等技术。

1.3.4.4 高级氧化去除有机物的深度处理技术

污水高级氧化法以羟基自由基（·OH）为主要氧化剂，在水相实现污染物氧化分解。·OH具有强氧化能力，可与有机污染物进行系列自由基链反应，从而破坏其结构，使其逐步降解为无害的低分子量有机物，最后降解为 CO_2、H_2O 和其他矿物盐，是去除石化废水中有毒、难降解污染物的有效方法。目前，工业化应用的高级氧化技术包括芬顿（Fenton）氧化法、臭氧催化氧化法、光催化氧化法、电催化氧化法、湿式氧化法、超临界水氧化法等。其中，由于臭氧催化氧化法适合大流量污水中低浓度难降解有机物的去除，无污泥等二次污染，是目前石化综合污水处理中应用最广泛的高级氧化深度处理技术。

1.3.4.5 生物降解去除污染物的深度处理技术

生物法深度处理旨在通过生物降解、过滤截留、吸附等作用进一步去除石化废水生物处理出水及物化深度处理出水中仍含有的氨氮、可降解有机物以及可过滤、可吸附污染物。由于污染物浓度总体较低，通常采用生物膜法进行处理，最常采用的是曝气生物滤池和生物活性炭滤池。

1.3.4.6　膜法深度处理技术

膜法深度处理技术借助膜的选择渗透作用，以外界能量或化学位差为推动力，对处理出水中残余的无机盐、难降解有机物等与水进行分离，并实现无机盐的分级、提纯和富集，可显著提升出水品质，有利于污水的资源利用。在石化污水处理与回用中应用的膜技术主要包括微滤（MF）、超滤（UF）、纳滤（NF）、反渗透（RO）、电渗析（ED）等技术，其中以超滤-反渗透为核心的双膜法在石化废水脱盐深度处理中已得到广泛应用。

1.3.4.7　反渗透浓水再浓缩-蒸发-结晶处理技术

在反渗透系统中将产生一定浓度的浓盐水，尽管目前行业标准中未包含盐度相关指标，但部分地方排放标准中已包含盐度指标。且随着污水回用率的提高，反渗透浓水的含盐量将提高，其直接排放对生态环境影响将增大。可采用反渗透技术对浓水进行再浓缩，然后采用机械蒸汽再压缩技术（MVR）或多效蒸发技术进行蒸发结晶。目前该类技术在石化污水中的应用仍处于起步阶段。

1.3.4.8　污水处理过程中产生的废气处理技术

炼油化工企业的污水处理厂在将污水处理达标排放的同时，污水处理各单元（包括集水井、均质罐、隔油池、气浮池、缺氧池、鼓风曝气池、污油罐、污泥脱水池、污泥浓缩池等）均会产生废气。对于隔油池、气浮池等产生的高浓度废气宜采用吸收、催化燃烧、焚烧等技术处理；对于曝气池等产生的低浓度废气可采用生物法、吸附、焚烧等技术处理。

1.3.4.9　污水处理过程中产生的固废处理概况

石化污水处理过程中产生的污泥可分为含油污泥、剩余活性污泥和化学污泥。这三类污泥应分别进行收集和处理处置，以从源头上降低需要处置的危险废物量。剩余活性污泥和化学污泥可进行浓缩、脱水、干化处理。含油污泥可采用预浓缩-絮凝-离心脱水-无害化工艺、沉降浓缩-机械脱水-干化-焚烧工艺、沉降浓缩-酸化破乳除油-干化处理集成工艺、热萃取处理工艺等进行处理，以回收油类物质，降低污泥有害物质含量，减少危险废物量。

1.3.5　炼化一体化园区（企业）水污染全过程控制优化技术进展

传统的石化废水治理技术研究以装置生产废水或石化综合污水为主要对象，着眼于炼化一体化园区（企业）水污染控制系统某个局部的优化，缺少对整个系统全局优化的研究。自"十一五"国家重大水专项启动以来，相关课题专门进行石化废水污染全过程控制技术的研究，从石化装置废水出发研究开发了几十套石化装置废水的特征污染物分析方法和石化废水生物抑制性分析方法，对石化装置废水产排特征进行了系统分析。在此基础上，建立了石化废水生物抑制性关键物质识别技术、水污染控制关键装置识别技术，为代表性炼化一体化企业水污染控制关键污染物和关键装置的识别提供了技术支撑；进而建立了石化园区水污染控制系统整体优化技术，站在整个园区的高度上统筹考虑关键污染物的削减和关键装置的水污染控制，从而实现整个系统的全局优化。上述技术已在某石化公司得到示范应用，取得了显著的环境效益和经济效益。

本章编著者：中国环境科学研究院周岳溪、宋玉栋、席宏波、于茵、吴昌永、沈志强。

第2章
石油炼制废水分质处理与循环利用成套技术

炼油废水的水质水量特征受到生产原料、工艺流程及设备、生产规模和生产管理等多方面因素的影响。石油炼制装置种类多，污水特性各异，但总体上可分为含油污水、含硫污水和含盐污水等几大类，具有不同的水质特点和资源化潜力，宜开展废水的分质处理与循环利用（图2-1）：a. 电脱盐废水含油含盐量高、波动大，宜单独进行强化除油预处理；b. 碱渣废水有机物及硫化物浓度高，宜单独进行强化生物降解或湿式氧化预处理；c. 含硫污水氨氮和硫化物浓度高，宜单独进行汽提处理后，净化水回用于电脱盐和蒸馏塔顶注水等，且加氢装置和非加氢装置废水分别进行汽提预处理，可获得更高品质的净化水，有利于提高净

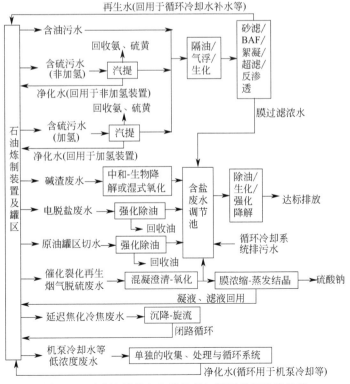

图 2-1　石油炼制废水分质处理与循环利用系统示意

化水回用率；d. 催化裂化再生烟气脱硫废水含有高浓度亚硫酸盐和悬浮物，宜进行混凝澄清和氧化处理；e. 延迟焦化装置冷焦废水进行密闭循环处理，罐区及石油炼制装置区的含油污水宜进行隔油-气浮-生化处理，并进行膜法深度处理，反渗透出水可回用作循环冷却水补水等；f. 膜法深度处理浓水与电脱盐废水、碱渣废水等高含盐废水单独进行除油和生物处理，达标排放；g. 机泵冷却水等低浓度废水水质较好，宜进行单独的收集、处理和循环利用。

2.1 **原油储罐切水含油量控制技术**

2.1.1　技术简介

原油开采注水会增加原油含水率，而在油田开发后期，随着向地下注水量增加，原油含水率随之增大。虽经油田一系列脱水处理，送至炼油厂的原油含水率仍然很高，需在炼油厂原油罐区进行脱水。原油罐区脱水以沉降脱水为主，早期主要是人工操作，劳动强度大，且对切水含油难以精确监控，易造成切水跑油的事故；同时，随着高含硫原油比例不断提高，人工切水也存在硫化物中毒的安全风险。一方面，可通过增上二次脱水设施，将原油罐脱出污水进行二次脱水[4,5]；另一方面，可采用自动切水器代替人工切水，提高对切水的控制精度，降低切水含油量。原油脱水属于高含盐废水，根据国内几个主要油田生产原油的含盐含水量计算，原油脱水含盐量在 $1\sim33g/L$。

2.1.2　适用范围

原油储罐切水含油量控制。

2.1.3　技术特征与效能

（1）工作原理

1）原油罐区二次脱水　将原油储罐中排出的一次脱水（原油在储罐内静置一段时间，所含水分逐渐沉降到储罐底部，打开切水阀排出的含油污水）排入一个低位的油水分离器，进行再次沉降分离，必要时还可在一次脱水进入分离器以前加入破乳剂以促进油水分离。

2）自动切水器　自动控制切水通断的切水器可分为基于浮球断油原理的自动切水器、基于储罐内油水界面检测的自动切水器和基于切水含油量检测的自动切水器三类。

① 基于浮球断油原理的自动切水器：以双联式自动切水器为例（图 2-2）[6,7]，切水器内部由相连通的两个腔体组成。其中一个腔体接收储罐中的介质，进行油、水、渣的分离并产生阀门启闭动力，被称为分离腔；另一个腔是排水腔，其作用是排出水和渣质。在分离腔中的浮球利用介质密度差产生浮力作为动力，通过杠杆原理将动力进行放大，并传递给排水腔中的启闭系统，进而控制切水的通

断。切水器进水口与储罐脱水口阀门连接，打开储罐脱水口阀门，油、水、渣在重力的作用下流入脱水器。其中，渣质在重力作用下沉于切水器底部，油水混合液体进入油水分离腔进行油、水分离。油上浮进入液面顶部，经进水口或回油口返回油罐；水下沉流入排水腔。当分离腔内油水界面达到某一高度后，动力系统浮子在浮力作用下向上运动，并通过杠杆将动力传递到排水阀芯，开始切水。随着储罐内沉降水量减少，进入切水器油水混合物的含油量增加，浮力减小，浮子下沉。当含油量增至一定值时阀芯关闭。如此循环往复，即形成连续全自动的脱水作业。

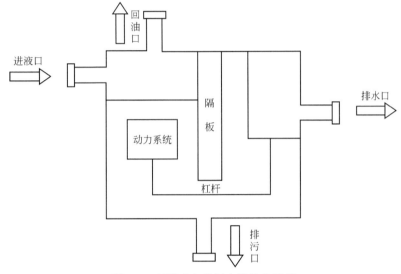

图 2-2　双联式自动切水器结构示意

②　基于储罐内油水界面检测的自动切水器：以采用短波界面仪的自动切水器为例（图 2-3）[8]，将短波界面仪的传感器水平插入原油储罐的油水介质中，短波模块通过插入罐中的传感器发射短波信号，对罐内检测点的油水混合比例进行检测，再将检测到的信号传给控制器并放大整形，使控制器输出标准的 4～20mA 直流电流信号或 1～5V 直流电压信号以及继电器触点式两位信号。将控制器输出的信号传输给 DDZ-Ⅲ型电动单元组合仪表，即可构成自动切水系统。当油水界面升高时，传感器探头所处油中的含水率增大，控制器输出的信号就大。该信号通过电动单元组合仪表进行 PID 调节后控制电动阀开大放水，使油水界面下降；反之，当油水界面降低时，探头检测点所处油中含水率降低，控制器输出的信号就小，在电动单元组合仪表的调节控制下，电动阀关小蓄水，使油水界面回升。合理设置 PID 参数，可使系统运行平稳、控制精确，较好地实现自动切水。

③　基于切水含油量检测的自动切水器：以液柱谐振式切水器为例[9,10]，自动切水器结构如图 2-4 所示。在一定的温度下，水中油含量变化时，其黏度和密度都变化，相应的谐振频率和振幅也发生变化。将水的"温度-频率"曲线预存到传感器 CPU 中，在某一温度下传感器以对应的频率工作，振幅越大水越干

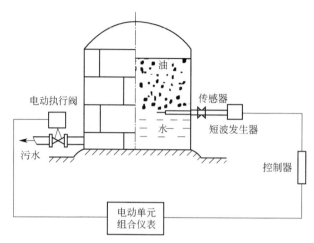

图 2-3　采用短波界面仪的自动切水器工作原理示意

净，振幅越小水中含油量越高，这样就可以定性地检测水中含油量。切水系统由导流管、传感器、过滤器、加热保温系统、脱水控制阀、计算机监控系统（可选）等组成。在导流管上并列装了两个油水检测传感器。油罐切水口为直排口时，沉降到油罐底部的水可直接进入到切水器。两个检测控制器都检测到水时，输出开阀信号，以一定开度打开放水阀，开始脱水；任何一个传感器检测到水中含油量超标时，输出关阀信号，关闭切水阀，停止切水。停止切水后，切水器内的油水介质自动分层，油能自动回到油罐，油罐中的水进入切水器。两个传感器再次都检测到水时，再开启脱水阀，开始切水。传感器出现故障后，振幅为零，是油的信号，控制器会将阀门关闭，不会发生跑油事故。

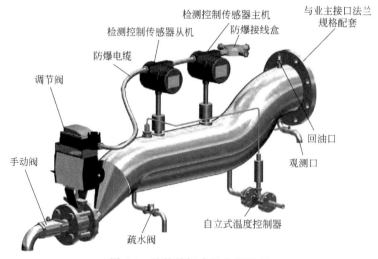

图 2-4　液柱谐振式切水器示意

（2）技术特点

① 双联式自动切水器：a. 利用浮力和杠杆原理控制阀门的开启和关闭，摆脱了对电源的依赖，可靠性大大提高；b. 切水过程中，切水器内与水分离的油

品可在浮力作用下自动返回储罐；c. 切水完成时，切水器内会存有一定高度的水，形成水封，确保油品不外泄；d. 安装维修方便，安装时油罐不需清罐动火。

② 采用短波界面仪的自动切水器：短波吸收法油水界面检测仪主要由短波发生器和控制器两大部分组成，防爆性能好，更适合原油储罐油水界面的检测需要。

③ 液柱谐振式自动切水器：耐用、稳定性强且免维护，不受介质特性、密度、温度、黏度等影响。尤其对于密度较高的重质原油，油水沉降分离困难，且原油密度变化范围较大，采用液柱谐振式自动切水器是较佳的选择。

（3）典型案例

① 辽宁某石化原油储罐采用二次脱水工艺，在原油储罐和二次脱水罐间加装自动切水器后，切水含油量显著下降[6]。

② 采用短波界面仪的自动切水器应用于辽河油田曙光采油厂第四联合站各热化学沉降罐和电脱水器的自动切水和高位报警，有效避免了因油水界面调节不当造成的水路跑油或油路走水、重复脱水现象。自动放水系统投入运行后，油水界面控制平稳，罐底放水平均含油量由原来的 7200mg/L 下降到 30～300mg/L。电脱水器的运行电流由原来的 180～230A 下降到 120～150A。原油脱水温度由原来的 75℃ 下降到 70℃，节约了大量电能和燃料。污水处理站的加药量也减少了 2/3 以上[8]。

③ 液柱谐振式自动切水器应用于南阳某化工公司原油罐区，原油含水率合格率达到 89.3%，远高于人工切水，每年污油产生量较人工切水减少 61t[10]。

2.2　电脱盐废水污染控制技术

从油井开采出来的原油大多含有水分、盐类和泥沙等。原油中的水分会增加炼制能耗和蒸馏塔顶冷凝冷却设备的负荷，还会造成蒸馏过程波动。原油所含的无机盐主要为氯化钠、氯化钙和氯化镁，一方面，盐在原油加工过程中易造成腐蚀和盐垢沉积，严重时会降低换热器效率或堵塞管路；另一方面，盐对下游转化工艺中使用的很多催化剂具有破坏作用；此外，原油中的盐类大多残留在重馏分油和渣油中，会影响二次加工过程及其产品质量。因此，炼油装置对原油蒸馏前的脱盐脱水有严格要求，一般为含盐量＜3mg/L，含水量＜0.2%。一般原油在油田脱除水分、盐类和泥沙后再外输至炼油厂。但由于一次脱盐、脱水不易彻底，我国几个主要油田供应原油含盐量为 3～200mg/L，含水量为 0.08%～1.8%。原油中盐类绝大部分溶于水中并以微粒状态分散在油中，形成较稳定的油包水型乳化液。因此，原油进行蒸馏处理前还需再次进行脱盐脱水[11]。

原油在炼油厂内的脱盐脱水通常采用破乳剂（醚型、酰胺型、胺型和酯类等油性破乳剂）和高压电场（强电场一般为 500～1000V/cm，弱电场一般为 150～300V/cm）联合作用的方法，为提高水滴的沉降速度，通常在 80～150℃ 条件下进行。一般采用二级电脱盐脱水的工艺流程，也有的采用三级电脱盐脱水。以二级电脱盐脱水为例，原油自油罐抽出，与破乳剂、洗涤水按比例混合，经换热器与装置中某热流换热达到一定的温度，再经过一个混合阀（或混合器）将原油、破乳剂和水充分混合后，送入一级电脱盐罐进行第一级脱盐、脱水，脱盐率约90%。一级脱盐脱水后原油再与乳化剂及洗涤水混合进入二级电脱盐罐进行第二级脱盐、脱水。在电脱盐罐内，油水混合物在电场和重力场的作用下，自上而下形成油层、油水乳化层和水层三部分，油层经收集后进入常减压装置，油水乳化层需进一步破乳分离，水层携带盐分由切水出口排出。

电脱盐过程排放的废水主要来自注入的洗涤水和原油中含有的水，其水质特征受原油品质、电脱盐工艺条件和运行操作的直接影响。电脱盐废水具有以下特点：a. 重质油含量高，与污水密度非常接近，分离困难；b. 污油油滴粒径小，乳化严重，分离困难；c. 含大量细微悬浮物，加重了废水中原油的乳化；d. 含盐量和矿化度高，对设备腐蚀性大，且容易造成设备结垢堵塞。特别是近年来，原油劣质化、重质化趋势明显，高酸原油等比例呈上升趋势，再加上原油市场不规则剧烈波动，造成炼厂原油品种繁多、性质复杂，电脱盐废水的水质波动明显，处理难度加大。在原油开采过程中使用的助剂种类增多、用量增大，致使炼油厂电脱盐废水水质变差，易对后续污水处理系统产生冲击。此外，电脱盐废水为高温废水，易对后续废水生物处理单元产生热冲击负荷。

原油在生产和运输过程中混入的砂粒、黏土、钻井泥浆及铁锈等不溶固体，在脱盐罐内由于水及破乳剂的作用沉积在罐底，不仅减少了脱盐罐的有效容积，而且使排水带油倾向严重。因此，需要定期对电脱盐罐进行反冲洗，而产生的反冲洗废水组成复杂，处理难度更大。

按照污染全过程控制理念，电脱盐废水的污染控制一方面应优化原油电脱盐工艺，在保证脱盐、脱水效果的同时实现排水污染物（主要是油）的源头减量；另一方面应采用适宜的电脱盐废水处理措施，实现油的回收利用和污染物的减排。常用的电脱盐废水污染源头减量方法包括保证原油储罐停留时间充足、更换高效电脱盐设备、提高电脱盐温度、调整破乳剂型号[12]、调整油水界面、优化注水量和混合强度、延长水层停留时间等[13-15]。常用的电脱盐废水处理工艺包括超声波-水力旋流分离技术、电场协同破乳除油技术、化学破乳技术、模块化聚结除油、缓冲沉降-高精度旋流分离过滤、隔油-粗粒化、压力除油罐、气旋浮分离等。

2.2.1 电脱盐废水源头减量技术

2.2.1.1 技术简介

电脱盐废水污染物排放情况与原油品质和电脱盐条件直接相关，通过电脱盐单元本身的优化，一方面可实现废水污染物减量，降低后续污水处理难度及成本；另一方面可提高原油收率和产品产量，带来直接的经济效益。此外，电脱盐废水污染物减量往往伴随着原油脱盐脱水效果的提升，从而保证后续原油加工单元的稳定运行和生产效率的提高。根据原油电脱盐工艺（图 2-5），该单元的优化包括罐区原油充分脱水、更换高效电脱盐设备、提高电脱盐温度、调整破乳剂型号、调整油水界面、优化注水量和混合强度、延长水层停留时间等。重质原油、高酸原油、高含水原油等均可通过电脱盐单元的优化，在保证原油脱盐脱水效果的同时，大幅降低电脱盐废水中污染物，特别是石油类含量。

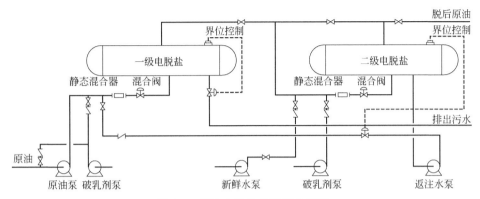

图 2-5　原油电脱盐典型工艺流程

2.2.1.2　适用范围

适用于原油电脱盐废水石油类的源头减量。

2.2.1.3　技术特征与效能

（1）基本原理

1）罐区原油充分脱水　通过增大原油罐容积、延长原油在罐内的停留时间、提前投加破乳剂等措施，使原油在罐内更加充分地脱水，从而降低进入电脱盐单元原油的含水量、含盐量和含砂量，提高原油品质的均匀性，保证电脱盐单元正常运行，降低反冲洗频次，从源头减少电脱盐切水含油量和高污染物浓度的反冲洗废水排放量。

2）更换高效电脱盐设备　根据原油品质选择和更换适合的电脱盐设备，改善原油脱盐、脱水效率和电脱盐罐内的油水分离效果，降低切水含油量。目前，按照罐内电极类型及布置方式、电场类型、原油分配器等的差异，工业化应用的原油电脱盐设备包括常规交流电脱盐器、交直流电脱盐器、高速电脱盐器、鼠笼式平流电脱盐器和双进油双电场电脱盐器等。

① 常规交流电脱盐器是较为传统的电脱盐器，采用水平电极板和交流电场。这种电脱盐装置一般采用两层或三层电极板，电极板之间形成强电场，下层电极板与油水界面之间形成弱电场，强弱电场均为交流形式。油水混合料从位于电脱盐罐底部水相中的分配器进入，并迅速上升通过油水界面进入弱电场区，然后再经过下层电极板进入强电场区。主要依靠偶极聚结和振荡聚结实现水滴的凝聚，电路较简单，成本较低廉。缺点是供电电压为正弦交流电，起作用的电场强度每

个周期只有两小段区间，效率低，脱水脱盐效果稍差，处理重质化、劣质化原油时易出现废水含油量偏高的问题；水滴易排列成链，导致垮电场、电耗大。

② 交直流电脱盐器是对常规交流电脱盐器的改进，电极板平面与电脱盐罐轴向垂直，正、负电极板相间布置。通过电路控制，垂直电极板之间形成半波直流强电场，而电极板端部与油水界面之间形成交流弱电场[16]。该技术实现了偶极聚结、电泳聚结和振荡聚结三种聚结方式。待处理原油含水量可在较大范围内波动，且脱水脱盐效果好，耗能小，也能避免电化学反应对设备的腐蚀。

③ 高速电脱盐器采用三层水平电极板，电场形式为交流。与常规交流电脱盐器的最大区别是，高速电脱盐装置中不设弱电场区，上层极板与中层极板之间的距离和下层极板与中层极板之间的距离相等，且均为强电场；采用特殊结构的进料分配器，使油水混合料直接进入上下两个强电场中。与常规交流电脱盐技术相比，原油中小水滴之间的电聚结力大幅度提高，水滴聚结速度和油水分离速度加快，同等容积电脱盐罐的原油加工能力提高。此外，由于采用油相进料，避免了水相进料对水层的搅动，可保持油水界面稳定，并保证电脱盐切水水质。

④ 鼠笼式平流电脱盐器采用物料平流方式和鼠笼式电极板结构形式（单层或多层），油水混合料从电脱盐罐一端进入，沿水平方向依次经过弱电场、过渡电场和强电场三个区域，净化原油则从罐的另一端排出，从原油中沉降分离出来的水进入罐底水包，并从水包底部排出。由于原油流动方向与水滴沉降方向垂直，基本消除了原油流动对水滴沉降产生的不利影响。该技术较适合高含水原油，如油田原油脱水或炼油厂高含水原油的预脱水（盐）等。

⑤ 双进油双电场电脱盐器除了在罐中心线处布置一个强电场（下部电场）外，还在电脱盐罐上部原来未曾利用的空间布置了另一个强电场，上部电场和下部电场分别采用独立的电源供电和相对独立的管路进油。每一个上部电场单元设置了半密闭水盘，电极板布置在半密闭水盘内，使上部电场和下部电场的油流、水流相对独立运行。下部电场处理后的净化油经过水盘之间以及水盘与罐壁之间的通道向上浮升，不会进入上部电场；上部电场分离出的水流经过水盘底部的落水管直接进入罐底部净水层，与下部电场分离出的水一同排出罐外；上部电场处理后的净化油向上浮升，与下部电场处理后的净化油一起经罐顶部出油集合管排出罐外，去后续处理单元。相当于在一个电脱盐罐内并联布置了两套电脱盐设备，两套设备共用一个罐体、一个排水管、一个出油集合管，其余相对独立，大大降低了强电场内原油乳化液的上升速度，为实现油水良好分离创造必要条件。

3）优化电场控制方式 除电脱盐罐内部结构的优化外，电场控制方式的优化也可显著改善电脱盐效果，近年出现了脉冲电脱盐器、智能响应型电脱盐器等设备。

① 脉冲电脱盐器：该工艺采用专用脉冲直流电源，可以形成单向、高压、高频、窄脉冲、大占空比电场，其脉冲频率、电场强度和占空比可实现连续可调[17]。电脱盐/脱水的微观机理包括偶极聚结、振荡聚结、水链聚结和强电场冲击等。高频高压脉冲电场的峰值在很短的时间内上升很高，形成高压、高频脉冲

电场，可以瞬间获得很大的电场力，是通常电场力的 3～5 倍。油相中的水滴反复受到突变电场的冲击，加速了水滴间的聚结。通过调节高频脉冲电场的频率和占空比，可使脉冲输出时间小于水链形成短路的时间，在形成水链短路前终止脉冲，避免电能泄漏，显著改善脱盐/脱水效果和设备运行平稳性。

② 智能响应型电脱盐器向电极板上输出可调高压电，由于电压是变化的，避免了细小水滴在固定电压下形成的平衡状态，促进油水破乳和水滴沉降。智能响应型电脱盐器可根据加工原油的性质和特点，通过预先编程设定的波形曲线工作或通过控制器动态调整输出电压，从而针对不同类型原油采用最适宜的电场条件。

4）提高电脱盐温度　温度是影响原油电脱盐的重要因素，温度升高，原油黏度和密度降低，油水密度差增加，破乳剂在油相和水相的溶解度变好，油水界面张力减弱，热运动加快，乳化水滴碰撞概率增加，促进了水滴聚结沉降。适宜的电脱盐温度与原油品质和电脱盐设备有直接关系。提高电脱盐温度是改善重质原油电脱盐效果，降低切水含油量的常用手段。原油电脱盐工艺典型条件见表 2-1。

表 2-1　原油电脱盐工艺典型条件

原油密度(15℃)/(kg/m³)	水洗(体积比)/%	温度/℃
<825	3～4	115～125
825～875	4～7	125～140
>875	7～10	140～150

5）调整破乳剂型号及用量　破乳剂的作用是破坏油水界面乳化膜，减小水滴聚结阻力，加快油水分离速度。破乳剂的类型、结构、分子量和用量对原油电脱盐效果均具有显著影响，进而影响电脱盐废水中的污染物含量。通常，亲水亲油平衡值（HLB）适中的破乳剂效果较好；具有较高分子量和较宽分子量分布及高表观分散度的破乳剂效果更好；多分支型破乳剂润湿性能更优，破乳效果更好；破乳剂的浓度接近临界聚集浓度时，效果最好[18]。

6）调整油水界面　调整油水界面可改变水相和油相在电脱盐罐内的停留时间，进而影响油水分离效果和电脱盐罐切水中的含油量。通常，在一定范围内适当提高油水界面，有利于获得更好的油水分离效果，切水含油量更低。

7）优化注水量　注水的目的是洗涤和稀释原油中的含盐水滴，并在脱盐罐中将含盐水分离出去。注水可增大水滴或减小水滴间距，从而促进水滴间的聚结。但注水量过大会导致脱盐罐内水停留时间过短，影响油水分离。注水量最大一般不超过原油量的 10%。

8）混合强度[19]　　低含盐量的稀释水以及破乳剂注入原油后，通过混合设备促使其与原油接触，连续的稀释水相变为分散的稀释水颗粒而散布在连续油相中，原油中的盐类物质得以与稀释水颗粒充分接触发生萃取转移。稀释注水与原油的混合均匀程度直接决定了原油中盐类物质的萃取转移程度。在工程中，常用脱后原油含盐量、水含量与底部沉积物来间接评价稀释水掺混效果，并且将这些指标与混合压降（掺混过程所消耗的能量）予以关联。混合强度越高，混合效果就越好，但当混合强度过高时会使油相水滴直径变小，产生过乳化现象，反而降低了水滴的沉降速度，影响油水分离效果。如某公司电脱盐混合强度控制：一级40kPa、二级 45kPa、三级 40kPa。

9）超声强化破乳　超声波破乳是一种新兴的物理破乳技术，具有脱盐脱水效果良好、操作简单、自动化程度高等优点。一方面，超声波在传播过程中产生的机械振动作用带动原油乳状液的剧烈振动，降低了乳化液界面上的吸附量和乳化水滴的表面张力，削弱了保护膜，从而有利于水滴的聚结；另一方面，超声波使乳化态的水滴产生振动，乳化态的水滴在波腹或波节的出现时间远远大于平衡态，宏观上表现为水滴向波腹或波节的往复运动，大大增加了乳化水滴间的碰撞概率，促使生成更大直径的水滴，在重力和电场作用下进行沉降，达到油水分离的目的。

（2）工艺流程

常见的二级电脱盐工艺流程如图 2-5 所示。原油自油罐抽出，与破乳剂、洗涤水按比例混合，经换热器与装置的某热流换热达到一定温度，再经过一个混合阀（或混合器）将原油、破乳剂和水充分混合后，送入一级电脱盐罐进行第一次脱盐、脱水。一级脱盐脱水后原油再与破乳剂及洗涤水混合送入二级电脱盐罐进行第二次脱盐、脱水。

采用超声波破乳的三级电脱盐工艺流程如图 2-6 所示。在原油和洗涤水混合液进入电脱盐罐前，先采用超声波进行破乳处理，从而在改善破乳效果的同时降低破乳剂投加量。

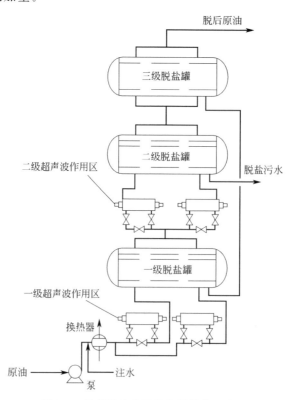

图 2-6　超声波破乳原油电脱盐装置流程

（3）技术特点

通过原油电脱盐废水源头减量技术可针对原油特点，采用适宜的电脱盐设备和工艺参数，从根本上解决切水含油量大的问题，不仅可减小后续废水处理的难度和负荷，同时可减少油的流失，提高产品收率；此外，还可改善原油的脱盐脱水效果，保证后续原油加工过程的稳定运行，减小设备的腐蚀和结垢，减少催化裂化等单元催化剂的失活。

2.2.1.4　典型案例

该类技术已在国内多家石化企业得到应用，并针对不同类型的原油，筛选和优化了电脱盐设备、破乳剂类型和工艺参数。

（1）案例一：电脱盐器更换

天津某石化企业 500 万吨/年电脱盐装置改造前采用高速电脱盐罐-交直流电脱盐罐串联的二级电脱盐工艺，脱后原油含盐含水偏高，切水含油量较高。针对上述问题，该企业采用双进油双电场电脱盐技术进行改造，改造后电脱盐装置 2012～2016 年连续运行稳定，脱后原油含盐量和含水率 100% 合格（含盐量≤3mgNaCl/L，含水率≤0.2%），排水含油量保持在 162mg/L 以内，合格率为 95%～100%（石油类≤150mg/L 合格）[20]。

（2）案例二：超声破乳

陕西某炼油厂 150 万吨/年常压装置加工陕北混合原油，该原油密度（20℃）为 860～900kg/m^3，含水质量分数为 0.1%～0.5%，含盐量（质量浓度）为 40～200mg/L，胶质含量较高，凝点较低，属低含硫中间石蜡基原油。该原油易乳化，脱盐较困难。超声波破乳投用前，采用三级交直流电脱盐工艺，总排水颜色较深、浑浊。前两级电脱盐罐增加超声波破乳后，总排水逐渐变清，经过十多天系统置换后，水质清澈。与上一年同期未采用超声波破乳相比，采用超声波破乳后，总排水的平均含油量由 242.5mg/L 降至 76.6mg/L。与此同时，可完全停止使用破乳剂，脱后原油含盐量由 3～5mg/L 降至 3mg/L 以下，各级电脱盐罐电流明显下降，能耗减小[21]。

（3）案例三：高含水原油电脱盐

湖北某石化公司 2 号常减压蒸馏装置设计加工能力为 160 万吨/年，主要加工江汉-南阳混合原油，混合原油水含量及酸值均较高，乳化严重，破乳困难，尤其是其中的老化污油不仅含有大量水分、固体杂质，而且长期受到原油中细菌及腐蚀因素作用，产生 FeS 等腐蚀产物，使电导率增加、电脱盐运行电流升高。改造前采用两级交直流电脱盐工艺，由于原油性质变化较大，尤其是水含量屡次严重超标，使得电脱盐装置自 2008 年以来多次出现电流超高跳闸、电极棒击穿问题，甚至发生过常减压初馏塔冲塔事故；另外，电脱盐排水油含量高，对污水处理系统造成巨大冲击。为此，该企业对电脱盐系统进行了两次技术改造：2010 年 6 月对 1 号电脱盐罐进行了脉冲电脱盐技术改造，采用鼠笼式电极、2 台脉冲变压器；2012 年 4 月将二级脱盐工艺改为三级脱盐工艺，新增一级电脱盐罐，采用交直流脱盐脱水技术，原有的两级脱盐罐串联使用，作为二、三级电脱盐罐，平均脱盐合格率由改造前的 86.12% 提高至改造后的 93.21%，一级电脱盐罐切水油含量峰值由 56800～384000mg/L 降至 324～644mg/L，初馏塔冲塔问题得到有效解决[22]。

（4）案例四：南美重质高含盐原油电脱盐

河北某石化企业为国内专业化道路沥青生产企业，主要原料为南美洲的两种重质原油——马瑞油和波斯坎油，密度分别为 955.5kg/m³ 和 991.8kg/m³，均具有较高的沥青质和胶质；同时具有很高的含盐量，平均高达 100mg/L；酸值和硫含量均较高，属高硫高酸原油。建厂初期采用两级卧式电脱盐罐，但当加工马瑞油、波斯坎油后，两级卧式电脱盐罐的脱盐能力明显不足，因此在两台卧式电脱盐罐之前再增加一台立式电脱盐罐，其工艺流程见图 2-7。原油在电脱盐系统内的总停留时间由 1.75h 提高到 4.1h。针对南美重质原油高密度高含盐量的特点以及加工混合比例的不同，研制出了专用配伍型高效破乳脱盐剂 HA-E04、HA-E05，这两种脱盐剂主要由多乙烯多嵌段聚醚破乳剂、亲盐分散剂和含稀土元素的脱盐促进组分等复合而成，解决了南美重质原油深度脱盐问题，可将原油含水率由 2% 以上降至 0.1% 以内[23]。

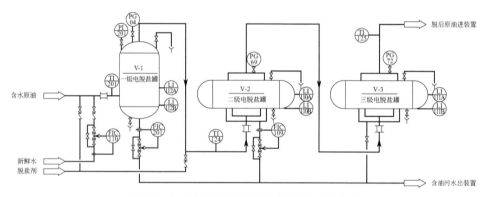

图 2-7　立式-卧式电脱盐罐三级组合工艺流程

在立式-卧式电脱盐罐三级组合工艺条件下，马瑞油、波斯坎油在不同比例混合时，通过加注不同比例的 HA-E04 或 HA-E05 脱盐剂，以及操作条件（操作温度为 120～145℃，操作压力控制为 0.4～0.6MPa，注水量为 5%～10%）的调整，均能达到较好的脱盐脱水效果，可将脱后原油含盐量降至 10mg/L 以内，脱盐率可达到 90% 以上，原油含水率从 2% 以上降至 0.1% 以下。

（5）案例五：高酸重质原油脉冲电脱盐

浙江某石化企业 225 万吨/年沥青装置以曹妃甸、秦皇岛 32-6、旅大 10-1、流花等高酸、重质海洋原油为原料，生产道路石油沥青、化工轻油、润滑油基础油原料、燃料油等产品。该企业先后采用两级常规交流电脱盐技术、鼠笼式平流电脱盐技术和二级交直流成套电脱盐技术，脱盐脱水效果均不理想[24]。采用高频脉冲电脱盐技术对电脱盐单元进行改造，在混合强度及电脱盐温度未发生明显变化的情况下，脱盐率提高了 6.24 个百分点，电脱盐能耗降低了 85.6kW，电脱盐污水石油类和化学需氧量（COD）浓度分别降低了 73mg/L 和 352mg/L，表明高频脉冲电脱盐技术对提高重质原油脱盐率、改善电脱盐污水水质及降低系统电耗均有较好的促进作用[25]（表 2-2）。

表 2-2　高频脉冲电脱盐技术应用前后结果对比

项目	改造前	改造后
一级电脱盐混合压差/kPa	100	182
二级电脱盐混合压差/kPa	99	180
电脱盐温度/℃	135	135
电脱盐污水石油类质量浓度/(mg/L)	166	93
电脱盐污水 COD 质量浓度/(mg/L)	1466	1114
脱后含盐质量浓度/(mg/L)	7.24	3.65
脱盐率/%	83.35	89.59
电脱盐功率/kW	391.1	305.5
破乳剂加入量/(g/t)	10.55	6.42

2.2.2　电脱盐废水化学破乳除油技术

（1）技术简介

化学破乳除油技术是有效的电脱盐废水处理技术，但由于不同原油电脱盐废水乳化剂类型不同，因此需要筛选各自有效的破乳药剂。许多专用破乳药剂价格较高或投加量偏大，造成除油成本较高。部分破乳剂会残留在浮渣或沉淀中，对其进一步的资源化利用和处理处置产生影响。

（2）适用范围

电脱盐废水中乳化油的破乳去除。

（3）技术特征与效能

1）基本原理　利用化学混凝破乳作用实现废水破乳，再在破乳沉降罐依靠油水两相的密度差实现油水分离。

2）工艺流程　电脱盐废水正常排水和反冲洗排水分别与化学破乳剂（清油剂）混合均匀后进入破乳沉降罐进行油水分离，水层排至下游污水处理系统进行进一步处理，油层在此投加破乳剂后进入渣油分离罐进行进一步分离。如图 2-8 所示。

3）技术特点　破乳除油效果与破乳剂种类和投加量直接相关，由于不同原油所产生电脱盐废水中含有的乳化剂特性不同，常需要对适用的破乳剂进行筛选，对破乳剂投加量进行试验优化。化学破乳除油的药剂成本通常较高。

4）典型案例　甘肃某石化企业于 2016 年建设了电脱盐废水的化学破乳预处理系统：将废弃的环烷酸装置罐改造成处理电脱盐正常排水的化学破乳罐；利用废弃的卧式电脱盐罐作为反冲洗水沉降及化学破乳罐。处理系统选用管道混合方式投加破乳剂，药剂成本高，约为 800 万元/年。电脱盐废水及反冲洗水预处理后混合排入污水处理系统，内控标准为石油类与 COD 指标分别不高于 500mg/L 和 1500mg/L，从实际监测来看，石油类与 COD 平均浓度分别为 70mg/L 和 800mg/L，但波动较大，石油类最高达 325mg/L，仍然对后续污水处理系统

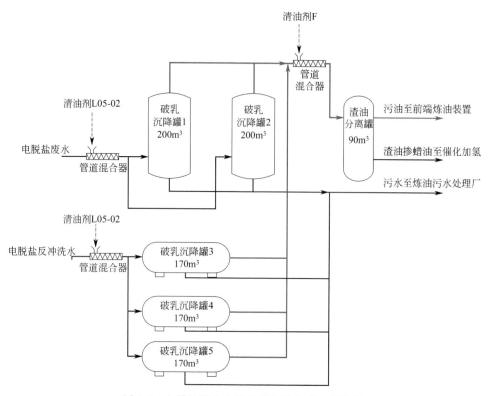

图 2-8　电脱盐污水化学破乳除油典型工艺流程

造成较大冲击。

2.2.3　电脱盐废水电絮凝强化除油技术

（1）技术简介

电絮凝强化除油技术针对电脱盐废水乳化严重、破乳困难的特点，通过电场破乳作用与电解产物的絮凝破乳作用协同破乳，由于电场破乳作用，降低了破乳药剂的投加量，且电解产物较传统化学混凝药剂破乳效果更优，因此只需要少量的能耗和极板消耗即可获得较好的破乳效果，处理成本远低于传统化学破乳工艺，且回收污油中含渣量更低，更易于资源化。

（2）适用范围

电脱盐废水中乳化油的破乳去除。

（3）技术特征与效能

1）基本原理　利用电化学工艺处理电脱盐废水，主要通过电场破乳和电化学絮凝破乳等综合作用，实现废水破乳和油水分离（图 2-9）。

① 电场破乳作用：反应池内设置独特的电化学装置，通过电极板加电产生的电场作用，使带电乳化油滴发生运动，在运动中相互碰撞聚结成较大油滴（>$10\mu m$）并上浮至水面，达到油水分离的目的。

② 电化学絮凝作用：通过对反应池中的可溶性电极板加低压直流电，采用

金属铁或铝及合金材料作为电极，电解消耗析出 Fe^{3+} 或 Al^{3+} 进入水中，与水中溶解的 OH^- 结合生成 $Fe(OH)_3$ 或 $Al(OH)_3$ 以及其他单核羟基配合物、多核羟基配合物和聚合物等，形成的配合物作为一种高活性的吸附基团，有着极强的吸附和破乳作用，可破坏乳化油滴表面的双电层结构，使乳化油滴聚合，代替传统的絮凝剂和破乳剂。再利用吸附架桥作用和网捕卷扫作用使水中的胶体颗粒、悬浮物、油渣等杂质共同沉降。

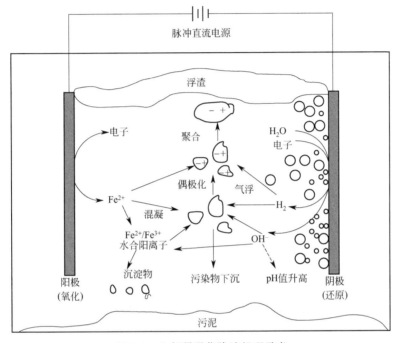

图 2-9　电絮凝强化除油机理示意

2）工艺流程　电脱盐废水正常排水和反冲洗排水进入除油设备前先进入缓冲水箱，对水量和水质进行均质调节，保证除油设备进水水量和水质相对稳定，并依靠油水两相的密度差实现浮油和分散油的去除，减小后续电絮凝单元的除油负荷和极板污染，保证电絮凝单元的除油效率。缓冲水箱出水进入电絮凝单元，依靠电场和电絮凝破乳作用实现废水破乳，再依靠气浮段的分离作用实现浮油、分散油和大部分破乳后乳化油的分离去除（图 2-10）。

3）技术特点　电絮凝强化除油技术综合利用电场破乳、电絮凝破乳等作用进行高乳化油废水的破乳除油，其除油效率高，运行成本较低，回收污油含渣量低。

电絮凝强化除油技术参数：

进水含油量　　　　$200 \sim 50000\text{mg/L}$。

出水含油量　　　　$<100\text{mg/L}$。

除油率　　　　　　$>85\%$。

耗电量　　　　　　$0.1 \sim 0.5\text{kW} \cdot \text{h/m}^3$。

（4）典型案例

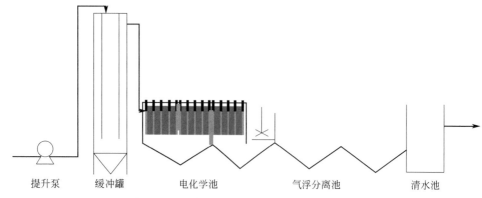

图 2-10　电脱盐废水电絮凝强化除油工艺流程

该技术在某石化企业炼油厂分别完成了 $1m^3/h$ 和 $5m^3/h$ 电脱盐废水现场中试，并完成了该企业电脱盐废水强化除油处理工程技术示范，设计处理废水规模为 1200t/d（图 2-11）。工程运行后，废水石油类去除率≥85%，处理后出水石油类≤100mg/L，运行成本不高于 3.0 元/吨。该技术简单易行，效果显著，具有良好的推广应用前景[26]。

(a)　　　　　　　　　　　　　(b)

图 2-11　某石化企业电脱盐废水强化破乳除油示范工程

2.2.4　电脱盐废水油水旋流分离技术

（1）技术简介

电脱盐废水在旋流分离器内高速旋转，产生远高于重力场的离心力场。在离心力的作用下，密度大的水被甩向四周，顺着壁面向下运动，作为底流排出；密度小的油被带到中间并向上运动，最后作为溢流排出，从而达到油水分离的目的。由于离心力场远高于重力场，因此油滴上浮速度快，旋流分离器容积和占地面积较小，适合电脱盐废水中分散油和轻度（或不稳定）乳化油等的快速分离。多采用两级或多级串联形式，并常与超声破乳除油等工艺单元联合使用。

（2）适用范围

适用于含油废水的预处理，能够用于分散油和轻度（或不稳定）乳化油的分离，尤其适用于石油类含量较高的情形。

（3）技术特征与效能

1）基本原理　油水旋流分离技术的核心设备为水力旋流分离器。水力旋流分离器由圆柱腔、分离锥和尾管等部分组成，上方有溢流口，下方有底流口。电脱盐废水在一定的压力作用下从旋流器进口沿切线方向进入旋流器的内部，液流由直线运动转变为高速旋转运动，产生强烈的涡流。由于油水两相的密度差，使得油相和水相所受的离心力不同，造成油相向中心轴线低压区移动、积聚，同时边旋转边向上做螺旋运动，形成内旋流，最后从溢流口溢出；水相向旋流器壁面移动，在后续入口液体的推动下由底流口排出，从而实现油水分离。稳定流量压力和压差比可形成稳定的油水包络面，从而获得稳定的油水分离效果[27]。

2）工艺流程　电脱盐废水旋流分离典型流程如图 2-12 所示：电脱盐切水首先进入一级旋流器，一级底流口流出的净化水再进入二级旋流器，进行旋流分离，二级底流口出来的净化污水直接排入含油污水井；一、二级旋流器溢流污油并联进入污油缓冲罐，污油缓冲罐内的污油含水较多，经泵提压后进入三级旋流器进行浓缩脱水，油相进入污油罐，水相返回一级旋流器入口，循环脱油[28]。

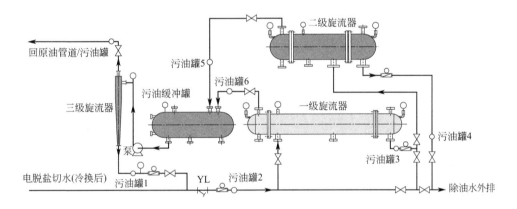

图 2-12　电脱盐废水旋流分离典型流程

3）技术特点　与隔油池等重力分离设备相比，水力旋流分离器有如下优点。

① 结构紧凑，体积小、质量轻。旋流器工作时离心力场远高于重力场，所需停留时间远小于普通的重力分离设备。

② 易于设计、安装。可根据处理量的大小，将旋流分离器按数量进行模块化单元组装，可卧式或立式安装，且由于旋流分离器无运动部件，体积和重量都不大，组装吊装方便，且安装方向随意。

③ 所需配件少、维修费用低。旋流器结构特点是无运动部件，分离所需的离心力由离心进水泵提供即可。整个系统除了必要的管路和阀件外不需专门配备其他机械，一般使用寿命都在 5 年以上。

④ 易于调节与控制，能满足较宽的操作范围。

⑤ 系统密闭，无废气排放。

同时，水力旋流器的缺点如下。

① 高速旋转的废水对旋流器的内壁会产生一定程度的磨损，尤其是在入口与底流口周围。

② 要求进水压力等较稳定，否则会影响分离效率。

(4) 典型案例

① 采用 9 管组合旋流器处理济南炼油厂电脱盐装置废水，设计处理规模为 15～25t/h，优化操作压力为入口压力 1.15MPa，底流口压力 0.91MPa，溢流口压力 0.75MPa。在污水含油量为 3000mg/L 以下时，旋流器处理后净化水含油量可稳定降低到 150mg/L 以下；污水含油量为 4248mg/L 时，净化水含油量为 462mg/L，具有较好的抗冲击负荷能力[29]。

② 采用两级旋流分离器处理湖南某石化公司电脱盐废水，入口压力为 0.6MPa，底流口压力为 0.4MPa，溢流口压力为 0.2MPa，入口流量为 10～18t/h，入口油浓度为 807～115234mg/L，除油率为 90.1%～98.7%。电脱盐废水严重超标时（>10000mg/L），经旋流分离后可回收绝大部分的污油，显著减少了对污水处理厂的冲击[28]。

③ 河南某石化企业采用超声破乳和水力旋流组合工艺处理电脱盐废水，工艺流程如图 2-13 所示。电脱盐污水首先经过换热，然后进入超声波油水分离器进行二级分离沉降，经过分离器二级分离沉降后的高浓度污油经过撇油管排入撇油槽，再经过撇油槽排入污油缓冲罐。经过二级分离沉降后的低含油污水经水力旋流器进行污油水进一步分离，低污油水外排，污油排入污油缓冲罐。处理规模 80～100t/h，超声波油水分离器压力 0.4～0.7MPa，水力旋流器进出口压差比 1.7～2.3。该工程自投入运行以来，操作较平稳。废水平均石油类含量由工程运行前的 855mg/L 降至 129mg/L，石油类合格率（≤200mg/L）由 79% 提高至 90%[30]。

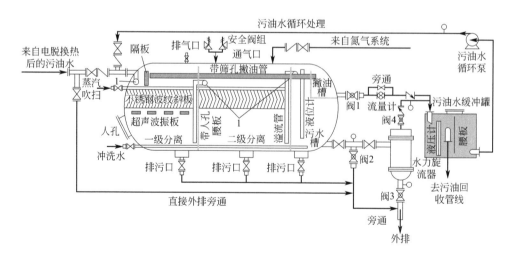

图 2-13　超声波破乳-旋流分离组合工艺

2.2.5　电脱盐废水气旋浮除油技术

2.2.5.1　技术简介

气旋浮除油技术是一种将低强度旋流离心技术耦合于立式气浮罐内的除油净化新技术，具有占地面积小、处理能力大、分离效率高和易于运行维护等优点，在油田采出水净化领域已得到广泛应用，在电脱盐废水处理中表现出较大的应用潜力。

2.2.5.2　适用范围

适用于含油废水的预处理，能够用于分散油和轻度（或不稳定）乳化油的分离。

2.2.5.3　技术特征与效能

（1）基本原理

气浮分离与旋流分离相结合，一方面旋流可利用离心力场减小气浮分离所需停留时间；另一方面引入微气泡形成低密度的微气泡-待分离颗粒组合体可改善旋流分离的效果，微气泡还可与传统水力旋流难以分离的微小油滴结合，从而进一步提高除油效果。气浮分离与旋流分离的组合形式可分为充气水力旋流器、气携式水力旋流器（气浮与常规液-液分离用水力旋流器单体组合）、气浮与低强度旋流离心力场组合3种类型。

1）充气水力旋流器　水力旋流器同泡沫浮选的结合。使所需分离的油水混合液在一定压力下切向进入圆柱形旋流器，由于器壁限制而形成高速旋转，并沿器壁展开形成旋流层。与此同时，由多孔柱壁向旋流层挤入的压缩空气被高速旋转流体的剪切作用分割成大量的细小气泡。水中的油滴与气泡相互碰撞和吸附，在离心力作用下进入位于中心的泡沫柱，进而垂直向上流入溢流管形成溢流，而靠近器壁的大部分液流则流入底流管形成底流。

2）气携式水力旋流器　对传统双锥或单锥水力旋流器的圆柱腔或分离锥段进行改造，增加充气板或充气管，与传统水力旋流器相比，油水分离条件明显改善，具有较宽的操作弹性和较高的分离效率。

3）气浮与低强度旋流离心力场组合　通过内筒和入口导片形成低强度旋流离心力场，并通过进入分离器前的气水混合形成微气泡。含油废水从切向入口进入罐中，经由入口导片，在容器内形成旋流。由于旋转而产生的离心力作用，密度较大的水将向罐壁移动，而油滴和气泡等较轻的成分将被压向罐中间，到达内同心筒壁，油滴和气泡因密度小于周围的水而结合并上升，通过气泡的上升对油滴进行浮选。同时，砂子和其他密度较大的颗粒沿罐壁向罐底下沉，以油泥的形式由罐底部的油泥出口排出。由气泡吸附的较小油滴逐渐凝聚，结合产生较大的油滴，最终在气浮室中液体的上层形成油或乳状液的连续层，产生的油气堆积物通过分离管道出口连续不断地被清除。处理过的水由入口导片与内筒之间的间隙流至罐底部，经过水平圆板的缓流后，由罐底部的水出口排出[31]。

（2）工艺流程

以北京石油化工学院开发的 BIPTCFU-Ⅲ-4 型气旋浮含油污水处理样机为例，其工艺流程示意如图 2-14 所示[32]。工作过程中，首先利用微气泡发生器向待处理含油污水中混入大量微气泡。微气泡与污水中的分散相油颗粒在入口管路内进行一定程度的碰撞黏附后，从罐体上部切向进入气旋浮罐内的旋流区。在该区域内一方面利用中低湍流作用促进油滴与微气泡的碰撞黏附，同时利用弱旋流促进轻质油相和微气泡向罐中心运移，该过程称为"一次气浮作用"。浮升到上部液面的"油-气泡-水"多相混合物（或称"富油相排出物"）自罐顶部出油口依靠压力排出，处理后的水从罐底部排出。为进一步改善气浮分离效果，将部分处理后的排出水回流，利用气液混合泵抽吸罐内顶部气相空间的气体，产生带有大量微气泡的回流水并经罐内中下部的布气排管均匀分布，产生"二次气浮作用"。总的来看，含油污水相当于在气旋浮罐内进行了一次旋流分离与两次气浮分离，因此除油率较常规旋流分离设备和常规气浮分离设备有较大幅度的提升。

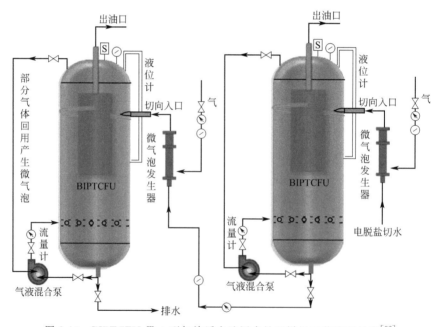

图 2-14　BIPTCFU-Ⅲ-4 型气旋浮含油污水处理样机工艺流程示意[32]

（3）技术特点

与隔油池等重力分离设备相比，气旋浮除油有如下优点。

① 结构紧凑，体积小、质量轻。气旋浮设备停留时间远小于普通的重力分离设备。

② 所需系统配件少、维修费用低。气旋浮器结构特点是无运动部件，分离所需的离心力只需由入口的泵提供即可。整个系统除了必要的管路和阀件外不需专门配备其他机械，一般使用寿命都在 5 年以上。

③ 易于调节与控制，能满足较宽的操作范围。

④ 系统密闭，无废气排放。

2.2.5.4　典型案例

① 北京石油化工学院自主研发的 BIPTCFU-Ⅲ-4 型气旋浮含油污水处理样机（CFU）在河北某石化企业首次进行了非常态下电脱盐切水除油预处理的现场试验。主要工艺参数如下：气旋浮罐有效容积为 $0.17m^3$，内径为 $\Phi400mm$，高度为 1675mm，设计处理量为 $4m^3/h$，设计水力停留时间为 2.5min，旋流强度为 35，设计处理量下的表面水力负荷率为 $32.65m^3/(m^2 \cdot h)$。结果表明：入口含油浓度在 7632.8～10658.0mg/L 之间波动时，单级 CFU 稳定运行时的除油率可达 95%，两级 CFU 稳定运行时的除油率保持在 95.6%～98.6%，CFU 出水含油浓度可以稳定在 131.8～263.5mg/L 之间，完全满足后续污水处理流程的进水要求，而且具有密闭运行、水力停留时间短等优势[32]。

② 采用气旋浮一体化除油技术处理某石化企业炼油污水，处理规模为 $20m^3/h$。结果表明：在进水含油量为 64.0～441.0mg/L、平均含油量为 188.0mg/L 的条件下，气旋浮装置出水平均含油量为 23.3mg/L，平均除油率达到 87.6%，粒径大于 $7\mu m$ 的油滴全部被分离，气旋浮装置相对于该厂原有的两级涡凹气浮工艺处理后的水更加清澈，且占地面积较常规气浮技术减少 60% 以上，加药量为常规气浮的 1/10[33]。

2.3　含硫污水汽提处理与回用技术

石油炼制过程中由常减压、催化裂化、延迟焦化、加氢裂化、加氢精制等装置产生的含硫废水，俗称酸性水，其主要污染物为硫化物和氨氮，并往往含有一定浓度的酚和石油类等污染物，散发恶臭并具有腐蚀性。随着原油硫含量的增加以及原油加工深度的提高，含硫废水中的污染物浓度不断提升，其中硫化物易分解产生硫化氢气体，也易被氧气或其他氧化剂氧化生成硫酸盐及硫代硫酸盐，因此含硫污水直接排入污水生化处理系统会造成严重冲击。

常减压装置含硫污水主要来自塔顶（初顶、常顶、减顶）油水分离器切水，其中硫化物、氨氮浓度较低，而油含量较高；催化裂化装置含硫污水主要来自分馏塔顶油水分离器切水、富气水洗水、稳定塔顶回流罐切水，其中硫化物、氨浓度较高；延迟焦化装置含硫污水主要来自分馏塔顶油水分离器切水，其中油含量、焦粉含量较高；加氢型装置含硫污水主要来自加氢低压、高压分离器切水，其中硫化物、氨浓度较前几种含硫污水高。在排放含硫污水的装置中，加氢型装置排放的含硫污水所含氨和硫化氢的浓度较高，且其他污染物的含量较少；而常减压、催化裂化、延迟焦化等其他装置排放的含硫污水中氨和硫化氢的浓度相对较低，且含有二氧化碳、盐类、氰化物、酚类等多种污染物，组成较复杂，延迟焦化含硫污水水质最为复杂，除含有上述污染物外，还含有对整个系统影响较大的焦粉，需采用预处理方式去除。某石油炼厂原油加工能力为 1000 万吨/年，其加氢型装置含硫污水硫化氢浓度为 20000～28000mg/L、氨浓度为 10000～15000mg/L；而非加氢型装置含硫污水硫化氢浓度为 2000～6000mg/L、氨浓度为 2000～4000mg/L，显著低于加氢型装置。

含硫废水的处理方法主要为汽提法和氧化法，由于氧化法对脱氮、脱氰的效果较差，且硫化物被氧化生成硫代硫酸盐和硫酸盐会增加废水含盐量，因此该方法逐渐被汽提法所取代。

含硫废水经过汽提处理后所排出的水称为汽提净化水。汽提净化水中仍含有一定含量的硫、氨、酚等物质，往往含有显著浓度的 COD 和较低浓度的盐，因此可用于电脱盐装置注水、延迟焦化切焦水，常减压、催化裂化分馏塔塔顶注水，以及加氢型装置低压分离器和高压分离器注水等。因加氢型装置的注水水质要求较高，原则上应采用加氢型含硫污水的汽提净化水作为加氢型装置的回注水，非加氢型含硫污水的汽提净化水可回用到常减压、催化、焦化等非加氢型装置。因此，将加氢型含硫污水与非加氢型含硫污水分别进行收集和汽提处理将有利于提高净化水的回用率。

含硫污水在汽提处理前需进行预处理，脱除污水中轻烃气、油等影响系统正常运行的污染物。目前最常用的含硫污水汽提工艺包括单塔低压汽提、单塔加压侧线采出汽提和双塔汽提工艺。

2.3.1 含硫污水脱气除油预处理技术

2.3.1.1 技术简介

当含硫污水中的瓦斯气、石油类和焦粉浓度较高时会影响污水汽提装置的正常运行。例如，携带大量轻烃气的含硫污水进入污水储罐后，减压闪蒸出大量轻烃、硫化氢和氨，由于气体逸出而引起罐压力升高，为维持罐的正常操作状态，这些气体会从呼吸阀或水封罐中逸出，造成大气污染，甚至引起设备损坏或爆炸事故。含硫污水含油量一般为 500～3000mg/L，进入汽提塔的含硫污水带油会造成大量油在塔内积聚，形成油封，从而破坏塔内的气液相平衡，影响气液相之间的正常传质、传热，造成操作波动，氨氮、硫化氢脱除率下降，一般要求进汽提塔污水含油量不大于 50mg/L。延迟焦化装置产生的含硫废水中往往携带焦粉，焦粉沉积在汽提塔塔盘时会造成堵塞。因此，含硫污水汽提处理前通常需进行均质、脱气、除油等预处理，从而保证汽提装置长周期安全平稳运行。

2.3.1.2 适用范围

石油炼制含硫污水汽提前的脱气、除油和均质，消除瓦斯气、油、焦粉含量偏高及水质波动等对汽提装置稳定运行的不利影响，并通过分质收集处理，为生产高品质汽提净化水奠定基础。

2.3.1.3　技术特征与效能

（1）基本原理

1）脱气　含硫污水脱气在具有脱气和除油功能的脱气罐内完成，脱除的轻烃气送至低压瓦斯管网，污油从脱油口脱出。脱气罐设计成卧式，正常操作压力通常控制在 0.2MPa（表压）左右。

2）除油　含硫污水除油目前大多采用大罐重力沉降法，使污水在大罐内停留足够长的时间，利用水和油的密度差实现油水分层。但该方法难以充分去除乳化油，为此有的炼厂使用破乳剂或增设过滤器进行破乳；另外，也有的炼厂使用油水分离器、旋流分离技术以及罐中罐等技术进行除油。

① 大罐重力沉降法。一般设置重力沉降罐和进料缓冲罐两个大罐，两罐串联操作，两罐之间以倒 U 形管道连接，重力沉降罐内水相沿倒 U 形管道自流至进料缓冲罐进行进一步除油。重力沉降法可接受任何浓度的含油污水，去除大量游离状态的污油，尤其对粒径在 $100\mu m$ 以上的浮油去除效果较好。对乳化严重的常减压和延迟焦化含硫污水在进入沉降罐前投加破乳剂，可提高重力沉降法对乳化油的去除效果。但药剂投加量过大会影响回收油的资源化。

② 油水分离器。首先利用油和水的密度差进行重力沉降分离，再利用填料的聚结除油作用去除不易分离的油滴。

③ 旋流分离除油技术。属于离心分离的范畴，采用水力旋流器实现污水除油，水力旋流器分动态和静态两大类，其中静态水力旋流器因其无运动元件、构造简单、占地面积小而在含油污水处理中广泛应用。

④ 罐中罐除油技术。在含油污水原料罐内部加入一个包括水力旋液分离区和沉淀分离区的腔室（即内罐）；在腔室内将水力旋液分离器、自动撇油器和沉淀锥斗连成一个完整的系统；再通过内、外罐的虹吸连通管系、周边出水布水堰槽、层流穿孔排水管系、倾斜排泥管系等，成为组合式的一体化装置（图 2-15）。

3）污污分流　含硫污水的污污分流主要指将污染组成差异较大的加氢型含硫污水、非加氢型含硫污水及延迟焦化含硫污水分别进行收集和处理，以有利于汽提装置的操作，使净化水的回用途径更多，从而提高净化水的回用率。

（2）工艺流程

推荐的含硫污水预处理工艺如图 2-16 所示，即加氢型含硫污水、非加氢型含硫污水和焦化装置含硫污水首先分别进入原料水脱气罐，脱出的轻油气送至工厂低压瓦斯管网[34]。脱气后的含硫污水进入原料水罐重力除油（或焦粉沉降罐除焦），污油经罐内设置的浮油自动收集器收集后排出，水相进入原料水缓冲罐进行进一步除油，缓冲罐出水根据需要进入油水分离器进行进一步除油。

（3）技术特点

通过含硫污水分质收集和预处理，改善汽提塔进水水质的稳定性，降低瓦斯气和油含量，保证后续废水汽提单元的稳定运行，为改善汽提净化水水质和提高其回用率奠定基础。

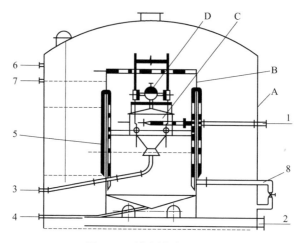

图 2-15 罐中罐除油示意

A—外罐；B—内罐；C—水力旋液分离装置；D—自动升降浮油收集器；

1—进水管；2—出水管；3—排油管；4—排渣管；5—溢流管；6—溢油口；7—溢水口；8—回流管

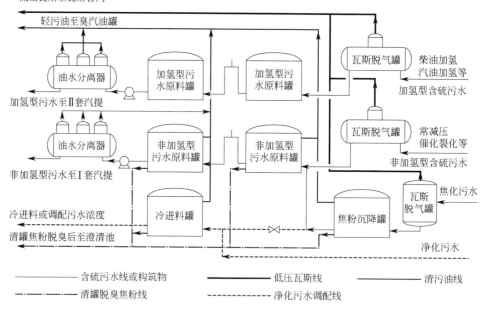

图 2-16 含硫污水预处理推荐工艺[34]

2.3.1.4 典型案例

① 湖北省某石化企业含硫污水除油预处理分为瓦斯脱气罐、一级原料污水罐、二级原料污水罐和油水分离器四级，出水含油量低于 $50mg/L$ [34]。

② 上海市某石化公司延迟焦化联合装置中的含硫污水汽提装置所使用的

DYF-80 型除油器，综合采用了高效旋液、射流粗粒化油水分离技术，除油能力强，能够达到出水中含油量（不计乳化油）在 20mg/L 以下，提高了汽提塔的运行稳定性[35]。

③ 江西省某石化企业的含硫污水进料量由原 29t/h 猛增至 50t/h 时，原有的污水储罐难以保证油水分离效果，通过新建 2 台水力旋流除油器，配合污水原料罐的隔油作用，使原料水含油量降至 50mg/L 以下，并减少了粗汽油的损失[36]。

④ 河南省某石化企业焦化含硫污水水量波动大、油含量高，通过增设 1000m³ 的含硫污水罐和罐中罐除油装置，污水含油量由改造前的几千 mg/L 降至 300mg/L，水质明显改善，保障了汽提处理单元的稳定运行[37]。

2.3.2　含硫污水单塔加压侧线抽氨汽提工艺

2.3.2.1　技术简介

单塔加压侧线抽氨汽提工艺是在加压状态下采用单个汽提塔处理含硫污水，净化水从塔釜排出，富含硫化氢的酸性气从塔顶排出，侧线抽出富氨气，并进一步精制回收液氨。该技术相较于双塔汽提工艺，占地面积小、设备少、流程简单、投资少、能耗低，并可分别回收氨和硫化氢。

2.3.2.2　适用范围

炼油酸性含硫废水的预处理，可分别回收硫化氢和氨。

2.3.2.3　技术特征与效能

（1）基本原理

炼油厂产生的含硫污水主要污染物为 H_2S、NH_3，主要以 NH_4HS、$(NH_4)_2S$、NH_4HCO_3、$(NH_4)_2CO_3$ 等弱酸弱碱盐的形式存在，同时含有一定量的油和少量的酚、羧酸等。这些弱酸弱碱盐在水中水解后分别产生游离态的 H_2S、NH_3 和 CO_2，这些分子又建立起气液相平衡，该体系是化学平衡、电离平衡和相平衡共存的复杂体系。以硫化铵盐为例，加热条件下水相中 S^{2-}、HS^-、NH_4^+ 与 H_2S 和 NH_3 分子间的反应平衡向生成分子的方向移动，水相中 H_2S 和 NH_3 分子和气相中 H_2S 和 NH_3 分子间的气液相平衡也向生成气相的方向移动，因此加热条件下硫化铵盐不断转化为 H_2S 和 NH_3 并逸出进入气相。当温度高于 110℃ 时，硫化铵盐生成 H_2S 和 NH_3 分子的反应平衡常数迅速增大，H_2S 和 NH_3 分子的生成量和逸出量快速增加，污水中的硫化物和氨的浓度快速下降。碳酸铵盐的转化过程与此相似。

单塔加压侧线抽氨汽提工艺利用 NH_3 在水中的溶解度远大于 H_2S 的特点，在汽提塔顶创造低温、高压（约 0.5MPa）条件，或者通入较干净的冷却水，使 NH_3 在塔顶不挥发，从而在塔顶获得纯度较高的酸性气；然后根据气相中的 NH_3 在塔内气相组成的浓度变化梯度选择合适的侧线抽出位置，将气相中的

NH$_3$ 抽出，抽出的富氨气通过氨精制流程生产液氨，塔底排出净化水[38]。

（2）工艺流程

单塔加压侧线抽氨汽提的典型工艺如图 2-17 所示，含硫污水经分液罐脱气，缓冲罐沉降除油后，分冷进料和热进料分别进入汽提塔，在塔釜再沸器的加热汽提下，浓度在 98％以上的 H$_2$S 自塔顶逸出。浓度约为 15％的浓氨气由汽提塔中部抽出，经三级冷凝、分液后，含硫氨气进入氨精制塔，用高浓度氨水洗去残余的 H$_2$S，氨精制塔塔顶的氨气分别经过结晶罐和硫化氢吸附罐进一步精制，保证精制后氨气中硫化氢含量低于 10×10^{-6}，精制后氨气进氨精馏塔，塔顶得到液氨产品。

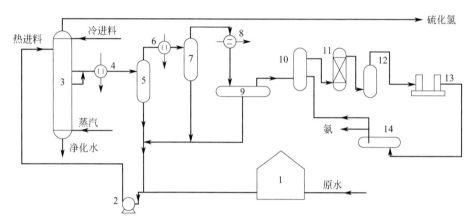

图 2-17 单塔加压侧线抽氨汽提工艺[39]

1—原水罐；2—原水泵；3—汽提塔；4——级冷凝器；5——级分凝器；
6—二级冷凝器；7—二级分凝器；8—三级冷凝器；9—三级分凝器；10—结晶器；
11—吸附罐；12—沉降分离罐；13—氨压机；14—液氨罐

单塔加压侧线抽氨汽提工艺典型的操作条件如下[39]：冷热进料比为 25％～35％，侧线抽出为 7％～10％，热进料温度为 140～150℃，冷进料温度为 30～40℃，塔顶温度＜40℃，侧线抽出层温度为 150～155℃，塔底温度为 160～165℃，一级分凝温度为 125～130℃，二级分凝温度为 80～90℃，三级分凝温度＜40℃。蒸汽单耗为 150～200kg/t 污水[40]。

（3）技术特点

可实现含硫污水中 H$_2$S 和 NH$_3$ 的回收。污染物去除效果明显，无二次污染；基建投资和运行成本低于双塔汽提技术，适合高含氨废水的处理。

2.3.2.4 典型案例

调研国内 55 套含硫污水汽提装置中，单塔加压侧线抽氨汽提工艺有 27 套，占 47％，平均处理规模为 107m^3/h，硫化物和氨氮的平均去除率分别为 99.8％和 98.8％（表 2-3）。

表 2-3 含硫污水单塔加压侧线抽氨汽提设施基本情况及运行情况

序号	企业名称	处理规模/(m³/h)	处理负荷/%	硫化物			氨氮		
				进口/(mg/L)	出口/(mg/L)	去除率/%	进口/(mg/L)	出口/(mg/L)	去除率/%
1	A1	200	68	10900	3	99.9	13700	100	99.3
2	A5	140	67	4600	15	99.7	5667	57	99.0
3	B1	40	59	12060	7.6	99.9	19780	45	99.8
4	B1	130	94	6743	26	99.6	12157	40	99.7
5	B1	130	91	12180	10	99.9	18469	39	99.8
6	B3	80	86	9093	7	99.9	10127	30	99.7
7	B4	80	101	7408	2	99.9	7837	29	99.6
8	B4	200	105	11646	20	99.8	7720	28	99.6
9	C2	100	51	5620	3	99.9	5952	27	99.6
10	C2	60	83	25000	2	99.9	20000	22	99.9
11	C3	55	106	4732	2	99.9	7618	20	99.7
12	C3	90	111	15563	0.2	99.9	10850	20	99.8
13	C3	50	84	1579	0.3	99.9	1480	18	98.8
14	C4	110	56	2007	3.3	99.8	1658	18	98.9
15	C4	110	74	5334	1	99.9	3868	18	99.5
16	C5	150	95	15060	6	99.9	14854	18	99.9
17	C5	70	114	8078	6.3	99.9	11886	17	99.9
18	C5	70	99	8078	6	99.9	11886	17	99.9
19	D1	180	94	540	0.2	99.9	1363	16	98.8
20	D4	180	95	3144	6	99.8	3238	13	99.6
21	D5	60	150	9030	0.04	99.9	1360	12	99.1
22	D5	130	84	11289	0.03	99.9	64	12	81.7
23	E1	160	58	3908	6.6	99.8	2034	11	99.5
24	E2	80	56	3233	11	99.7	2076	39	98.1
25	E3	80	93	4830	40	99.2	6148	9	99.8
26	E4	80	102	4042	4	99.9	6448	9	99.9
27	F3	80	73	6111	49	99.2	3375	4	99.9

2.3.3 含硫污水单塔低压汽提工艺

2.3.3.1 技术简介

单塔低压汽提工艺是在常压或低于常压状态下采用单个汽提塔处理含硫污水，净化水从塔釜排出，富含 H_2S 和 NH_3 的混合气从塔顶排出进入硫黄回收装置；NH_3 经专用烧氨喷嘴燃烧后生成 N_2，而 H_2S 转化为硫黄，实现 H_2S 和 NH_3 的处理。该技术相较于双塔汽提工艺和单塔加压侧线抽氨汽提工艺，占地面积小、设备少、流程简单、投资少、能耗低，但只能回收 H_2S，不能回收 NH_3。

2.3.3.2 适用范围

炼油含硫污水的预处理，对 H_2S 及 NH_3 含量均较低或 H_2S 含量高、NH_3 含量低的含硫污水最为适用，但下游硫黄回收装置需能处理含 NH_3 的酸性气。

2.3.3.3 技术特征与效能

（1）基本原理

含硫污水中硫化物和氨汽提去除的基本原理参见 2.3.3 部分。单塔低压汽提工艺通过降低塔顶操作压力（约 0.1MPa），促进 NH_3 从水相向气相的转化，从而使 H_2S、NH_3 同时被汽提，塔顶酸性气经冷凝、分液后，凝液经泵返塔作为回流，酸性气送至硫黄回收单元回收硫黄，塔底即得到合格的净化水。

（2）工艺流程

单塔低压汽提工艺流程如图 2-18 所示，含硫污水先经分液罐脱气，缓冲罐沉降，再经进出料换热器加热到一定温度，然后进入汽提塔，塔顶汽提出的含氨酸性气去硫黄回收装置，塔底为合格的净化水。

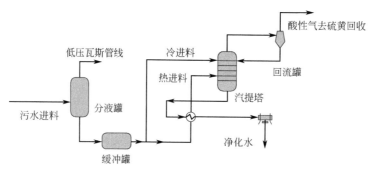

图 2-18　单塔低压汽提工艺

单塔低压汽提工艺典型的操作条件如下[39]：汽提塔塔顶温度约 85℃，压力约为 0.11MPa，塔釜温度约为 130℃，进料温度约为 100℃。蒸汽单耗为 130～180kg 蒸汽/t 污水[40]。

（3）技术特点

该工艺流程简单，装置能耗较低，硫黄回收需设置烧氨火嘴使 NH_3 分解完全转化为 N_2。与单塔加压侧线抽氨汽提和双塔汽提相比，投资及占地省、能耗低、操作简单。当酸性水中氨氮浓度较低时炼厂一般采用单塔低压汽提工艺。

2.3.3.4 典型案例

调研国内 55 套含硫污水汽提装置中，单塔低压汽提工艺有 24 套，占 44%，平均处理规模为 108m³/h，硫化物和氨氮的平均去除率分别为 98.9% 和 98.2%（表 2-4）。

表 2-4　含硫污水单塔低压汽提设施基本情况及运行情况

序号	企业名称	处理规模 /(m³/h)	处理负荷 /%	硫化物			氨氮		
				进口 /(mg/L)	出口 /(mg/L)	去除率 /%	进口 /(mg/L)	出口 /(mg/L)	去除率 /%
1	A4	120	65	9860	3	99.9	2825	12.7	99.6
2	A4	170	57	9968	3	99.9	2645	16.7	99.4
3	A3	120	111	15000	47	99.7	22000	131	99.4
4	A3	160	90	5170	15	99.7	1254	131	89.6
5	A1	120	101	8	4	52	860	94	89.0
6	A1	120	104	4470	0.04	99.9	3650	81	97.8
7	A5	130	70	7306	9.3	99.9	6000	45	99.2
8	B1	60	95	4810	22	99.5	9852	42	99.6
9	B2	140	111	6000	50	99.2	6000	34	99.4
10	B3	200	84	8996	7	99.9	10632	29	99.7
11	B5	200	87	3350	3	99.9	4675	28	99.4
12	C1	20	85	1470	29	98.0	2354	27	98.9
13	C2	80	75	3000	1	99.9	2000	22	98.9
14	D1	180	94	540	0.2	99.9	1363	16	98.8
15	D2	160	76	1000	0.4	99.9	1300	15	98.8
16	D2	120	81	9500	0.03	99.9	7200	15	99.8
17	D3	85	75	14430	2.5	99.9	19550	14	99.9
18	D3	140	85	61445	2.8	99.9	4543	13	99.7
19	E4	80	102	4042	4	99.9	6448	9	99.9
20	E5	110	114	4407	0.3	99.9	1669	8	99.5
21	F1	30	95	3411	6	99.8	2789	8	99.7
22	F1	80	71	1844	5	99.7	2390	6	99.7
23	F2	30	57	1546	4.4	99.7	2394	5	99.8
24	F4	14	76	583	0.4	99.9	1169	0.9	99.9

2.3.4　含硫污水双塔加压汽提工艺

2.3.4.1　技术简介

双塔加压汽提工艺是在加压状态下采用两个汽提塔处理含硫污水，分别回收废水中的硫化物和氨。该技术相较于单塔低压汽提工艺和单塔加压侧线抽氨汽提工艺，占地面积大、设备多、流程复杂、投资大、能耗高，但可实现硫化物和氨的同时回收，且工艺条件控制较单塔加压侧线抽氨汽提工艺更加灵活。

2.3.4.2　适用范围

可用于含硫污水中硫化物和氨的回收，对原料的适应性较强，操作弹性大，易于调节，保证净化水的合格率。

2.3.4.3　技术特征与效能

（1）基本原理

含硫污水中硫化物和氨汽提去除的基本原理同 2.3.3 部分。双塔加压汽提工艺采用两个汽提塔分别回收含硫污水中的硫化物和氨。

在酸性气汽提塔，在塔中、上部建立中压低温条件，使塔内上升气流中的氨被洗涤进入液相，以 NH_4HS、$(NH_4)_2S$ 等铵盐的形式"固定"在液相；在塔下部则解析上述被"固定"的铵盐，并将解析出来的 H_2S 汽提至塔顶，塔釜得到中间污水，塔顶得到高浓度的 H_2S 气体，送至硫黄装置生产硫黄。

中间污水进入脱 NH_3 塔，在较低的压力和较高的温度下，经塔釜再沸器的汽提，使中间污水中的 NH_3 及残余的 H_2S 汽提出来，塔底得到合格净化水，塔顶氨气及水蒸气经三级冷凝冷却后，经过精制和精馏制取液氨，塔底排水为汽提净化水。

（2）工艺流程

含硫污水分两路进入酸性气汽提塔，一路经换热升温后作为热进料进入汽提塔的中上部，而另一路作为冷进料直接进入汽提塔的上部，酸性气汽提塔的热源由再沸器或直补蒸汽提供，塔顶富含 H_2S 的酸性气体进入硫回收装置，塔底净化水进入氨汽提塔的上部，氨汽提塔的热源由再沸器或直补蒸汽提供，含氨蒸汽由塔顶排出，经冷却分离后的 NH_3 用于配制氨水或进一步精制后制成液氨，净化水从塔底排出装置。含硫污水双塔加压汽提工艺流程简图见图 2-19。

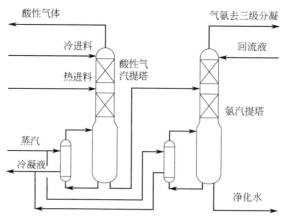

图 2-19　含硫污水双塔加压汽提工艺流程简图

双塔加压汽提工艺典型的操作条件如下[39]：酸性气汽提塔塔顶温度＜45℃，

压力为 0.55MPa，塔釜温度为 150～165℃，冷热进料比为 25%～35%，热进料温度为 140～150℃，冷进料温度为 30～40℃；氨汽提塔塔顶温度为 125～135℃，压力为 0.25～0.35MPa，塔釜温度为 135～145℃，回流罐温度为 40～70℃。蒸汽单耗为 230～280kg 蒸汽/t 污水[40]。

（3）技术特点

硫化物和氨去除率高，且实现了回收，无二次污染。与单塔汽提技术相比，可处理 H_2S 及 NH_3 浓度较高的酸性水，工艺条件控制较单塔加压侧线抽氨汽提工艺更加灵活，具有操作平稳、适应性强等特点，同时双塔汽提避免了单塔加压汽提侧线抽出气氨浓度低、H_2S 含量高的缺点。

2.3.4.4　关键设备

酸性气汽提塔和氨汽提塔。

2.3.4.5　典型案例

调研国内 55 套含硫污水汽提装置中，双塔加压汽提工艺有 5 套，占 9%，平均处理规模为 142m³/h，硫化物和氨氮的平均去除率分别为 99.98% 和 99.7%（表 2-5）。

表 2-5　含硫污水双塔加压汽提设施基本情况及运行情况

序号	企业名称	处理规模/(m³/h)	处理负荷/%	硫化物			氨氮		
				进口/(mg/L)	出口/(mg/L)	去除率/%	进口/(mg/L)	出口/(mg/L)	去除率/%
1	A3	70	80	34440	11	99.9	35940	149	99.6
2	A2	180	79	6520	0.07	99.9	6448	131	98.0
3	A2	280	78	6360	0.13	99.9	6520	108.6	98.3
4	B2	80	96	5825	1	99.9	5558	34	99.4
5	B3	100	87	8630	6	99.9	10127	30	99.7

2.4　炼油废碱液处理技术

废碱液属于炼油子行业中处理难度较大的一类特殊废水，主要产生于油品精制和液化气精制等过程，主要可分为含无机硫废碱液、含环烷酸钠废碱液和含有机硫废碱液等。废碱液污染物成分复杂、浓度较高，COD、硫化物、酚类、环烷酸等污染物的排放量较大。当采用浓酸中和废碱液的工艺时易产生恶臭气体，废碱液中的环烷酸盐属于表面活性剂，易造成含油污水乳化，增加其处理难度。近年来，随着油品质量的提高，油品碱洗精制逐渐被加氢精制所替代，汽油碱渣、柴油碱渣等油品精制过程中产生的碱渣大幅减少，目前主要为液化气碱渣。废碱液含有高浓度碱和盐，属于高含盐废水，如与其他废水混合会增加后续废水脱盐处理的负荷。

目前常用的炼油废碱液处理技术包括湿式氧化法、中和-生物强化处理技术和中和-曝气生物滤池处理技术，其中湿式氧化工艺又可分为高温湿式氧化工艺和缓和湿式氧化工艺。

2.4.1 炼油废碱液湿式氧化处理技术

2.4.1.1 技术简介

湿式氧化工艺是指在一定的温度和压力下，利用空气中的氧作为氧化剂，将废水中溶解或悬浮的有机物和还原性无机物氧化，硫化物氧化成硫代硫酸盐、亚硫酸盐、硫酸盐等无机盐，有机物氧化分解为低分子有机酸、醇类化合物或彻底氧化分解成二氧化碳和水。经过处理的废碱液不再具有恶臭气味、COD 大幅降低、可生化性得到改善，可与其他废水一并进入炼油综合污水处理厂进行处理。

2.4.1.2 适用范围

炼油废碱液的预处理。

2.4.1.3 技术特征与效能

（1）基本原理

根据反应条件的不同，主要是反应温度的高低，炼油废碱液湿式氧化工艺可分为高温湿式氧化法和缓和湿式氧化法。高温湿式氧化法由于反应温度和压力较高，反应较彻底，对污染物的去除效率高，反应出水可直接进入污水处理流程。缓和湿式氧化法主要是将污染物改性，去除硫化物、硫醇等恶臭物质，降低毒性，利于后续处理，对有机物等的去除效率有限，通常与生物处理工艺结合应用。

1）高温湿式氧化法　高温湿式氧化法典型的运行条件为：温度 $200\sim325℃$，压力 $5.0\sim17.5MPa$，停留时间 $35\sim180min$。在此条件下可将有气味的含硫化合物、硫氰化物及硫醇氧化成无气味的硫酸盐和磺酸盐；酚类化合物、环烷化合物被氧化成二氧化碳和低分子量的、适合于生物降解的羧酸；COD 显著减少，总有机碳转化成碳酸盐及重碳酸盐等无机碳。

2）缓和湿式氧化法　该法典型的运行条件为：温度 $150\sim190℃$，压力 $1.0\sim3.5MPa$，停留时间 $30\sim120min$。在此条件下，废碱液中的硫化钠和有机硫化物被氧化为硫代硫酸根和硫酸根，硫醇氧化为有机磺酸盐。其反应式为：

$$2S^{2-}+2O_2+H_2O\longrightarrow S_2O_3^{2-}+2OH^-$$

$$S_2O_3^{2-}+2O_2+2OH^-\longrightarrow 2SO_4^{2-}+H_2O$$

$$NaSR+1.5O_2\longrightarrow NaOSO_2R$$

缓和湿式氧化法对废水中酚和环烷酸的破坏较小，不影响其回收，且大幅减少了加酸回收过程中 H_2S 的释放，避免了恶臭气体的产生。

（2）工艺流程与参数

1）高温湿式氧化法　来自储罐的废碱液通过高压进料泵与一定比例的新鲜水和新鲜碱液混合后，再与来自工艺空压机系统的压缩风形成混合进料，进入进/出料换热器换热，随后进入微调换热器管程，从微调换热器管程出来的物料再进入反应器，在反应控制条件下废碱液在此发生充分的氧化。氧化后的反应器出料进入进/出料换热器的壳程，与逆流而来的管程内的物料（废碱和空气）进行换热。换热后进入工艺冷却器的壳程（以水为介质），使反应产物温度降至约55℃。从工艺冷却器出来的氧化产物通过反应器压控阀降压后，直接进入分离器，在分离器内气、液两相被分离，气相直接排入废气处理系统，液相排入污水处理系统（工艺流程见图 2-20）。根据原料废碱液的性质不同，WAO（温式空气氧化法）工艺装置操作参数可以设计成不同的处理量、压力和停留时间[41]。

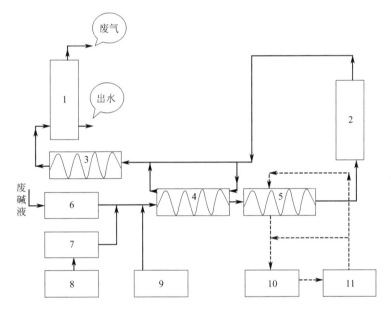

图 2-20　高温湿式氧化法处理炼油废碱液工艺原则流程

1—分离器；2—反应器；3—工艺冷却器；4—进/出料换热器；5—微调换热器；6—高压进料泵；
7—稀释水泵；8—新鲜碱泵；9—空气压缩系统；10—热油泵；11—热油加热器

高温湿式氧化的典型工艺条件如下：温度 200～325℃；压力 5.0～17.5MPa；停留时间 35～180min。

2）缓和湿式氧化法　油品精制装置产生的废碱液进入废碱液储罐，经静置沉降分离明油。除油后的废碱液经原料泵加压后进入湿式氧化反应器的内外筒之间，与来自反应器底部的空气和蒸汽形成高温内回流，并被氧化（图 2-21）。在反应器内筒的下部，空气、蒸汽和废碱液形成混合物，在空气的提升作用下混合物在反应器内筒向上流动，同时发生反应，直到反应器的上部，一部分废碱液作为内回流流向内筒与外筒的环隙，剩余部分一起从反应器的顶部出口排出，经压力调节阀减压后进入洗涤塔进行气液分离，液体从塔底流出，经冷却器冷却后，一部分返回到洗涤塔中部，另一部分废碱液排至脱臭碱液储罐，作为酸化脱酚单元的原料。洗涤塔分离出的气相混合物向塔的上部移动，并与回流的冷废碱液接触，气相混合物中的水蒸气和挥发性有机物被冷凝冷却，回到塔底，剩余的气相混合物经软化水进一步净化后，放空或排入高空排放筒[42]。

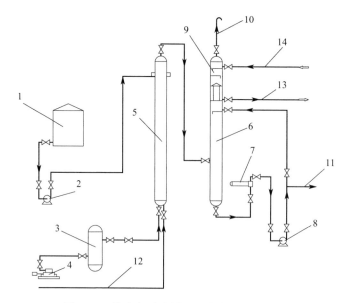

图 2-21　炼油废碱液缓和湿式氧化工艺流程

1—废碱液储罐；2—废碱液加压泵；3—压缩空气缓冲罐；4—空气压缩机；5—湿式空气氧化反应器；
6—循环洗涤冷却塔；7—冷却器；8—循环泵；9—尾气洗涤塔；10—尾气放空管；
11—氧化后废碱液管；12—蒸汽管；13—洗涤水排出管；14—洗涤水管

缓和湿式氧化的典型工艺条件如下：反应器空速 $1.0h^{-1}$，温度 $150\sim210℃$，压力 $0.9\sim3.5MPa$，空气比率为理论需氧量的 3 倍；洗涤塔运行温度 $95℃$，压力 $0.05MPa$；废碱液储罐压力为常压，温度为环境温度。

（3）技术特点

与生物法相比，湿式氧化法受废水污染物浓度和毒性的影响较小，通过氧化将废水中的恶臭物质转变为无气味的物质，提高废水的可生化性，有利于降低废水的处理难度。

2.4.1.4　典型案例

（1）高温湿式氧化法处理炼油废碱液

① 利用高压湿式氧化法预处理某石化企业汽油碱洗废碱液（硫化物含量高达 80000mg/L，酚含量为 30000mg/L，COD 含量为 330000mg/L）。在高温和高压条件下，以空气中的氧气为氧化剂进行高温湿式氧化处理。反应器顶部温度 260℃，压力 8.5MPa，气液分离器操作压力 $0.4\sim0.8MPa$，气液分离器操作液位 $25\%\sim75\%$，尾气残氧含量 $5\%\sim8\%$，COD、硫化物和酚的平均去除率可达 98% 以上，废水 COD 由处理前的 330000mg/L 降至 3000mg/L 以下，运行费用为 334 元/m³（不含设备折旧）[43]。

② 采用高温湿式氧化技术处理某石化企业柴油碱渣、液化气碱渣和催化汽油碱渣。原设计采用硫酸酸化处理工艺，回收粗酚及环烷酸。由于工艺自身的局限性，在酸化过程中释放出大量硫化氢等有毒有害气体，污染环境，危害工人健康；运行中设备腐蚀严重，难以长周期运行；处理效果差，排放污水 COD 浓度高，一般为 3000～12000mg/L，对下游污水处理厂造成很大冲击。该企业于 2002 年引进美国 USFILTER/ZIMPRO 公司废碱液高温湿式空气氧化（WAO）技术对原油废碱液处理装置进行全面改造，在高温高压条件下（260℃，8.6MPa）对废碱液进行深度氧化处理。装置投运后完全解决了原酸化处理方法产生的有毒有害恶臭气体的问题，有机物脱除率达到 65% 以上，硫化物脱除率达到 99.9%，出水 COD 浓度为 3000mg/L 左右，且可生化性好[44]。

（2）缓和湿式氧化法处理炼油废碱液

① 江苏某公司一直采用加酸中和、尾气焚烧法治理废碱液。废碱液在酸化过程中产生的硫化氢、硫醇等恶臭物质浓度较高，可溶于中和水及中性油中，致使现场恶臭气味浓重。随着企业规模的不断扩大和高硫原油加工比例的提高，废碱液产生量和废碱液中硫化物的含量均大幅度增加，采用新型有效除臭方法治理废碱液刻不容缓。2004 年该企业采用中国石化抚顺石油化工研究院开发的缓和湿式氧化法，有效解决了废碱液恶臭污染问题。在反应器顶部压力为 2.3～2.5MPa、温度为 180～190℃、空气比为 1.5～2.0、碱的质量分数为 7%～9% 的工艺条件下，硫化物去除率达 98% 以上，COD 去除率达 48% 以上，酚去除率达 48% 以上[45]。

② 新疆某石化企业炼油化工总厂采用缓和湿式氧化脱臭-间歇式生物氧化（SBR）组合工艺处理废碱液。生产实践表明，在氧化反应器温度为 160℃、反应压力为 1.2MPa、回流量为 4～5m³/h、空气比为 2～3、SBR 曝气时间为 6h、沉降时间为 2h 的工艺条件下，组合工艺对废碱液中硫化物及挥发酚的去除率分别为 99.9%、98.7%，COD 下降率为 97.3%[46]。

2.4.2　炼油废碱液稀释中和-生物强化处理技术

2.4.2.1　技术简介

一种以生物处理技术为核心的炼油废碱液处理方法，首先用酸中和炼油废碱液，然后用稀释水调节废水盐度至活性污泥微生物耐受范围内（TDS 在 25g/L 以内），最后采用活性污泥反应器在高容积负荷条件下进行处理。通过接种高效菌种和使用特制的营养液，加快反应器的启动速度，实现废碱液的经济高效处理。经上述预处理后的废碱液可与其他废水一并进入炼油综合污水处理厂进行处理。

2.4.2.2　适用范围

炼油废碱液的预处理。

2.4.2.3　技术特征与效能

（1）基本原理

该技术包括快速生物反应器（quick-bioreactor，QBR）与快速生物滤池（quick-biofilter，QBF）两部分。

1）QBR 技术　其是一种高浓度有机废水的活性污泥法预处理工艺，通过提高曝气池内污泥浓度（6～14g MLSS/L）、出水浓度（COD 200～500mg/L），实现反应器内的高容积负荷；通过反应器内混合液对废水的快速稀释，降低废水对活性污泥微生物的毒害作用；通过接种高效菌种和使用特制的营养液，实现反应器的快速启动。

2）QBF 技术　QBF 是用于处理废碱液在储存、预处理及生化处理的全过程挥发出的挥发性有机物和硫化氢等的生物过滤塔，其生物净化原理是在适宜的介质、温度、湿度、酸碱度、氧、营养物质的条件下，通过载体生物膜中多种微生物的共同作用，将气体中的污染物完全分解氧化成 CO_2、H_2O、NO_3^-、SO_4^{2-} 等物质，最终完成无害化处理。

（2）工艺流程

1）QBR 单元工艺流程　QBR 废碱液处理装置主体由废水缓冲罐、pH 调节罐、QBR 曝气池和沉淀池四部分组成。高浓度废水先进废水缓冲罐储存缓冲，再经泵送往调节罐中进行酸碱中和，pH 值达到要求后先进入隔油罐，然后进曝气池完成生化处理过程，最后进沉淀池泥水分离，污泥按一定比例回流，出水送入综合污水处理厂作进一步处理。其处理单元工艺流程见图 2-22[47]。

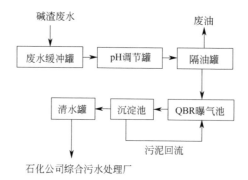

图 2-22　炼油废碱液 QBR 处理单元工艺流程

QBR 处理炼油废碱液的典型工艺参数如下：曝气池内污泥浓度为 6～14g MLSS/L，溶解氧为 2～4mg/L，盐度（TDS）<25g/L，温度为 30℃，污泥回流比为 100%～200%，水力停留时间为 30h[48]。

2）QBF 单元工艺流程　预处理过程储罐、半成品罐挥发以及反应酸化过程溢出的气体中由于硫化物浓度相对较高，需先经快速净化系统（quick clean system，QCS）罐进行预处理，在次氯酸钠的氧化作用下去除大部分的 H_2S，而后进入快速蒸气均质（quick vapor equalization，QVE）缓冲罐均质缓冲，最后以平稳的负荷与来自生化处理部分的废气一同再经引风机加压后进入 QBF 处理系统，在 QBF 塔内完成生物降解过程，最终完成无害化处理，达标后排入大气。其净化工艺流程见图 2-23[47]。

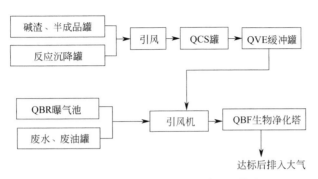

图 2-23　炼油废碱液 QBF 处理单元工艺流程

（3）技术特点

工艺流程简单，主要通过生物降解实现污染物去除，建设投资和运行成本低。

2.4.2.4　典型案例

在天津、辽宁、吉林、新疆、青岛、安徽、湖北、山东和陕西等地的石化公司得到应用。

（1）案例 1：天津某石化企业

2005 年应用于柴油碱渣废水处理，2006 年应用于以汽油碱渣和液化气碱渣为主的综合碱渣处理中。柴油碱渣进行 QBR 处理前，先进行浓硫酸酸化回收环烷酸的预处理；汽油碱渣处理前先进行浓硫酸酸化回收粗酚的预处理；常顶碱渣、焦化汽油碱渣和液态烃碱渣因所含污染物浓度及可回收价值较低，直接进入 QBR 生化段处理。COD、石油类、挥发酚和硫化物的去除率均在 97.9% 以上[47]。

（2）案例 2：新疆某石化企业

2014 年完成废碱液生物强化处理装置的运行负荷考核，日处理碱渣废液 40t，运行成本为 108 元/吨碱渣。装置进水 COD 浓度平均约为 60000mg/L，出水 COD 浓度＜1000mg/L，COD 去除率＞90%，硫化物去除率＞99%。

（3）案例 3：黑龙江某石化企业

2015 年 10 月完成废碱液生物强化处理装置调试，年处理脱硫热稳盐碱渣、脱硫制硫碱渣、汽油碱渣 4000t，运行成本为 150 元/吨碱渣。装置进水 COD 浓度平均约为 100000mg/L，出水 COD 浓度＜800mg/L，COD 去除率＞90%，硫化物去除率＞99%。

（4）案例 4：天津某石化企业

天津某石化企业 2016 年 3 月完成废碱液生物强化处理装置调试，年处理综合碱渣（包括炼油部碱渣和乙烯碱渣）8000t，运行费用为 170 元/吨碱渣。装置进水 COD 浓度平均约为 60000mg/L，出水 COD 浓度＜800mg/L，COD 去除率

＞90％，硫化物去除率＞99％。

2.4.3 炼油废碱液稀释中和-BAF处理技术

2.4.3.1 技术简介

一种以生物处理技术为核心的炼油废碱液处理方法，所采用的生物处理单元为内循环曝气生物滤池（BAF）。首先用稀释水稀释炼油废碱液，然后用硫酸中和，最后采用内循环BAF在高容积负荷条件下进行处理。内循环BAF通过改进填料性能，并采用隔离曝气模式，在生物滤池内部构建一个大流量内循环水流，池内生物量远高于传统活性污泥法，污泥龄长，有利于生长缓慢的降解微生物生长，具有负荷率高、处理效果好、占地面积小等优点。经上述预处理后的废碱液可与其他废水一并进入炼油综合污水处理厂进行处理。

2.4.3.2 适用范围

炼油废碱液的预处理。

2.4.3.3 技术特征与效能

（1）基本原理

内循环BAF结构如图2-24所示。内循环BAF采用隔离曝气模式，将传统BAF装置分为曝气区和填料区，利用曝气动力所形成的液位差使BAF装置内形成无梯度大水流循环，促进了气水混合，进入反应器的污水得到大比率稀释，提高了反应器耐有毒物质的能力和抗冲击能力，同时减少生物膜水力冲刷强度，消除曝气死角；采用了轻质多孔生物滤料，具有较大的比表面积和总孔容积，抗机械磨损强度高，表面粗糙，化学稳定性强，给微生物提供了有利的生存环境和水力条件。

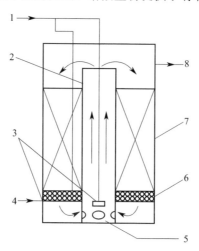

图 2-24 内循环 BAF 结构示意[49]

1—曝气及反冲洗用空气；2—曝气提升筒；3—空气扩散装置；4—进水及反冲洗用水；
5—回流孔；6—垫层；7—生物填料；8—出水

（2）工艺流程

将调和后的碱渣和稀释水按比例混合注入废水缓冲池，并采用硫酸中和至偏碱性（pH＝7.5～10.0）。通过加入磷酸盐和铵盐调节污水的营养配比，维持生化进水的 C、N、P 的比例。调节营养配比后的碱渣废水进入内循环 BAF 处理单元（多采用两级 BAF 串联），通过生物处理完成有机物的去除和硫化物的氧化（图 2-25）。内循环 BAF 出水进入反冲洗沉淀池进行泥水分离，沉淀上清液在排水时补给反冲洗用水。废碱液处理过程中产生的恶臭气体经收集后输送至尾气净化塔处理。

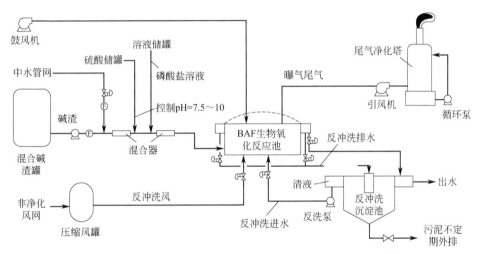

图 2-25　炼油废碱液稀释中和-BAF 处理技术工艺流程示意[50]

稀释中和-BAF 处理炼油废碱液的典型工艺参数如下：一级 BAF 水力停留时间为 15h，COD 去除负荷为 8.5kg/(m³·d)；二级 BAF 水力停留时间为 15h，COD 去除负荷为 6.0kg/(m³·d)[51]。

（3）技术特点

工艺流程简单，主要通过生物降解实现污染物去除，建设投资和运行成本低，采用生物膜法处理工艺，生物量大、容积负荷高、抗冲击负荷能力强。

2.4.3.4　典型案例

河南油田南阳石蜡精细化工厂始建于 1975 年，2008 年形成加工规模 62×10⁴t 的燃料-润滑油（蜡）-化工型企业。该厂产生的碱渣主要由常压柴油碱渣、催化液化气碱渣和柴油碱渣组成。碱渣与高浓度污水混合后，采用中和-内循环 BAF 进行处理。在 BAF 进水 COD 浓度为 19149mg/L、氨氮浓度为 2227mg/L、硫化物浓度为 1479mg/L、挥发酚浓度为 1620mg/L、石油类浓度为 81.7mg/L 的条件下，出水 COD 浓度为 691～1768mg/L，硫化物浓度为 6.46～35.14mg/L，挥发酚浓度为 16.83～21.63mg/L，处理每吨碱渣的运行费用为 92 元[51]。

2.5 催化裂化烟气脱硫废水处理技术

通常采用钠碱法对催化裂化装置催化剂再生烟气进行脱硫处理，碱液将二氧化硫洗涤下来后，形成大量含有亚硫酸钠的高含盐废水。此外，在催化剂再生过程中损失的催化剂以粉尘形式随着再生烟气被吸收到烟气脱硫浓盐水中。催化裂化烟气钠碱法脱硫废水具有以下特点：

① 废水排放量小，但污染物浓度高；

② 废水中悬浮物含量较大，TSS 一般为 5～10g/L[52]，颗粒硬度高，粒径小（烟气经多级旋风除尘后剩余颗粒物粒径多在 5μm 以下）；

③ 废水中盐分含量高，TDS 一般为 20～100g/L，以亚硫酸钠为主。

目前该废水通常采用混凝澄清-氧化工艺进行处理，通过混凝澄清去除悬浮物，通过空气氧化将亚硫酸盐转化为硫酸盐。氧化出水可进一步进行蒸发结晶处理，以生产硫酸钠副产品并进行蒸发冷凝水的回用，实现废水中盐资源和水资源的回收利用。

2.5.1 混凝澄清-氧化工艺

2.5.1.1 技术简介

针对催化裂化烟气钠碱法脱硫废水中含有高浓度悬浮物和亚硫酸盐的特点，采用混凝澄清-氧化工艺实现悬浮物的去除和亚硫酸盐的氧化，处理出水污染物以硫酸钠为主，在必要的情况下可进一步采用膜浓缩、蒸发结晶等技术实现盐的回收和废水的"零排放"[53]。

2.5.1.2 适用范围

催化裂化烟气钠碱法脱硫废水处理。

2.5.1.3 技术特征与效能

（1）基本原理

该技术针对废水特点，首先通过混凝澄清（或胀鼓式过滤器过滤）实现废水中悬浮物的有效去除；然后，利用亚硫酸盐可被空气氧化的特点，在氧化罐内通过曝气氧化将亚硫酸盐转化为硫酸盐，实现废水 COD 含量的大幅降低。

（2）工艺流程

由烟气洗涤塔浆液循环泵送来的废水送入澄清器，颗粒物在澄清器（或胀鼓式过滤器）内经过絮凝沉降分离，上清液被排到氧化罐，废水中亚硫酸盐在氧化罐内被空气氧化，降低废水 COD 含量，达标的废水进入排液池，由排液泵外排到界区外的厂区污水处理区；澄清器底部的浓浆被排到污泥脱水机，经过进一步浓缩脱水后，产生的废液进入滤液池，由滤液池泵再打回澄清器进行沉降分离，产生的泥饼外运处置（见图 2-26）。

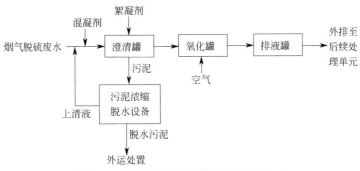

图 2-26　催化裂化烟气脱硫废水处理工艺

（3）技术特点

针对废水高悬浮物、高亚硫酸盐的特点，分别通过混凝澄清和空气氧化实现悬浮物和亚硫酸盐的去除。

2.5.1.4　典型案例

广东某石化企业采用胀鼓式过滤器-氧化罐工艺（图 2-27）处理 50 万吨/年催化裂化装置脱硫废水，2015～2018 年，处理出水 SS 11.0～26.8mg/L、COD 13.0～26.3mg/L、氨氮 0.5～2.8mg/L，稳定达到排放标准要求（SS≤50mg/L，COD≤50mg/L，氨氮≤5mg/L)[54]。

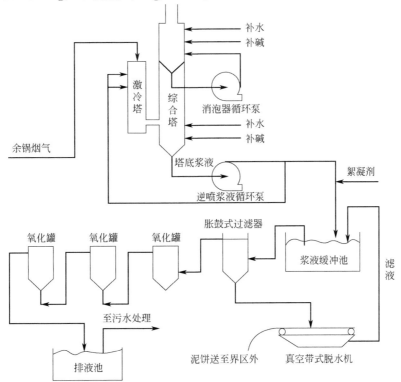

图 2-27　广东某石化企业催化裂化烟气脱硫废水处理工艺

2.5.2 MVR 蒸发结晶技术

2.5.2.1 技术简介

机械蒸汽再压缩技术（MVR）是一种比较成熟的蒸发浓缩技术，在海水淡化、精细化工、废水治理等领域均得到应用和发展，被认为是一项具有发展潜力的废水处理工艺，具有蒸发温度低、能耗低等特点。

2.5.2.2 适用范围

含盐废水的蒸发浓缩、结晶除盐和冷凝水回用。

2.5.2.3 技术特征与效能

（1）技术原理

MVR 是将蒸发产生的二次蒸汽利用压缩机再压缩提高其温度和压力，再将其送入蒸发器加热室作为热源加热来料的蒸发技术。系统只有在开车时需要少量的蒸汽，当系统稳定运行后可完全不需要蒸汽或仅需极少量的蒸汽以补充热平衡。催化裂化烟气脱硫废水经 MVR 蒸发浓缩后，蒸出低品位蒸汽，盐水浓度提高后去提稠、干燥设备进行处理，低品位蒸汽进入蒸汽压缩机提高品位，不间断地用于加热原料盐水，而后凝结为水进行回用而实现高盐废水的"零排放"。

（2）技术流程

MVR 蒸发结晶装置包括进料、预热、浓缩、结晶、离心分离、包装等单元（图 2-28）。经混凝澄清-氧化处理后的催化裂化烟气脱硫废水进入原料罐，经提升、过滤后，先后进入冷凝水换热器和不凝气换热器进行换热升温；然后进入蒸发器进行蒸发浓缩，盐浓度逐渐增大；随后进入强制循环换热器与结晶器中料液混合，料液经强制循环换热器换热后进入结晶器进行闪蒸，晶体析出形成晶浆，晶浆进入稠厚器进一步浓缩，然后进入离心机进行分离，分离出来的晶体作为产品装袋封存；离心产生的母液进入母液罐与稠厚器母液混合后经母液泵打回结晶器。蒸发产生的二次蒸汽经压缩机压缩后进入蒸发器和强制循环换热器与循环液和新料液换热，换热后蒸汽释放潜热变成冷凝水和少量不凝气，冷凝水进入冷凝水罐，经过冷凝水泵在冷凝水换热器与废水进行换热，换热后冷凝水回收利用，不凝气在不凝气换热器与废水换热后放空。

2.5.2.4 典型案例

某炼油厂采用 MVR 蒸发结晶技术处理催化裂化烟气脱硫废水，实际水量为 $4.75m^3/h$，经混凝澄清-氧化工艺处理后悬浮物含量为 $45mg/L$，COD 含量为 $55mg/L$，pH 值大于 9。再经 MVR 单元蒸发结晶，出盐量约为 $300kg/h$，结晶盐产品经干燥后硫酸钠纯度大于 96%，达到工业品标准；凝结水外排流量平均为 $4.5m^3/h$，电导率平均为 $24\mu S/cm$，COD 浓度平均为 $27mg/L$。

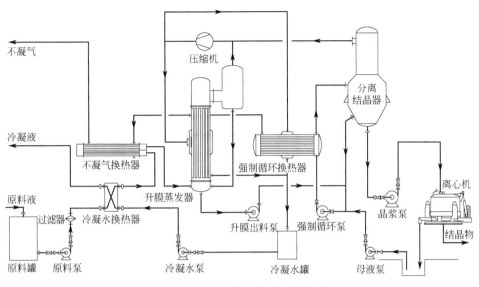

图 2-28　MVR 蒸发结晶工艺流程

2.5.3　三效分步结晶技术

2.5.3.1　技术简介

三效分步结晶技术采用磁絮凝-多介质过滤-三效蒸发结晶-杂盐单效蒸发结晶工艺，通过磁絮凝-多介质过滤工艺去除脱硫浓盐水中的催化剂粉尘及重金属离子，通过硫酸钠三效蒸发结晶-杂盐单效蒸发结晶工艺，蒸发结晶出纯度≥97%（质量分数）的硫酸钠产品盐及少量杂盐，产生的产品水水质满足工业循环水补水水质要求《工业循环冷却水处理设计规范》（GB/T 50050—2017），回收率≥95%。

2.5.3.2　适用范围

脱硫浓盐水、高卤浓盐水的蒸发浓缩及分盐结晶。

2.5.3.3　技术特征与效能

（1）技术原理

该技术采用硫酸钠三效蒸发结晶和杂盐单效蒸发结晶组合工艺，在蒸发结晶过程中，脱硫浓盐水的水分不断蒸发，盐浓度不断提高，当达到硫酸钠的过饱和浓度时通过控制蒸发量使硫酸钠析出结晶，从而获得高纯度的硫酸钠结晶盐，再根据结晶母液中的 Cl^- 含量返回第三效蒸发器继续蒸发结晶，提高硫酸钠结晶盐产品收率。只有当母液中 Cl^- 富集到一定浓度后才排往单效蒸发结晶系统，结晶成杂盐。三效蒸发结晶工艺采用三效顺流流程，一效、二效蒸发器采用传热温差损失小、传热速率高的降膜蒸发器，三效蒸发器和杂盐单效蒸发器采用抗盐析、抗结疤堵管能力强的强制循环蒸发器。该工艺可采用厂区内低压乏汽作为热源。

（2）技术流程

磁絮凝-多介质过滤工艺去除脱硫浓盐水中的催化剂粉尘及重金属离子。磁絮凝工艺是在传统的絮凝工艺中，加入磁粉形成高密度的絮体，加大絮体的密度，以增强絮凝的效果，达到高效除污和快速沉降的目的。通过调整 pH 值，加入重金属捕捉剂、PAC、PAM 药剂去除重金属离子及催化剂粉尘，多介质过滤器去除剩余悬浮物及絮体，以进一步降低脱硫浓盐水中的重金属离子及催化剂粉尘，使蒸发结晶出来的结晶盐无害化。

去除催化剂粉尘和重金属离子后的脱硫浓盐水输送至一效蒸发器，在一效循环泵的作用下进行效内循环，与一效蒸发器壳程低压乏汽间接换热，然后在一效分离器进行汽液分离：汽相进入二效蒸发器的壳程，液体经一效循环泵输送至二效分离器继续浓缩。同样方式进行二效和三效的蒸发浓缩，最终浓缩液密度达到 $1400kg/m^3$ 以上时，通过三效出料泵输送至稠厚器、经离心机离心分离，分离出的硫酸钠结晶盐经流化床干燥后得到硫酸钠产品盐，离心母液至母液罐，然后经三效母液泵返回三效分离器继续蒸发浓缩，当母液中 Cl^- 富集到一定浓度后排往杂盐单效结晶系统，结晶生成杂盐（图 2-29）。

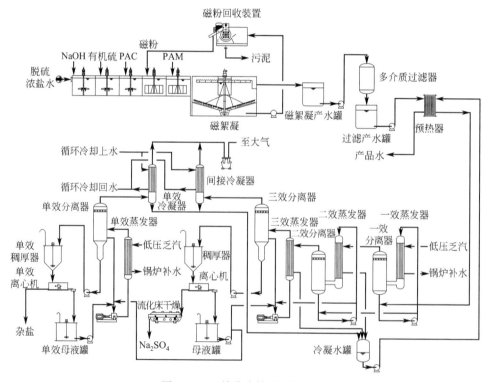

图 2-29　三效分步结晶工艺流程

（3）技术特点

磁絮凝可实现废水中悬浮物和重金属离子的有效去除，耐冲击负荷能力强。三效蒸发结晶和单效蒸发结晶均采用负压蒸发结晶工艺，可充分利用石化企业厂区内低压乏汽，实现资源二次利用，在实现浓盐水"零排放"的同时实现结晶盐资源化。

2.5.3.4　工程实证

某石化企业采用三效分步结晶技术处理催化裂化再生烟气脱硫废水（图 2-30），实际水量为 40m³/h，悬浮物≤70mg/L，COD≤50mg/L，含盐量为 3%～7.5%（质量分数），经三效分步结晶技术处理后，产品水 COD≤20mg/L、电导率≤140μS/cm，可用于循环水站补水，每年可减少 29.4×10⁴t 浓盐水排放，减少水体污染。同时产生的硫酸钠结晶盐纯度达到 97%（质量分数），实现了结晶盐产品化，具有一定的经济效益。

图 2-30　三效分步结晶工程装置

2.6　延迟焦化装置冷焦水密闭循环处理技术

（1）技术简介

延迟焦化是将重质油转化为轻质油品和焦炭的装置，是我国石油炼制关键装置之一。该装置冷焦水主要用于冷却焦炭，出焦炭塔时水温为 80～90℃（称为冷焦热水），含油量为 2000～10000mg/L，焦粉含量约为 2000mg/L。早期的延迟焦化装置冷焦水处理采用敞开式循环处理工艺，污水中大量挥发性物质散入空气中，发出强烈恶臭，对周边环境造成严重污染。同时，冷焦水敞开式循环处理工艺还存在除油效率低、冷却效果差等问题。针对上述问题，我国研究开发了冷焦水密闭循环处理技术，通过水-水混合器注水降温、重力沉降、旋流分离、空冷等措施，实现了冷焦水的密闭循环处理，水资源得到节约，污水中的油和焦粉得到回收和资源化，恶臭污染得到有效控制[55]。

（2）适用范围

延迟焦化装置冷焦水的密闭循环处理。

（3）技术特征与效能

1）基本原理　采用水-水混合器注水降温技术把部分低温冷焦水注入高温溢流水中，使高温冷焦水进罐前温度降至 90℃左右，解决了进储罐处的水击和灌顶"冒气"问题；采用空冷代替凉水塔，解决了凉水塔填料被污油黏附堵塞和空气污染严重的问题；采用重力沉降技术，有效去除冷焦水中的焦粉和重油颗粒；采用旋流分离技术，进一步去除焦粉和重油颗粒，消除空冷器堵塞。

2）工艺流程　本装置采用的密闭处理工艺流程见图 2-31。为避免在各个容器中形成爆炸性气体混合物和冷焦水缓冲罐液位下降过快形成负压而损坏容器，装置设置了氮气保护系统、水封以及碱液脱硫系统。

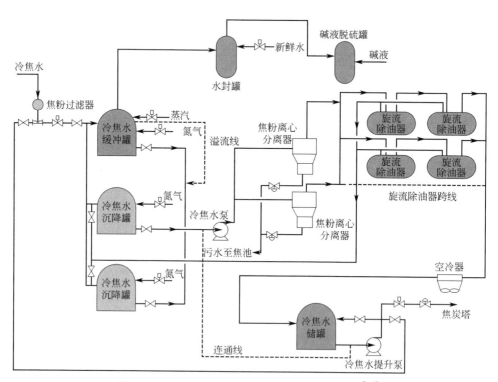

图 2-31　延迟焦化冷焦水密闭循环处理系统示意[56]

当焦炭塔运行至放水时，冷焦水经焦粉过滤器进入冷焦水缓冲罐，该罐和冷焦水沉降罐连通。焦炭塔放水结束并沉降 30min 后，启动冷焦水泵，由冷焦水缓冲罐向冷焦水储罐进行倒水，冷焦水依次通过焦粉过滤器、焦粉离心分离器、旋流除油器、空冷器，实现冷焦水的冷却降温和油、焦、水的分离。当冷焦水储罐水温降至 40℃左右、液位上升至 85％时，停止倒水。待焦炭塔开始给水冷焦时，启动冷焦水提升泵对焦炭塔进行冷焦操作。工艺处理后的冷焦水含油浓度低于 150mg/L，焦粉浓度小于 50mg/L。

　　3）技术特点　综合通过水-水混合器注水降温、重力沉降、旋流分离、空冷等措施，实现了冷焦水的密闭循环处理，经济有效地治理了延迟焦化装置冷焦水的污染问题。

　　（4）典型案例

　　该技术已在浙江、新疆[57]、江西、河南等地的石化企业得到应用，实现了冷焦水系统的长周期安全稳定运行和节水减排。

　　① 浙江某石化企业冷焦水密闭循环处理系统于 2001 年 5 月投入运行。高温冷焦水进入冷焦水沉降罐后，浮油大部分被去除，轻、重焦粉分别被浮升和沉降去除，罐出水中油含量在 127～375mg/L 之间，焦粉含量在 30～50mg/L 之间，较好地实现了油和焦粉的粗分离。旋流除油器进一步降低冷焦水中含油浓度至 100mg/L 以下。空冷器降温效果好，出水温度一般在 50℃以下。系统运行后，作业环境空气质量明显改善。臭气浓度由 2000mg/L 降至 20mg/L[55]。

　　② 江西某石化企业 100 万吨/年延迟焦化装置采用冷焦水密闭循环处理系统。冷焦水进入沉降罐后通过重力沉降分为 3 层，使用罐内上部设置的环形隔油槽除去水面浮油和焦粉，使用底部排焦口除去罐底焦粉和焦粉吸附的重油，实现油、焦粉与水的粗分离，除油 70%～85%。中间水层再通过离心分离器和旋流除油器进一步强化分离密度接近水的那部分焦粉和悬浮在水中的油滴，除油 10%～20%[58]。

　　③ 河南某石化企业 140 万吨/年延迟焦化装置冷焦水系统采用密闭处理技术，进行除油、除焦粉，并经冷却后循环使用。原有系统存在大量焦粉在冷焦水缓冲罐底部沉积、旋流除油器能耗高等问题。该企业在原有工艺流程优化操作基础上，进行了如下改造：a. 通过增设焦炭塔跑水排焦线和隔板式过滤器，减少了焦炭塔溢流、放水操作中焦粉夹带进入冷焦水缓冲罐的量；b. 增设旋流除油器跨线，使旋流除油器可在冷焦水含油量较低时切出系统，降低了装置能耗；c. 冷焦水缓冲罐顶增设溢流线，使冷焦水在缓冲罐沉降后经顶部溢流线进入冷焦水沉降罐，减少了罐底焦粉人工清理的劳动强度和进入冷焦水提升泵中的焦粉量[56]。

　　本章编者：中国石油安全环保技术研究院李兴春、张华、吴百春、张晓飞、刘译阳；中国石油吉林石化分公司戴景富、金成浩；中国环境科学研究院周岳溪、宋玉栋、吴昌永、沈志强；中国石化北京化工研究院栾金义、张新妙、魏玉梅；中国矿业大学（北京）何绪文、夏瑜、徐恒；中国昆仑工程吉林分公司张宇、林清武。

第3章
有机原料生产水污染全过程控制成套技术

　　有机原料生产废水中污染物主要为未充分分离回收的产品、原料以及反应副产物。由于有机原料生产废水中的有机物分子多带有醛基、酚羟基、硝基、氨基、卤素、芳环，通常具有有毒、难生物降解等特征，导致有机原料生产废水处理难度较大，且易对以生物处理为主体的园区综合污水处理厂产生冲击，是石化行业水污染治理的难点，特别是产生高浓度废水的生产装置，废水治理难度更大。有机原料生产的水污染全过程控制，一方面应通过生产工艺改进实现污染物的源头减量与控制；另一方面，应首先通过废水污染物分离预处理实现有用物料的资源回收，然后利用强化降解预处理技术实现废水中难降解及有毒污染物的强化去除，以防止对后续生物处理单元的抑制性冲击，并减小后续处理单元的处理负荷，节约处理成本，提高系统的运行稳定性。

　　有机原料生产废水污染全过程控制通用技术路线如图 3-1 所示。

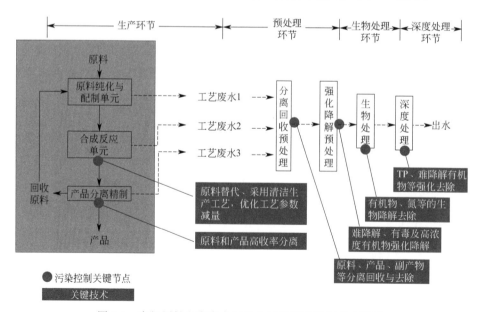

图 3-1　有机原料生产废水污染全过程控制通用技术路线

3.1 乙烯装置废碱液污染控制技术

乙烯装置以轻柴油、石脑油、天然气、炼厂气及油田气等为原料，通过高温裂解与深冷分离而制取乙烯、丙烯、氢气、甲烷、碳四、液化气以及裂解汽油、燃料油等产品。整个生产过程分为高温裂解和裂解气深冷分离两大部分。高温裂解部分又分为裂解反应单元和油系统循环、水系统循环单元。裂解反应单元使原料断链，生成富含烯烃和芳烃的小分子产物，并通过热虹吸原理回收热能生成高压蒸汽。油系统循环、水系统循环单元将裂解气降温并回收低位热能。裂解气深冷分离部分包括裂解气的预处理单元和分离精制单元，预处理单元包括裂解气压缩、酸性气体脱除、干燥、炔烃的脱除等[39]。

乙烯装置产生的生产废水主要包括含酚废水、含硫废水、废碱液、清焦废水以及汽包排污水、稀释蒸汽排污水、火炬罐排水等其他废水。含酚废水来自工艺水汽提塔，一般直接排入污水管线。含硫废水来自裂解气碱洗水洗塔的水洗段，含有一定浓度的硫化物，一般先进行二氧化碳中和，再汽提脱除硫化氢，汽提后污水排入污水管线，硫化氢废气进入火炬系统焚烧。清焦废水来自裂解炉烧焦所用中压蒸汽凝液和水力清焦所用的消防水，间歇排放，经过滤除焦后排入污水管线。废碱液来自裂解气碱洗/水洗塔碱洗段。碱洗的目的是脱除硫化氢等酸性气体[59]，有利于裂解气的分离精制、防止设备腐蚀和防止反应器催化剂中毒。废碱液污染物浓度较高，需单独预处理后方可排入污水管线，是乙烯装置水污染控制的重点和难点。汽包排污水、稀释蒸汽排污水、火炬罐排水等其他废水污染物浓度不高，可直接排入污水管网。

乙烯装置废碱液组成复杂，包含黄油、碳酸钠、硫化钠、氢氧化钠以及硫醇、硫醚、酚类、苯系物、萘等有机物，其中黄油、碳酸钠、硫化钠、氢氧化钠浓度较高。目前工程化应用的乙烯装置废碱液污染控制技术包括通过优化裂解气碱洗过程降低废碱液污染物含量的源头控制技术和湿式氧化、生物处理等废碱液处理技术。当乙烯装置靠近炼油厂或天然气处理装置时可考虑采用强酸或 CO_2 中和废水，释放出含 H_2S 和 CO_2 的混合气体，然后采用 Claus 装置将硫化氢转化为硫黄；当乙烯装置靠近酸性气体火炬或焚烧炉等焚烧装置及其尾气脱硫处理装置时，也可考虑通过焚烧的方式对含 H_2S 和 CO_2 的混合气体进行处理[1]。

3.1.1 乙烯装置废碱液源头控制技术

3.1.1.1 技术简介

乙烯装置废碱液产生于裂解气碱洗水洗塔。以广泛应用的鲁姆斯三段碱洗工艺为例，碱洗/水洗塔包括三个碱洗循环段和一个水洗段，经压缩和加热的裂解气进入碱洗/水洗塔底部，依次与弱碱、中强碱、强碱逆流接触，脱除大部分酸性气体，然后在塔上部的水洗段进行水洗，脱除可能夹带的碱液[60]。在裂解气碱洗过程中，冷凝或溶解在碱溶液中的双烯烃或其他不饱和烃在痕量氧气的作用下，有可能诱发自由基，诱发形成交联聚合物。另外，裂解气中的醛或酮在碱作用下易发生缩合反应，生成 β-羟基醛，然后进一步加成生成具有一定分子量的聚合物[61,62]。上述两类过程都会导致裂解气在碱洗过程中产生黄色黏稠聚合物（通常称为黄油）。裂解气中的重组分在碱洗/水洗塔内冷凝，也会成为黄油的一部分，进而增加黄油产量。

大量黄油不仅会堵塞塔内件、管道和泵，还容易造成碱液乳化，影响碱洗效果，增加碱的消耗量；此外，还会造成废碱液中 COD 和油含量升高，废碱液氧化塔压力波动，增加废碱液的处理难度。因此，通过对碱洗过程的优化，有利于减少黄油生成量和降低废碱液处理难度，实现废碱液污染的源头控制。

乙烯装置废碱液源头控制技术是基于乙烯装置裂解碱洗过程优化的清洁生产技术，综合采用降低裂解气重组分含量、优化碱洗塔操作温度、降低系统进氧量、向碱洗/水洗塔加注黄油抑制剂、定期排放碱洗/水洗塔底部黄油等措施，减少裂解气碱洗过程黄油产生量，并在此基础上通过萃取、聚结除油等措施对废碱液中的黄油进行回收和利用。

3.1.1.2 适用范围

乙烯装置裂解气碱洗过程优化，源头降低废碱液中黄油和 COD 含量。

3.1.1.3 技术特征与效能

（1）基本原理

1）优化碱洗/水洗塔操作温度　操作温度过高，裂解气中不饱和烃容易发生聚合反应，黄油产生量增加；温度过低，会导致不饱和烃冷凝，酸性气体无法气提，也会使黄油产生量增加。最佳操作温度一般为 $46\sim54℃$。

2）加强碱洗/水洗塔黄油排放　通过增加排黄油管线并定期排放，减少系统内黄油在塔内的停留时间，避免黄油累积结垢堵塞各段塔板，影响碱洗/水洗塔的吸收效果。

3）严格控制碱浓度　根据裂解原料的硫含量及装置的负荷，及时调整碱洗/水洗塔的碱浓度，以实现梯度合理。尤其对于弱碱段而言，碱浓度过高，OH^- 对黄油的产生起催化作用，进而造成黄油产生量增加。

4）防止氧气进入碱洗/水洗塔系统　氧的存在会加速黄油的生成。在检修、投用循环碱泵时要用氮气置换干净，防止将空气带入碱洗系统；碱罐收碱时要先将氧气置换干净，碱罐收碱结束后，用氮气吹扫管线，断绝氧气进入的途径。

5）加黄油抑制剂　黄油抑制剂主要由阻聚剂组成，并合理配有抗氧剂、金属离子钝化剂和分散剂等组分。阻聚剂作用原理是产生的新自由基比原有的自由基稳定，不易引发新的链增长。抗氧剂能降低碱液中氧气的作用，还原溶解在碱液中的氧，减少自由基的产生；金属离子钝化剂用于形成保护膜来钝化金属表面或络合溶解在碱液中的金属离子，以阻止金属离子的催化作用；分散剂可使生成的黄油分散于碱液中，不会黏附在塔内而造成堵塔现象[63]。

6）裂解气重组分含量控制　通过改善裂解气冷凝效果，使重组分在裂解气进入碱洗/水洗塔前充分分离出来，防止重组分在碱洗过程中冷凝而增加黄油产生量。

7）黄油的回收与利用　自裂解气碱洗/水洗塔排出的废碱液首先用洗涤汽油对黄油进行萃取回收，然后在废碱储罐内进行重力分离。当废碱液乳化严重难于重力分离时，还可通过投加破乳分散剂、离子型助凝剂等促进油水分离过程[64]，或采用废碱聚结器进行深度除油。

（2）工艺流程

某石化企业乙烯装置裂解气碱洗工艺流程如图 3-2 所示，黄油抑制剂随新鲜碱液注入碱洗/水洗塔。

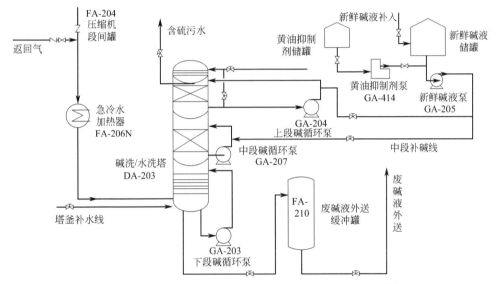

图 3-2　某石化企业乙烯装置裂解气碱洗工艺流程示意[63]

某石化企业乙烯装置裂解气碱洗及废碱液除油与氧化工艺流程如图 3-3 所示：废碱液从裂解气碱洗/水洗塔塔底排放后，与洗涤汽油混合进入废碱聚结器进行油水分离，大部分黄油进入油相，油相进入废汽油聚结器进行脱水，水相进入废碱液储罐进行进一步重力除油。

（3）技术特点

通过裂解气碱洗条件优化降低黄油生成量，不仅可实现废碱液污染的源头减量，还可提高碱洗/水洗塔的运行稳定性，保证碱洗效果并提高烯烃产品收率。

3.1.1.4　典型案例

① 辽宁某石化企业 80 万吨/年乙烯装置加入黄油抑制剂后，排黄油量由 5桶/天降为 1 桶/天，下降 80%[63]。

② 新疆某石化企业通过改善裂解气冷凝效果，使重组分在裂解气进入碱洗/水洗塔前充分分离出来，并投加了黄油抑制剂，黄油产生量大幅减少，废碱液油

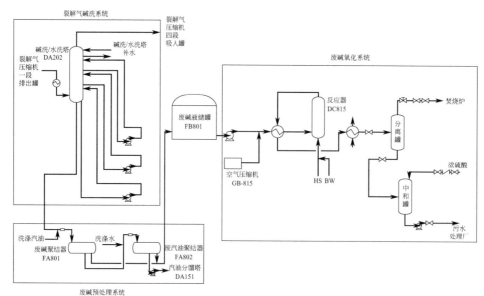

图 3-3　裂解气碱洗及废碱液除油与氧化工艺流程[65]

含量均值由 982mg/L 下降到 286mg/L，下降 70.9%[66]。

③ 吉林某石化企业 15 万吨/年乙烯装置通过将裂解气压缩机三段出口温度控制在 38～40℃，以减少进入碱洗/水洗塔的重组分浓度；同时，将碱洗/水洗塔进料温度提高到 43.5℃，防止碱洗过程中重组分的冷凝，黄油产生量下降约 30%[67]。

④ 江苏某石化企业将乙烯装置裂解气入碱洗/水洗塔温度由 40℃提高至 45℃ 左右，即提高碱洗/水洗塔操作温度，碱洗/水洗塔黄油产生量平均降低 50%[68]。

⑤ 广东某石化企业通过投加黄油抑制剂，乙烯装置废碱液中油的体积分数从 1.83% 降至 1.07%，下降了 41.5%，最小值达到 0.20%；而投加黄油抑制剂前该项最小值仅为 1.5%；与此同时，废碱液 COD 浓度从 84134mg/L 降到 58683mg/L，下降了 30.2%[61]。

⑥ 山东某石化企业通过投加黄油抑制剂，有效降低碱洗/水洗塔废碱液中聚合物含量和废碱液湿式氧化出水的 COD 含量：废碱液聚合物含量由平均 11636mg/L 下降至 4190mg/L，降低 64%；废碱液湿式氧化出水的 COD 含量降低 24%[69]。

3.1.2　乙烯装置废碱液湿式氧化技术

3.1.2.1　技术简介

湿式氧化技术是目前乙烯装置废碱液处理广泛应用的处理技术，在一定的温度和压力下，利用空气中的氧作为氧化剂，将乙烯装置废碱液中溶解或悬浮的有机物和还原性无机物氧化，使废水中的硫化物在液相的状况下氧化成硫代硫酸盐、亚硫酸盐、硫酸盐等无机盐，在高温高压条件下使有机物氧化分解为低分子有机酸、醇类化合物或彻底氧化为二氧化碳和水。经过处理的废碱液不再具有恶臭气味、COD 含量大幅降低、可生化性得到改善。经预处理后的乙烯废碱液可与其他废水一并进入石化综合污水处理厂进行处理。处理乙烯装置废碱液的湿式氧化技术按照反应器内温度和压力的不同可分为低压（0.55～1.0MPa，110～150℃）、中压（约 2.8MPa，约 200℃）和高压（4.1～20.7MPa，260～425℃）三种类型。由于乙烯装置废碱液中硫化物浓度远高于有机物浓度，湿式氧化法的目的以硫化物去除为主，因此多采用中、低压湿式氧化技术进行处理。

3.1.2.2　适用范围

乙烯废碱液的预处理，实现硫化物和 COD 含量的降低。

3.1.2.3　技术特征与效能

（1）基本原理

在一定的温度和压力下，利用空气中的氧作为氧化剂，将废水中溶解或悬浮的有机物和还原性无机物氧化：硫化物氧化成硫代硫酸盐、亚硫酸盐、硫酸盐等无机盐，在中高压条件下使有机物氧化分解为低分子有机酸、醇类化合物或彻底氧化分解成二氧化碳和水。经过处理的废碱液不再具有恶臭气味、COD 含量大幅降低、可生化性得到改善。

（2）工艺流程与参数

1）缓和湿式氧化工艺　缓和湿式氧化工艺流程如图 3-4 所示：废碱液经进料泵加压，从反应器上部的两个进料口进入反应器内外筒间的环隙进行氧化反应；工艺所需空气由空气压缩机提供，由反应器内筒的下部进入；反应后物料从反应器的顶部排出，经减压后进入循环冷却塔，进入塔内的空气与氧化后废碱液首先进行气液分离，液相经塔底排出到换热器，被冷却后一部分回流到塔的中上部，另一部分进入氧化后废碱液储罐，塔内的气相物质在向塔的上部移动的过程中与回流的冷碱液接触，经碱洗去除其中的挥发性有机物后从循环冷却塔的顶部排出；氧化后废碱液经与 98％浓硫酸混合至 pH 值为 6～9 后，可直接进入企业污水处理厂进一步处理。

该工艺的典型工艺条件为：a. 氧化塔反应温度 190℃，反应压力 3.0MPa；b. 循环冷却塔塔顶温度 40℃，塔底温度 110℃；c. 操作压力 0.25MPa，换热器出口温度 40℃。

2）德国 LINDE 公司低压湿式氧化工艺　德国 LINDE 公司低压湿式氧化工艺流程如图 3-5 所示：废碱液由废碱液进料泵送至废碱液氧化进/出料热交换器预热至 100～120℃。热交换器出口的废碱液在碱/空气/蒸汽混合器中与蒸汽和空气混合，出口温度通过调节进入混合器的中压蒸汽的流量来控制。需要的空气由空气压缩机来供给。混合器的出口温度约为 120℃，废碱液从底部进入氧化反应器，反应压力在 0.8～1.0MPa 范围内。氧化反应后 Na_2S 被空气氧化成硫代硫酸钠，并进一步氧化成硫酸钠。废碱液在反应器中的停留时间为 8h。从反应器顶部出来后，废碱液在进/出料换热器和氧化后碱液冷却器中被冷却，离开冷却器的废碱液温度均为 50℃，并进入中和罐。中和罐的废碱液在冷却器中冷却后进入汽提塔，采用空气汽提。汽提塔的操作压力略低于环境压力，汽提用空气

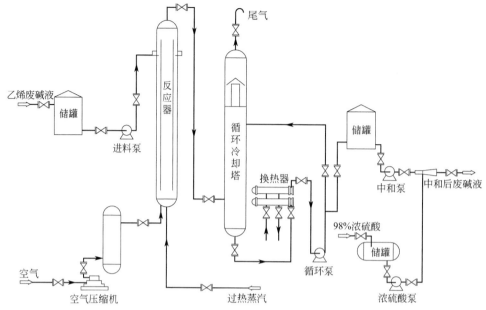

图 3-4 缓和湿式氧化工艺流程

来自大气且由塔底进入。塔内的真空由位于塔顶管线上的喷射器产生。反应器排气以较大压降（相对于大气压力 0.8MPa）使汽提塔通过喷射器形成－30kPa 的真空压力，将汽提出的气体进行输送处置。

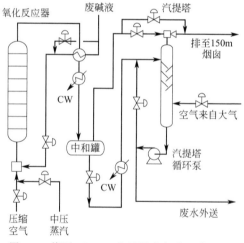

图 3-5 德国 LINDE 公司湿式氧化工艺流程

该工艺的典型工艺条件为：入口温度 80～110℃；反应压力 0.8～1.0MPa。

3）美国 ZIMPRO 中压湿式氧化工艺 美国 ZIMPRO 中压湿式氧化工艺流程如图 3-6 所示：空气从泵出口物料进入，经出入口换热器换热后进入反应器，氧化反应液在换热达一定温度后开始反应，出口设置冷却器和气水分离器，中和罐设置有酸泵。

该工艺的典型工艺条件为：反应温度 190℃；反应压力 3.25～3.65MPa。

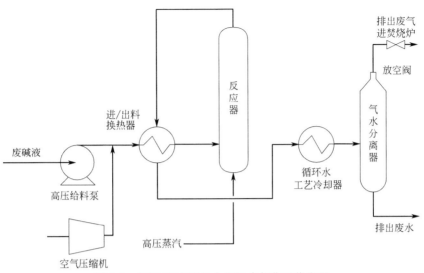

图 3-6　美国 ZIMPRO 中压湿式氧化工艺流程

4）日本 JAC 中压湿式氧化工艺　日本 JAC 中压湿式氧化工艺流程如图 3-7 所示：高压蒸汽及压缩空气从反应器底部进入，反应器出口设置洗涤塔，塔釜液相用于循环洗涤并最终排至中和罐，塔顶气相进入分液罐进行气液分离，减少气相夹带，中和罐设置有酸泵。

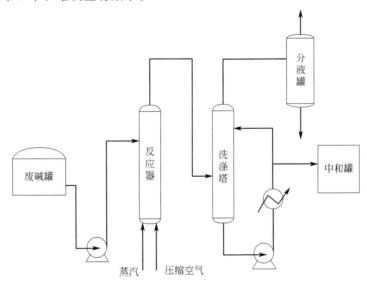

图 3-7　日本 JAC 中压湿式氧化工艺流程

该工艺的典型工艺条件为：反应温度 190℃；反应压力 3.4MPa。

5）美国 S&W 公司湿式氧化工艺　美国 S&W 公司湿式氧化工艺流程如图 3-8 所示：来自碱洗塔的废碱液进入废碱储罐，在储罐中设置撇油装置，根据实际需要将废碱液中的黄油等物质除去。储罐中的废碱液经低压蒸汽预热后进入烃汽提塔，在烃汽提塔中利用低压蒸汽汽提出其中的烃类物质，汽提后的废碱液进入氧化反应系统。反应系统采用多台反应器串联的形式，废碱液依次从下至上进入反应器，来自空气压缩机的压缩空气和高压蒸汽混合后，分两股依次注入多台反应器的上下两段。废碱液和空气中的氧气在多个反应区以鼓泡形式发生反应。反应后的物料进入废碱氧化闪蒸罐进行气液分离，底部出来的氧化合格物料进入中和系统进行酸碱中和，在中和单元控制 pH 值达到排放指标后送往污水处理厂继续处理。氧化反应器顶部气相经收集后进入水洗塔，在水洗塔中采用自循环的方式，进一步除去废碱液中的有机物，水洗后的液体进入闪蒸罐闪蒸。水洗塔和闪蒸罐顶部的气相中含有部分有机物和盐类，收集后排入裂解炉燃烧室，以降低其对环境的污染。

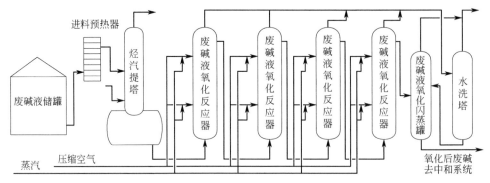

图 3-8　美国 S&W 公司湿式氧化工艺流程

（3）技术特点

乙烯装置废碱液的湿式氧化处理主要采用中低压湿式氧化反应器，与高压湿式氧化反应器相比反应温度和压力更低，建设投资和运行成本更低；与生物法相比，湿式氧化法对废水的污染物浓度和毒性的适应范围更大。

3.1.2.4　典型案例

废碱液湿式氧化已在国内石化企业大量应用，技术已较成熟，部分典型企业的运行情况如表 3-1 所列。

表 3-1　典型石化企业乙烯装置废碱液湿式氧化处理工程情况

序号	企业名称	主要工艺条件	污染物去除效果	参考文献
1	广东某石化企业	处理规模 3～5t/h，废碱液 COD 54600mg/L，Na_2S 76500mg/L，Na_2CO_3 18400mg/L，石油类 100mg/L。废碱液氧化装置采用美国 S&W 公司专利技术，2 级反应器串联，第一反应器压力 0.5MPa，第二反应器压力 0.45MPa，空气进料总量 1.45t/h	处理出水 COD 平均 1290mg/L，石油类平均 7mg/L，S^{2-} 平均 6.9mg/L	[70]
2	山东某石化企业	设计处理规模 15t/h，废碱液含 NaOH 1.5%（质量分数），Na_2S 4.8%（质量分数），Na_2CO_3 3.6%（质量分数），溶解碳烃类化合物约 1800mg/L。废碱液湿式氧化装置采用德国 LINDE 公司低压湿式氧化处理技术(不含中和汽提单元)，单台反应器废碱液进料量 3～7t/h，空气进料量 2～2.5t/h，入口温度 110℃，反应后表压 0.72MPa	处理出水 Na_2S 平均 <0.01%	[71]

序号	企业名称	主要工艺条件	污染物去除效果	参考文献
3	甘肃某石化企业	处理规模 2.2～2.6t/h，废碱液含 NaOH 4.96%～5.33%（质量分数），Na$_2$S 1.04%～2.36%（质量分数），Na$_2$CO$_3$ 0.94%～2.99%（质量分数），石油类 60～71mg/L，COD 19500～24500mg/L；采用低压湿式氧化工艺，第一反应器压力 0.58～0.62MPa，第二反应器压力 0.45～0.53MPa，空气过剩率 7.36～10.01，反应温度为 100～120℃，停留时间为 27～49min	废碱中 Na$_2$S、油、COD 的平均脱除率分别为＞99%、57.88%、89.97%	[72]
4	广东某石化企业	处理规模 2t/h，废碱液含 NaOH 1.3%（质量分数）、Na$_2$S 3.0%（质量分数）、石油类 150mg/L、COD 60000mg/L，采用日本 JAC 中压湿式氧化技术，空气量 1.42t/h，反应温度 190℃，反应压力 3.4MPa	处理出水 Na$_2$S 20mg/L，石油类 10mg/L，COD 4000mg/L	[73]
5	广东某石化企业	处理规模 7t/h，废碱液含 NaOH 1.3%、Na$_2$S 3.0%、石油类 150mg/L、COD 60000mg/L，采用美国 ZIMPRO 中压湿式氧化技术，空气量 2.80t/h，反应温度 190℃，反应压力 3.25～3.65MPa	处理出水 Na$_2$S 1mg/L，石油类 5mg/L，COD 2000mg/L	[73]
6	黑龙江某石化企业	处理规模 10t/h，废碱液 S^{2-} 7000mg/L，COD 15000mg/L。采用中压湿式氧化工艺，反应温度 190℃，反应压力 2.5MPa，反应器进料温度 170℃	处理出水 S^{2-} 降至 20mg/L 以下，COD 降至 1370～2750mg/L	[74]
7	某炼化公司	处理规模 10～18.5t/h，废碱液平均含 NaOH 0.96%（质量分数）、Na$_2$S 1.29%（质量分数）、Na$_2$CO$_3$ 1.49%（质量分数）、石油类 969mg/L、COD 17726mg/L。采用美国 ZIMPRO 中压湿式氧化技术，反应温度约 200℃	出水 COD 平均 1269mg/L，指标（≤1500mg/L）合格率 100%；出水硫化物平均 0.01mg/L，指标（≤1mg/L）合格率 100%	[75]
8	某石化公司	处理规模 3t/h，废碱液平均含 S^{2-} 28050～36900mg/L，COD 45900～69274mg/L。采用湿式氧化-酸化中和工艺，反应温度 190℃，反应压力 3.0MPa	处理出水 S^{2-} 浓度小于 1.0mg/L，COD 去除率大于 93%	[76]
9	某石化企业	处理规模 7t/h，废碱液平均含 Na$_2$S 9%（质量分数），Na$_2$CO$_3$ 2%（质量分数）。采用美国 S&W 公司湿式氧化技术，采用 4 台氧化反应器串联，反应压力依次为 1.0MPa、0.8MPa、0.7MPa、0.6MPa，反应塔底部温度依次为约 151℃、157℃、155℃、155℃，停留时间 4.5h，空气总量 3.14t/h	处理出水 COD 基本稳定在 2000mg/L 以内，硫化物在 100mg/L 以下	[77]

3.1.3　乙烯装置废碱液稀释中和-生物处理技术

3.1.3.1　技术简介

乙烯装置废碱液稀释中和-生物处理技术是以生物处理技术为核心的废碱液预处理技术。该技术基于乙烯装置废碱液中硫化物的生物氧化特性和有机物的生物降解特性，首先利用污染物浓度和盐度较低的处理出水或污水对乙烯碱渣废水稀释，并用酸中和至弱碱性（pH8～9），然后采用生物处理工艺（活性污泥法或生物膜法）进行处理，利用微生物的代谢作用实现污染物的去除。工艺条件较温和，处理设施的建设投资和运行成本均远低于湿式氧化技术。

3.1.3.2 适用范围

乙烯装置废碱液的预处理。

3.1.3.3 技术特征与效能

（1）基本原理

将乙烯装置废碱液用酸中和至微生物能够耐受的范围，用低浓度污水将盐度和有毒污染物浓度稀释至不对微生物产生危害的程度，然后在好氧条件下利用微生物的代谢作用实现污染物的转化：硫化物在硫化细菌、硫黄细菌等微生物的作用下转化为元素硫，进而转化为硫代硫酸盐、亚硫酸盐、多硫磺酸盐，最终转化为硫酸盐[78]；苯系物、酚类等有机物在异养菌作用下转化为水和二氧化碳。

（2）工艺流程

废碱液首先进行中和与稀释，然后进入生物反应器进行生物处理。采用活性污泥法处理乙烯装置废碱液的典型工艺流程如图 3-9 所示；采用生物膜法处理乙烯装置废碱液的典型工艺流程如图 3-10 所示。

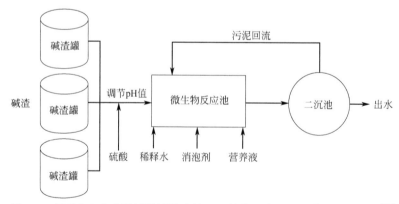

图 3-9　某石化企业采用活性污泥法处理乙烯装置废碱液的典型工艺流程[79]

（3）技术参数

采用活性污泥法处理乙烯装置废碱液的典型工艺参数如下：稀释 10 倍后中和至 pH6～9，曝气池 HRT 约为 24h，控制溶解氧为 2.0～6.0mg/L，反应温度约为 30℃，硫化物氧化负荷为 0.35kg S^{2-}/（$m^3 \cdot d$），COD 进水负荷为 2.5kg/（$m^3 \cdot d$），COD 去除率为 75% 以上，硫化物去除率为 98% 以上。

采用生物膜法（内循环曝气生物滤池）处理乙烯装置废碱液的典型工艺参数如下：硫化物氧化负荷为 6kg S^{2-}/（$m^3 \cdot d$），COD 进水负荷为 10kg/（$m^3 \cdot d$），

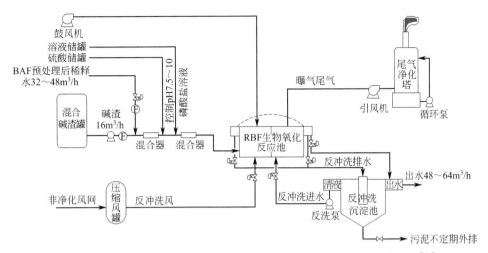

图 3-10　某石化企业采用生物膜法处理乙烯装置废碱液的典型工艺流程[80]

HRT=30~60h，COD 去除率达 93% 以上，硫化物去除率达 99% 以上。

（4）技术特点

与湿式氧化技术相比，优点是建设投资和运行成本省；缺点是停留时间长，占地面积大，且在进入反应器前通常需要进行稀释，运行效果受废水毒性影响较大。

3.1.3.4　典型案例

（1）活性污泥法案例

某石化公司采用活性污泥法处理乙烯装置废碱液，运行期间碱渣进水 COD 均值为 25558mg/L，硫化物均值为 3549mg/L，二沉池出水 COD 均值为 581mg/L，硫化物均值为 4.07mg/L，硫化物去除率为 99.8%。

（2）生物膜法案例

甘肃某石化企业采用内循环 BAF 生物处理技术预处理炼油和乙烯装置混合碱渣，解决了该厂碱渣处理难题。处理量可达到 8.3m³/h，经稀释水（1:3）~（1:5）稀释后，BAF 进水 COD 浓度平均为 5268mg/L，出水 COD 浓度平均为 962.4mg/L，平均去除率为 81.73%；硫化物平均值为 1577.7mg/L，出水浓度平均为 12.0mg/L，去除率为 99.79%，核算运行成本为 38 元/t[50]。

3.2　苯酚丙酮装置源头减排清洁生产技术

苯酚丙酮装置以丙烯和苯为原料，采用异丙苯法生产苯酚和丙酮。尽管不同技术提供商的异丙苯法工艺路线有所差异，但总体上可分为异丙苯单元和苯酚单元。苯酚单元又可分为氧化提浓分解、苯酚丙酮精制和回收三个部分。异丙苯单元以苯和丙烯为原料，经烃化反应和反烃化反应生成粗异丙苯，再经多级精馏，分离出高纯度的异丙苯。在氧化提浓分解部分，异丙苯被空气中的氧气氧化生成过氧化氢异丙苯（CHP），提浓后 CHP 在硫酸催化下分解为苯酚和丙酮。在苯酚丙酮精制部分，中和后 CHP 分解液经过多级精馏得到产品苯酚和丙酮。在回收部分，主要对苯酚丙酮精制部分切出的馏分进行萃取、精馏、加氢等操作，回收苯酚、丙酮、异丙苯等有用组分，同时进行废水的预处理。

异丙苯法生产苯酚、丙酮过程中，主要高浓度工艺废水排放节点包括混合异丙苯碱洗塔、氧化尾气洗涤器、真空凝液罐、丙酮精制塔塔釜分离器，主要污染物为苯酚、丙酮、异丙苯、过氧化氢异丙苯等产品和中间产品以及 2-苯基异丙醇、苯乙酮等反应副产物。传统生产工艺污水中 COD 浓度在 4000～8000mg/L 之间，含有高浓度的苯酚、丙酮等物质，具有显著的回收价值。

通过对苯酚丙酮精制单元进行优化，可大幅降低丙酮流失量；通过对高含酚废水进行萃取，可实现废水中酚的回收，具体技术如下。

3.2.1 高收率丙酮精馏技术

3.2.1.1 技术简介

异丙苯法苯酚丙酮装置废水丙酮主要来自粗丙酮塔和精丙酮塔塔釜排料。基于多元体系模拟优化和动态调控，采用丙酮精制工段高收率精馏关键技术，优化粗丙酮塔塔顶压力、进料板位置等，使塔釜物料丙酮含量由 1300mg/L 降至 300mg/L 以下；优化精丙酮塔塔顶压力、回流比及除醛回流等，在保证侧线采出产品质量合格的同时使塔釜丙酮得到最佳分离，塔釜废水丙酮含量可从优化前的 2000mg/L 以上降至 300mg/L 以下。

3.2.1.2 适用范围

异丙苯法苯酚丙酮装置废水中丙酮的源头减量。

3.2.1.3 技术特征与效能

（1）基本原理

苯酚丙酮精馏工艺由粗丙酮塔及丙酮精制塔组成，均采用板式塔，其中粗丙酮塔采用微正压操作，丙酮精制塔采用微负压操作。典型的丙酮精制工段工艺流程如图 3-11 所示。

1）降低粗丙酮塔塔釜物料丙酮含量　进料塔板位置、塔顶压强、塔顶采出量和塔顶回流量在一定范围内变化，塔釜和塔顶物料丙酮含量变化较小，当超出该范围时会对塔顶和塔釜采出组分的丙酮含量产生明显影响，进而影响苯酚精制单元废水中丙酮含量的升高；进料板位置偏靠下、塔顶压强偏高、塔顶采出量偏低、塔顶回流量偏小，均会导致塔釜丙酮含量升高。因此，通过上述工艺条件的有效控制可降低粗丙酮塔塔釜物料丙酮含量，进而降低粗丙酮塔的丙酮流失量。

2）降低丙酮精制塔塔釜废水丙酮含量　丙酮精制塔与传统精馏塔不同，除存在多级气液平衡外，还通过投加碱液与进料中的醛类等杂质进行反应，从而保证侧线采出产品满足产品质量要求。因此，丙酮精制塔塔釜废水丙酮含量除受到

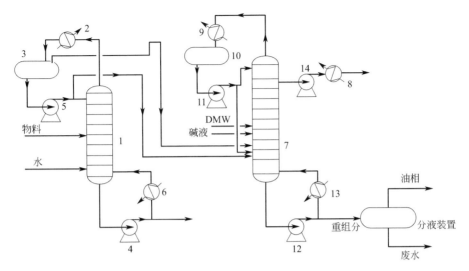

图 3-11   典型的丙酮精制工段工艺流程

1—粗丙酮塔；2、8、9—冷凝器；3、10—回流罐；4、5、11、12—回流泵；

6、13—再沸器；7—丙酮精制塔；14—侧线采出泵；DMW—脱盐水

进料板位置、塔顶压强、塔顶回流量等的影响外，特别情况下还会受到碱液投加塔板、除醛回流量和回流位置的影响。适当降低塔顶操作压力，上移除醛管线进料口位置，降低除醛管线流量，增加提馏段理论板数，均可实现丙酮精制塔塔釜废水丙酮含量的降低。

（2）技术特点

通过苯酚丙酮装置丙酮精制单元的优化提高了丙酮收率，降低了丙酮向其他物料的流失量，从而降低了废水丙酮浓度，实现减污与增效的统一。

3.2.1.4   典型案例

该技术应用于某石化企业 13.5 万吨/年苯酚丙酮装置改造：将粗丙酮塔塔顶压力由 193kPa 降至 133kPa，塔釜压力由 227kPa 降至 167kPa，塔顶和塔釜温度分别由 76.8℃和 138℃降至 74.5℃和 130℃；将丙酮精制塔塔顶压力由 80kPa 降至 60kPa。粗丙酮塔塔釜物料丙酮含量由 1300mg/L 降至 300mg/L 以下，丙酮精制塔塔釜废水丙酮含量可从优化前的 2000mg/L 以上下降至 300mg/L 以下，年增收丙酮 15t 以上，源头减排 COD 30t 以上[81]。

3.2.2   废水苯酚萃取回收技术

3.2.2.1   技术简介

某些苯酚丙酮装置废水中苯酚含量高的原因主要是萃取塔苯酚回收率偏低和混合异丙苯碱洗塔废水未进行萃取处理。因此，应将混合异丙苯碱洗塔废水等纳入苯酚萃取回收范围，同时对萃取工艺进行优化，提高苯酚萃取效率，降低苯酚流失量。

3.2.2.2 适用范围

异丙苯法苯酚丙酮装置废水中苯酚的萃取回收。

3.2.2.3 技术特征与效能

（1）基本原理

苯酚丙酮装置含酚废水萃取工艺主要包括萃取塔和碱洗塔两部分。在萃取塔内，以异丙苯为萃取剂，将废水中的酚萃取进入异丙苯相；在碱洗塔内，萃取苯酚后的异丙苯相进入碱洗塔，以碱液为萃取剂，将异丙苯相中的苯酚转化为苯酚钠，并转移进入碱液相，实现萃取剂的再生。

（2）工艺流程及工艺参数

含酚废水从萃取塔顶部进入，萃取剂异丙苯从萃取塔塔底进入，逆流混合萃取，废水中的苯酚被萃取后，从塔釜流出。异丙苯将苯酚从水中萃取后，从塔顶进入异丙苯碱洗塔，同时向该碱洗塔通入碱液，使碱液中的氢氧化钠与苯酚反应，回收苯酚钠，塔顶流出的异丙苯重新通入萃取塔。含酚废水萃取工段工艺流程如图3-12所示。

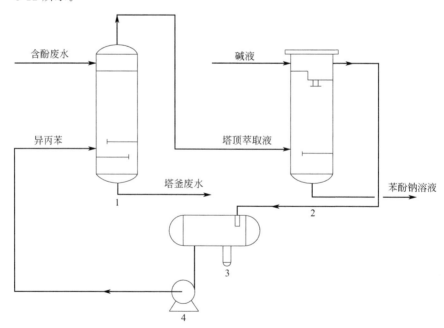

图 3-12　含酚废水萃取工段工艺流程
1—萃取塔；2—碱洗塔；3—溶剂罐；4—溶剂循环泵

典型工艺参数如下：溶剂比在 5 以上；萃取塔塔板数＞17；水温 45℃；苯酚回收率达到 99% 以上。

（3）技术特点

通过苯酚丙酮装置含酚废水预处理，实现废水中苯酚的回收，提高了苯酚收率，降低了废水苯酚浓度，实现减污与增效的统一。

3.2.2.4　典型案例

该技术应用于某公司 13.5 万吨/年苯酚丙酮装置改造：将混合异丙苯碱洗塔废水引入含酚废水罐，以异丙苯为萃取剂进行萃取处理，从而显著降低由于该废水直接排放造成的苯酚流失；对萃取塔和碱洗塔进行扩容改造。装置总出水苯酚含量由 770mg/L 左右降至 28mg/L 左右，回收率约 95%，年增收苯酚 62t 以上，源头每年减排 COD 120t 以上[81]。

3.3　丙烯酸（酯）废水污染控制技术

丙烯酸废水 COD 含量高（40000～60000mg/L），含有高浓度乙酸，同时含有高浓度甲醛、丙烯醛、丙烯酸、甲苯等有毒有机物，污染物浓度高、毒性强，难于直接进行生物处理。焚烧处理技术是目前丙烯酸废水处理的主流技术，已用于国内多套丙烯酸生产装置废水的处理。该技术的特点在于占地面积小、污染物降解彻底，设备投资大，运行管理要求高，处理成本较高。丙烯酸丁酯废水 COD 含量高（20000～140000mg/L）、高含盐、高生物抑制性，污染物组成以丙烯酸钠为主，还含有一定量的硫酸盐或磺酸盐（催化剂中和产生的盐），单独焚烧处理，设备腐蚀结垢严重，难于稳定运行。通过出水大比率回流稀释可降低丙烯酸（酯）废水中有毒污染物浓度，稀释后废水可采用厌氧-好氧生物处理技术处理，运行成本显著低于焚烧法。

针对丙烯酸丁酯废水中丙烯酸钠浓度高的特点，依托国家水体污染控制与治理科技重大专项课题实施，研究开发了以双极膜电渗析为核心的有机酸回收技术，可将废水中的丙烯酸钠转化为氢氧化钠和丙烯酸，目前已完成中试。

3.3.1　丙烯酸废水焚烧处理技术

3.3.1.1　技术简介

丙烯酸废水中含有高浓度甲醛、丙烯醛、丙烯酸、甲苯等有毒有机物，污染物浓度高、毒性强，难于直接进行生物处理。焚烧处理技术是目前丙烯酸废水处理的主流技术，已用于国内多套丙烯酸生产装置废水的处理。该技术的特点在于占地面积小、污染物降解彻底，设备投资大，运行管理要求高，处理成本较高。

3.3.1.2　适用范围

丙烯酸废水或丙烯酸废水与丙烯酸酯废水混合废水的处理。

3.3.1.3　技术特征与效能

（1）基本原理

首先，采用汽提、蒸发等方法对废水进行浓缩，提高废水热值，并在汽提和蒸发过程中产生富含有机物的废气；然后，浓缩后的高热值废水和富含有机物的废气进入焚烧炉进行焚烧处理，实现有机物的彻底降解；焚烧产生的热量又反过来用于汽提和蒸发单元的加热，从而实现能量的重复利用。

（2）工艺流程

早期的焚烧处理工艺采用一级汽提对废水进行浓缩，在焚烧炉需要投加辅助燃料气和重组分作为燃料，工艺流程如图 3-13 所示。

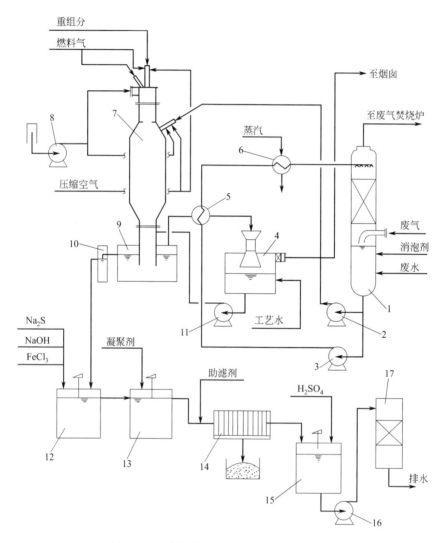

图 3-13　丙烯酸废水焚烧处理工艺流程简图

1—汽提塔；2—废水喷淋泵；3—废水循环泵；4—涤气器；5—第一废水换热器；6—第二废水换热器；
7—废水焚烧炉；8—鼓风机；9—急冷槽；10—溢流槽；11—涤气器水泵；12—第一混合槽；13—第二混合槽；
14—压滤机；15—滤液 pH 调节槽；16—处理液泵；17—螯合塔

图 3-13 中，丙烯酸及其酯装置的废水首先要在汽提塔中浓缩，除去其中的部分水分，以减少炉子中辅助燃料的用量，即用装置中产生的废气和废水直接接触，以带走废水的部分水分。与此同时，将汽提塔中的废水用泵通过 2 台热交换

器加热后回到汽提塔，以提高废水温度，增强汽提效果。浓缩后的废水用泵直接打到废水焚烧炉，废水在用作助燃的压缩空气的帮助下，从 4 个喷嘴呈雾状进入焚烧炉，同时燃烧气和重组分（在生产中产生的高沸点物质）作为辅助燃料一起进入炉子燃烧。燃烧气温度可达到 950℃，在 950℃的高温下，废水中的有机物能完全反应成二氧化碳和水，废水中有机物的钠盐和硫化物则完全变为碳酸钠和硫酸钠。燃烧气在焚烧炉底部急冷槽中急冷至 90℃，急冷槽中的废水溢流至废水槽，从急冷槽出来的燃烧气和饱和水蒸气作为热源加热汽提塔中废水，然后至烟囱放空。当废水含铜时还需对废水槽废水进行脱铜处理。

　　近年来，废水焚烧工艺得到进一步优化，出现了"汽提-双效蒸发-焚烧"工艺（图 3-14）：丙烯酸废水经第一汽提塔处理后，部分乙酸、醛、醇等有机物从塔顶蒸出送往焚烧炉进行焚烧，塔底液相与丙烯酸酯废水混合，并用质量分数为30%的 NaOH 溶液调节 pH 值至 7～9，送入中和槽进行中和、分解部分酯类有机物。中和后的废水送往双效蒸发器进行浓缩富集。二次蒸发后的浓缩废水经雾化器雾化后送往焚烧炉进行焚烧，双效蒸发器的气相冷凝后送往第二汽提塔处理。第二汽提塔塔顶气相送往焚烧炉（焚烧温度 950℃），塔底液相作为焚烧炉尾气洗涤液用。焚烧炉烟气经热交换回收热量（双效蒸发的热源）后，经洗涤器洗涤后排入大气。

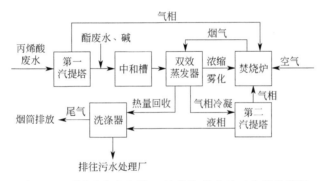

图 3-14　丙烯酸废水汽提-双效蒸发-焚烧法工艺流程简图

（3）技术特点

　　焚烧法具有占地面积小，反应速率快，能彻底分解各类有机污染物，还可回收焚烧过程中产生的热量，实现资源的有效利用等优点。此外，焚烧法还可同时处理丙烯酸（酯）生产过程中产生的重组分，降低固体废物的处置成本。焚烧法缺点是能耗高、处理成本高，且有废气处理问题。

3.3.1.4　典型案例

　　上海[82]、广东[83]、吉林等地的石化企业均采用焚烧法处理丙烯酸废水。

　　某石化企业采用"汽提-双效蒸发-焚烧"工艺处理丙烯酸及其酯高浓度有机废水，处理后出水 COD、TOC 浓度分别由 95800mg/L 和 46200mg/L 降至95mg/L 和 31mg/L，COD 和 TOC 总去除率均达到 99.9%，折合运行成本为

89.7 元/吨[84]。

3.3.2 丙烯酸（酯）废水回流稀释生物处理技术

3.3.2.1 技术简介

丙烯酸（酯）废水中含有高浓度甲醛、丙烯醛、丙烯酸、甲苯等有毒有机物，污染物浓度高、毒性强，难以直接进行生物处理，早期主要采用焚烧法进行处理，但存在能耗大、运行成本高等问题。为实现丙烯酸（酯）废水的生物处理，国内逐渐开发出了通过出水大比率回流稀释方式处理丙烯酸（酯）废水的生物处理工艺，运行成本显著低于焚烧法。

3.3.2.2 适用范围

丙烯酸（酯）废水的生物处理。

3.3.2.3 技术特征与效能

（1）基本原理

丙烯酸（酯）废水为高浓度有毒有机废水，COD 高达几万 mg/L，且有机物以乙酸、丙烯酸、丙烯醛、甲醛等小分子有机物为主，宜采用厌氧处理技术。为防止有毒有机物对厌氧微生物产生抑制，保证厌氧处理单元的稳定运行，采取了出水大比例回流稀释和降低厌氧反应器处理负荷的策略，即采用低抑制性的好氧处理出水回流对丙烯酸（酯）废水稀释约 10 倍，再采用膨胀床污泥床反应器（EGSB）出水回流对稀释后废水再稀释 2~5 倍，然后再与 EGSB 反应器内的厌氧污泥接触，并采用较低的有机负荷 [<3kg COD/(m³·d)]。

（2）工艺流程

丙烯酸（酯）废水首先在调节池进行水质水量调节，然后进入调配池与好氧出水回流进行混合，调节碱度，并补充氮磷等营养盐，然后进入 EGSB 反应器进行厌氧处理，去除废水中大部分有机物，并产生沼气；厌氧出水采用活性污泥法进行进一步好氧处理，好氧处理出水一部分作为处理出水外排，大部分回流至调配池作为丙烯酸（酯）废水的稀释水（图 3-15）。

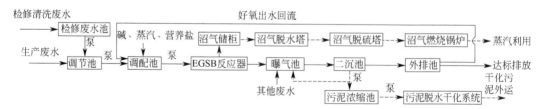

图 3-15　丙烯酸（酯）废水回流稀释生物处理工艺流程简图

（3）技术特点

该技术针对丙烯酸（酯）废水污染物以有毒可降解小分子有机物为主的特

点，通过出水大比例回流稀释和降低厌氧反应器处理负荷，保障生物处理单元的稳定运行，运行成本显著低于焚烧法。但该技术工艺流程长，占地面积大，且一旦受到抑制性冲击运行恢复困难。

3.3.2.4 典型案例

① 山东某石化企业采用 Biotow-活性污泥法处理含有高浓度甲醛的丙烯酸及丙烯酸酯生产废水，进水 COD 和甲醛浓度分别为 28321～51262mg/L 和 4032～7825mg/L 的情况下，厌氧段出水 COD 浓度<600mg/L、甲醛浓度<4mg/L，活性污泥段出水 COD 浓度<150mg/L、甲醛浓度<1.5mg/L。Biotow 反应器容积负荷<3kg COD/(m^3·d)。直接运行成本 18.6 元/吨[85]。

② 山东另一石化企业采用 EGSB 和活性污泥法组合工艺处理丙烯酸及丙烯酸丁酯生产废水，处理规模 500m^3/d，总投资为 5000 万元，占地 8640m^2，直接运行成本 21 元/吨，在进水 COD 浓度为 50000～70000mg/L、甲醛浓度为 8000～10000mg/L、pH 值为 5.5～6.5 时，出水 COD，甲醛浓度可分别控制在 300mg/L、2mg/L 以内，处理系统对 COD 的整体去除率达到 99.5% 以上[86]。

3.3.3 丙烯酸丁酯废水有机酸回收技术

3.3.3.1 技术简介

丙烯酸丁酯装置酯化反应液碱洗纯化等过程中产生主要成分为丙烯酸钠和对甲基苯磺酸钠的高含盐废水，总浓度高达 20～100g/L，具有较高的回收价值。首先，综合采用混凝沉淀、过滤、离子交换技术去除废水中影响后续处理单元稳定运行的悬浮态、胶态和溶解态膜污染物，然后采用电渗析技术对废水中的有机酸盐进行浓缩，最后利用双极膜电渗析工艺将浓缩的有机酸盐转化为有机酸和碱。回收有机酸溶液具有回用到丙烯酸丁酯酯化工段的潜力。目前该技术已完成中试的长时间运行。

3.3.3.2 适用范围

丙烯酸酯废水中有机酸的回收。

3.3.3.3 技术特征与效能

（1）基本原理
该工艺包含废水前处理、浓缩电渗析和双极膜电渗析 3 个单元。

1）废水前处理　针对丙烯酸丁酯生产废水中多价金属离子及多价有机酸等易造成后续电渗析单元离子交换膜污染的问题，首先采用混凝分离去除污水中大部分悬浮物和胶体污染物；然后通过双层滤料过滤去除混凝分离出水中残余的少量悬浮物；再经陶瓷膜过滤实现悬浮物的保安过滤去除；最后，采用胺基磷酸螯合树脂在高钠离子条件下实现多价阳离子的去除，从而实现废水中悬浮态、胶态和溶解态膜污染物的逐级选择性高效去除，废水中多价金属离子等离子交换膜污染物浓度大幅下降，保障了后续电渗析单元长周期稳定运行。

2）浓缩电渗析　由阴离子交换膜和阳离子交换膜交替排列形成浓缩电渗析膜堆，依靠电场和离子交换膜对阴阳离子的选择透过性，实现废水中有机酸盐（丙烯酸钠和对甲基苯磺酸钠）在浓室的浓缩，从而为后续双极膜电渗析提供浓度更加稳定的进料，并拦截废水中的膜污染物，保障双极膜电渗析单元的稳定运行。

3）双极膜电渗析　利用双极膜在直流电场作用下可将水直接解离成 H^+ 和 OH^- 的特点，将双极膜与阴、阳离子交换膜交替排列形成三室型双极膜电渗析膜堆，依靠电场和离子交换膜对阴阳离子的选择透过性，有机酸根和 Na^+ 分别通过阴离子交换膜进入酸室或通过阳离子交换膜进入碱室。有机酸根在酸室与双极膜产生的 H^+ 结合生成有机酸；Na^+ 与双极膜产生的 OH^- 结合生成 NaOH。从而在不引入新组分的情况下，将废水中的有机酸钠转化生成相应的酸和碱（图3-16）。

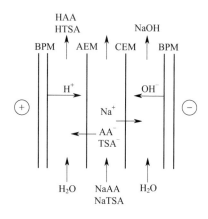

图 3-16　双极膜电渗析原理

AA$^-$—丙烯酸根；TSA$^-$—对甲基苯磺酸根；CEM—阳离子交换膜；AEM—阴离子交换膜；BPM—双极膜

（2）工艺流程及工艺参数

本工艺流程见图 3-17。

① 废水前处理单元，共包含混凝沉淀、多介质过滤、陶瓷膜过滤和螯合树脂离子交换 4 个子单元：a. 混凝沉淀子单元实现废水中大部分悬浮及胶态污染物的去除，使出水浊度达到 2NTU 左右；b. 多介质过滤子单元实现混凝沉淀出水中细微悬浮物的去除，使出水浊度达到 1NTU 左右；c. 陶瓷膜过滤单元进一步去除废水中的细微颗粒物，并起到保安过滤作用，使出水浊度稳定达到 1NTU 以下；d. 螯合树脂离子交换子单元去除废水中含有的多价金属离子，使其总浓度降至 1mg/L 以下。

② 电渗析浓缩单元旨在将废水有机酸根浓度增加到 10%（质量分数）。

③ 采用双极膜电渗析技术将浓缩废水中的有机酸盐转化为有机酸和 NaOH。

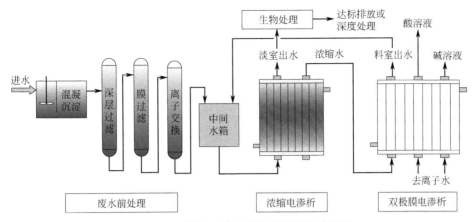

图 3-17　丙烯酸酯废水有机酸回收技术流程

（3）技术特点

该技术针对丙烯酸丁酯废水污染物以丙烯酸钠为主的特点，可实现废水中有机酸的回收，大幅降低废水的盐度、毒性和有机污染物浓度，显著降低废水处理难度和成本，回收丙烯酸回用于酯化工段可提高丙烯酸转化率和丙烯酸丁酯的生产效率。

3.3.3.4　典型案例

目前该技术已完成中试（图 3-18），双极膜电渗析在 240d 的连续运行过程中总体运行平稳。电渗析稳定运行条件下，料室进料有机酸根浓度在 1.80～2.10mol/L 范围内变化，平均为 1.94mol/L，排料有机酸根浓度平均为 0.07mol/L。回收有机酸浓度在 3.30～3.50mol/L 之间，平均为 3.40mol/L。有机酸盐转化率为 95.8%～97.8%，平均为 96.9%。对回收有机酸及碱溶液的组分分析结果及回收有机酸回用于丙烯酸丁酯生产过程的工艺模拟结果表明：双极膜电渗析从丙烯酸丁酯废水回收的有机酸溶液和碱溶液分别具有回用到丙烯酸丁酯装置酯化单元和碱洗单元的潜力[81]。

图 3-18　丙烯酸丁酯废水有机酸回收中试装置（局部）

3.4 丙烯腈废水污染控制技术

3.4.1　丙烯腈废水焚烧处理技术

3.4.1.1　技术简介

丙烯腈生产主流工艺为丙烯氨氧化法（Sohio 法）。该方法以丙烯、氨和空气为原料，通过流化床反应、吸收、精馏等过程得到丙烯腈产品。该过程产生大量含高浓度氰化物、有机腈等有毒物质的废水，毒性极高，处理难度大，目前国内外主要采用焚烧法处理。废水焚烧过程消耗大量燃料油，处理成本很高，焚烧尾气需妥善处理，否则将造成大气污染。2000 年以前，国内建设的丙烯腈装置均配套老式直筒型焚烧炉，废水焚烧后高温烟气直排，无相关余热回收、除尘及 NO_x 控制脱除设施，无法达到国家现行环保要求。2000 年后逐步采用了满足《危险废物焚烧污染控制标准》（GB 18484）要求的新式丙烯腈废水焚烧炉，配备余热回收、除尘及 NO_x 控制相关设施，多采用多级燃烧和还原-氧化技术。

3.4.1.2　适用范围

高浓度丙烯腈废水的处理。

3.4.1.3　技术特征与效能

（1）基本原理

废水焚烧处理实际上是废水中有机物在高温下深度氧化的过程，氧化生成的热又进一步加快了氧化速度，最终使有机物彻底分解成为 CO_2 和 H_2O。通常，有机废物能否完全燃烧分解取决于炉膛温度、炉内供氧量和物料在炉内的滞留时间三大因素，温度越高、供氧越充分、滞留时间越长，有机废物就分解得越充分。但随着温度升高 NO_x 形成的概率越大，燃烧温度高于 1100℃ 会导致 NO_x 大量生成，温度高于 1500℃ 时情况更加严重；随着供氧量增大和滞留时间增长，空气中的氮气和废水中的氮与氧结合的概率将会同时增大，从根本上导致 NO_x 的大量产生。因此，针对废水水质选择恰当的燃烧温度、供氧量和滞留时间对于彻底焚烧掉有机废物和降低 NO_x 产生量十分重要，也是废水焚烧技术的关键。

新型丙烯腈废水焚烧炉多采用了多级燃烧和还原-氧化技术。多级燃烧是将燃烧过程分为多个区段，根据每一区段燃烧的需要供给氧气，使得每一区段能够充分燃烧，但不富氧，从而有效抑制了 NO_x 的生成。还原-氧化技术是将废水的焚烧过程分为还原和氧化两个区段。在还原区，废水内有机物在高温下（超过 1100℃）燃烧，但供氧较少，处于贫氧燃烧气氛，滞留时间也较短。在氧化区，由于氧化空气的补充使得氧化区处于富氧状态，高温烟气中未完全分解的有机物质在富氧状态下进一步燃烧，并且由于滞留时间相对较长，使得有机废物在此能够有机会完全分解。虽然在该区域处于富氧和滞留时间较长的燃烧状态，但由于其燃烧温度明显低于 1100℃，不会造成 NO_x 的大量生成。

为回收余热和净化燃烧尾气，燃烧炉通常还要配备 SNCR 段、废热锅炉和除尘单元。

（2）工艺流程

丙烯腈废水通过废水喷枪呈雾状喷入炉膛与助燃空气充分接触而燃烧，先进入还原段焚烧，再进入氧化段焚烧；然后进入 SNCR 段进行烟气脱硝，在激冷段利用冷烟气和冷却水对烟气进行激冷，使盐成为固体颗粒；再后采用废热锅炉回收余热；最后采用袋式除尘器去除烟气中的颗粒物（图 3-19）。

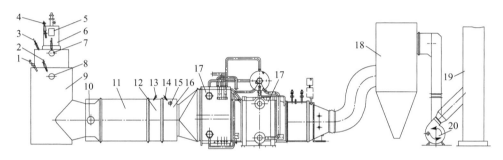

图 3-19　新型丙烯腈废水焚烧炉结构示意[87]

1—乙腈废水喷枪；2—丙烯腈废水喷枪；3—粗乙腈废水喷枪；4—氢氰酸喷枪；5——次风入口；6—主燃烧器；
7—二次风入口；8—废水燃烧风入口；9—还原段；10—氧化空气入口；11—氧化段；12—SNCR；13—氨水喷枪；
14—冷却水喷枪；15—循环烟气入口；16—激冷段；17—废热锅炉；18—袋式除尘器；19—烟囱；20—引风机

（3）技术特点

可有效实现丙烯腈废水的无害化处理。

3.4.1.4　典型案例

目前国内已有安徽、吉林、辽宁、上海等地的多家丙烯腈生产企业采用新型丙烯腈废水焚烧炉处理丙烯腈废水[88]。

3.4.2　丙烯腈废水膜分离资源化-辐射分解脱氰-生物处理集成处理技术

3.4.2.1　技术简介

丙烯腈废水膜分离资源化-辐射分解脱氰-生物处理集成处理技术可在常温常压条件下实现废水中污染物的资源回收和有效降解。该技术首先通过两级膜吸收过程分离、回收、浓缩废水中 80％以上的氨氮和氰化物；然后通过辐射分解技术去除废水中残留的氰化物和丙烯腈，提高废水可生化性；最后，利用高效生物反应器（厌氧-好氧）去除废水中高浓度可降解的有机污染物。上述组合工艺可充分发挥膜分离、辐射分解和生物处理等方法的优越性和互补性，同时实现资源的回收和污染物的减排。目前该技术已完成中试。

3.4.2.2 适用范围

丙烯腈生产废水中氨氮和氰化物的资源回收，废水中氰化物、有机腈等有毒物质的降解。

3.4.2.3 技术特征与效能

（1）基本原理

该技术包含膜吸收、辐射分解和生物处理 3 个处理单元，每个单元的工艺原理如下。

1）膜吸收　膜吸收法是膜技术与气体吸收技术相结合的新型膜分离技术，特别适宜分离、回收和浓缩溶液中的无机挥发性和有机类挥发性物质。在膜吸收法中，气、液两相是在微孔膜表面开孔处的两相界面上相互接触而进行物质吸收，气液接触面积大，因而传质快、能耗低，可在常温常压条件下操作，集高效分离、纯化和浓缩于一身，具有能耗低、无二次污染和可实现废水资源化等优点。

由于丙烯腈废水中除含有游离 HCN，还含有丙酮氰醇，根据丙酮氰醇在受热和碱性条件下易分解生成游离 HCN 的特性，丙烯腈废水先在加热、加碱条件下回收氨氮，并促进丙酮氰醇的分解，然后再在酸性条件下进行氰化物的膜吸收。

膜吸收法去除氨氮的基本过程是：将废水用 NaOH 调节 pH＝11～12；废水走膜接触器的管程（中空纤维的管腔），吸收液走壳程（图 3-20）；当废水在管程中流动时，在膜两侧 NH_3 沿膜微孔向膜的另一侧扩散，在微孔膜-吸收液面处被稀酸（如 H_2SO_4）吸收，反应生成并不挥发的铵盐而被回收。

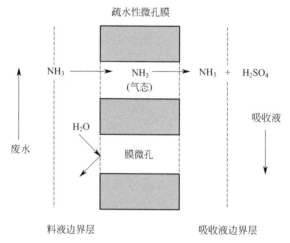

图 3-20　膜吸收法去除氨氮的原理示意

膜吸收法去除氰化物的基本过程如下：废水走膜接触器的管程（中空纤维的管腔），吸收液走壳程（图 3-21）；当废水在管程中流动时，废水中的挥发性

HCN 沿膜微孔向膜的另一侧扩散，在微孔膜-吸收液面处被碱液（如 $5\%\sim10\%$ NaOH）吸收，反应生成不挥发的 NaCN 而被回收。因为膜的疏水性，水或溶液及溶液中非挥发性物质不能透过膜，从而达到分离、回收、浓缩氰化物的目的。

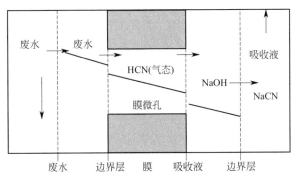

图 3-21　膜吸收法去除氰化物的原理示意

2）辐射分解　在废水的辐射处理中，高能射线主要是与介质水发生作用，产生一系列自由基（如·OH、e_{aq}^- 和·H）、离子及 H_2O_2、H_2 等分子，这些活性粒子具有极高的化学反应活性，能与污染物发生链式反应，从而使其降解。

当 pH 大约在中性时介质水的辐射降解反应一般可以表述如下：

$$H_2O \longrightarrow [2.7]e_{aq}^- + [0.6]H\cdot + [2.8]\cdot OH + [0.45]H_2$$
$$+ [0.72]H_2O_2 + [3.2]H_{aq}^+ + [0.5]OH_{aq}^-$$

上式括号内是相应粒子的产额（G 值），表示每吸收 100eV 的沉积能产生或破坏的该种粒子的数目；羟基自由基（·OH）（$E_0 = 2.8V$）、水合电子 e_{aq}^-（$E_0 = -2.8V$）和氢原子·H（$E_0 = -2.1V$）分别是极具氧化、还原活性的自由基，可引发一系列的链式反应以降解去除水中污染物。

与传统的化学氧化相比，辐射技术处理污染物，不需或只需加入少量的化学试剂，不会产生二次污染，具有反应速率快、降解效率高、污染物降解彻底等优点。而且，当电离辐射与氧气、臭氧等氧化手段联合使用时会产生独特的"协同效应"，进一步降低所需的辐射剂量。因此，辐射技术处理污染物是一种清洁的、可持续利用的技术，被国际原子能机构列为 21 世纪和平利用原子能的主要研究方向。采用辐射技术处理丙烯腈废水可去除废水中残留的少量无机氰化物和丙烯腈，提高废水的可生化性。

氰化物的主要辐射分解产物为氰酸盐（CNO^-）和氨氮。

3）生物处理

① ABR 反应器。折流式厌氧反应器（anaerobic baffled reactor，ABR）是 20 世纪 80 年代提出的一种高效厌氧反应器。反应器内设置若干竖向导流板，将反应器分隔成串联的几个反应室，每个反应室都是一个相对独立的上流式厌氧污泥床（UASB）系统。水流由导流板引导上下折流前进，依次通过反应室内的污泥床层，进水中的底物与微生物充分接触而得以降解去除。ABR 独特的分格式

结构及推流式流态使得每个反应室中可以培养驯化出与流至该室的污水水质、环境条件相适应的微生物群落，从而使得厌氧反应产酸相和产甲烷相沿程得到分离，使 ABR 在整体性能上相当于一个两相厌氧处理系统。ABR 特别适合丙烯腈废水等污染物组成复杂的废水，提高系统的处理效果和运行的稳定性。

② MBBR 反应器。移动床生物膜反应器（MBBR）是一种在 20 世纪 80 年代后期出现的一种生物膜反应器，结合了传统流化床和生物接触氧化法优点。在池内充填新型柱状空心填料，通过曝气产生的污水流动使载体处于流化状态，无需另设脱膜装置。

（2）工艺流程

① 采用砂滤和微滤去除废水中大部分的悬浮物和胶体物质。

② 然后利用两级膜吸收过程分离、回收、浓缩废水中的氰化物和氨氮。

③ 利用辐射分解技术去除废水中残留的少量无机氰化物和丙烯腈，提高废水的可生化性。

④ 利用高效生物反应器（厌氧-好氧）去除废水中高浓度可降解的有机污染物（图 3-22）。

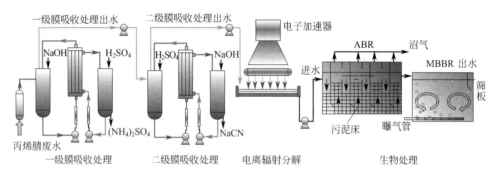

图 3-22　丙烯腈废水膜分离资源化-辐射分解脱氰-生物处理集成处理技术流程

（3）技术特点

充分发挥了膜分离、辐射分解和生物处理等多种方法的优越性和互补性，同时实现资源的回收和污染物的减排。

3.4.2.4　典型案例

完成了膜分离资源化-辐射分解脱氰-生物处理集成工艺中试（图 3-23）。膜吸收单元氰化物的去除率 82%～90%，氨氮的去除率可达到 93.3% 以上。

辐射分解单元在吸收剂量为 12kGy 时，氰化物的去除率达 97%，出水氰化物的浓度低于 5mg/L。采用臭氧-电离辐射协同处理（O_3 的投加量 2mg/L），可以进一步降低辐射剂量。ABR-MBBR 联合处理工艺能够有效地处理经过膜分离和辐射处理后的丙烯腈废水，最终出水 COD_{Cr} 浓度在 350mg/L 左右。

采用"膜处理-辐射分解-生物处理"组合工艺处理丙烯腈废水，吨水运行成本为 80～140 元，主要为 NaOH、硫酸等药剂费，低于传统焚烧处理工艺的吨水运行成本 200～300 元[89]。

图 3-23　电子加速器辐射处理丙烯腈废水中试装置

根据中试试验结果估算，某石化企业丙烯腈厂每年排放丙烯腈废水 200000t，废水中氰化物平均浓度为 2300mg/L，氨氮平均浓度为 35000mg/L。根据中试装置运行结果，若该厂废水采用该技术进行处理，经过膜吸收后按回收废水中氰化物 2000mg/L、氨氮 30000mg/L 计算，每年可从废水中回收 754t NaCN 和 27429t $(NH_4)_2SO_4$。

3.5　甘油氯化法环氧氯丙烷生产技术

（1）技术简介

甘油氯化法生产环氧氯丙烷工艺以甘油为主要原料，通过氯化、环化反应生产环氧氯丙烷（ECH）。该工艺具有以下特点：

① 工艺流程短，投资少；

② 无需要昂贵的催化剂，生产成本较低；

③ 副产物少，废物处理成本低；

④ 整个生产过程中操作条件比较温和，安全可靠；

⑤ 不消耗丙烯，原料资源丰富；

⑥ 生产时间短，技术来源少。

（2）适用范围

环氧氯丙烷的清洁生产。

（3）技术特征与效能

每吨产品消耗甘油 1.2t，氯化氢 1.5t，氧化钙 0.3t，醋酸 0.05t，环氧氯丙烷收率 85%～90%，含量 99.9%，能耗较低，每吨产品产生废水 5t，"三废"治理占总投资小于 5%。

1）基本原理　甘油氯化法生产环氧氯丙烷主要分为 2 个反应单元进行，即氢氯化反应和环化反应。

① 氢氯化反应是将甘油在催化剂无水乙酸（其他有机酸及其衍生物或有机腈）与助剂存在下，于 90～120℃通入干燥过的氯化氢气体，使之生成二氯丙醇（DCH）。该反应是可逆反应，如果使反应物之一过量或使生成物中的水从平衡混合物中移去，都可以使反应向有利于生成二氯丙醇的方向进行。副产物是一氯丙二醇、甘油的低聚物和有机酸甘油酯。

② 环化反应是将二氯丙醇在碱液的作用下，脱去一分子氯化氢，环化生成环氧氯丙烷。一般用氢氧化钙配制成适宜浓度的碱液来环化，也可以用氢氧化钠。为了使二氯丙醇环化完全，其与碱的配料比必须保持碱适当过量，以确保反应生成的 HCl 能完全被中和且反应环境为碱性，但若碱过量太多，将促进水解反应的进行，而且造成碱的浪费。$n[\mathrm{Ca(OH)_2}]/n(\mathrm{DCH+HCl})$ 比值的大小直接影响着环氧氯丙烷的收率。最新研究用固体超强碱作环化剂具有更强的环化能力。副反应主要是环氧氯丙烷在碱性条件下水解生成甘油。

2）工艺流程　甘油氯化法环氧氯丙烷工艺流程见图 3-24。

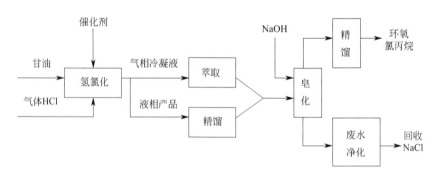

图 3-24　甘油氯化法工艺流程

3）技术特点　甘油氯化法环氧氯丙烷生产工艺技术对比如表 3-2 所列。

表 3-2　甘油氯化法环氧氯丙烷生产工艺技术指标对比

项目		高温氯化法	醋酸丙烯酯法	甘油氯化法
单位消耗（折 100%）	丙烯/甘油/(t/t)	0.66	0.58	1.2
	氯气/HCl/(t/t)	2.1	1.1	1.5
	CaO/(t/t)	0.6	0.3	0.3
	乙酸/(t/t)		0.05	0.05
ECH 收率/%		70～75	90	85～90
含量/%		＞98	＞99	＞99.9

项目	高温氯化法	醋酸丙烯酯法	甘油氯化法
能耗	较高	较低	低
废水量/(m³/t)	40	11	5
"三废"治理占总投资比例/%	15~20	<10	<5
维修占总投资比例/%	5	1~2	1~2

与传统高温氯化法、醋酸丙烯酸酯法相比,甘油氯化法生产环氧氯丙烷工艺具有如下优点:

① 工艺流程短,反应器部分不需在高温状态下运行,也不需要使用特殊设备,与传统的丙烯高温氯化法相比,投资少;

② 甘油氯化法的甘油消耗约为 1.2t/t,氯化氢的单耗为 1.5t/t,无需昂贵的催化剂,与丙烯高温氯化法的丙烯单耗 0.66t/t,氯气单耗 2.1t/t 相比,生产成本也较低;

③ 甘油氯化法副产物少,废物处理成本低,废水排放量仅为高温氯化法的1/8,污染大大降低,对环境友好;

④ 整个生产过程中不需要消耗氯气和次氯酸,无高温高压,操作条件比较温和、安全可靠;

⑤ 甘油氯化法不消耗丙烯,可不受丙烯紧缺的制约,原料资源丰富、价格便宜,还可以再生,易形成循环经济。

(4) 典型案例

目前该工艺已在江苏、福建、山东和浙江等地的石化企业等得到工程应用。

3.6　精对苯二甲酸废水污染控制技术

3.6.1　PTA 精制废水超滤-离子交换-反渗透深度处理技术

3.6.1.1　技术简介

PTA 精制生产过程中,需要采用大量去离子水作为溶剂使 TA 溶解和结晶纯化,最终去离子水转化为含有污染物的精制废水。PTA 精制废水含有对甲基苯甲酸(PT 酸)、对苯二甲酸(TA)等有机物和钴、锰等催化剂金属离子,若直接排放会造成资源浪费和增加下游水处理压力。采用萃取-超滤-反渗透分离技术处理 PTA 精制废水,选择特殊的萃取剂萃取精制废水中的有机物,并回用至装置;并进一步采用超滤-反渗透分离技术用于废水回用。克服了原来 PTA 精制废水排放浪费的缺点,回收了废水中的大部分 PT 酸和 TA,去除了大部分金属离子和有机杂质,达到回用的目的。

3.6.1.2　适用范围

PTA 精制废水中对甲基苯甲酸、对苯二甲酸和催化剂的回收和水的再生利用。

3.6.1.3 技术特征与效能

（1）基本原理

该集成技术包含超滤、离子交换和反渗透 3 个处理单元。

1）超滤 超滤单元通过超滤膜过滤截留精制废水中结晶析出的 TA、PT 酸及胶体等物质，截留颗粒可随着超滤浓缩液回到生产系统回收利用，从而实现 TA 和 PT 酸的回收，提高生产装置的产品收率。超滤单元同时为后续离子交换单元和反渗透单元的长期、稳定运行提供全面的保障。可采用不锈钢超滤膜错流方式运行。

2）离子交换 利用阳离子交换树脂对钴、锰等催化剂金属离子的选择性吸附作用，实现催化剂金属离子的截留，再通过离子交换树脂的再生和再生液金属离子的浓缩，达到 PTA 生产需要的催化剂浓度。

3）反渗透 反渗透单元采用两级反渗透工艺：一级反渗透脱除离子交换出水中的大部分污染物，浓缩液外排；二级反渗透进一步脱除一级反渗透滤液中的污染物；二级反渗透滤液回用，浓缩液回到进水罐与离子交换出水混合后进行一级反渗透处理。

（2）工艺流程

PTA 精制废水首先进入超滤单元进行超滤处理，超滤浓缩液返回 PTA 生产装置实现物料回收，滤液进入离子交换单元截留催化剂金属离子，离子交换出水再进入反渗透装置实现废水污染物的浓缩和大部分污水的再生回用（图 3-25）。

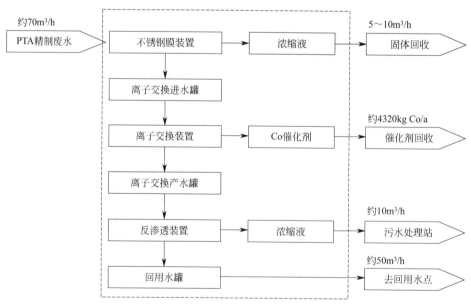

图 3-25 PTA 精制废水超滤-离子交换-反渗透深度处理工艺示意[90]

（3）技术特点

该技术可实现 PTA 精制废水中对甲基苯甲酸、对苯二甲酸和催化剂的回收和水的再生利用，从而显著提升 PTA 生产装置的产品收率、降低催化剂和水资源消耗量，并减少后续污水处理的污染物负荷和处理水量。

3.6.1.4　典型案例

目前，该技术已在重庆、江苏、浙江等地的石化企业的 PTA 生产装置中得到应用，运行稳定。提高了产品收率，废水 COD 含量降低了 20%；催化剂金属离子回收率达 95%；减少了工艺水排放，水回用率达 70%[91]。

3.6.2　PTA 生产废水厌氧-好氧组合处理技术

3.6.2.1　技术简介

PTA 精制废水经有机酸回收后可与 PTA 装置氧化单元废水及其他车间废水共同进行厌氧-好氧组合处理。厌氧工艺可采用上流式厌氧污泥床反应器（UASB）[92]、膨胀颗粒污泥床反应器（EGSB）[93] 或厌氧滤池反应器（AF）[94]。该工艺与传统两级好氧处理工艺相比，处理能耗更低，且可通过产甲烷回收能量，可实现 PTA 生产废水中有机物的有效去除。

3.6.2.2　适用范围

PTA 生产废水中有机物的生物降解去除。

3.6.2.3　技术特征与效能

（1）基本原理

PTA 废水有机物以对苯二甲酸、对甲基苯甲酸、乙酸等小分子有机物为主，这些污染物可被厌氧微生物分解代谢转化为甲烷，从而在去除废水污染物的同时通过产甲烷回收能源。厌氧处理单元可去除废水中的大部分污染物，显著降低后续好氧处理单元的处理负荷，从而在好氧处理单元获得较好的出水水质。

（2）工艺流程

PTA 废水首先进入中和配水池进行中和，再进入均质池调节水质，然后进入厌氧进水池与回流出水混合，最后泵入厌氧生物反应器进行厌氧处理，实现废水中大部分有机物的去除。厌氧处理出水再进入好氧处理单元处理，实现废水有机物的进一步去除（图 3-26）。

（3）技术特点

厌氧-好氧组合处理技术与传统两级好氧处理技术相比具有曝气能耗低、污泥产生量小、占地少、氮磷等营养物质投加量少、可回收能源等优点。

3.6.2.4　典型案例

① 某石化企业 2009 年新建了厌氧生物滤池以预处理 PTA 废水，设计处理规模 250m³/h，设计进水 COD 浓度为 5500mg/L。实际进水量 172m³/h，容积

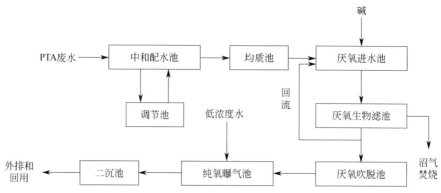

图 3-26 PTA 生产废水厌氧-好氧组合处理工艺

负荷平均为 1.77kg COD/(m³ · d)，COD 去除率达 60%～70%，显著降低了后续纯氧曝气池的处理负荷，曝气池出水 COD 浓度为达到 60mg/L 以下，满足《城镇污水处理厂污染物排放标准》(GB 18918—2002) 的一级 B 标准[94]。

② 厦门某 PTA 生产企业采用 UASB 系统处理 PTA 生产废水。自正式启动后，经过 8 个月的调试驯化，颗粒污泥形成，粒径为 1～1.5mm，呈不规则的椭圆形，反应器容积负荷达到 6kg COD/(m³ · d)，COD 去除量 75t 以上，去除效率稳定在 87%～89%，甲烷气产量为 1000～1500m³/h[92]。

③ 某 PTA 生产企业采用 EGSB 反应器处理 PTA 生产废水，在反应器运行 1.5 年后运行负荷达到 16kg COD/(m³ · d) 和 COD 去除率达到 89%[93]。

3.7 己内酰胺废水污染控制技术

己内酰胺废水中含有较高浓度的难降解有机物，且部分为难降解有色物质，因此其生物处理出水通常有高 COD、高色度的问题，难以实现稳定达标。可采用臭氧催化氧化技术对己内酰胺废水生物处理出水进行处理，保障出水 COD 和色度稳定达标。精对苯二甲酸废水典型的达标处理工艺为混凝气浮-水解酸化-两级 AO-混凝沉淀过滤-臭氧氧化-内循环 BAF-臭氧催化氧化集成处理技术。

3.7.1 己内酰胺废水臭氧催化氧化深度处理技术

3.7.1.1 技术简介

己内酰胺废水中含有较高浓度的难降解有机物，且部分为难降解有色物质，因此其生物处理出水通常有高 COD、高色度的问题，难以实现稳定达标。臭氧催化氧化技术是常用的废水高级氧化技术，对己内酰胺废水生物处理出水中的难降解污染物具有较高的去除效果，可保障出水 COD 和色度稳定达标。

3.7.1.2 适用范围

己内酰胺废水生物处理出水中有机物和色度的深度去除。

3.7.1.3　技术特征与效能

（1）基本原理

在非均相催化剂的作用下，臭氧产生·OH，·OH 对己内酰胺废水生物处理出水中残留的难降解有机物和有色有机物进行氧化分解，从而实现废水中有机物和有色物质的有效去除。

（2）工艺流程

己内酰胺废水生物处理出水首先采用滤池进行过滤，去除废水中悬浮物，防止对臭氧催化氧化单元的催化剂层造成堵塞；然后滤池出水进入臭氧催化氧化单元进行高级氧化处理，实现有机物和有色物质的去除。如图 3-27 所示。

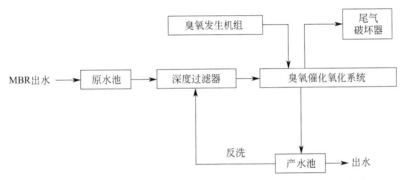

图 3-27　己内酰胺废水生物处理出水臭氧催化氧化处理工艺[95]

（3）技术特点

工艺流程短，运行效果稳定，无需投加酸、碱等化学药剂，污泥产生量低，二次污染少。

3.7.1.4　典型案例

湖南某石化企业原采用 A/O＋MBR 工艺处理己内酰胺废水，但出水残留有较多难降解有机污染物，且颜色较深。该企业建设了以臭氧催化氧化为核心的深度处理装置，规模 100m³/h，装置设计进水 COD 浓度≤110mg/L，色度≤240 倍；设计出水 COD 浓度≤60mg/L，色度≤50 倍。实际运行结果表明，在进水 COD 浓度 80～110mg/L、色度 150～200 倍的情况下，出水 COD 浓度 30～60mg/L、色度 40～50 倍，达到设计要求；工程总投资为 487.4 万元，吨水运行成本 1.61 元[95]。

3.7.2　己内酰胺废水达标处理技术

3.7.2.1　技术简介

环己酮-氨肟化法是全球己内酰胺生产的主流工艺，也是我国绝大部分生产装置采用的生产工艺。首先以苯为主要原料生产环己酮，然后采用羟胺磷酸盐与环己酮在甲苯体系中进行肟化反应生成环己酮肟，环己酮肟在发烟硫酸作用下进行贝克曼重排反应生成己内酰胺，再经中和、提纯、精制获得己内酰胺产品。环己酮-氨肟化法生产己内酰胺过程中产生的污水主要包括肟化装置汽提污水、己内酰胺装置的离子交换再生污水和冷凝液汽提污水、硫酸铵蒸发结晶装置的冷凝液等。总体而言，己内酰胺污水中污染物组成十分复杂，呈现出高含盐、高氨氮（高达 300mg/L）、高 COD（高达 3000mg/L）、高含磷（高达 30mg/L）、可生化性差的特点。混凝气浮-水解酸化＋两级 AO-混凝沉淀过滤-臭氧氧化＋内循环 BAF＋臭氧催化氧化集成处理技术可实现废水中污染物的有效去除，最终出水稳定达标：COD 浓度≤50mg/L、TN≤50mg/L、TP≤0.4mg/L。

3.7.2.2　适用范围

环己酮-氨肟化法己内酰胺生产废水的达标处理。

3.7.2.3　技术特征与效能

（1）基本原理

该技术包含预处理、生化处理和深度处理 3 个处理单元，每个单元的工艺原理如下。

1）预处理　己内酰胺污水经过匀质池进行调质后，通过"混凝＋溶气气浮"预处理去除污水中粒径较小的悬浮物、分散油及部分乳化状态的污油、TP 等。

2）生化处理　采用两级 A/O 工艺，主要作用为实现 TN 达标和有机物的去除。经预处理后的污水进入水解酸化池，提高污水的可生化性。之后污水进入"一级缺氧＋好氧＋中沉池"的生物处理段，去除大部分的有机物和氨氮；然后与循环水排污、初期雨水、生活污水等混合后一同进入"二级缺氧＋生物接触氧化池"，进一步去除部分 TN、有机物与氨氮，实现对易降解、可生化处理污染物的去除。为防止进入深度处理单元 SS、TP 超标，将生化出水进行混凝、沉淀、过滤处理，去除 SS、TP 后再进行深度处理。

3）深度处理　采用"臭氧氧化＋曝气生物滤池（BAF）＋臭氧催化氧化"组合工艺对其进行深度处理。臭氧催化改性氧化在有效脱色、同时提高污水的可生化性，为 BAF 进一步生物降解残余有机污染物提供条件。将 BAF 置于臭氧改性池后，可充分发挥其作为生物法深度处理工艺的优势，降低能耗。BAF 池后增加臭氧强氧化池确保污水的达标排放。

（2）工艺流程

己内酰胺污水经过匀质池进行调质后进行"混凝＋溶气气浮"预处理，实现悬浮物、油和磷的去除；预处理出水进入水解酸化池提高污水可生化性；然后进入"一级缺氧＋好氧＋中沉池"的生物处理段，去除大部分的有机物和氨氮；之后与循环水排污、初期雨水、生活污水等混合后一同进入"二级缺氧＋生物接触氧化池"，进一步去除部分 TN、有机物与氨氮；生物处理出水进行混凝、沉淀、过滤处理，进一步去除 SS、TP。过滤出水进入臭氧催化改性氧化单元进行脱色和提高污水可生化性，然后进入 BAF 单元实现有机物和氨氮的进一步去除，最后进入臭氧催化强氧化池，确保出水稳定达标（图 3-28）。

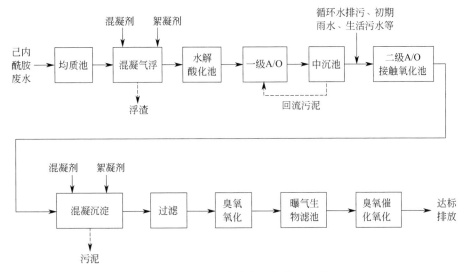

图 3-28　己内酰胺废水达标处理工艺

（3）技术特点

针对己内酰胺废水的治理难点，物化生化相结合，实现各类污染物的有效去除。

3.7.2.4　典型案例

某石化企业建有 20 万吨/年己内酰胺装置，采用"混凝气浮-水解酸化＋两级 A/O-混凝沉淀过滤-臭氧氧化＋内循环 BAF＋臭氧催化氧化"处理工艺对己内酰胺废水进行处理，工程设计规模 220m³/h，项目总投资约 1.2 亿元，吨水运行成本约 4.16 元，最终出水 COD≤50mg/L、TN≤50mg/L、TP≤0.4mg/L，实现了己内酰胺污水的达标处理。

本章编著者：中国环境科学研究院周岳溪、宋玉栋、吴昌永、沈志强；中国石化北京化工研究院栾金义、张新妙、魏玉梅；中国矿业大学（北京）何绪文、夏瑜、徐恒。

第 4 章
合成材料生产水污染全过程控制成套技术

合成材料生产废水污染物主要为单体及其杂质、生产助剂、聚合反应副产物以及未回收的产品聚合物等，难降解及有毒有机物含量高，易冲击废水生物处理系统，生物处理出水达标难。一方面，聚合单元、单体回收单元、聚合物分离回收单元、溶剂回收单元通常是合成材料生产过程中水污染控制的关键环节，需要综合采用助剂替代、反应釜清洗废水工艺内回用、清釜周期延长、副产物减量、单体高收率回收、聚合物高收率分离、溶剂高收率回收、清洁生产工艺替代等措施实现生产过程中的污染物源头减量；另一方面，在废水分离预处理、强化降解预处理、生物处理和深度处理环节需要综合利用资源回收、强化预处理、高效生

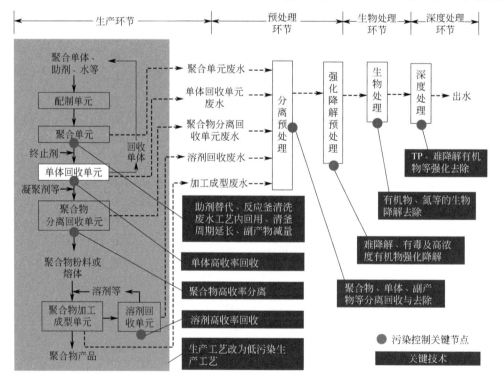

图 4-1 合成材料生产废水污染全过程控制通用技术路线

物处理和强化深度处理的相互协调，实现资源回收和污染物的低成本稳定去除（图 4-1）。

4.1 ABS 树脂装置水污染全过程控制技术

乳液接枝-本体 SAN 掺混法为 ABS 树脂主流生产工艺，该工艺中主要工艺废水来自丁二烯聚合工段、接枝聚合工段和凝聚干燥工段。自"十五"以来，我国针对 ABS 树脂生产工艺的主要产污环节研发了乳液聚合反应釜清洗废水循环利用、接枝聚合反应釜清釜周期延长、接枝胶乳复合凝聚等清洁生产技术，实现废水和污染物的源头减量；研发了混凝气浮-生物处理组合工艺，并在行业内得到普遍应用，逐步形成了 ABS 树脂装置水污染全过程控制成套技术。

4.1.1 乳液聚合反应釜清洗废水再利用

4.1.1.1 技术简介

丁二烯聚合反应釜和 ABS 接枝聚合反应釜均采用间歇操作，每批聚合反应完成后都要对反应釜进行清洗，清洗废水含有高浓度胶乳，如直接排放将造成产品收率下降、废水处理难度增大和处理成本升高。将清洗废水过滤去除凝固物后与相应的聚合物胶乳混合，然后再进行后续的接枝聚合或凝聚干燥，在一定掺加比例下对产品质量无不利影响，而且可实现废水中聚合物的再利用，提高产品收率，从而实现废水和污染物的源头减量，降低废水处理难度和成本。

4.1.1.2 适用范围

乳液法 ABS 树脂生产工艺。

4.1.1.3 技术特征与效能

（1）技术原理

要使反应釜清洗水的再利用不影响现有工艺的稳定运行，必须保证以下两个方面：一是清洗水的加入对聚合胶乳浓度的影响足够小，不会影响后续乳液接枝聚合或凝聚干燥生产过程；二是与胶乳混合前要去除清洗水中含有的凝固物等可能影响产品品质的组分。

因此，需要将清洗水的掺加比例控制在可接受的范围之内，清洗水与胶乳中间产品充分混合后再进入下一工段，以防止清洗水对局部胶乳的稀释作用；反应釜清洗采用脱盐水，以防止清洗水中的溶解性离子对胶乳产生不利影响；清洗水与聚合胶乳混合前应进行过滤处理，以去除大块凝固物，防止其对后续乳液接枝和凝聚干燥过程的不利影响。甘肃某石化企业开展清洗废水掺加比例的小试、中试和工业化试验[96,97]。工业化试验表明，丁二烯聚合反应釜清洗废水中胶乳掺加量在 3.3% 以下，对接枝聚合的反应进程、挂胶率、单体转化率、残留单体含量、黏度、接枝度（表 4-1）以及最终 ABS 树脂产品的性能无不利影响（表 4-2）。接枝釜清洗废水掺加量在 3% 以下对 ABS 树脂产品性能无不利影响（表 4-3）。

表 4-1 丁二烯聚合反应釜清洗废水再利用对接枝聚合反应峰温和接枝胶乳性能的影响

试验批次	胶乳掺加量/%	一次峰温/℃	二次峰温/℃	接枝度/%	特性黏数	异丙醇凝聚物含量/%	丙烯腈残余浓度/%	苯乙烯残余浓度/%
RF 型要求		＞76		76～85	0.3～0.4	36～40	0.2～0.4	0.5～1.0
RF1	0.97	77.0		84.5	0.40	36.28	0.44	0.76
RF2	2.48	77.9		81.0	0.40	37.99	0.17	0.99
RB 型要求		81～85	81～85	62～71	0.45～0.55	39～41	0.2～0.4	0.4～0.7
RB1	1.29	82.9	81.4	70.0	0.52	39.42	0.31	0.57
RB2	3.30	83.5	84.0	64.0	0.48	40.57	0.11	0.65

表 4-2 丁二烯聚合反应釜清洗废水再利用对 ABS 树脂产品性能的影响

产品批次	冲击强度/(J/m)	熔融指数/(g/10min)	弯曲弹性模量/GPa	维卡软化点/℃	静弯曲强度/MPa	拉伸强度/MPa	洛氏硬度
301 型优级品	≥215	1.3～2.3	≥2.2	≥96	≥63	≥37	≥103
20031188	246	1.7	2.40	96.3	65.2	42.2	107
20032194	242	1.6	2.40	96.1	65.2	42.4	107
20033197	234	1.7	2.39	96.1	65.5	43.0	107
20034193	253	1.4	2.40	97.8	66.5	43.0	107

表 4-3 ABS 接枝聚合反应釜清洗废水再利用对 ABS 树脂产品性能的影响

产品批次	冲击强度/(J/m)	MFR/(g/10min)	弯曲弹性模量/GPa	维卡软化点/℃	静弯曲强度/MPa	拉伸强度/MPa	洛氏硬度
301 型优级品	≥215	1.3～2.3	≥2.2	≥96	≥63	≥37	≥103
20031191	228	2.0	2.43	97.1	66.8	41.4	108
20032196	234	1.9	2.43	96.2	66.8	41.4	108
20033199	244	2.0	2.36	96.1	63.1	43.0	108
20034196	240	1.7	2.36	97.2	63.1	43.0	108

（2）技术特点

该技术不需调整工艺流程和参数，充分利用已有生产设施的消纳能力实现高浓度污水的再利用，既实现废水和污染物的源头减量又提高了产品收率，具有显著的经济效益和环境效益。

4.1.1.4 典型案例

该技术已应用于甘肃、吉林等地石化企业的 ABS 树脂生产装置，实现丁二烯聚合反应釜和接枝聚合反应釜清洗废水的全部减排，无二次污染，且可提高接枝聚合胶乳、粉料以及最终 ABS 树脂产品的产量。与清洗废水排放相比，该工艺不增加生产成本，且可降低废水处理成本。甘肃某石化企业 5 万吨/天 ABS 树脂装置混合废水 COD 源头减量约 23%，COD 浓度由 2000mg/L 下降至约 1540mg/L，每年分别回收利用 PBL 胶乳和接枝聚合胶乳约 16t 和 82t[96]。

4.1.2　ABS 接枝聚合反应釜清釜周期延长技术

4.1.2.1　技术简介

在乳液接枝-本体 SAN 掺混法工艺的接枝聚合工段，聚丁二烯（PBL）胶乳在引发剂、乳化剂等作用下与苯乙烯、丙烯腈单体在一定温度下进行乳液接枝聚合反应生成接枝聚合胶乳。由于传统接枝聚合反应釜内传质传热效果不佳，反应釜内局部高温，造成胶乳破乳凝聚，凝固物生成量大，釜壁挂胶严重，反应釜清釜频繁，清釜废水排放量大，污染严重。因此，通过改进反应釜搅拌器等釜内件、优化工艺条件等手段延长 ABS 接枝聚合反应釜的清釜周期，可实现废水和污染物的源头减量，同时提高产品收率，降低清釜操作和污水处理带来的生产成本，具有显著的经济效益和环境效益。

4.1.2.2　适用范围

乳液接枝法 ABS 树脂生产工艺。

4.1.2.3　技术特征及效能

（1）技术原理

在乳液聚合过程中，乳液稳定性下降致使胶乳颗粒聚结生成凝固物是釜壁挂胶严重的根本原因。因此，要减少釜壁挂胶，延长清釜周期，必须提高聚合乳液稳定性，减少凝固物生成量。提高聚合乳液的稳定性，关键是保证处于生长状态的胶乳颗粒表面维持乳化剂的供需平衡，乳化剂组成及投加量、聚合反应方式、聚合反应温度、单体投加速率、引发剂类型及投加速率、搅拌、反应杂质等都是影响乳液聚合体系稳定性的重要因素。此外，强化反应釜清洗效果也是减少釜壁挂胶积累、延长清釜周期的重要手段。

某石化企业原 ABS 树脂接枝聚合反应釜挂胶严重，经排查分析主要原因是采用的双螺带搅拌器不适合造成聚合反应釜内搅拌效果差、混合传热不理想，进而造成釜壁挂胶严重。通过搅拌器优化改善釜内混合传热效果，减少了凝固物生成量和釜壁挂胶量，延长了清釜周期，实现了清釜废水的源头减量。

（2）技术特点

易于实施，投资低，且可实现污染的源头减量，提高产品收率，降低反应釜清釜操作费用和废水治理成本，提高装置的生产能力，带来潜在的经济效益。

4.1.2.4　典型案例

ABS 接枝聚合反应釜清釜周期延长技术应用于某石化分公司 18 万吨/年和

20万吨/年ABS树脂装置反应釜改造，实现清洁生产减排，年增收产品151t。

将工业化ABS接枝聚合反应釜的双螺带搅拌器更换为宽桨叶搅拌器，并安装折流挡板（表4-4），釜壁挂胶量显著下降，清釜周期由改造前的30批延长到120批以上，按照每天反应3个批次计算，清釜时间由10d延长至40d以上，相应地清釜废水及污染物排放减少75%以上。同时生产效率和产品质量得到改善，单体转化率、产品的冲击强度、熔融指数、光泽度、白度等指标均有一定提升。

表4-4 接枝聚合反应釜搅拌器改造前后ABS树脂产品质量指标对比表

项目	转化率/%	冲击强度/(J/m)	熔融指数/(g/10min)	光泽度/%	白度/%	平均清釜周期/(批/次)
改造前	98.30	185	18.0	86.0	59.5	30
改造后	98.76	195	20.1	91.3	60.2	120～176

运行实践表明，接枝聚合反应釜清釜周期延长不仅可减少清釜废水的排放。在ABS接枝聚合工段，接枝聚合胶乳从反应釜排出后需采用不锈钢网过滤器过滤以去除粒径较大的凝固物，从而保证接枝聚合胶乳的质量。聚合反应釜改造前，由于釜内混合传热效果不佳，凝固物生成量大，胶乳过滤器易堵塞，清洗频繁，排放大量清洗废水。接枝聚合反应釜改造后，聚合胶乳中凝固物量减少，胶乳过滤器堵塞减慢，平均清洗频率由3.6次/d减小到1.8次/d，过滤器清洗废水减排50%[81]。

此外，接枝聚合反应釜改造还带来了显著的经济效益。首先，接枝聚合工段和凝聚干燥工段的污染物源头削减，降低了后续废水的污染治理成本；其次，清釜周期延长，降低了清釜操作成本；再次，清釜周期的延长，还可延长接枝聚合反应釜有效运行时间，提高接枝粉料产量，从而为装置扩大产能提供了可能，具有潜在的经济效益。

4.1.3 ABS接枝胶乳复合凝聚技术

4.1.3.1 技术简介

针对ABS接枝胶乳凝聚过程中由于传统无机酸凝聚剂对部分乳化剂失效造成凝聚母液中生成大量小粒径微粉的问题，某石化企业研究开发了ABS接枝胶乳复合凝聚技术，在投加传统无机酸凝聚剂（主凝聚剂）的基础上再补充投加对磺酸盐类乳化剂具有破乳效果的辅助凝聚剂，对辅助凝聚剂配方、投加位置和投加量进行优化，实现接枝胶乳充分凝聚，一方面可减少小粒径微粉产生量，改善了凝聚浆液的过滤性能，减少接枝粉料的流失，实现污染源头减量，提高产品收率；另一方面可改善粉料品质，增加高品质产品产量。

4.1.3.2 适用范围

乳液接枝法ABS树脂生产工艺凝聚废水中聚合物微粉的源头减量。

4.1.3.3　技术特征及效能

（1）基本原理

ABS 接枝胶乳颗粒表面覆盖着一层阴离子表面活性剂分子（离子态），相互之间存在静电斥力，而且颗粒粒径一般在 200～1000nm 之间，布朗运动明显，自然沉降和过滤分离困难[98]。通常需要通过凝聚作用破坏胶乳体系的稳定性，促使胶乳颗粒相互碰撞、聚集，以形成易于沉降和过滤分离的较大颗粒。

ABS 接枝乳液生产过程中常用的乳化剂包括羧酸盐和磺酸盐类乳化剂。经传统硫酸凝聚剂破乳后，在 pH＜1 的条件下 99.9％以上的羧酸根以分子态存在，99.9％的磺酸盐（pK_a＜－2）以离子态存在。这表明磺酸盐对无机酸类凝聚剂不敏感，在凝聚过程中依然残留在胶乳颗粒表面，阻碍熟化阶段凝聚颗粒的互相黏接和致密化。向只含羧酸类乳化剂的胶乳中投加无机酸凝聚剂，凝聚母液澄清，向该胶乳中先添加磺酸盐乳化剂，再投加无机酸凝聚剂，凝聚母液浑浊，形成大量聚合物微粉。表明传统无机酸凝聚剂对磺酸盐类乳化剂无效是产生大量聚合物微粉的主要原因（图 4-2）。

(a) 未投加磺酸盐　　(b) 投加1倍磺酸盐　　(c) 投加2倍磺酸盐

图 4-2　不同拉开粉投加量下 ABS 接枝胶乳凝聚效果（硫酸为凝聚剂）（另见书后彩图）

在传统无机酸凝聚剂基础上，再投加对磺酸盐类乳化剂有效的凝聚剂作为辅助凝聚剂即可提高胶乳凝聚效果，且凝聚成本增加较少，称为复合凝聚工艺，其原理如图 4-3 所示。

（2）技术特点

在原有凝聚工艺基础上补充投加辅助凝聚剂即可获得显著的清洁生产效果，改造投资低，运行成本增加少且通常低于增收粉料的收益，并可提高粉料品质，增产高价值 ABS 树脂，在实现源头减量的同时产生明显的经济效益。

4.1.3.4　典型案例

某石化企业 ABS 树脂装置改造前，凝聚干燥单元易出现凝聚颗粒形态不佳、结构松散、浆液水层浑浊、真空过滤机滤布堵塞、脱水机电流超限和湿粉料含水量高等问题，严重制约了装置的生产能力。在凝聚过程熟化阶段加入辅助凝聚剂，原装置各项工艺参数均不需调整，显著改善了凝聚效果：COD 浓度普遍降至 1500mg/L 以下，SS 浓度降至 100mg/L 以下，悬浮物降幅达到 80％以上，污

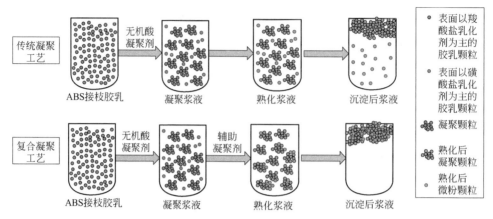

图 4-3　ABS 接枝胶乳复合凝聚原理（另见书后彩图）

染物源头减量效果明显。该技术增加 ABS 粉料生产成本 70 万元/年，但凝聚分离效率提升后每年可多回收粉料 96t，按每吨粉料 1.5 万元计算，每年创效 144 万元，减去投加辅助凝聚剂增加的成本，每年粉料成本降低 74 万元左右。同时每年减少 COD 排放约 72t，按 6 元/kg COD 计算每年创效 43.2 万元。合计每年增加效益 117 万元；降低脱水机电流，提高装置 20 万吨/年 ABS 树脂运行稳定性，增加装置高价产品产量每年间接创效约为 3100 万元。

4.1.4　ABS 树脂废水混凝气浮-生物处理技术

4.1.4.1　技术简介

首先对调节后废水进行混凝处理，实现聚合物胶乳的破乳和凝聚、磷的沉淀，再通过气浮实现悬浮物的高效分离去除。

针对混凝气浮后废水高含氮、高有机腈的特点，采用缺氧-好氧生物处理实现有机腈氨化与反硝化过程耦合，无需外加碳源，TN 去除率达 80％以上，丙烯腈等有毒有机物去除率达 95％以上，实现 ABS 树脂废水中溶解性有毒有机物的去除。

4.1.4.2　适用范围

ABS 树脂废水中聚合物胶乳粉料、溶解性有机物和氮、磷的去除。

4.1.4.3　技术特征及效能

（1）基本原理

ABS 树脂废水中的污染物主要为聚合物胶乳、粉料等悬浮物，有机腈、苯系物等溶解性有机物，以及氨氮和磷酸盐等。混凝气浮可实现聚合物胶乳、粉料以及磷的有效去除，生物处理可实现废水中溶解性有机物和氮的有效去除，从而实现污水的净化。

（2）工艺流程

① 废水进入调节池进行水质水量调节。

② 调节池出水进入混凝池在混凝剂的作用下破乳聚结成小絮体，再在絮凝剂的作用下形成较大颗粒，并与磷酸盐结合生成沉淀。

③ 混凝池混合液先后进入涡凹气浮池和溶气气浮池，实现浮渣与废水的分离，去除废水中的聚合物胶乳、粉料和磷酸盐。

④ 气浮出水进入生物处理单元，在微生物的作用下实现有机物和氮的有效去除（图 4-4）。

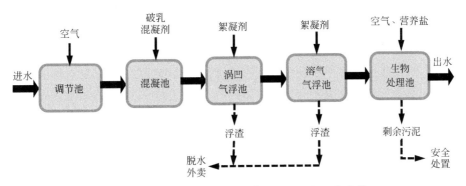

图 4-4　ABS 树脂装置废水典型处理工程工艺流程

（3）技术特点

针对 ABS 树脂废水中的主要污染物，采取针对性的污染去除技术，实现污染物的有序去除，工艺流程简洁，运行稳定。

4.1.4.4　典型案例

采用混凝气浮-生物处理技术处理某石化企业 ABS 树脂废水（设计规模6000t/d，图 4-5），进水 COD 浓度为 1000～3000mg/L，生物处理出水 COD 浓度在 100mg/L 以下，特征污染物丙烯腈和甲苯未检出。

图 4-5　某石化企业 ABS 树脂装置废水混凝气浮处理单元

4.2 腈纶废水高聚物截留回收-A/O 生物膜-氧化混凝集成处理技术

（1）技术简介

目前国内未停产腈纶企业均采用二步法工艺，而二步法工艺均采用水相悬浮聚合工艺。尽管纺丝采用的溶剂不同，但腈纶废水难降解有机物及氨氮主要来自聚合工段。腈纶废水污染物组成复杂，既含有高分子量聚合物（高聚物）也含有低分子量聚合物（低聚物），还含有丙烯腈、乙酸乙烯、烯丙基磺酸钠等单体、引发剂、终止剂等助剂以及多种反应副产物，常采用过硫酸铵作为聚合反应引发剂，造成废水氨氮浓度较高。腈纶废水处理的难点在于高聚物、低聚物等难降解有机物和氨氮的去除。高聚物截留回收-A/O 生物膜-氧化混凝集成处理技术采用纤维束过滤等技术取代传统的混凝气浮技术，进行高聚物的截留回收，在实现资源化的同时降低后续处理单元的处理负荷；A/O 生物膜可实现废水中可生物降解有机物和氨氮的有效去除；氧化混凝可实现生物处理出水中残余的低聚物等难生物降解有机物的深度去除，保证出水稳定达标。

（2）适用范围

腈纶废水的物料回收与处理。

（3）技术特征与效能

1）基本原理　该集成技术包含高聚物截留回收、A/O 生物膜和氧化混凝 3 个处理单元，各自的技术原理如下。

① 高聚物截留回收单元。腈纶废水中的聚合物主要来自聚合单元的水洗过滤过程，水洗过滤废水含有一定浓度的腈纶聚合物微粉，对该股废水进行单独收集，然后采用纤维束过滤等过滤技术进行高聚物的截留；再通过反冲洗回收高浓度腈纶聚合物淤浆，回用到腈纶生产过程，从而实现污染的减量和腈纶粉料的增收。

② A/O 生物膜单元。腈纶废水中的丙烯腈等小分子有机物均可生物降解，可在生物处理单元通过生物降解作用予以去除。采用活性污泥法处理腈纶废水，活性污泥 SVI 值高，污泥膨胀问题突出。采用生物膜处理工艺可避免污泥膨胀问题，并有利于硝化细菌等生长缓慢微生物的生长，从而保证了生物处理单元对污水中可生物降解有机物和氨氮的去除效果。

③ 氧化混凝单元。腈纶废水生物处理出水中 COD 浓度通常为 $250\sim350mg/L$，远高于排放标准，出水难降解有机物以低聚物为主，分子量在 1000 以上的有机物约贡献 TOC 的 65%。氧化混凝单元同时发挥氧化和混凝的作用：氧化使部分难降解物质、胶体物质降解转化、改变表面电荷，然后再通过混凝作用实现难降解污染物的混凝去除，较单纯氧化处理降低了处理成本。

2）工艺流程　本工艺流程见图 4-6，主要包含高分子聚合物截留回收、厌氧/好氧（A/O）生物膜、氧化混凝等处理单元。

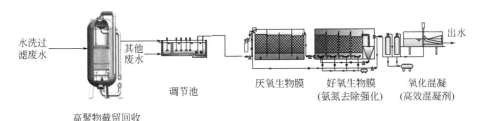

图 4-6　腈纶废水高聚物截留回收-A/O 生物膜-氧化混凝集成处理技术流程（另见书后彩图）

首先，对腈纶装置水洗过滤单元废水进行单独预处理，通过沉淀、过滤作用，截留废水中流失的高聚物粉料，回收粉料返回腈纶生产工艺，净化水可部分回用，剩余部分与其他废水混合后进行后续处理。

A/O 生物膜单元用于去除废水中可生物降解有机物和氨氮。

氧化混凝单元用于去除生物处理出水中残余的难降解有机物，以满足排放标准要求。

3）技术特点　腈纶废水"有机高分子聚合物截留-A/O 生物膜-氧化混凝"集成处理工艺，一方面可实现废水中高聚物粉料的截留回收，同时减轻了后续处理单元的处理负荷，防止聚合物粉料对后续生物处理的不利影响；另一方面，针对腈纶废水生物处理单元有机负荷低、污泥生长慢的问题，通过投加高效生物载体，保持较高的生物量，提高系统的抗冲击能力；再次，针对废水中难降解有机物含量高、出水 COD 难于稳定达标的问题，设置氧化混凝深度处理单元，氧化与混凝协同作用可实现难降解有机物的有效去除。

（4）典型案例

该技术应用于松花江流域的某大型化纤企业废水处理工程（设计规模 400m³/h，图 4-7～图 4-9），其建设投资和运行成本低于类似工程，废水 DMAC、丙烯腈等有毒物质去除率达 90% 以上，解决了松花江流域 DMAC 等特征有机物的污染问题，工程稳定运行，出水水质显著优于原有工艺，COD 浓度达到 150mg/L 以下，达到《污水综合排放标准》（GB 8978—1996）[81]。

图 4-7　腈纶装置水洗/过滤单元废水聚合物截留工程装置

图 4-8　A/O 生物膜处理池

图 4-9　氧化混凝深度处理单元

4.3　腈纶废水多格室脱氮型 MBR 反应器处理技术

（1）技术简介

该技术通过 A/O、接触氧化、氧化沟、泳动床等工艺与膜分离技术的综合集成，使其反应器内兼具颗粒污泥、生物膜、活性污泥等多种生物形态，生物持留量大、硝化和脱氮效果好、耐冲击性能较强、装备化程度高、运行管理简单，对于难降解石化工业废水具有很好的适用性和应用前景。

（2）适用范围

腈纶废水中可生物降解有机物和氨氮的去除。

（3）技术特征与效能

1）基本原理　好氧区分成多个格室有效地强化了微生物处理系统中水质对微生物的选择性培养，使得各格室具有独特的优势微生态系统，从而发挥多元化的水质净化功能。各格室中安装悬挂式的聚丙烯纤维填料，能够提高反应器附着性微生物的持留效率，提供了局部生物膜好氧、缺氧的微生态环境，可有效地提高反应器的脱氮效果，也可更好地选择和持留特征性难降解污染物的高效菌种。另外，生物膜的脱落和格室中内循环的湍流水力状态为颗粒污泥的形成提供了条件，使得反应器中具有非常丰富的生物相状态，提高了反应器的耐冲击能力和污染物去除效果。最后的膜过滤单元避免了由于污泥膨胀等原因造成的污泥流失，实现污泥停留时间和水力停留时间的完全分离，保证了生长缓慢的难降解有机物降解菌以及硝化细菌的生长，充分发挥生物降解作用对腈纶废水中有机物和氨氮的去除。

2）工艺流程　具体工艺流程见图 4-10。

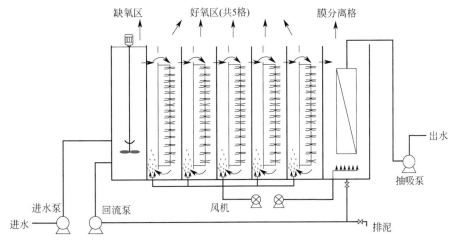

图 4-10　腈纶废水多格室脱氮型 MBR 反应器处理技术流程

3）技术特点　该技术综合集成了 A/O、接触氧化、氧化沟、泳动床等工艺与膜分离技术的特点，其反应器整体上不但具有脱氮功能的独立缺氧区，而且具有好氧区多格室间推流和单格室内循环完全混合的不同流态特征；好氧区多格室内安装填料，使反应器内同时持有活性污泥和生物膜；微观上充分实现了不同功能微生物的选择性持留，宏观上实现了有机物异养氧化、有机氮氨化以及氨氮自养硝化过程的自然分离和功能强化，水力停留时间和污泥停留时间可灵活控制，减小了工艺占地面积，提高了反应器的整体处理效率。

（4）典型案例

该技术在辽宁某石化企业腈纶厂完成中试，试验结果表明：该工艺有效地提高了系统硝化和脱氮效果，氨氮去除率可达 97.0% 以上，TN 去除率可达 80.0% 左右，吨水处理成本为 1.65～3.30 元，克服了该企业水处理流程中出水氨氮高于进水的问题。同时，与腈纶厂原污水处理工艺相比可节省占地面积 30.0%～65.0%。

4.4　PET 废水有机物汽提回收技术

（1）技术简介

PET 树脂生产过程中废水污染物主要来自酯化废水，而酯化废水中除含有聚合单体乙二醇外，还含有多种挥发性、半挥发性反应副产物，包括乙醛（0.8%～1.0%）和 2-甲基-1，3-二氧环戊烷（2-MD，0.8%～1.2%）[99] 等。传统的酯化废水处理工艺为乙醛、2-MD 经汽提后作为燃料送到热媒炉焚烧。1kg 乙醛燃烧产生的热量相当于 1.06kg 煤，而目前市场上乙醛的价格是煤的 6.25 倍（乙醛市场价高于 5000 元/吨，煤市场价约 800 元/吨）。因此，采用 PET 树脂废水有机物的汽提回收技术，一方面可降低聚酯废水的 COD 值；另一方面可回收乙醛副产品，给企业带来良好的经济效益。

（2）适用范围

从直接酯化法 PET 树脂生产工艺排放的高浓度废水回收乙醛等有机物。

（3）技术特征与效能

1）基本原理　为提高汽提塔对乙二醇的回收率，先在一定条件下使乙二醇与乙醛反应转化为较低沸点的 2-MD，然后进行汽提回收，再通过分解 2-MD 回收乙醛和乙二醇，具体反应如式（4-1）所示：

$$CH_3CHO + HOCH_2CH_2OH \Longleftrightarrow \text{（结构式）} + H_2O \qquad (4\text{-}1)$$

该技术通常采用三塔流程，酯化废水和放空气体（包括酯化和缩聚）混合进入第一级分离塔中进行水与乙醛的分离，塔底水由再沸器加热再沸，废水在提纯后由塔底部流出。塔顶部的乙醛和 2-MD 继续气化进入第二级分离塔与其他气体分离。乙醛经塔顶冷凝器冷凝，然后部分乙醛经回流罐回流到第二级分离塔中控制塔平衡，另一部分乙醛作为产品馏出。塔底部的 2-MD 可以作为第一级分离塔顶部的部分回流，多余的 2-MD 从塔底部采出，然后进入第三级分离塔转化为乙醛和乙二醇，乙二醇从塔底部回收，塔顶含乙醛的气体进入第一级分离塔进行分离。

2）工艺流程　主工艺流程包含汽提塔、乙醛回收塔和乙二醇回收塔 3 个塔，各塔具体功能如下。

① 汽提塔：从 PET 树脂车间送来的酯化废水引入到汽提塔，将汽提塔排出的含乙醛、2-MD 等有机物的汽提尾气，经冷凝后收集，输送至乙醛回收塔回收精制乙醛。经过循环处理，汽提塔塔底废水 COD 浓度大大降低，再送往污水处理站进行生化处理，降低了污水站的处理负荷。

② 乙醛回收塔：冷凝液送至乙醛回收塔中部，蒸汽穿过填料向上流动，与上层回流的液体进行热交换，形成新的气-液平衡，在整个填料段建立多级的气-液平衡；从下到上随着填料温度逐渐降低，气相中水的含量逐渐减少，乙醛含量逐渐增多，到回收塔顶后乙醛质量分数大于 99.5%。气相乙醛经冷却输送储罐，然后定期用槽车运输到用户。

③ 乙二醇回收塔：将乙醛回收塔塔底来的废水送进乙二醇回收塔（图 4-11），废水中微量的有机物（轻组分）废气和水蒸气向上升腾，分离塔塔底得到质量分数为 97% 以上的乙二醇水溶液，采出后直接利用到 PET 树脂装置。塔顶含有少量有机物的废气送往汽提塔再次汽提或送去焚烧，以实现有机物的资

源化。

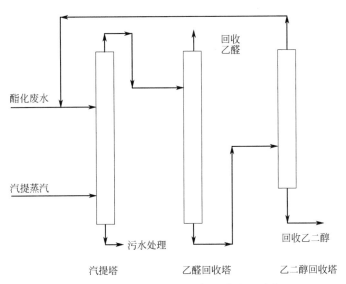

图 4-11　PET 废水中有机物回收流程示意

3）技术特点　乙醛和 2-MD 都属于低沸点有机物，在汽提过程中较易脱除，而二噁烷的沸点虽然与水的相近，甚至比水的沸点高，但可与水形成共沸物，因此较容易汽提。而酯化废水在工艺塔顶部的 EG 很少，其质量分数低于 0.06％。由于酯化废水中 2-MD 的含量较高，而 2-MD 本身非常不稳定，在一定条件下极易分解成乙醛和 EG，2-MD 分解的越多，EG 含量就越高，废水中 COD 浓度就越高，污水处理的难度也就越大。pH 值是影响汽提后废水 COD 浓度高低的主要因素之一，酸性条件能导致 2-MD 的快速分解，从而导致 COD 浓度上升。因此，可以通过控制调节废水的 pH 值而达到进一步降低 COD 浓度的目的。

乙醛的回收率可达到 99.5％以上，每生产 1t 聚酯可回收 1.86kg 乙醛，酯化废水的 COD 值则降低至 3000mg/L 以下。

（4）典型案例

PET 树脂酯化废水中回收乙醛和乙二醇技术已在浙江、江苏、上海等地多家大型聚酯企业累计 PET 树脂产能超过 1100 万吨/年的装置上建成了 11 条生产线，并投入工业化运行，有机物回收率达 95％左右，回收的乙醛纯度达 99.5％以上，乙二醇质量分数达 97％以上，可供销售或 PET 树脂装置作为原料使用，降低了 PET 树脂装置的生产成本，极大地降低了废水 COD 排放[100]。以上海某石化企业为例，该企业目前共有 2 套聚酯装置[101]，每年产量共 55 万吨，均采用直接酯化工艺。2012 年 5 月，有机物回收系统率先在 1 号聚酯装置（15 万吨/年）建成投用，每年可回收乙醛 400～500t、乙二醇 80～90t。乙醛回收系统投用前，酯化废水池中的 COD 值＞20g/L，投用后下降到 6.5g/L，大大节约了后续的处理成本。2 号聚酯装置（40 万吨/年）建设的有机物回收系统不仅能回收废水中的有机物，而且能够回收废气中的有机物，即在回收系统中将废气导入喷射泵，注入水中，以液体形态回收其中的有机物。废水和废气中有机物全部回收，使2号聚酯装置废水COD含量由最高15g/L下降至4.8g/L以下，生产现场VOCs含量由最高1500×10^{-6}下降至8×10^{-6}以下。同时，乙醛组分经过提纯回收后纯度高达99.5%以上，可作为优质商品直接销售。

4.5 PET废水厌氧-好氧处理技术

（1）技术简介

PET废水经汽提回收有机物后，废水COD浓度仍高达几千mg/L，可采用厌氧-好氧生物处理工艺进行进一步处理，出水COD浓度可达100mg/L，并可产生甲烷回收能源。

（2）适用范围

汽提预处理后PET废水。

（3）技术特征与效能

1）基本原理　PET树脂废水经汽提预处理后，废水中乙醛等有毒有机物浓度大幅降低，废水生物抑制性显著下降，与厂区其他工业废水混合后进行水解酸化预处理，以降低废水毒性，提高可生化性，然后经热交换升温后进入厌氧反应器进行产甲烷处理，反应器出水与生活污水混合后进行接触氧化处理，处理出水采用气浮装置进行深度处理。

2）工艺流程　工艺流程如图4-12所示。

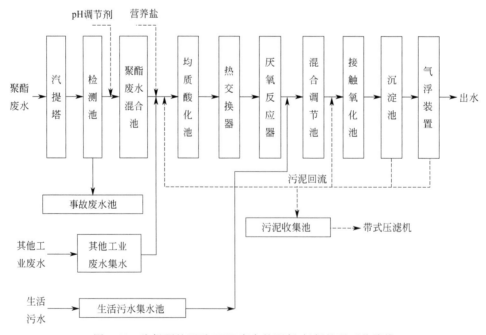

图4-12　汽提预处理后PET废水的厌氧-好氧处理工艺路线

① 聚酯废水采用汽提塔进行预处理，经检测池后进入废水混合池调节

pH 值。

② 聚酯废水与其他工业废水在均质酸化池混合，经热交换后进入厌氧反应器。

③ 厌氧反应器出水与生活污水在混合调节池混合，然后进行接触氧化处理。

④ 接触氧化池出水经沉淀池沉淀接触氧化池脱落生物膜，并用气浮装置去除沉淀池出水中的悬浮物。

3）工艺参数

① 均质酸化池。均质酸化池用于调节水质和通过水解酸化提高废水可生化性，水力停留时间 30h。

② 厌氧反应器。通过厌氧产甲烷微生物种群将废水 COD 转化为甲烷，实现废水能量的回收。设计 COD 容积负荷为 $2.0kg/(m^3 \cdot d)$。

③ 混合调节池。停留时间 10h，池内采用空气搅拌实现厌氧反应器出水和生活污水的充分混合。

④ 接触氧化池。设计 COD 容积负荷为 $0.4kg/(m^3 \cdot d)$。

⑤ 沉淀池。表面负荷为 $1.25m^3/(m^2 \cdot h)$。

⑥ 气浮装置。有效水深 3m。混凝加药反应时间 30min，分离区有效水力停留时间为 120min。

4）技术特点　处理工艺以生物法为主体，运行成本较低，且可产甲烷回收能量。

（4）典型案例

南方某大型化纤企业生产聚酯切片和纺丝产品，其高浓度 PET 废水先经汽提塔去除大部分有机物，COD 浓度由 25000～30000mg/L 降低至 4000mg/L。经汽提处理后的聚酯废水和其他工业废水混合后进入厌氧反应器，COD 浓度由约 4000mg/L 降低至 850mg/L，并产生大量沼气。厌氧反应器出水经接触氧化池处理后 COD 浓度降至 100mg/L，再气浮处理，出水 COD 浓度降至 100mg/L 以下，工程总 COD 去除率达 98.7% 以上，吨水处理费用（不含折旧）约 1.52 元[102]。

本章编著者：中国石油吉林石化分公司李江利、张德胜、陆书来、刘姜、张辉、于万权、姜山；中国环境科学研究院周岳溪、宋玉栋、吴昌永、沈志强；中国矿业大学（北京）何绪文、夏瑜、徐恒；中国石化北京化工研究院栾金义、张新妙、魏玉梅。

第 5 章
石化综合污水达标处理与回用成套技术

与石化装置废水相比石化综合污水处理具有以下特点。

① 污水来源多，水量大，组成复杂，水质水量波动大。石化综合污水通常汇集了园区范围内多套主要生产装置和辅助生产装置排放的生产废水和周边居住区的生活污水，因此污水来源多，污水总量通常较大，且污染物组成较石化装置废水更加复杂，水质水量通常有较大波动。

② 污水中污染物浓度中等，大部分污染物无回收价值。与部分高浓度装置废水中某类或某种污染物浓度极高、具有较大回收价值不同，除综合污水中的石油类通常具有一定的回收价值外大部分污染物浓度在几十 mg/L 以下，缺少回收价值。

③ 污水排放和回用水质标准要求高，稳定达标要求严。与装置废水处理以预处理为主不同，石化综合污水要实现较高的污染物去除率以保证稳定满足排放标准或回用水水质标准的要求。

因此，石化综合污水处理工艺通常较装置废水处理工艺流程更长，处理单元更多，且不同企业和园区间综合污水水质差异更大，处理工艺路线变化更加多样。但总体上，石化综合污水处理系统可分为预处理单元、生物处理单元和深度处理单元；预处理单元常用技术包括调节、隔油、气浮、沉淀、水解酸化等技术；生物处理单元常用技术包括缺氧/好氧、厌氧/缺氧/好氧、氧化沟、膜生物反应器、移动床生物膜反应器、粉末活性炭活性污泥法等；深度处理单元常用技术按照去除污染物类型和机理可分为分离去除悬浮物及胶体的技术、高级氧化去除有机物的技术、生物降解去除污染物的技术、膜处理技术和吸附法处理技术等。此外，综合污水处理过程中产生废气和污泥的处理也是石化综合污水综合治理的重要内容（图 5-1）。

为更好地反映石化综合污水处理技术的进展情况，本章采用重点单元技术＋典型组合处理工艺案例的形式进行介绍。

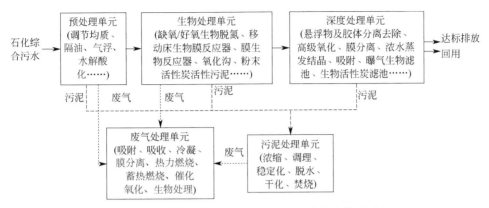

图 5-1　石化综合污水达标处理与回用成套技术体系示意

5.1　石化综合污水处理单元技术

5.1.1　预处理技术

　　石化综合污水常含有石油类、聚合物胶乳粉料、有毒有机物等干扰后续生物处理单元稳定运行的污染物，且污染物浓度通常存在较大波动，因此石化综合污水在进行生物处理前通常需要进行预处理。预处理单元技术的选择依据石化综合污水的水质水量特征，常用的污水预处理单元技术包括格栅、沉砂池、隔油池、气浮池、调节池、均质池、水解酸化池等。

　　在炼油综合污水处理中，预处理的重点是去除油污，设计规范要求进入生化系统油浓度＜20mg/L，隔油和气浮是最常用的除油预处理组合。石化综合污水中聚合物胶乳粉料的去除可采用混凝气浮或混凝沉淀等技术，有毒有机物的去除可采用水解酸化等技术。

5.1.1.1　含油污水调节均质罐除油功能提升技术

　　调节均质罐在炼化污水处理工艺中不仅起调节水质水量的作用，由于其具有较长的水力停留时间，还具有隔油和沉降罐作用，显著降低污水中高浓度油污对后续处理单元的冲击[103]。传统调节均质罐设置较为简单，采用恒液位溢流收油方式，不具有连续收油和排泥功能，常出现收油和排泥不及时，实际有效容积变小，造成罐后出水水质变差，还可能在罐内形成难以处理的老化油和罐底污泥等问题。许多企业采用 2 罐串联运行方式，即 1 个罐保持在高液位状态隔油沉淀，另 1 个罐在低液位出水以调节流量；还有的企业采用 3 罐间歇进水方式，即 1 罐进水、1 罐静置、1 罐出水[104]，都造成了罐容的浪费。针对上述问题，调节均质罐除油功能提升技术包括"罐中罐"技术和浮动环流技术。

　　（1）含油污水"罐中罐"调节均质技术

1）技术简介　在传统调节均质罐内部加入一个包括水力旋流分离区和沉降分离区的内罐，内罐顶部设自动收集排油装置，底部设沉淀锥斗，通过结构和工艺改造，提升调节均质罐油水泥分离效率和排油排泥能力。本技术具有除油效率高、设施利用率高、收油含水率低、操作简便、劳动强度低等优点。

2）适用范围　用于炼油综合污水处理厂含油污水的预处理，提升污水调节均质罐的排油排泥功能，改善出水水质，提高污水处理设施对原油劣质化、重质化、来源多样化造成的炼化污水水质水量波动的抗冲击能力。

3）技术特征与效能

① 基本原理。所谓"罐中罐"，就是在污水调节均质罐的内部加入一个包括水力旋流分离区和沉降分离区的内罐；在内罐将水力旋流分配器、自动收集排油装置和沉淀锥斗连成一个完整的系统；再通过内、外罐的虹吸连通管、层流穿孔排水管、倾斜排泥管等，组合成一体化设备[105]。依靠水力旋流分离区的旋流分离作用实现油水分离，利用沉降分离区的沉淀作用实现水和固相污染物的分离，浮油由自动收集排油装置排油，固相污染物经沉淀锥斗收集后依靠水压排出，从而实现污水调节均质罐排油排泥能力的提升。

② 工艺流程。污水由污水泵提升入"罐中罐"（图5-2）。污水首先通过变径的污水输送管进入腔室（内罐）的水力旋流分离区，含油污水在水力旋液分离区

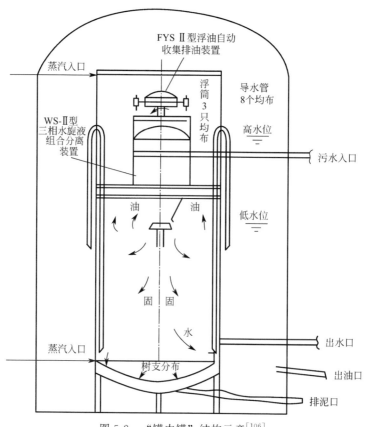

图5-2　"罐中罐"结构示意[106]

的一个多管束水力旋液分离器内产生高速旋转，产生离心力场，利用油和水的密度差实现油水泥的分离。经过水力旋液分离后的油相上浮到内罐的顶部，由设置在内罐中的 1 台自动撇油装置将油排至外部污油收集罐。被沉降下来的固相物（罐底油泥）在沉降区的锥斗内利用水压的作用可随时通过手动或自动阀门排出。内罐中经旋液除油处理后的污水，通过四周均布的虹吸连通管进入外罐（调节均质罐）。外罐水位可变，从而实现水量调节功能。

③ 工艺参数。某个 $5000m^3$ 的调节均质罐安装 WS-Ⅱ型水力旋流分离器的罐中罐参数如下[107]：外罐容积 $5000m^3$，内罐容积 $800m^3$，处理水量 200t/h，进水口压力>0.18MPa，进水口流速 1.0～1.6m/s，颗粒沉降速度 0.4～1.2mm/s，出水油含量<300mg/L。

④ 技术特点。"罐中罐"集污水调节、均质和油水旋流分离、浮油自动收集及锥形罐底排泥等功能为一体，具有以下优点：a. 除油效率高，设计出水含油量<300mg/L；b. 收油排泥操作时可以维持正常运行，设施利用率高；c. 收取的污油纯度高，含水率低，提高污水处理系统的污油回收利用率；d. 收油或排泥操作简便，劳动强度低。

4）典型案例　浙江某石化企业采用了"罐中罐"型的污水调节均质罐，调节、均质、除油效果好，运行稳定[107]。以该企业为例，在处理水量为 400t/h 的炼油污水一级处理系统中，采用了 2 座并联的 $5000m^3$ "罐中罐"型污水调节罐，进水含油量在 40～60000mg/L 范围内波动的情况下出水含油量为 29～105mg/L。

（2）浮动环流收油技术

1）技术简介　在传统调节均质罐内部安装浮动环流布水管系和中央浮动集油器，布水管系和集油器均随调节均质罐内液位升降，从而实现表面布水和连续排油。调节均质罐可布设排泥管，依靠净水压力排泥。通过上述措施，可显著提升调节均质罐油水泥分离效率和排油排泥能力，具有改造施工方便、造价低、操作简便、劳动强度低等优点。

2）适用范围　提升炼化污水调节均质罐的排油排泥功能，改善出水水质，提高污水处理设施对原油劣质化、重质化、来源多样化造成的炼化污水水质水量波动的抗冲击能力。

3）技术特征与效能

① 基本原理。浮动环流收油器主要构件包括进水金属软管、结合管、布水管系、升降机构、导向设施、漂浮件、集油器、排油管等（图 5-3）。环形布水器随调节均质罐内液位升降，油水混合液直接进入罐内液面层，使密度较小的成分直接浮于水面，获得最小浮升距离，提高分离效率。同时，出水在下部，整个水深为隔离带，可确保出水质量。集油器也随罐内液位浮动，从而实现连续、及时排除浮油。

② 工艺流程。污水通过金属软管进入环形布水管系，沿环向均匀进入液面层，快速实现油水分离，油相自中央集油器收集后经排油管排出罐外，水相向

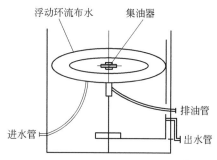

图 5-3　浮动环流除油器原理示意[108]

下自底部排水管排出，固相污染物（油泥）通过底部排泥管依靠净水压力排出。

③ 技术特点。浮动环流除油器无需机械动力，无旋转机构，无易损部件，操作简单、维修方便，安全可靠。采用浮动环流除油器的调节均质罐集调节、均质、除油、排泥功能于一体，对于间歇进水或水量变化大的场合适应性强。液面层进水使得需要从含油污水分离的油分总是浮于水面，与出口距离大，不干扰出水质量，抗冲击能力强。

4）典型案例　河北[109]、新疆[110] 等地的多家石化企业已采用浮动环流除油技术对调节均质罐进行改造，显著提升了除油效果。某炼油厂污水处理厂 $5000m^3$ 的缓冲除油罐采用该技术改造后，出水平均含油量由改造前的 64.25mg/L 降至 45.51mg/L[108]。

5.1.1.2　隔油

（1）技术简介

隔油是去除污水中悬浮油、粗分散油和油泥并回收油品的常用手段，多通过隔油池实现。传统形式的隔油池主要有平流式、斜板式和平流-斜板组合式，均利用油和水的密度差，在重力作用下实现油水分离，常用在含油污水的混凝气浮处理之前。

（2）适用范围

废水中悬浮油、粗分散油的去除。

（3）技术特征与效能

1）基本原理　污水中的油通常以浮油、粗分散油、乳化油、溶解油和油/固体（如油砂）5 种形态存在。其中，浮油和粗分散油珠粒径较大，根据斯托克斯公式，可在较短时间内通过重力分离作用上浮至水面，油/固体由于密度较大，可在较短时间内沉至分离池底部；上述 3 种形态的油多采用隔油去除。

① 平流式隔油池：污水从一端进入，通过布水设施，经消能和整流以降低涡流并均匀配水，废水以很低的、均匀的、恒定的水平流速流向另一端。隔油池能够分离的油滴的上浮速度等于隔油池的表面负荷率。因此，隔油池面积越大，负荷率越小，能够分离的油滴粒径越小，隔油池的除油效率越高。

② 斜板式隔油池：为降低隔油池的表面负荷，提高除油效率，在隔油池内放置斜板，因此斜板式隔油池通常可分离粒径更小的油滴。

③ 平流-斜板组合式隔油池：由于过高的油浓度容易堵塞斜板，因此一般在斜板隔油池前再增加一级平流式隔油池，以先去除油滴粒径较大的高浓度油，再采用斜板式隔油池实现更小粒径油滴的去除。

2）工艺流程

① 平流式隔油池：污水经配水槽和进水闸后进入分离区，在重力和浮力作用下实现油泥、水和油的分离，净化后的水翻过隔板后进入出水槽。在分离区，通过刮油刮泥机刮板的刮除作用，使浮油被刮至集油管排出，油泥被刮至集泥斗（图 5-4）。

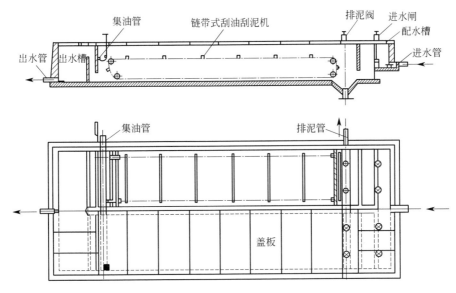

图 5-4　典型平流式隔油池的结构示意

② 斜板式隔油池：进水经布水管进入斜板分离区，斜板区实现油水分离，净化水经出水管排出，而浮油通过集油管收集后排出（图 5-5）。

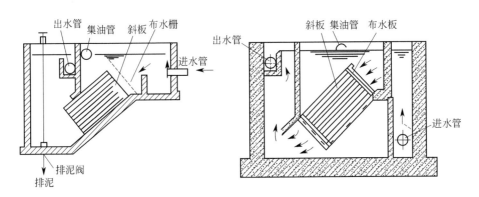

图 5-5　典型斜板式隔油池的结构示意

③ 平流-斜板组合式隔油池：污水先进入一级平流式隔油池，以去除油滴粒径较大的高浓度油；然后出水进入斜板式隔油池进一步除油（图 5-6）。

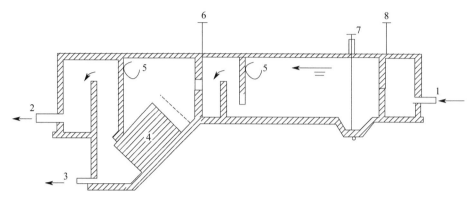

图 5-6　典型平流-斜板组合式隔油池的结构示意

1—进水管；2—出水管；3—排泥管；4—斜板；5—集油管；6—壁板阀；7—排泥阀；8—壁板阀

3）工艺参数

① 平流式隔油池：分离区停留时间一般为 1.5～2h；水平流速为 2～5mm/s，通常取 3mm/s 或上浮速率的 15 倍；有效水深一般为 1.5～2.5m，通常为 2m；池宽一般采用 2.4m、3.2m、4.5m 或 6m，通常为 4.5m；池深和池宽的比例一般为 0.3～0.5；刮油泥速率不超过 15mm/s；集油管管径 200～300mm；排泥管管径≥200mm。

② 斜板式隔油池：斜板区停留时间一般为 5～10min；板间流速为 3～7mm/s，板间水力条件 $Re < 500$，$Fr > 10^{-5}$；板体倾斜角≥45°；刮油泥速率不超过 15mm/s；集油管管径 200～300mm；排泥管管径≥200mm。

4）技术特点　不需投加药剂即实现污水中分散油、悬浮油、油泥和部分乳化油的去除和分离。

（4）典型案例

隔油池已广泛应用于含油污水的预处理。

5.1.1.3　混凝气浮

（1）技术简介

混凝气浮技术是先通过混凝作用使胶乳或乳化油颗粒破乳聚结成较大颗粒，然后与气浮产生的微气泡黏附，形成密度更小的颗粒-气泡复合体，实现快速浮除分离的技术，适用于石化综合污水中聚合物胶乳、乳化油等小粒径颗粒的去除。根据气泡产生机理的不同，目前较为常见的气泡产生方式包括加压溶气气浮、引气气浮、电解气浮、微孔散气气浮等，其中引气气浮中的涡凹气浮和溶气气浮在石化综合污水处理中应用最为广泛。

（2）适用范围

石化综合污水中聚合物胶乳、乳化油等小粒径颗粒的去除。

（3）技术特征与效能

1）基本原理

① 加压溶气气浮法：在压力溶气罐内使空气在加压条件下溶于水中，再将溶气罐排出的溶气水压力降至常压，使过饱和空气以微小气泡形式逸出。加压溶气气浮法产生的气泡小、在气浮池上升速度慢，特别适用于松散、细小絮凝体的固液分离。

② 涡凹气浮：涡凹气浮系统由曝气区、气浮区、回流区、刮渣区和排水区构成，通过涡凹曝气机的散气叶轮产生微小气泡，不需空压机、压力溶气罐、循环泵等设备，具有投资少、能耗低、自动化程度高等优点。

2）工艺流程

① 加压溶气气浮法：气浮净化水经加压泵加压后进入压力溶气罐，同时通过空压机使罐内维持一定的气压，使空气在加压条件下溶于水中；然后使溶气罐排出的溶气水通过溶气释放器（或阀）将压力降至常压，使过饱和空气以微小气泡形式逸出；然后与混凝后的废水充分混合，使废水中颗粒与微气泡黏附；此后在气浮池内上浮至水面形成浮渣；最后被刮渣机刮除，气浮净化水自底部排出气浮池（图 5-7）。

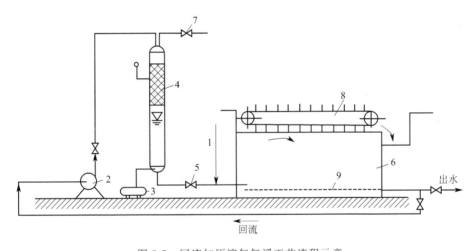

图 5-7　回流加压溶气气浮工艺流程示意

1—废水进入；2—加压泵；3—空压机；4—压力溶气罐；5—减压释放阀；6—气浮池；
7—放气阀；8—刮渣机；9—出水系统

② 涡凹气浮：经混凝处理后的废水进入曝气区，絮体与散气叶轮产生的微气泡黏附；然后在气浮区形成浮渣；最后被刮渣机刮除，气浮净化水经溢流排出气浮池（图 5-8）。

③ 涡凹气浮-加压溶气气浮组合工艺：经混凝处理后的废水首先采用涡凹气浮进行粗处理，去除大部分悬浮及胶体污染物；处理出水再进入加压溶气气浮进行精处理。两种工艺的组合充分利用了涡凹气浮成本低、抗堵塞以及加压溶气气浮气泡小、去除率高的特点，通过涡凹气浮提高整个系统的抗冲击能力，减小后

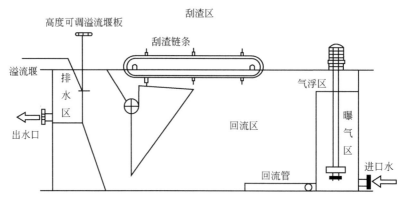

图 5-8   涡凹气浮工艺流程

续加压溶气气浮的处理负荷和运行稳定性，通过加压溶气气浮实现对可浮除污染物的高去除率，从而实现整个系统的稳定高效运行。

3）技术参数   加压溶气气浮处理含油污水的典型工艺参数如下[111]：

① 进水含油量<100mg/L，混凝药剂（聚合铝为 15～25mg/L，或硫酸铝为40～60mg/L，或聚合铁为 10～20mg/L）根据实际水质确定，混凝处理的混合阶段采用管道混合（水头损失≥0.3m）或机械混合（搅拌桨叶末端线速度0.5m/s，混合时间 30s），反应阶段多采用机械反应室，水流线速度从 1.0～1.5m/s 降至 0.3～0.5m/s，反应时间为 3～10min；

② 溶气压力 0.3～0.55MPa（表压），溶气时间为 1～3min，气泡粒径为30～10μm；

③ 溶气水与混凝水混合时间≤3min，气浮分离室停留时间为 40～60min，水平流速为 4～6mm/s，有效水深为 1.5～2.5m；

④ 刮渣板行进速度为 50～100mm/s。

涡凹气浮的典型工艺参数如下：进水含油量<200mg/L，混凝药剂根据实际水质确定，停留时间为 15～20min，表面负荷为 5～10m³/（m²·h），池中工作水深不大于 2.0m，池子长宽比不小于 4，曝气能耗为 20～30W/m³废水[112]。

4）技术特点   混凝气浮技术可实现废水中分散油和乳化油的有效去除，使出水含油量满足后续生物处理单元要求，但会产生浮渣、废气等二次污染。

（4）典型案例

混凝气浮已广泛应用于含油污水的预处理。

5.1.2   生物处理技术

可生物降解有机物、氮、磷是石化废水重要污染组分，也是石化综合污水处理的重点，直接关系到出水水质的稳定达标。生物处理技术利用微生物的生长代谢作用，用较低的成本实现可生物降解有机物、氮和磷的有效去除，因此生物处理单元是目前石化综合污水处理工程的主体。废水生物处理技术种类繁多，形式多样，目前石化综合污水的生物处理主要采用活性污泥法工艺，部分企业或园区采用了接触氧化法、移动床生物膜法（MBBR）等生物膜法工艺。由于排放标准对氮磷要求的提高，石化综合污水生物处理单元功能已从早期的以有机物去除为主升级为同时去除有机物和氮，如缺氧/好氧工艺（A/O）和短程硝化反硝化工艺等。部分活性污泥法采用了膜生物反应器（MBR），即泥水分离单元用膜过滤代替传统的二次沉淀池，以便于后续污水的深度处理。部分活性污泥法通过投加粉末活性炭等方式进一步提高系统抗毒性物质抑制性冲击的能力和对难降解有机物的去除能力，如粉末活性炭活性污泥（PACT）和湿式氧化法（WAR）的组合工艺等。

5.1.2.1　缺氧/好氧生物脱氮工艺

（1）技术简介

缺氧/好氧生物脱氮工艺又称前置缺氧反硝化生物脱氮工艺、A/O 工艺，是目前石化综合污水生物处理的常用工艺，可同时实现有机物和氮的去除。通过将缺氧区设置在好氧区之前，污水自缺氧区进入，污泥和好氧区混合液回流至缺氧区，在缺氧区利用生物反硝化作用去除污水中有机物和硝酸盐氮，然后缺氧区混合液进入好氧区，在好氧区利用好氧降解和生物硝化作用实现污水中有机物的去除和氨氮向硝酸盐氮的转化。主要变形有多段进水 A/O 工艺等。缺氧区和好氧区可以是两个独立的构筑物，也可合建在同一个构筑物内，中间用隔板隔开。如图 5-9、图 5-10 所示。

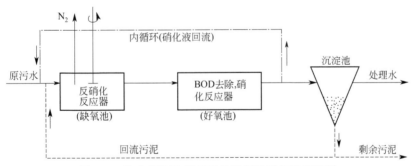

图 5-9　分建式缺氧-好氧活性污泥法脱氮工艺流程

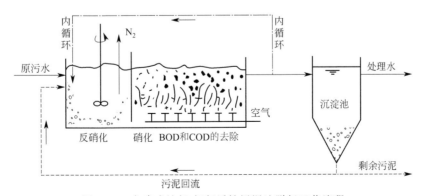

图 5-10　合建式缺氧-好氧活性污泥法脱氮工艺流程

（2）适用范围

石化综合污水中有机物和氮的生物去除。

（3）技术特征与效能

1）基本原理　生物脱氮是利用微生物的氨化、硝化、反硝化等作用，将污水中的有机氮及无机氮转化为氮气的过程。其中，生物氨化是含氮化合物在好氧或厌氧微生物的作用下转化为氨态氮的过程，一般由异养菌通过氧化还原、水解等作用实现；生物硝化是氨态氮在有氧条件下被好氧微生物氧化为亚硝酸盐，然后再进一步氧化为硝酸盐的过程，由硝化菌完成，总反应式为：

$$NH_4^+ + 2O_2 \longrightarrow NO_3^- + H_2O + 2H^+$$

生物反硝化是在厌氧或缺氧条件下硝酸根或亚硝酸根被微生物用作电子受体，通过生物作用转化为氮气、一氧化氮、氧化二氮（异化反硝化）或氨态氮（同化反硝化）的过程，由反硝化菌完成，亚硝酸盐和硝酸盐反硝化生成氮气的反应方程式如下：

$$NO_2^- + 3H（电子供体有机物）\longrightarrow 1/2N_2 + H_2O + OH^-$$
$$NO_3^- + 5H（电子供体有机物）\longrightarrow 1/2N_2 + 2H_2O + OH^-$$

缺氧/好氧生物脱氮工艺将缺氧区设置在好氧区之前，污水先进入缺氧区，并与来自二次沉淀池的活性污泥以及来自好氧区含有高浓度硝酸盐氮的混合液（硝化液）混合，通过生物反硝化作用，以污水中的有机物为碳源对硝酸盐氮进行反硝化去除，同时利用生物氨化实现污水中有机氮向氨氮的转化。在好氧区，污水中有机物得到进一步好氧降解去除，并通过生物硝化作用实现氨氮向硝酸盐氮的转化，从而最终实现有机物和氮的去除。

2）工艺流程　在缺氧-好氧活性污泥法脱氮工艺中，污水先进入缺氧区，再进入好氧区，并将好氧区的混合液（硝化液）与沉淀池的污泥同时回流到缺氧区。污泥和好氧区混合液的回流保证了缺氧区和好氧区中有足够数量的微生物并使缺氧区得到好氧区中硝化产生的硝酸盐。而污水直接进入缺氧区，又为缺氧池反硝化反应提供了充足的有机碳源，使反硝化反应能在缺氧池中得以进行。反硝化反应后的出水又可在好氧区中进行有机物的进一步降解和硝化作用。缺氧-好氧活性污泥法脱氮工艺是一个单级污泥系统，系统中同时存在着降解有机物的异养型菌群、反硝化菌群及自养型硝化菌群。微生物群体交替地处于好氧和缺氧的环境中，在不同的污染物组成条件下分别发挥其不同的作用。

3）工艺参数及影响因素　缺氧/好氧生物脱氮工艺处理效果会受诸多因素影响：

① 硝化菌世代周期较长，需要曝气池污泥要有较长的泥龄，通常为 $10\sim25d$。

② 反硝化需要足够的碳源，通常要求 $BOD_5/N \geqslant 4$，醋酸钠和甲醇是常用的外加碳源。

③ 较高的温度有利于硝化处理，水温宜为 $12\sim35℃$。

④ pH 值对硝化反硝化影响显著，例如 pH 值过低会抑制硝化反应的继续进

行，需要补充碱度，碳酸钠是补充碱度较好的选择。

⑤ 硝化反应需要较高的溶解氧（2～4 mg/L），反硝化则需要在缺氧环境（溶解氧＜0.5mg/L）进行，因此溶解氧的控制十分必要。

⑥ 硝化液的回流量影响总氮的去除率，回流比越高则去除率越高，但回流比过高会影响缺氧区的反硝化效果。通常污泥回流比采用 50%～100%，混合液回流比采用 100%～400%。

⑦ 污泥负荷通常采用约 0.05 kgBOD$_5$/（kgMLSS・d）。

4）技术特点　缺氧/好氧生物脱氮工艺具有以下优点：

① 流程简单，省去了中间沉淀池，构筑物少，占地面积小，基建费用及运行费用低；

② 以污水中的含碳有机物和内源代谢产物为碳源，节省了外加碳源的费用并可获得较高的碳氮比，保证了反硝化反应的充分进行；

③ 好氧区在缺氧区之后，可进一步去除反硝化反应残留的有机物，改善出水水质；

④ 由于反硝化反应消耗了一部分碳源有机物，缺氧区在好氧区之前的工艺组合可减轻好氧区的有机负荷；

⑤ 好氧区之前的缺氧区，可起生物选择器的作用，改善活性污泥的沉降性能，以利于控制污泥膨胀；

⑥ 缺氧区在好氧区之前，反硝化过程产生的碱度还可补偿硝化过程对碱度的消耗。

该工艺的缺点是若要提高脱氮效率，必须加大混合液回流比，因而加大运行费用；此外，回流混合液来自好氧区，含有一定的溶解氧，使缺氧区难以保持理想的缺氧状态，影响反硝化效果，脱氮率一般很难达到 90%。

分段进水 A/O 工艺是在 A/O 工艺基础上，在生物反应池内交替设置多个缺氧区和好氧区，污水按照一定的比例分别进入各个缺氧区进行反硝化，然后混合液流入好氧区进行有机物氧化和氨氮硝化，然后再进入缺氧区进行反硝化，最后一级好氧区混合液进入二次沉淀池进行泥水分离。分段进水 A/O 工艺可在一定程度上解决传统 A/O 工艺出水总氮偏高问题。

（4）典型案例

A/O 生物脱氮工艺已广泛应用于石化综合污水处理工程，如吉林、黑龙江等地的多家石化企业的综合污水处理厂均采用了 A/O 生物脱氮工艺。例如，黑龙江某石化公司炼油厂污水厂对炼油综合污水生物处理传统 A/O 工艺进行改造，设计规模 800m^3/h，在缺氧池前端增设脱气池和生物选择池，容积分别占生化池总容积的 4.4% 和 2.5%，缺氧池与好氧池容积比约为 1：3，生化池总停留时间为 22.75h，污泥回流比为 100%，内回流比为 300%，污泥负荷为 0.08 kgBOD$_5$/（kgMLSS・d），氨氮负荷为 0.02kgNH$_3$-N/（kgMLSS・d），在进水 COD、氨氮平均浓度分别为 522mg/L 和 40mg/L 的情况下出水 COD 和氨氮平均浓度分别达到 42 mg/L 和 2 mg/L[113]。

5.1.2.2 移动床生物膜反应器（MBBR）

（1）技术简介

MBBR 是 20 世纪 80 年代末以来在生活污水和工业废水处理中得到大量应用的生物膜法处理工艺，采用密度接近于水的可悬浮填料作为微生物载体并依靠曝气或搅拌作用处于流化状态。该工艺结合了传统流化床和生物接触氧化法微生物浓度高、传质效果好、处理负荷高的优点，解决了固定床反应器易堵塞需定期反冲洗，传统流化床载体流化能耗高、反应器结构复杂，生物接触氧化池结构复杂的问题。与活性污泥法和固定填料生物膜法相比，MBBR 既具有活性污泥法的高效性和运转灵活性，又具有传统生物膜法耐冲击负荷、污泥龄长、剩余污泥少的特点，在石化综合污水处理中大量应用。

（2）适用范围

石化综合污水中有机物和氮的生物去除。

（3）技术特征与效能

1）基本原理　所用微生物载体密度接近水，在少量曝气或搅拌条件下微生物载体即可在反应器内循环流动并与污水充分接触。所采用的典型载体为带有大量凹槽的空心圆柱体，可生长和保持大量生物膜，可使反应器达到很高的微生物浓度和处理负荷。生物膜厚度较大，在生物膜表层和内部分别处于好氧和厌氧状态，分别生长好氧菌和厌氧菌（或兼性菌），每个载体都可看成是一个微型反应器，使硝化反应和反硝化反应同时存在，提高反应器的脱氮效果。载体在水中的碰撞和剪切作用，使空气气泡更加细小，增加了氧气的利用率。

MBBR 可连续运行，不发生堵塞，无需反冲洗，水头损失较小且生物载体比表面积大。在 MBBR 好氧反应器中，通过曝气推动载体移动；在 A/O 反应器中，通过机械搅拌使载体移动。为防止反应器中填料的流失，可在反应器出口处设一个多孔滤筛。

2）工艺流程　石化综合污水进入装有微生物载体的 MBBR 反应器，依靠载体附着生物膜微生物的吸附和生物降解作用实现有机物的降解和氮的脱除，MBBR 反应器出水进入二次沉淀池，沉淀去除脱落的生物膜后进入后续处理单元（图 5-11）。

3）技术特点

① 有机物去除效果好。反应器内污泥浓度较高，一般情况下污泥浓度为传统活性污泥法的 5～10 倍，高达 30～40g/L，可大幅提高有机物的去除负荷。

② 脱氮能力强。填料上形成好氧、缺氧和厌氧环境，硝化和反硝化反应能够在一个反应器内发生，对氨氮和总氮的去除效果好。

③ 反应器结构简单。填料多为聚乙烯、聚丙烯及其改性材料、聚氨酯泡沫体等制成的，密度接近于水，以圆柱状和球状为主，尺寸较流化床载体大，易于采用滤网截留，且易于挂膜、悬浮和流化，不结团、不堵塞，所需的反应器结构简单，易于对现有的活性污泥系统进行改造。

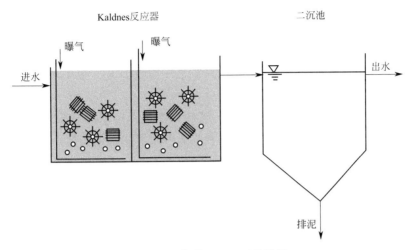

图 5-11　典型 MBBR 工艺流程

④ 维护管理容易。曝气池内无需设置填料支架和载体分离器，对填料以及池底曝气装置的维护方便。

（4）典型案例

MBBR 工艺已应用于石化综合污水处理工程，如辽宁[114] 和宁夏等地的石化企业炼油污水处理厂[115] 的提标改造过程中均采用了 MBBR 工艺，运行情况良好。

5.1.2.3　膜生物反应器（MBR）工艺

（1）技术简介

MBR 是利用微滤或超滤实现泥水分离的活性污泥法污水处理工艺。该工艺以微滤或超滤膜组件替代传统活性污泥法工艺中的二沉池，可实现高活性污泥浓度、较高负荷和长污泥龄，工艺占地面积小，剩余污泥产生量低。按膜组件和生物反应器的相对位置，MBR 可以分为分置式膜生物反应器和一体式膜生物反应器；按膜组件的结构形式，可以分为平板膜生物反应器、中空纤维膜生物反应器和管式膜生物反应器；按使用的膜材料，可以分为有机膜 MBR 和无机膜 MBR。

（2）适用范围

场地紧张、出水水质要求高的情况下石化综合污水的生物处理。

（3）技术特征与效能

1）基本原理　MBR 主要由膜组件和生物反应器两部分组成，根据膜组件与生物反应器的组合方式可将膜生物反应器分为分置式膜生物反应器、一体式膜生物反应器和复合式膜生物反应器三种类型。

① 分置式膜生物反应器。分置式膜生物反应器是指膜组件与生物反应器分开设置，相对独立，膜组件与生物反应器通过泵与管路相连接。该工艺膜组件和生物反应器各自分开，独立运行，因而相互干扰较小，易于调节控制。膜组件置于生物反应器之外，更易于清洗更换，但需要通过加压泵提供较高的压力以造成

膜表面高速错流，延缓膜污染，动力消耗较大。

② 一体式膜生物反应器。其又称为淹没式膜生物反应器，依靠重力或水泵抽吸产生的负压作为出水动力。该工艺由于膜组件置于生物反应器之中，减少了处理系统的占地面积，而且该工艺用抽吸泵抽吸出水，动力消耗远低于分置式膜生物反应器。

③ 复合式膜生物反应器。在一体式膜生物反应器内安装一定数量的生物载体，使膜生物反应器内同时具有悬浮生长和附着生长微生物，提高反应器内的生物量，创造微观缺氧、厌氧环境，促进氮的同步硝化反硝化去除。

2）工艺流程　以 MBR 为主体的石化综合污水处理工艺如图 5-12 所示，污水先进行预处理后，再进入以 MBR 生化池为主体的生物处理单元，出水回用或深海排放，污泥一部分回流，一部分作为剩余污泥排放。

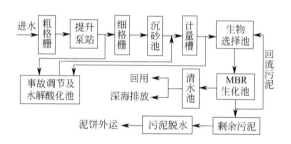

图 5-12　MBR 为主体的典型石化综合污水处理工艺[116]

3）技术特点

① 出水水质好。膜过滤固液分离效率高，分离效果远优于传统沉淀池，因此 MBR 出水水质好，出水悬浮物和浊度接近于零且不受污泥膨胀问题的影响，部分情况下可直接回用。

② 污泥龄长，污染物去除效果好，污泥产量低。MBR 实现了水力停留时间（HRT）和污泥龄（SRT）的完全分离，工艺条件控制更加灵活，可在高容积负荷、低污泥负荷、长污泥龄下运行，促进世代时间较长细菌（如硝化细菌）的增殖，系统硝化效率高，也可提高难降解有机物的降解效率，且剩余污泥产量低。

③ 结构紧凑，占地面积小。膜组件比传统污水处理的沉淀池更紧凑，加上高容积负荷减小了生物池的体积，故 MBR 工艺可大幅减少工艺占地面积。

④ 需定期清洗膜组件，运行维护要求高。随着 MBR 的运行，膜污染会造成过膜阻力的增大，甚至造成过膜通量明显下降。因此需定期对膜组件进行清洗，以恢复其过滤能力。

（4）关键设备与材料

MBR 的关键设备为膜组件。MBR 膜组件通常又分平板膜组件与中空纤维膜组件两大类，分别由平板膜元件与中空纤维膜元件构成。与中空纤维膜组件相比，平板膜组件尽管价格较高，但具有以下优势。

① 通量更高：能够在比较高的通量下维持运行，单位过水量更大，需要设

备更少。

② 过滤压力更低：在透过膜之后，平板膜内部的沿程损失更小，过滤压力约 10kPa，远低于中空纤维膜组件的 30kPa。

③ 能维持运行的 MLSS 浓度更高，约 15000mg/L，中空纤维膜组件约 12000mg/L。

④ 清洗方法更简单：平板膜采用的构造能够使药剂注入膜元件后轻易地散布在整片膜中，因此，对于中空纤维膜来说不可缺少的药剂浸泡清洗，对于平板膜则可以省略。

⑤ 膜寿命更长：平板膜的膜面不容易产生物理和化学损伤，膜寿命为 5～10 年，中空纤维膜组件仅 3～5 年。

⑥ 过滤方式多样：由于过滤压力低，可采用抽吸过滤、重力过滤、虹吸过滤等多种方式，而中空纤维膜组件仅能采用抽吸过滤。

⑦ 设施空间小：平板膜 MBR 不需要设置膜分离池，而且 MLSS 浓度也高，所以反应池容量可以设的更小，设施空间仅为中空纤维膜组件 60%～70%。

⑧ 系统结构简单：不需要产水泵、反冲洗设备、浸泡清洗设备等中空纤维膜组件必备的设备。

⑨ 维护管理费用更低：平板膜 MBR 的寿命长，清洗药剂量少，因此能降低维护管理费用。

同时，由于平板膜 MBR 工艺的耐污堵能力更好，特别是耐油污堵性能更好，且更便于清洗，因此平板膜 MBR 工艺更适用于处理石化污水。

（5）典型案例

① 广东某石化园区综合污水处理厂为园区内进驻企业提供污水处理服务，以 MBR 为主体工艺，运行稳定，COD 去除率为 85%～93%，磷酸盐去除率为 80%～97%，氨氮去除率为 78%～99%[116]。

② 某南方炼化公司污水处理装置采用了 MBR 组合工艺，含油污水处理系统设计处理能力为 450 m^3/h；出水 COD 浓度不超过 60 mg/L，氨氮的质量浓度不超过 2 mg/L，浊度不超过 5 mg/L，作为循环冷却水系统补充水回用。含盐污水处理系统设计处理能力为 200 m^3/h，出水 COD 浓度不超过 60 mg/L，氨氮浓度不超过 10 mg/L。

③ 某南方炼厂的含油、含盐污水装置处理能力均为 300 m^3/h，含油、含盐污水分别采用浮动环流除油-CPI 油水分离器两级隔油、涡凹气浮-溶气气浮两级气浮预处理后进入 MP-MBR 系统（水解酸化-好氧一段-中间沉淀-好氧二段-膜分离区），MP-MBR 系统含油污水出水经 O$_3$ 氧化和活性炭过滤处理后 COD 浓度不超过 40 mg/L，氨氮的质量浓度不超过 1 mg/L，作为循环冷却水系统补充水回用。

④ 某沿江炼化企业污水处理能力为 1000 m^3/h，分为含油、含盐污水处理两个系统，其工艺流程为均质罐-两级隔油-涡凹浮选-溶气气浮-水解酸化-缺氧区（A 池）-好氧区（O 池）-二沉池。2005 年先后在好氧池后增设了 2 套规模为

$250\ m^3/h$ 的 MBR 装置。含油污水出水 COD 的平均质量浓度为 54mg/L，氨氮的质量浓度为 3 mg/L，部分水已作为循环水场补充水回用[117]。

5.1.2.4 粉末活性炭活性污泥 (PACT) ＋湿式氧化再生 (WAR)技术

（1）技术简介

粉末活性炭活性污泥处理（PACT）＋湿式空气氧化再生（WAR）技术是由两个处理系统配套形成的一个完整的难降解污水处理工艺。其中，PACT（Powder Activated Carbon Technology）是把粉末活性炭吸附和活性污泥处理工艺结合在一起的污水处理技术，适合处理难生物降解有机污水和一些具有毒性抑制作用的污水。PACT 处理工艺在污水处理领域很早就有应用，只是由于粉末活性炭价格昂贵，企业难以承受由此造成的高昂污水处理成本。WAR（Wet Air Regeneration）系统是高级氧化处理技术的一种，通过高温、高压使水中有机污染物进行液相"燃烧"分解，采用 WAR 对 PACT 系统产生的含有活性炭的剩余污泥进行处理，可实现难降解有机物的分解、活性炭再生和剩余活性污泥的减量。再生后的粉末活性炭可回到活性污泥池循环利用。WAR 系统能够充分利用上述难降解物质及剩余污泥"燃烧"分解释放的热能，用来进行粉末活性炭的再生，大大降低了系统的能耗，使活性炭再生成本降低。PACT＋WAR 技术在石化污水处理领域已多有应用。

（2）适用范围

适合废水外排标准要求十分严格的场合、处理含有较高浓度难生物降解有机物的废水或生物抑制性较强的污水。

（3）技术特征与效能

1）基本原理　粉末活性炭活性污泥处理（PACT）＋湿式空气氧化再生（WAR）技术由两个工艺组合而成。PACT 是在传统活性污泥法处理基础上，在生化池内投加粉末活性炭，活性污泥以粉末活性炭为载体，利用粉末活性炭的吸附作用以及活性污泥的生物降解作用，将污水中有机污染物转化成二氧化碳和水，有机氮、氨氮转化成硝酸盐氮，净化污水，从而实现污水达标排放。WAR 是将 PACT 系统排出的废炭与空气进行混合，且混合液在反应器里按一定压力和温度停留一段时间，在设定条件下废炭泥发生氧化反应，废炭泥上吸附的有机污染物被氧化，使废炭得到有效的再生。再生后的炭粉再被送回生化池反复循环利用。

2）工艺流程　待处理污水与投加粉末活性炭首先进入曝气池，污水中的有机污染物先被粉末活性炭与活性污泥混合体吸附，再由活性污泥将其逐步生物降解去除，处理后的混合液经二沉池进行固、液分离，污水可直接排放或再经过滤处理后排放；二沉池沉淀的粉末活性炭与活性污泥混合体经分离装置一部分直接通过回流泵送回曝气池，另一部分进入污泥浓缩池浓缩后送 WAR 系统再生。这些污泥及粉末活性炭先经收集，由高压泵送入再生反应器并混合压缩空气，控制压力约 60atm（1atm＝1.01325×10^5Pa）和温度 230℃左右条件下，活性污泥及被活性炭吸附的有机物会发生液相"燃烧"分解，一部分氧化分解为小分子有机物，大部分则直接转化为二氧化碳和水（图 5-13）。

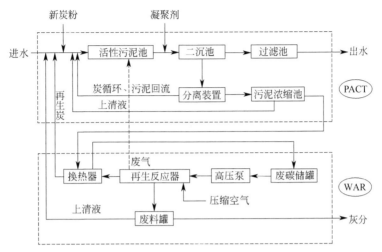

图 5-13　粉末活性炭活性污泥处理（PACT）＋湿式空气氧化再生（WAR）工艺流程

3）技术特点　PACT 系统粉末活性炭投入曝气池，使活性污泥与炭粉混合，可改善活性污泥的沉降性，大幅提高污泥浓度，提高曝气池处理效率；粉末活性炭的吸附作用可降低活性污泥直接接触的有毒污染物浓度，提高系统对抑制性冲击的抵抗能力，活性炭对难降解有机物的吸附作用可提高生物处理单元的去除效率。

WAR 系统可解决 PACT 系统粉末活性炭的再生利用问题和生物处理单元污泥的处理处置问题，热量可自给自足；粉末活性炭吸附的有机污染物和其他污染物得以分解销毁；WAR 系统不产生烟尘微粒，也没有 NO_x 和 SO_x 废气排放；再生过程粉末活性炭的氧化损耗少。

该技术的缺点在于，WAR 系统在高温高压条件下运行，换热器酸洗采用高浓度硝酸在高温条件下进行，危险性较大，运行管理要求高，控制难度较大。WAR 消解液返回 PACT 系统，会增加其氮磷去除负荷。

（4）典型案例

PACT-WAR 技术已在安徽和江西等地的石化公司得到工程应用。安徽某石化公司采用 PACT-WAR 工艺处理该公司石化综合污水，炼油和石化废水设计处理规模各 600 m^3/h。石化废水 PACT 系统废水 COD、BOD_5、NH_3-N 平均浓度分别由进水的 1220mg/L、220mg/L、70mg/L 降至出水的 58.8mg/L、17.6mg/L、13.5mg/L。炼油废水 PACT 系统废水 COD、BOD_5、NH_3-N 平均浓度分别由进水的 600mg/L、180mg/L、50mg/L 降至出水的 42.6mg/L、9.6mg/L、4.5mg/L。WAR 装置每天再生废炭 9960kg，再生后的活性炭量为 9010 kg，占 PACT 系统粉末活性炭日用量的 90.5％。WAR 反应器为圆柱形容器，内径 1524mm，总高 12272 mm，容量约 20 m^3，用 55 mm 厚的碳钢制作。内壁为 4mm 厚的 $20^{\#}$ 合金钢内衬，以增强反应器抗废炭泥腐蚀的能力。再生温度为

243 ℃，泥炭停留时间约为 66min。湿式空气再生系统运行费用为 0.32 元/m³ 废水，其中动力消耗（电、生产水、压缩空气、蒸汽等）、折旧费、其他运行费用分另占总运行费用的 44%、24%、32%[118,119]。

5.1.3 分离去除悬浮物及胶体的深度处理技术

石化综合污水的生物处理出水中通常含有活性污泥絮体、脱落生物膜等悬浮物，以及微生物代谢产物等胶体物质。一方面，生物处理出水中的悬浮物和胶体物质易在污水回用设施滋生生物膜，甚至造成堵塞，影响石化废水的正常回用；另一方面，悬浮物和胶体物质会堵塞非均相臭氧催化氧化反应器，覆盖在催化剂表面，影响传质效果和污染物降解效率，或者对过滤膜造成污染，降低膜通量，缩短使用周期。因此，通常需要对石化综合污水生物处理出水进行深度处理，以分离去除其中的悬浮物和胶体，常用的技术包括高密度沉淀池、微絮凝连续砂滤、微絮凝接触过滤、微砂加炭沉淀、多介质过滤、气浮滤池等。

5.1.3.1 高密度沉淀池

（1）技术简介

高密度沉淀池技术研发于 20 世纪，最初主要应用于市政污水处理系统、石灰软化处理系统及给水处理系统，后来在钢铁、电力、化工等行业得到推广应用。

高密度沉淀池是一种采用斜管沉淀及污泥循环方式的快速沉淀池，它集絮凝区、预沉浓缩区和斜管沉淀区于一体，具有占地面积小、处理效果好等优点，从实际运行效果看，其出水水质清澈，处理效果好，具有广泛的适用性。因此，越来越多的水处理项目采用高密度沉淀池作为深度处理单元，以期降低出水悬浮物和胶体污染物浓度。

（2）适用范围

高密度沉淀池主要用于降低来水硬度以及去除部分胶体和悬浮物。

（3）技术特征与效能

1）基本原理 高密度沉淀池由紧密串联的混合区、絮凝反应区、沉淀浓缩区三个部分组成。在混合区，原水和投入的混凝剂混合均匀，形成较小的絮体。在絮凝反应区，在助凝剂作用下混合区产生的絮体和回流污泥絮体凝聚成较大絮体颗粒。沉淀浓缩区上部采用斜管或斜板沉淀，实现泥水沉淀分离，上清液排出，污泥下沉进入下部的污泥浓缩区，获得较高的污泥浓度。部分污泥回流至絮凝反应区，经过反应后的污水送入沉淀浓缩区，从而得到高浓度的污泥。

2）工艺流程 污水由混合区进入，然后依次进入絮凝反应区和沉淀浓缩区，在混合区投加混凝药剂，在絮凝反应区投加助凝剂并回流沉淀浓缩区，沉淀浓缩区上部实现泥水的沉淀分离，下部实现污泥的重力浓缩（图 5-14）。

3）技术特点 高密度沉淀池用于石化综合污水深度处理具有以下特点：a. 耐冲击负荷，出水水质好，处理效率高；b. 药剂投加量少，运行成本低；c. 排

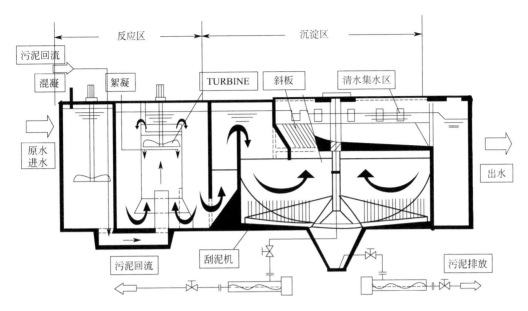

图 5-14　高密度沉淀池工艺原理

放污泥浓度高，可达 $30\sim50g/L$，可取消污泥浓缩池；d. 占地面积小，结构紧凑，减少了土建造价并节约建设用地。

（4）典型案例

辽宁某石化企业废水处理厂主要处理炼油生产装置及辅助系统的含油含盐废水、硫黄回收净化水、部分生活污水以及雨水等，采用高密度沉淀池深度处理生物处理出水，处理规模 $500m^3/h$，在正常工况下高密度沉淀池三氯化铁投加量为 $15\sim20mg/L$，聚合物投加量为 $0.2\sim0.4mg/L$，运行成本 0.16 元$/m^3$，出水水质达到辽宁省《污水综合排放标准》（DB 21/T 1627—2008）[120]。

5.1.3.2　微絮凝连续砂滤

（1）技术简介

微絮凝连续砂滤系统由混凝单元和连续流砂过滤器组成。连续流砂过滤器克服了传统砂滤器需定期清洗、不能连续运行的弱点，实现了连续运行、连续冲洗。连续流砂过滤器不会产生冲击负荷，处理水质平稳、可靠，配套设施简单，占地省。混凝单元可促进废水中胶体及微小颗粒的凝聚，提高连续流砂过滤器的效率。混凝沉淀单元投加药剂种类和投加量需严格控制，以免造成砂粒结块乃至滤器堵塞。

（2）适用范围

生物处理出水中絮体及胶体的去除。

（3）技术特征与效能

1）基本原理　待过滤污水进入连续流砂过滤器前的微絮凝混凝槽，同时在混凝槽投加混凝剂形成微絮体，再进入连续流砂过滤器。连续流砂过滤器是一种采用均匀介质的接触式深层过滤设备，可 24h 连续工作，不需停机反冲洗，其工作原理如下：连续流砂过滤器进水通过上部的进水管经中心管流到设备底部，经分配器进入砂床底部，水流向上流过砂层被过滤净化，滤后水从设备上部出水口排出；附着过滤杂质的砂粒从设备锥形底部通过空气提升泵被提升到设备顶部洗砂器；砂粒的清洗在空气提升过程中就开始了，紊流混合作用使截留的污物从砂粒中剥离下来；小流量的滤后水被引入洗砂器，并与向下运动的砂粒形成错流而起到清洗作用；清洗水通过设在设备上部的清洗水出口排出；被清洗后的砂粒返回砂床，砂床向下缓慢移动，从而构成连续流砂过滤（图 5-15）。

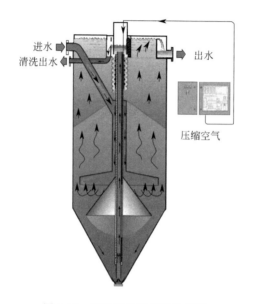

图 5-15　连续流砂过滤器的原理

2）工艺流程　进水首先进入混凝池与混凝剂充分混合产生微絮体，然后进入连续流砂过滤器进行过滤，过滤出水进入后续处理工艺，反冲洗废水返回工艺前端进行处理（图 5-16）。

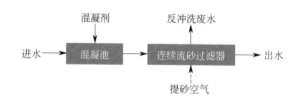

图 5-16　微絮凝连续砂滤工艺流程示意

3）技术特点　微絮凝连续砂滤系统连续运行，连续反冲洗，不会产生冲击负荷和水质波动，可实现废水中胶体和悬浮物的有效去除。连续流砂过滤器无需配置反冲洗水泵、反冲洗水池，无需设置自动控制切换阀门，无可动部件。混凝剂的种类和投加量对系统运行影响较大，种类不合适或投加量过大会导致砂粒结块甚至滤池堵塞。

（4）典型案例

吉林某石化公司采用微絮凝连续砂滤处理生物处理出水，出水进一步进行臭氧催化氧化深度处理，保证了后续臭氧催化氧化单元的稳定运行。辽宁某石化公司也采用微絮凝砂滤作为臭氧氧化-曝气生物滤池的前处理[121]。

5.1.3.3　微砂加炭沉淀处理技术

（1）技术简介

微砂加炭沉淀处理技术通过向废水中投加活性炭，吸附废水中的溶解性有机物，再通过混凝实现废水中胶体及悬浮物的凝聚，通过加入微砂实现活性炭和污染物凝聚体的快速沉淀，从而实现废水中溶解性、胶态及悬浮态污染物的高效去除。

（2）适用范围

生物处理出水中溶解性、胶态及悬浮态污染物的去除。

（3）技术特征与效能

1）基本原理　工艺主体由粉末活性炭接触池、混凝池、絮凝池和沉淀池组成。废水在进入粉末活性炭接触池的同时投加粉末活性炭及回流活性炭，接触吸附时间控制在 $10 \sim 15 min$。粉末活性炭的投加种类及投加量根据废水中的溶解态有机物种类、浓度及粉末活性炭的吸附能力确定。与粉末活性炭接触后的废水进入混凝池，投加铝盐或铁盐等混凝剂，破坏粉末活性炭和其他悬浮固体在废水中的稳定性。经过混凝反应的废水和粉末活性炭一起进入絮凝/熟化池，同时由水力旋流器回流注入粒径为 $60 \sim 150 \mu m$ 的微砂，在投加高分子絮凝剂的作用下，微砂在絮凝/熟化池中成为絮凝体的核心，而粉末活性炭和其他脱稳固体黏结在微砂周围，形成了体积和密度均较大的絮体，斜管沉淀区域的水力负荷可达 $30 \sim 40 \ m^3 / (m^2 \cdot h)$。在沉淀池中沉淀出来的微砂、粉末活性炭及絮凝污泥的混合物由回流泵送至水力旋流器中进行分离。水力旋流器的底部分离出微砂，微砂返回至絮凝池中得到再次利用；水力旋流器顶部分离出粉末活性炭及絮凝污泥输送至分配槽，一部分作为污泥外排，另一部分回流于粉末活性炭接触池。

2）工艺流程　废水首先进入粉末活性炭接触池，溶解性污染物被粉末活性炭吸附；然后混合液进入混凝池，在混凝剂的作用下活性炭、胶体及悬浮颗粒物脱稳，再进入絮凝池，在絮凝剂的作用下以微砂为核心进行凝聚；最后混合液进入沉淀池进行泥水分离，上清液作为出水排出系统，污泥进入旋流分离器进行砂的回收，脱除砂的活性炭和絮体污泥进入分配槽，一部分作为污泥外排，另一部分回流于粉末活性炭接触池（图 5-17）。

3）技术特点　微砂加炭沉淀处理技术将吸附、混凝、沉淀作用组合在一起，可同时实现溶解性有机物、胶体及悬浮态污染物的同步去除。

（4）典型案例

北京某石化企业为了满足北京市《水污染物综合排放标准》（DB 11/307—2013）要求，采用微砂加炭高效沉淀＋TGV 滤池过滤工艺对其所属的某一污水

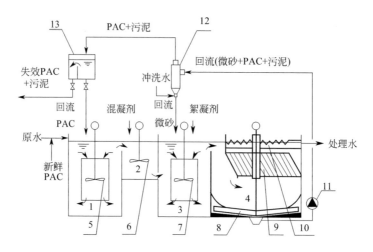

图 5-17 微砂加炭沉淀处理工艺流程示意[122]

1—粉末活性炭（PAC）接触池；2—混凝池；3—絮凝/熟化池；4—沉淀池；5—接触池搅拌机；6—混凝池搅拌机；
7—絮凝池搅拌机；8—刮泥机；9—斜管（板）；10—出水堰槽；11—回流泵；12—水力旋流器；13—分配槽

处理厂的二级处理出水实施了提标改造，建设两条 500 m³/h 处理线。实际总进水 COD 平均值为 43.6mg/L，微砂加炭高效沉淀工艺的出水 COD 平均值为 19.2 mg /L，TGV 滤池的出水 COD 平均值为 15.7mg/L，尽管进水 COD 浓度在 30～70mg/L 范围内波动，处理出水 COD 浓度基本稳定在 25 mg/L 以下；系统出水的 SS 浓度均在 10 mg/L 以下，TP＜0.1 mg/L。总设计平面面积约为 1100 m²，粉末活性炭的投加量为 0～50 mg/L，混凝剂聚合氯化铝的投加量为 20～60 mg/L，絮凝剂聚丙烯酰胺投加量为 1 mg /L，耗电量约 0.13 kW·h /m³[122]。

5.1.3.4 气浮滤池处理技术

（1）技术简介

气浮滤池是溶气气浮池与多介质滤池相结合的一种新型工艺，上部为矩形溶气气浮池（DAF），下部为多介质滤料过滤池。与过滤相比，通过混凝气浮作用改善了对废水中胶态污染物和磷的去除效果，并降低了进入滤层的悬浮物含量，延长了滤池的运行周期；与传统混凝气浮相比，过滤提高了对气浮出水中悬浮物的截留作用，可改善出水水质。气浮分离池与多介质滤料过滤池合建，显著降低了出水悬浮物浓度。

（2）适用范围

石化废水中胶体、悬浮物及总磷的高效去除。

（3）技术特征与效能

1）基本原理 气浮滤池可看作是溶气气浮与多介质过滤池的联合（图 5-18）。采用部分回流压力溶气气浮，回流比 10%～20%，溶气罐压力 0.5～0.7MPa。压缩空气注入溶气罐达到过饱和状态，然后通过溶气释放系统瞬时减压，溶解在水中的过饱和气体骤然释放，产生大量的微细气泡，絮凝产生的絮体物质和一些细小颗粒与微细气泡结合在一起，相对密度小于 1 的被浮至水面，通过刮渣器将悬浮物撇除；相对密度大于 1 的重力作用下沉到滤料层，过滤去除。一般来说，悬浮颗粒粒径越大，直接截留的作用越明显。普通的双层滤料滤池可通过沉淀和惯性作用截留粒径大于 $10\mu m$ 的颗粒；而粒径更小的颗粒则是通过扩散作用实现截留的，此部分去除效率较低。

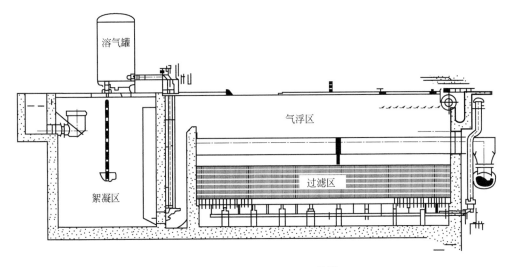

图 5-18　气浮滤池结构示意[123]

2）工艺流程　二沉池出水经提升后进入絮凝区，同时投加混凝剂，经混凝后的水自池中部进入气浮滤池装置，颗粒与溶气释放器释放出的微气泡相遇、黏附后，在气浮分离室进行渣水分离，浮渣布于池面并通过刮渣机定期刮入排渣槽，清水则经过滤后由出水管排出（图 5-19）。

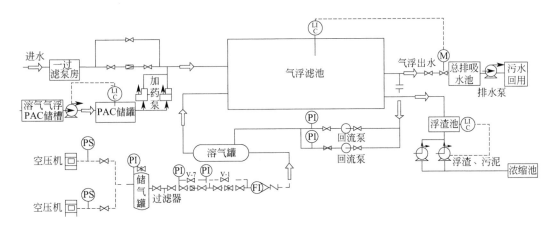

图 5-19　气浮滤池工艺流程[124]

3）技术特点　气浮滤池将气浮与过滤合理结合，出水水质好，占地面积少、能耗低、自动化程度高。

（4）典型案例

广东省某石化企业乙烯污水处理厂升级改造中采用气浮滤池作为深度处理单元，设计污水处理能力为 1500 m^3/h，化工污水生物处理出水经曝气生物滤池、气浮滤池和高效纤维过滤器处理后可作为循环冷却水补水[125]。

5.1.3.5 多介质过滤处理技术

（1）技术简介

多介质过滤器是利用一种或几种过滤介质，在一定的压力下把浊度较高的水通过一定厚度的粒状或非粒材料，从而有效去除悬浮杂质使水澄清的过程，常用的滤料有石英砂、无烟煤、锰砂等，主要用于水处理除浊度，出水浊度可达3NTU 以下。

（2）适用范围

石化废水生物处理出水中悬浮物的过滤去除。

（3）技术特征与效能

1）基本原理　多介质过滤器为水处理中常用的压力式过滤器。通过一定厚度的粒状或非粒状材料形成的不规则孔隙通道的纳污作用，减少原水中的悬浮物和胶体含量，降低其 SDI 值，例如自上而下为 0.5m 厚度水处理专用无烟煤、0.8m 厚度精细石英砂、0.2m 厚度中石英砂。随着滤层截留的杂质不断积累，滤料孔隙通道更加细密，滤料被进一步压实，产水水质不断提高；经过一段时间，表层滤料间的孔隙逐渐被污染物质堵塞，产生表层截污现象，甚至形成膜状物质，使阻力增大，滤速剧减或滤膜断裂污染物穿透，产水水质恶化。为恢复其原有功能，需要定期用滤后清水进行反冲洗，将滤料孔隙中积存的杂质洗掉、松动滤料层。

2）技术特点　该技术具有设施造价低廉、运行费用低、操作简单、自动化程度高、滤料经反洗可多次使用等特点。

石化废水生物处理出水中低浓度溶解性有机物、胶态及悬浮态污染物的去除。

（4）典型案例

多介质过滤器已在多家石化企业（园区）污水的深度处理中得到应用，常用在活性炭过滤和膜过滤之前作为前处理单元。例如，辽宁某石化企业 200t/h 污水深度处理装置采用核桃壳过滤器和多介质过滤器作为反渗透系统的前处理单元[126]；某石化企业工业废水采用多介质过滤器作为臭氧接触氧化深度处理的前处理单元[127]。

5.1.4 化学氧化法去除有机物的深度处理技术

污水化学氧化法以化学氧化剂或反应产生的羟基自由基（HO·）为主要氧化剂，在水相实现污染物氧化分解。HO·通常通过加入氧化剂、催化剂或借助紫外光、可见光、高能电子束等方式在水相原位产生。HO·可与有机污染物进行系列自由基链反应，从而破坏其结构，使其逐步降解为无害的低分子量的有机物，最后降解为 CO_2、H_2O 和其他矿物盐，是去除石化废水中有毒、难降解污染物的有效方法。与传统的水处理技术相比，化学氧化技术具有适用范围广、反应速度快、转化效率高的特点。目前，工业化应用的化学氧化技术包括臭氧接触氧化法、次氯酸钠氧化法、双氧水氧化法、芬顿（Fenton）氧化法、臭氧催化氧化法、光催化氧化法、电催化氧化法、湿式氧化法、超临界水氧化法等。其中，由于臭氧氧化法和臭氧催化氧化法适合大流量污水中低浓度难降解有机物的去除，无污泥等二次污染，均在石化综合污水处理中得到了广泛应用，而其他化学氧化技术多用于小水量高浓度石化废水的预处理。

5.1.4.1　臭氧接触氧化法

（1）技术简介

臭氧是氧元素的一种同素异形体，具有类似鱼腥味的臭味。在标准状况下，臭氧在水中的溶解度约为氧气的 13 倍。其标准氧化还原电位 2.07V，氧化性强。臭氧接触氧化法是一种利用臭氧所具有的氧化性来降解水中的污染物质（有机物或无机物）以达到水质净化目的的水处理技术，具有处理效率高、工艺流程简单、操作简便灵活、无化学药剂添加、无二次污染等特点。近年来，随着臭氧制备技术的成熟和成本的降低，该技术在水处理领域的应用日益广泛。

（2）适用范围

对石化废水生物处理出水中的难降解有机物进行部分氧化，使其转化为易降解有机物或实现有色物质脱色。

（3）技术特征与效能

1）基本原理　臭氧与有机物直接反应时，既可作为一种亲核试剂又可作为亲电试剂，生成醛、酮、有机酸等反应产物。由于其具有偶极结构，因此臭氧分子可以和含有不饱和键（如 —C≡C—、—CHO 等）的有机物进行加成反应。而亲电取代反应主要发生在有机物分子结构中电子云密度较高的部位，尤其是芳香族化合物。一般含供电子基团的芳香族化合物（如含有—OH、—NH_2、—CH_3、—OCH_3等），其邻位、对位碳原子上的电子云密度较高，容易和臭氧发生反应。在直接反应中，臭氧与含有双键等不饱和化合物以及带有供电子取代基（酚羟基）的芳香族化合物的反应速度较快，属于传质控制的化学反应；但是饱和的有机物及酚羟基以外的其他有机化合物与臭氧的直接反应速度很慢，属于由反应速度控制的化学反应。

2）技术特点　臭氧可实现有机物的部分氧化，难于实现有机物的彻底氧化，因此常与生物处理工艺相结合，由臭氧提高废水可生化性，再由曝气生物滤池等生物法对臭氧氧化产生的易降解产物进行彻底矿化，从而减小臭氧的投加量，降低处理成本。

（4）典型案例

臭氧接触氧化法在石化废水深度处理中已得到广泛应用，并常与曝气生物滤池、生物活性炭滤池等技术联用（见表 5-1）。

表 5-1 臭氧接触氧化法在石化废水深度处理中的典型案例

序号	企业名称	深度处理工艺	处理规模	处理效果	参考文献
1	辽宁某石化企业	臭氧-BAF	350m³/h	COD、氨氮浓度分别由进水80~140mg/L和10~20 mg/L降至出水30~43mg/L和1mg/L以下	[128]
2	山东某石化公司	臭氧氧化-多介质过滤-活性炭过滤工艺	130 m³/h	出水水质满足《再生水用作冷却用水的水质控制标准》(GB/T 19923—2005)	[129]
3	辽宁某石化公司	混凝精滤-臭氧氧化-生物活性炭滤池-除氨	500 m³/h	出水水质满足循环冷却水补水水质要求	[130]

5.1.4.2 臭氧催化氧化法

（1）技术简介

臭氧催化氧化技术是近年来在石化污水深度处理中广泛应用一种高级氧化污水处理技术。与臭氧接触氧化相比，臭氧在催化剂的作用下形成的羟基自由基与有机物的反应速率更高、氧化性更强，几乎可以氧化所有的有机物。

臭氧催化氧化技术是一种通过向臭氧氧化反应体系中引入催化剂，以增强臭氧的氧化性能、提高臭氧的利用效率为目的的高级氧化水处理技术。该技术利用催化剂协同臭氧氧化降低反应活化能或改变反应历程，达到深度氧化、最大限度地去除有机污染物的目的，从而有效解决了单独臭氧氧化技术中存在的臭氧利用率低、氧化不彻底、氧化效果不稳定等问题。

（2）适用范围

适用于石化废水生物处理出水中溶解性难降解有机物的去除。

（3）技术特征与效能

1）基本原理 臭氧催化氧化通常分为均相臭氧催化氧化和非均相臭氧催化氧化两类。

① 均相臭氧催化氧化是指催化剂以溶液的形式存在，与臭氧构成催化氧化体系，从而增强氧化效果。常见的均相催化剂主要有 Mn^{2+}、Ag^+、Fe^{2+}、Cu^{2+}、Co^{2+}、Ni^{2+} 等。均相臭氧催化氧化技术主要有两种反应机理：第一种是利用金属离子催化剂促进臭氧的分解，生成氧化能力更强的羟基自由基（HO·）；第二种是利用过渡金属离子催化剂与有机物反应形成金属络合物，而金属络合物中的金属更容易失去电子，促使金属络合物中发生氧化还原的能力增强，使得络合物更容易被臭氧氧化降解，从而达到催化效果。由于均相催化氧化剂为离子状态，在实际运行中需向水中引入金属离子，回收困难，易流失，易产生二次污染，运行费用高，从而限制了均相臭氧催化氧化技术的应用。

② 非均相臭氧催化氧化则克服了均相臭氧催化氧化的不足，采用固相催化剂，

形成气、液、固三相反应体系。催化剂稳定性好，不容易流失，不引入二次污染，无需后处理，可反复利用。所用催化剂主要分为贵金属催化剂、过渡金属催化剂和稀土系列催化剂等几大类，包括金属、金属氧化物以及负载于载体之上的金属或金属氧化物，如 TiO_2、Al_2O_3、Cu/Al_2O_3、Ru/CeO_2、TiO_2/Al_2O_3、$MnO_2/$陶粒等。其中，贵金属催化剂由于成本昂贵，因此应用受到限制。目前以过渡金属催化剂和稀土系列催化剂为主。非均相催化剂具有较大的比表面积，一方面可利用吸附作用将有机物聚集在表面，另一方面固体催化剂表面有活性位点，有机物被吸附到活性位点与催化剂形成络合物，降低反应活化能，提高了臭氧氧化污染物的速度和程度，使有机污染物更易于氧化分解。

2）工艺流程　臭氧和废水同时进入臭氧催化氧化反应器，在催化剂层逆向或同向接触，实现废水中有机物的催化氧化降解，然后处理出水排出反应器，反应后的废气经臭氧破坏器分解残余臭氧后放空。需定期对催化剂层进行反冲洗，洗掉催化剂表面黏附的污染物，降低催化剂层过滤阻力，并恢复催化剂活性（图 5-20）。

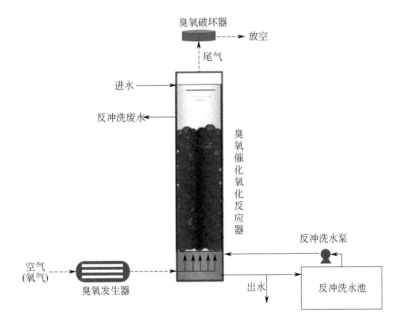

图 5-20　非均相臭氧催化氧化工艺流程

3）技术特点　臭氧催化氧化技术的优点体现在以下几个方面：

① 氧化能力强，难降解有机物去除效率高，且便于根据难降解有机物含量调节臭氧投加量，保证稳定达标；

② 无污泥产生，二次污染小；

③ 氧化剂就低制备，不存在储存风险；

④ 便于规模放大，适合石化综合污水的大水量特征；

⑤ 非均相催化剂不易流失，总体催化成本较低。

（4）典型案例

臭氧催化氧化法在石化废水深度处理中已得到广泛应用，部分企业采用与曝气生物滤池、生物活性炭滤池等串联的工艺（见表5-2）。

表5-2　臭氧催化氧化深度处理工程案例

序号	企业名称	深度处理工艺	处理规模	处理效果	参考文献
1	某石化企业	微絮凝砂滤-臭氧催化氧化	2200 m³/h	出水满足《石油化学工业污染物排放标准》(GB 31571—2015)	[131]
2	江苏某石化公司	多介质过滤器-臭氧催化氧化-内循环BAF	650m³/h	COD平均浓度由进水77.66mg/L降至出水38.9mg/L	[132]
3	辽宁某石化工业园区	臭氧催化氧化-BAF	1250 m³/h	COD、氨氮平均浓度由进水183mg/L和40mg/L分别降至出水的50mg/L以下和5mg/L以下	[133]

5.1.5　生物降解去除污染物的深度处理技术

生物处理出水及物化深度处理出水中仍含有氨氮和可降解有机物，因此通常采用生物处理工艺对废水中的污染物进行进一步去除。由于污染物浓度总体较低，通常采用生物膜法进行处理，最常采用的是曝气生物滤池和生物活性炭滤池。

5.1.5.1　曝气生物滤池（BAF）

（1）技术简介

曝气生物滤池（biological aerated filter，BAF）是20世纪80年代发展起来的一种新型生物膜法污水处理工艺，它是高负荷、淹没式、固定膜的三相反应器。到20世纪90年代初曝气生物滤池得到较大发展，最大规模达到每天处理几十万吨污水，并发展为可以脱氮、除磷的生化处理技术。曝气生物滤池的应用范围广泛，其在污水深度处理、微污染源水处理、难降解有机污水处理、低温污水的硝化、低温的微污染水处理中都有很好的应用，甚至成为不可替代的处理技术。该工艺具有去除COD、BOD、SS、硝化、脱氮、除磷、去除AOX（有害物质）的作用，是集生物氧化和截留悬浮固体为一体的新型污水处理工艺。

（2）适用范围

适用于石化废水生物处理出水中悬浮颗粒物的截留、有机物及氮的降解和转化去除。

（3）技术特征与效能

1）基本原理　BAF去除污染物的机理包括以下几个方面：

① 利用反应器内滤料上所附着生物膜（微生物）的生物降解作用，去除污水中溶解态的有机污染物，与此同时微生物得以生长繁殖。

② 利用反应器中滤料对污水中颗粒物及胶体物的截留吸附作用，去除污水中不溶性污染物。

③ 反应器采用滤料为多微孔结构材料，具有一定的吸附能力，可吸附污水中一些较难降解有机污染物，使其与生物膜的接触时间远大于反应器的水力停留时间，最终被生物降解去除，实现可处理难降解有机污染物的作用；而被生物降解的小分子物质解吸出来，又使滤料的吸附功能得以再生，继续具有吸附功能。

2）工艺流程　根据曝气生物滤池中的水流流向，其可分为上向流和下向流两种型式，由于上向流曝气生物滤池更接近于理想滤池，所以在实际工程中应用较多。曝气生物滤池反应器为周期运行，从开始过滤到反冲洗完毕为一个完整的周期。具体过程如下：经预处理的污水从滤池底部进入滤料层，滤料层下部设有供氧的曝气系统进行曝气，气、水为同向流，在滤料附着生物膜的作用下实现污染物的降解去除，出水从滤池上部直接排出系统。曝气生物滤池需定期反冲洗，多采用气、水联合反冲洗方式，反冲洗水为处理后的达标水，反冲洗空气来自于滤板下部的反冲洗气管。反冲洗时关闭进水和工艺空气，先单独气冲，然后气、水联合冲洗，最后进行水漂洗，冲洗下来的生物膜及悬浮物随反冲洗排水排出滤池，回流至预处理系统（图 5-21）。

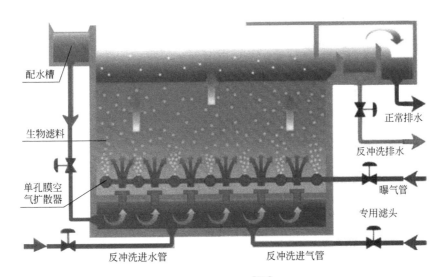

图 5-21　曝气生物滤池结构示意[134]　（另见书后彩图）

3）技术特点　曝气生物滤池同时具有过滤截留和生物降解作用，对悬浮物、有机物、氮均具有去除效果，用于石化废水的深度处理，可进一步去除废水中的有机物和氨氮，出水 SS 浓度低；容积负荷高，占地面积小，使基建费用大大降低；氧的传输效率高，曝气量低；易挂膜、启动快，一般只需 7～12d，可采用自然挂膜驯化。

（4）典型案例

曝气生物滤池已广泛应用于石化废水深度处理，相关案例如表 5-3 所列。

表 5- 3 曝气生物滤池深度处理工程案例

序号	企业名称	深度处理工艺	处理规模	处理效果	参考文献
1	辽宁某石化公司	臭氧-BAF	350m³/h	COD、氨氮浓度分别由进水 80～140mg/L 和 10～20mg/L 降至出水 30～43mg/L 和 1mg/L 以下	[128]
2	江苏某石化公司	多介质过滤器-臭氧催化氧化-内循环 BAF	650m³/h	COD 浓度由进水 77.66mg/L 降至出水 38.9mg/L	—
3	辽宁某石化工业园区	臭氧催化氧化-BAF	1250 m³/h	平均 COD、氨氮浓度由进水 183mg/L 和 40mg/L 分别降至出水 50mg/L 以下和 5mg/L 以下	—
4	某石化企业	高效沉淀-臭氧催化氧化-BAF-气浮滤池	200 m³/h	出水达到 GB 31570—2015 中的特别排放限值	[135]
5	湖南某石化公司	砂滤-内循环曝气生物滤池	600 m³/h	曝气生物滤池进水 COD、氨氮和石油类平均浓度分别为 67.7mg/L、0.591mg/L、2.734mg/L，出水浓度分别降至 37.37mg/L、0.28mg/L、0.26mg/L	[136]
6	上海某石化公司	混凝气浮-臭氧氧化-曝气生物滤池	2500 m³/h	出水稳定达到上海市《污水综合排放标准》（DB 31/199—2009）一级标准要求(COD 60 mg /L，氨氮 10 mg /L)	[137]
7	海南某工业园区	曝气生物滤池	400 m³/h	出水水质达《污水综合排放标准》(GB 13457—1996) 一级排放标准要求，COD、氨氮、总磷平均浓度 28mg/L、0.56 mg/L、0.3 mg/L。	[138]
8	辽宁某石化公司	连续砂过滤-臭氧氧化-曝气生物滤池-絮凝过滤	2300 m³/h	出水水质达到《辽宁省污水综合排放标准》（DB 21/1627—2008）[COD 50mg/L，氨氮 8(10)[①]mg/L]	[121]
9	山东某石化公司	曝气生物滤池-活性炭过滤	500m³/h	出水 COD<60mg/L	[139]

① 括号外数值为水温＞12℃时的控制指标，括号内数值为水温≤12℃时的控制指标。

5.1.5.2 生物活性炭滤池

（1）技术简介

生物活性炭滤池是利用颗粒活性炭滤料表面生长微生物的降解作用与活性炭吸附作用共同去除污染物的水处理技术，最初主要用于饮用水的处理，近年来随着污水排放标准的不断提高逐渐应用于污水深度处理工艺。

（2）适用范围

适用于石化废水生物处理出水中有机物和氨氮的去除。

（3）技术特征与效能

1）基本原理　生物活性炭滤池深度处理石化污水的过程涉及活性炭颗粒对污染物、溶解氧和微生物的吸附作用，微生物利用溶解氧对污染物的降解作用，以及污染物从活性炭表面解吸进入生物膜的过程。活性炭对废水中有机物的吸附作用可延长有机物，特别是难降解有机物在系统中的停留时间，便于驯化其降解微生物；微生物的存在可实现活性炭的再生，延长活性炭的使用寿命，实现吸附作用与生物降解作用的协同配合，促进污染物的高效去除。

2）技术特点　活性炭对水中难降解及有毒物质均具有吸附能力，处理工艺耐冲击负荷能力强，工艺运行稳定，污染物去除率高。微生物可降解吸附到活性炭上的有机物，大大延长活性炭使用周期，降低活性炭再生成本。该技术用于石化废水深度处理工艺设备简单，占地面积小，运行管理方便。

（4）典型案例

某石化企业采用均质调节罐-反硝化滤池-臭氧反应池-生物活性炭滤池-高密度澄清池处理炼化污水生物处理出水，处理规模 150 m^3/h，在进水 COD、NH_3-N、TN、TP 浓度分别约为 60mg/L、约 1 mg/L、25 mg/L 和 0.7 mg/L 的情况下，出水 COD≤30 mg/L、TN≤10 mg/L、NH_3-N≤1.5 mg/L、TP≤0.3 mg/L[140]。

5.1.6　膜法深度处理技术

（1）技术简介

膜分离技术是污水深度处理回用及减量化的关键技术。它是借助膜的选择渗透作用，以外界能量或化学位差为推动力，对混合物废水中溶质（污染物）和溶剂（水）进行分离、分级、提纯和富集的方法。用在石化污水处理与回用中的分离膜技术主要包括微滤（MF）、超滤（UF）、纳滤（NF）、反渗透（RO）、电渗析（ED）等技术。

（2）适用范围

适用于废水中颗粒物、胶体、离子等的截留去除，常用于石化废水的再生处理。

（3）技术特征与效能

1）基本原理　微滤、超滤、纳滤与反渗透均属于压力驱动型膜分离过程。一般认为，由于微滤膜和超滤膜孔径较大，其传质机理主要是筛分；反渗透膜通常属于无孔致密膜，其传质机理为溶解-扩散；纳滤膜则处于超滤膜和反渗透膜之间，且多为荷电膜，其传质机理比其他过滤方式更为复杂。电渗析属于电驱动型膜分离过程，渗透汽化属于浓度差驱动的膜分离过程。常用膜分离技术的基本特性如表 5-4 所列。

表 5-4　常用膜分离技术的基本特性

分离技术	膜类型	推动力	传递机理	分离目的	透过组分	截留组分	进料和透过料物态
微滤 (MF)	对称细孔膜,孔径 0.1~10μm	压力差,约 100 kPa	筛分	溶液脱微粒子、气体脱微粒子	水、溶剂、溶解物、气体	0.02~10μm 悬浮物、细菌类、微粒子	液体或气体
超滤 (UF)	非对称结构多孔膜,孔径 3~20 nm	压力差,100~1000 kPa	筛分	脱除胶体和各类大分子、大分子溶液脱小分子、大分子分级	溶剂、离子和小分子	1~20 nm 蛋白质、酶、细菌、病毒、乳胶、微粒子	液体
纳滤 (NF)	非对称膜或复合膜,孔径 1~3 nm	压力差,500~1500 kPa	溶解扩散 Donnan 效应	溶剂脱有机组分、脱高价盐粒子、软化、脱色、浓缩、分离	溶剂、低价小分子溶质	1nm 以上溶质	液体
反渗透 (RO)	非对称膜或复合膜,孔径 0.1~1nm	压力差,1~10MPa	溶解-扩散	溶剂脱溶质、小分子溶液浓缩	溶剂	0.1~1nm 小分子溶质	液体
电渗析 (EDI)	阴阳离子交换膜	电化学势、电渗透	反离子经离子交换膜的迁移	溶液脱小离子、小离子溶质浓缩、小离子分级	小离子组分	同名离子、大离子和水	液体
渗透汽化 (PVAP)	对称膜、复合膜、非对称膜	分压差、浓度差	溶解-扩散	挥发性液体混合物分离	膜内易溶组分或易挥发组分	不易溶解组分或较大、较难挥发组分	进料为液体,透过料为气体

2）工艺流程　以典型超滤-反渗透工艺流程为例。石化废水生物处理出水经混凝氧化过滤等前处理后，投加杀菌剂，经过调节池均质调节后采用自清洗过滤器过滤，进入超滤膜池，在超滤产水泵抽吸作用下超滤产水进入超滤产水箱，再投加阻垢剂、还原剂以及非氧化性杀菌剂后进入反渗透系统。反渗透系统在高压泵压力作用下产出合格水，并排放高含盐的浓水（图 5-22）。

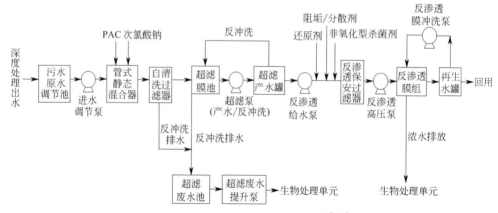

图 5-22　超滤-反渗透工艺典型流程[141]

3）技术特点　膜分离过程和传统分离过程相比，通常具有分离效率高、不发生相变、可常温运行不影响热敏性物质性能、设备体积小、占地少、便于模块化等特点。

不同类型的膜分离技术分别具有以下特点。

① 超滤：属于压力驱动型膜分离过程；分离范围为分子量为 $500 \sim 1 \times 10^6$ 的大分子物质和胶体物质，相对应粒子的直径为 $0.005 \sim 0.1 \mu m$；分离机理主要为机械筛分；一般采用错流过滤方式；操作压力低。

② 纳滤：纳滤膜内部或表面存在带电基团，因此纳滤过程具有筛分效应和电荷效应，截留分子量为 $200 \sim 1000$，适用于分离分子量 200 以上、分子大小约为 1 nm 的溶解组分，能截留小分子有机物和多价盐；具有离子选择性，可实现不同价态离子的分离，一般纳滤膜对一价盐的截留率仅为 $10\% \sim 80\%$，而对二价及多价盐的截留率均在 90% 以上；操作压力比反渗透低，有利于降低分离系统的设备投资和运行费用；由于纳滤膜多数为复合膜及荷电膜，其耐压性与抗污染能力较强。

③ 反渗透：反渗透膜的选择透过性与溶液组分在膜中溶解、吸附和扩散有关，其分离性能除与膜孔的结构大小有关外，还与膜及溶液体系的化学、物理性质有关。与传统的离子交换水处理技术相比，反渗透脱盐具有以下优点：a. 药剂用量少，环境污染小；b. 操作简便，有利于实现机械化、自动化；c. 运行费用低；d. 水质稳定；e. 适合于盐含量较高的原水、酸碱缺乏的地区以及海水淡化。

④ 电渗析：依靠电场作用实现水中离子的选择性迁移，不仅可以淡化、浓缩水溶液中的电解质，还可用于电解质与非电解质的分离提纯。采用双极膜电渗析，还可将废水中的盐转化为相应的酸和碱。

（4）典型案例

膜法深度处理技术已成为石化废水脱盐处理进而实现高品质再生和液体近"零排放"的主流技术，相关工程案例如表 5-5 所列。在膜分离前，通常对废水进行混凝沉淀、砂滤等处理，以预防膜污染。

表 5-5　膜法深度处理技术在石化废水深度处理中的应用

序号	企业名称	深度处理工艺	处理规模	处理效果	参考文献
1	辽宁某石化企业	浅层气浮池-逆流式多级配生物滤池-精滤器-多腔臭氧生物活性炭滤器-超滤-反渗透	$600 m^3/h$	前处理出水浊度为 1.1NTU,超滤出水浊度为 0.6NTU,SDI≤1.59,反渗透出水电导率 52.5μS/cm,TDS 去除率 93.7%,水回收率 72%。	[142]
2	河南某石化企业	混凝澄清-无阀过滤器-自清洗过滤器-超滤-反渗透	产水量 $115 m^3/h$	前处理出水浊度在 10NTU 以下,超滤出水浊度在 0.1NTU 以下,SDI≤3;反渗透产品水电导率小于 30μS/cm,TDS 去除率达 98%以上。	[143]

序号	企业名称	深度处理工艺	处理规模	处理效果	参考文献
3	山东某石化企业	臭氧氧化-机械搅拌澄清-机械过滤-超滤-钠床＋弱酸床树脂软化-脱气塔-反渗透预浓缩-纳滤分盐-海水反渗透浓缩-冷冻结晶	200m³/h	产品水 TDS 的质量浓度约300 mg/L,满足于敞开式循环冷却水系统补充水水质要求;回收氯化钠和硫酸钠的纯度分别达到97.5% 和98.6%,分别优于 GB/T 5462—2003 和 GB/T 6009—2014 的工业盐二级标准要求,且杂盐产率小于10%,实现了废水的资源化"零排放"。	[144]
4	宁夏某石化企业	絮凝沉淀-彗星式滤料过滤-核桃壳过滤-袋式过滤-超滤-反渗透	250m³/h	超滤出水 SDI 约为3,反渗透出水电导率小于30μS/cm,设计水回收率64%,设计脱盐率90%。	[145]
5	北京某石化企业	超滤-反渗透	560 m³/h	超滤出水 SDI 为 2~3,反渗透水回收率74%～76%,脱盐率98.4%～99.1%。	[146]
6	南京某石化企业	自清洗过滤器-超滤-反渗透	1250 m³/h	超滤出水浊度＜1NTU,SDI≤3,反渗透脱盐率98%以上,水回收率70%左右	[147]

以耐污染膜为核心的废水回用技术如下。

（1）技术简介

以耐污染膜组合技术为核心的污水回用集成技术是针对石化废水回用处理中膜污染严重、系统回收率低、浓盐水排放量大、回用水质差等问题开发研究的集成技术。该集成技术包括膜污控技术、耐污染膜组合技术和智能管控一体化技术，通过膜单元进水预处理，采用改良耐污染膜和膜进行工艺，应用管控一体化系统提高运行可靠性，从而实现膜污染的控制。

（2）适用范围

石化废水回用处理

（3）技术特征与效能

1）基本原理　以低污染膜组合技术为核心的污水回用集成技术是针对石化废水回用处理中膜污染严重、系统回收率低、浓盐水排放量大、回用水质差等问题开发研究的集成技术。核心技术主要包括膜污控技术、耐污染膜组合技术和智能管控一体化三项。

①膜污控技术。该技术为集成技术中的预处理段技术，由循环高效沉淀装置、膜循环纯化装置、浓盐水除有机物装置3个环节组成，通过依次串联，加药沉淀除硬度、循环过滤除浊度及有机物去除，控制反渗透有机、无机、生物污染因子，实现膜长效稳定运行。

②耐污染膜组合技术。该技术核心是采用了改良耐污染膜和膜运行工艺。

通过研究改变流道宽度、流道结构、流道方向，获得改良膜，通过采用改良膜和改变运行参数，浓水侧流速大于 0.2 m/s，实现浓水侧高度湍流，保证膜脱盐率和通量的同时，减少膜表面的浓差极化、结垢及有机污染物的附着。图 5-23 为原有膜的流道及改良后膜流道。

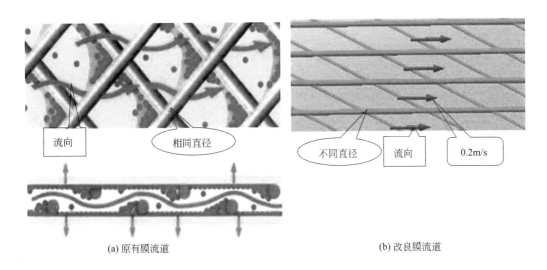

(a) 原有膜流道　　　　　　　　　　　　　　　(b) 改良膜流道

图 5-23　原有膜的流道及改良后膜流道（另见书后彩图）

③ 智能管控一体化技术。管控一体化系统是由高性能计算机、PLC/DCS 集成的控制系统，通过该装置在低污染膜组合技术处理系统中的应用，满足系统在过程监视、设备操作、信息管理、事故追踪诊断分析等方面的性能需求，通过集中控制操作站对就地 PLC/DCS 系统的数据读取和响应速度情况，体现 PLC/DCS 的实时性和可靠性。

2）工艺流程　系统总工艺流程如图 5-24 所示。

① 膜污控技术工艺流程为：原水箱→反应池→沉淀池→出水。工艺主要控制参数包括进水量、一反内筒高度（反应时间）、聚合氯化铝（PAC）投加浓度、聚丙烯酰胺（PAM）投加浓度、药剂投加顺序等。出水检测 COD、硬度、暂硬（HCO_3^-）、浊度等。

② 耐污染膜组合技术工艺流程为：原水箱→膜装置→出水。工艺主要控制参数包括膜品种、膜运行方式、运行参数等。出水检测 COD、浊度等。

③ 以低污染膜组合技术为核心的集成技术工艺流程为：原水箱→过滤器→膜装置→出水。工艺主要控制参数包括产水回收率、进水有机物浓度、进水 pH 值、膜通量、阻垢剂加药量等。检测段间压差、压力、电导率、产水水量等。

3）技术特点

① 循环高效沉淀池采用内外循环结构，可以减少絮凝剂的投加量，利用药剂和离子自沉淀原理将污染物去除；出水硬度小于 1mmol/L。

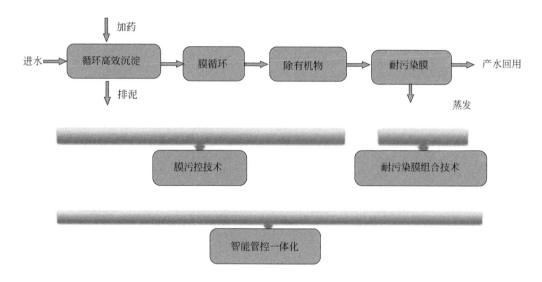

图 5-24　系统总工艺流程

② 膜循环纯化设计采用在线冲洗的运行模式，减少污染物在膜表面的积存；膜出水浊度小于 0.2NTU，清洗频率同比降低。

③ 采用了在线再生的除有机物装置，降低有机物含量，延长膜的使用寿命和再生周期。

④ 研究开发了耐污染膜组合技术：采用了改变流道宽度、流道结构、流道方向的改良膜，配置浓水侧高度湍流，对来水污染物的耐受性提高，膜的脱盐率保证 98% 以上。

⑤ 由智能管控一体化进行数据收集、数据处理、数据分析、故障诊断、故障排除，形成了专家诊断系统，达到智能化运行目的。

⑥ 组合技术通过去除进水中的各个污染因子，延长膜的清洗周期，提高膜的处理效率，与常规工艺相比，组合工艺清洗周期延长 3 倍以上，总回收率可达到 80%～95%；运行费用较常规工艺相比下降 30% 以上。

（4）典型案例

该技术应用于中盐昆山有限公司，建设了示范工程“中盐昆山有限公司迁建年产 60 万吨纯碱项目污水回用装置”，实现废水回用及浓盐水“零排放”（图 5-25、图 5-26）。

据第三方检测结果，出水总硬度＜20 mg/L、COD＜10 mg/L、TDS＜90 mg/L，出水水质达到《工业循环水补充水水质标准》，系统总产水率高于 90%，总脱盐率高于 90%。示范工程小时吨水投资成本为 14.8 万元（包括蒸发装置），污水回用装置吨水运行成本为 3.747 元；污水回用装置＋蒸发装置吨水运行成本为 4.39 元。每年处理废水量 435 万吨，每年可节约用水 312 万～440 万吨，COD 年削减量约 260t、氨氮年削减量约 130t、TN 年削减量约 195t、TP 年削减量约 8.2t[148]。

图 5-25 中盐昆山有限公司迁建年产 60 万吨纯碱项目污水回用装置相关图片

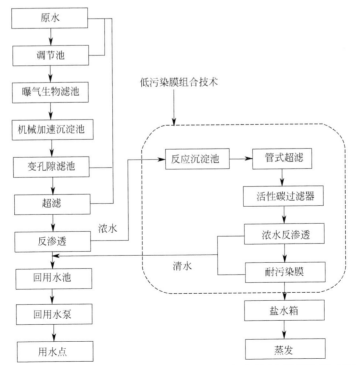

图 5-26 中盐昆山有限公司迁建年产 60 万吨纯碱项目污水回用装置工艺流程

5.1.7　反渗透浓水再浓缩-蒸发-结晶处理技术

在反渗透系统中将产生一定浓度的浓盐水，尽管目前行业标准中未包含盐度相关指标，但部分地方排放标准中已包含盐度指标，黄河流域煤化工等行业已在实施废水"零排放"，且随着污水回用率的提高，反渗透浓水的含盐量将提高，反渗透浓水直接排放对生态环境的影响将增大，反渗透浓水需进行再浓缩和蒸发结晶处理。

目前常用的再浓缩技术为反渗透，常用的蒸发技术包括机械蒸汽再压缩技术（MVR）和多效蒸发技术。

5.1.7.1　多效蒸发技术

（1）技术简介

多效蒸发（MED）是让加热后的盐水在多个串联的蒸发器中蒸发，前一效蒸发器蒸发出来的蒸汽作为后一效蒸发器的热源，且后一效蒸发器的加热室成为前一效蒸发器的冷却器，利用其凝结放出的热加热蒸发器中的水，它是两个或多于两个串联以充分利用热能的蒸发系统。多效蒸发技术简单、成熟、应用范围广，在很多行业得到了广泛应用，也是目前应用较广的高浓盐水处理技术。

（2）适用范围

适合高含盐废水的蒸发浓缩除盐。

（3）技术特征与效能

1）基本原理　以三效蒸发器为例（图 5-27），将加热蒸汽通入一效蒸发器，则废水受热而沸腾，而产生的二次蒸汽其压力与温度虽较原加热蒸汽（即生蒸汽）低，但仍可作为下一效蒸发器的热源。二效蒸发器可将第一效的二次蒸汽当作加热蒸汽，产生的二次蒸汽可作为第三效蒸发器热源。这样，将多个蒸发器连

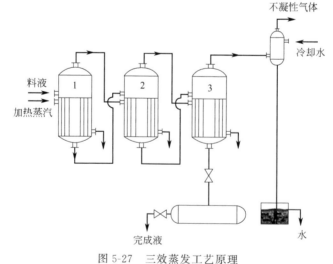

图 5-27　三效蒸发工艺原理

1——效蒸发器；2—二效蒸发器；3—三效蒸发器

接起来一同操作，即组成一个多效蒸发系统。仅一效蒸发器需通入生蒸汽，热能通过二次蒸汽的产生和冷凝在多个蒸发器间的循环利用，每吨蒸汽可蒸发几吨废水，显著地降低了热能消耗量，大大降低了成本，并增加了效率（图 5-27）。

2）技术特点　在工业含盐污水的处理过程中，污水进入多效蒸发浓缩装置，经过多效蒸发冷凝的浓缩过程，分离为淡化水（淡化水可能含有微量低沸点有机物）和浓缩废液。浓缩废液可根据含盐情况，通过结晶分离。淡化水可返回生产系统替代软化水加以利用。

（4）典型案例

多效蒸发技术较为成熟，在工业生产中已广泛应用，但在石化行业反渗透浓水等高含盐废水处理中的应用仍处于起步阶段。

5.1.7.2　MVR 技术

（1）技术简介

机械式蒸汽再压缩（MVR）是通过蒸汽压缩机对蒸发器自身产生的二次蒸汽进行压缩提温，然后作为蒸发器自身加热热源的蒸发技术。该技术充分利用了自身产生的二次蒸汽，对外界能源需求少，是一种新型高效节能的蒸发技术。

（2）适用范围

高含盐废水的蒸发浓缩及结晶除盐等。

（3）技术特征与效能

1）基本原理　MVR 技术节能的核心是将二次蒸汽的热熔通过提升其温度作为热源替代新鲜蒸汽，外加一部分压缩机做功，从而实现循环蒸发。在 MVR 蒸发器系统内，在一定的压力下利用蒸汽压缩机对换热器中的不凝气和水蒸气进行压缩升温升压，从而转化为可用作蒸发器热源蒸汽，然后经管道输送到蒸发器的换热器释放出热能，使废水蒸发产生新的二次蒸汽。这样，热能被持续地重新利用，而不易损失。主要能耗来自带动压缩机的电机，约为传统蒸发费用的 1/10。

2）工艺流程　先将待处理含盐污水 pH 值调整至 5.5～6.0 之后进入原水换热器。加热后的盐水经过除氧器，脱除水里的氧气和二氧化碳，以及不凝气体等，以减少对蒸发器系统的腐蚀结垢等危害。新进浓盐水进入浓缩器底槽，和浓缩器内部循环的浓盐水混合，然后被泵送至换热器管束顶部水箱。盐水通过装置在换热管顶部的卤水分布器流入管内，均匀地分布在管子的内壁上，呈薄膜状向下流至底槽。部分浓盐水沿管壁流下时，吸收管外蒸汽释放的潜热而蒸发，蒸汽和未蒸发的浓盐水一起下降至底槽。底槽内的蒸汽经过除雾器进入压缩机。压缩蒸汽进入浓缩器换热器管束外侧冷凝，并将蒸汽潜热传递给沿管内壁下降的温度较低的盐水，使部分盐水蒸发。压缩蒸汽释放潜热后，在换热管外壁上冷凝成蒸馏水。蒸馏水沿管壁下降，在换热管束底部积聚后，被泵经原水换热器，加热新流入的盐水。通过少量排放浓盐水（残卤液）至结晶器，以适当控制蒸发浓缩器内盐水的浓度（图 5-28）。

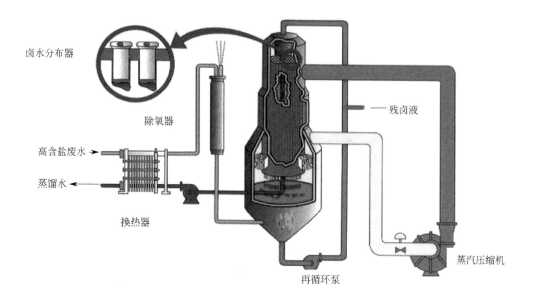

卤水分布器

除氧器

高含盐废水 →

蒸馏水 ←

换热器

再循环泵

— 残卤液

蒸汽压缩机

图 5-28　MVR 工艺流程示意（另见书后彩图）

3）技术特点　MVR 技术优势在于 100％循环利用二次蒸汽的潜热，避免使用新鲜蒸汽，减少了能源消耗；由于取消了循环冷却水，降低了由于冷却塔产生的耗水、耗电、维护成本高的问题；对于热敏性物料，可以配合使用真空泵，可以做到在接近绝压的真空下进行，从而实现低温蒸发。

（4）典型案例

多效蒸发技术较为成熟，在工业生产中已广泛应用，但在石化行业反渗透浓水等高含盐废水处理中的应用仍处于起步阶段。某石化企业建设了 50 m^3/h 的高盐废水处理与"零排放"回用工程，采用 MVR 浓缩结晶反渗透浓水，NaCl 结晶单元 MVR 设计处理量为 8 m^3/h，蒸发温度为 50～60℃[149]。

5.1.7.3　含盐污水结晶技术

从 NaCl-Na_2SO_4 两组分盐水系统中分离出硫酸钠的方法一般分为冷法和热法。冷法一般是在 0～30℃温度区间内根据硫酸钠和氯化钠溶解度的不同而实现的硫酸钠脱除，冷法得到的产品纯度高，而且对于含有机物的盐水得到的产品白度较好。从溶解度曲线看，30℃时硫酸钠的溶解度为 48g，氯化钠的溶解度为 36.3g；当温度降至 0℃时硫酸钠的溶解度为 4.9g，而氯化钠的溶解度为 35.7g。因此，在对体系进行降温过程中慢慢会有硫酸钠晶体产生，并随着溶液温度的不断降低，晶体颗粒逐渐长大，最终从溶液中沉降分离出来。

目前的蒸发结晶工艺按照分盐方式划分主要有以下两种。

① 传统的盐硝联产技术，常采用多效蒸发来实现。即根据硫酸钠和氯化钠结晶温度的不同，首先蒸发结晶提取出硫酸钠，再继续对母液进行进一步蒸发结晶提取出氯化钠，然后对杂盐进行提取。操作温度一般控制在 50～120℃。在这

个温度范围内氯化钠溶解度随着温度的升高而升高，硫酸钠溶解度随着温度升高反而降低，因此在高温条件下析出硫酸钠并使氯化钠得到浓缩；然后在低温条件下析出氯化钠，使硫酸钠得到浓缩，反复操作即可分离出硫酸钠。该方法操作范围需要很精确，控制不好得到的产品纯度差。废水中有机物也会影响硫酸钠产品白度。

② 分别对纳滤分盐形成含杂质的硫酸钠、氯化钠浓盐水进行蒸发结晶的分盐结晶工艺。此方法最大的优点在于提前对硫酸钠和氯化钠进行了分离，得到的氯化钠和硫酸钠固体的质量相对稳定。某石化企业采用纳滤分盐路线建设了 $50m^3/h$ 高含盐废水处理系统，NaCl 结晶盐纯度达 95.26%，符合《工业盐》（GB/T 5462—2015）中日晒工业盐 Ⅰ 级；Na_2SO_4 结晶盐纯度达 98.71%，符合《工业无水硫酸钠》（GB/T 6009—2014）中 Ⅲ 类一等品，有利于推动盐的资源化利用[149]。

5.1.8　吸附法深度处理技术

5.1.8.1　活性炭吸附深度处理技术

（1）技术简介

首先利用活性炭对废水中污染物，特别是有机物的吸附实现废水中污染物的去除，然后对吸附饱和的活性炭进行再生，从而实现活性炭的反复利用。由于粒状活性炭的应用具有工艺简单，操作方便，再生后可重复使用等优点，因此较常采用。活性炭吸附装置可采用塔或池，根据活性炭在吸附装置中的状态，可将吸附操作分为固定床、移动床和流化床三种方式。该技术常用于早期石化污水的深度处理，但近年来的工程应用较少。

（2）适用范围

石化废水深度处理。

（3）技术特征与效能

1）基本原理　在固定床中，废水从固定床的一端流向另一端，进水端首先建立与废水之间的吸附平衡而达到饱和，随着废水处理量的增加，饱和吸附层不断由进水端向出水端移动，当污染物穿透活性炭床时需对活性炭进行更换和再生。

在移动床中，废水从塔底进入与活性炭层逆流接触。处理后出水从塔顶排出；饱和炭从塔底连续或间歇地卸出并送往再生装置，同时从塔顶补充等量的新炭或再生炭。

在流化床中，活性炭保持流化状态，与水逆流接触，常采用多段流化床，即每段床层的活性炭处于流化状态。

2）工艺流程　工艺流程为"活性炭吸附-活性炭再生"。具体如下：

① 活性炭床层与废水接触，并对废水中的污染物进行吸附去除；

② 对吸附饱和的活性炭进行再生；

③ 再生后的活性炭投入活性炭床用于废水的吸附处理。

3）技术特点   活性炭吸附深度处理技术的主要优点是处理程度高，效果稳定；缺点是处理费用高昂。

（4）典型案例

活性炭吸附法曾在黑龙江、甘肃、河北、湖南和北京等地的石化企业进行应用，水炭接触时间为 30～40 min，空塔速度为 10 m/h。出水水质（酚、COD、油等）指标可接近地表水环境质量标准[150]。

5.1.8.2   磁性树脂吸附深度处理脱氮技术

（1）技术简介

该技术针对传统生物反硝化技术冬季运行效果差、受水质影响大的缺陷，通过衣康酸烯丙酯的交联和长链烷基季铵盐的功能基反应生成的专用除氮磁性树脂，在高含盐条件下实现对石化废水生物处理出水中硝酸盐的快速选择性吸附，在磁场作用下实现与处理后废水的快速高效分离，并可循环再生使用。该技术在实现脱氮的同时还可对有机物起到一定的去除作用。

（2）适用范围

石化废水生物处理出水中硝酸盐和有机物的去除。

（3）技术特征与效能

1）基本原理   该技术所研发的树脂，在化学结构上具有较长烷基链季铵盐功能基团，在较宽的 pH 值范围内保持正电性，且与传统的阴离子交换树脂相比，由于基团水合能降低，对硝酸盐的选择性提高，可在较高浓度共存 Cl^-、SO_4^{2-} 主要竞争离子的情况下通过静电作用实现硝态氮的高效去除，对以硝态氮为主的尾水 TN 去除率高达 50% 以上。与国际知名同类产品（Purolite®A520E）相比，其接触时间（20 min）缩短了 80% 左右。针对树脂作用时间短、分离速度快、机械强度高等特征，通过一体化旋流、反冲等关键结构设计，颠覆了传统树脂固定床和流化床的使用方式，解决了工程应用中悬浮物堵塞、水头损失大、树脂流失的难题，与传统的树脂塔相比，树脂填充量减少 70% 以上，处理水量提高了 5 倍以上，投资成本减少了 60% 左右。与传统生物脱氮技术相比，该技术占地面积仅为其 30%～40%，无需外加碳源，且耐污染负荷冲击。

2）工艺流程   工艺流程为"过滤-树脂吸附-再生"。具体如下：

① 生化出水经过滤器去除细小悬浮颗粒，防止造成树脂吸附装置堵塞；

② 过滤后的出水直接进入树脂吸附装置后排出，接触时间为 10～30min；

③ 定期排出一定量的树脂进入再生装置，使用高浓度盐水（可为企业回收废盐）进行再生；

④ 再生后的树脂重新打入树脂吸附装置；

⑤ 高浓度盐水与企业反渗透浓水一并进行蒸发等系列处理。

3）技术特点   具有作用时间短、树脂分离速度快、机械强度高等特征，具有处理水量大、占地面积小、可连续运行等特点，可实现硝酸盐氮的选择性去除。

（4）典型案例

为推广该技术，建立了化工废水深度脱氮工程。该废水来源于硝基甲苯、甲基苯胺的生产过程，废水处理量为 6000 t/d。该废水经过微电解芬顿预处理-传统生化-臭氧氧化处理后，再过磁性树脂进行深度脱氮处理，出水 TN 浓度稳定达到 10 mg/L 以下，COD 浓度稳定达到 30 mg/L 以下[148]。

5.2　石化综合污水达标处理集成技术典型案例

5.2.1　炼油综合污水隔油-气浮-生物处理技术

（1）技术简介

炼油综合污水组成复杂，含有油砂等悬浮物和浮油（油珠直径＞$100\mu m$）、分散油（油珠直径 $15\sim100\mu m$）、乳化油（油珠直径 $0.5\sim15\mu m$）、溶解油（油珠直径＜$1\mu m$）等不同形态的石油类物质，以及氨氮、硫化物、环烷酸盐、酚类等溶解性污染物。由隔油-气浮-生物处理等单元组成的组合工艺可实现污水中悬浮物、石油类物质和溶解性污染物的有效去除，是目前炼油综合污水最常采用的处理工艺路线，可分别用于含油污水和含盐污水的处理。

（2）适用范围

含油污水的预处理和二级生物处理。

（3）技术特征与效能

1）基本原理

① 物理除油技术。物理除油技术是依靠污水中石油类物质与水的密度差，在重力场、离心力场等作用下实现油水分离的技术。除传统的平流隔油池、斜板隔油池、调节罐外，旋流分离、聚结除油、气旋浮等技术近年来在含油污水处理中得到快速发展和应用。物理除油技术可实现污水中浮油、分散油、部分乳化油以及油砂的去除。由于未投加化学药剂，物理除油技术回收的石油类经脱水等处理后可返回石油炼制过程。为提高物理除油效果和系统的抗冲击能力，常采取多种物理除油技术组合应用的形式，如隔油池与调节罐的结合、隔油池与聚结除油器的结合等。

② 物化除油技术。经物理除油后，污水中残余的乳化油需在混凝药剂的作用下发生破乳，小油滴聚结为大油滴，然后在气浮分离器内与微气泡结合形成密度更小的油滴-微气泡复合体，实现油水的快速分离。混凝气浮是目前最常采用的物化除油技术，按照微气泡的产生方式可分为涡凹气浮和加压溶气气浮。为提高物化除油效果和系统的抗冲击能力，常采取多种物化除油技术组合应用的形式，如涡凹气浮与加压溶气气浮、多级气浮串联等。经两级隔油和两级气浮处理后，废水中石油类含量可降至 $20\sim30$ mg/L。

③ 生物处理技术。生物处理利用微生物降解作用实现隔油-气浮预处理出水

中的溶解油、氨氮、硫化物、环烷酸盐和酚类等溶解性污染物的去除，工业化应用的生化处理工艺包括缺氧/好氧、氧化沟、接触氧化法、MBBR、纯氧曝气、曝气生物滤池等，通过两级生物处理串联方式，可提高污染物的去除效果并改善系统的抗冲击能力等。一级好氧生物处理出水水质一般可达到 COD100～150mg/L，挥发酚 5mg/L，石油类 10mg/L，硫化物 2.0mg/L，氨氮 20～40mg/L；二级生物处理出水水质一般可达到 COD 60～80mg/L，挥发酚 1mg/L，石油类 5mg/L，硫化物 0.5mg/L，氨氮 5～10mg/L。

2）工艺流程   该技术工艺流程如图 5-29 所示，炼油综合污水首先进入隔油池去除浮油、分散油、部分乳化油以及油砂，然后出水进行混凝气浮处理，去除乳化油，在此基础上生物处理单元实现溶解油、氨氮、硫化物、环烷酸盐和酚类等溶解性污染物的去除。

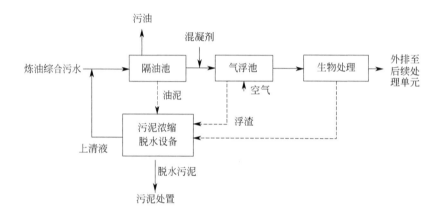

图 5-29   炼油综合污水隔油-气浮-生物处理技术

3）技术特点   针对炼油综合污水高含油、高溶解性有机物的特点，通过隔油、气浮、生物处理实现污染物的有序去除。

（4）典型案例

某石化污水处理厂通过一级高效除油技术、一级高效气浮技术、一级生化处理技术等使外排水水质稳定达到 COD≤45mg/L、石油类≤1mg/L、氨氮≤2mg/L。

5.2.2   石化污水微氧水解酸化-A/O-微絮凝砂滤-催化臭氧氧化处理技术

（1）技术简介

微氧水解酸化-A/O-微絮凝砂滤-臭氧催化氧化装置主要由初沉池、微氧水解酸化池、A/O 反应池、二沉池、微絮凝砂滤池和臭氧催化氧化单元组成。水解酸化池通入微量空气，抑制有害气体 H_2S 产生；A/O 反应池实现有机物和氮等的去除；微絮凝砂滤耦合臭氧催化氧化，进一步去除悬浮物、磷及难降解有机物。工艺最终出水 COD 浓度低于 50mg/L，进水中的特征有机物基本未检出，可满足《石油化学工业污染物排放标准》（GB 31571—2015）要求。

（2）适用范围

石化综合污水达标处理。

（3）技术特征与效能

1）基本原理　与传统厌氧水解酸化技术不同，微氧水解酸化通过引入微量空气调控反应器内溶解氧水平，改变了反应器内的微生物种群结构和污染物降解路径，将致毒性硫酸盐还原产物转化为无毒的单质硫从而降低对水解酸化微生物的影响，提高有毒有机物去除效率，同时减少 H_2S 产生量。微量溶解氧促进了芳香族等有毒有机物的降解，废水生物抑制性显著下降，提高了后续缺氧/好氧单元的处理效率，保证了其稳定运行，特别是避免了对硝化细菌的抑制性冲击，保证氨氮的去除效果。结合石化废水处理量大的特点，采用微氧-厌氧交叉平流式水解酸化工程技术，可解决微氧水解酸化在实际工程应用技术放大过程中面临的泥水混合不均、低溶解氧维持困难等一系列工程技术难题，利用较小运行成本实现实际水解酸化反应池大容积、低高径比下的稳定微氧条件，COD 去除率由 5% 提高到 16% 左右。

缺氧/好氧处理可利用生物脱氮原理将废水脱氮和有机物去除有机结合起来，从而提高处理效率，降低处理成本。

利用微絮凝砂滤去除石化二级生化出水中 TP、分子量大于 3000 的特征有机物、胶体类有机物和疏水性有机物，利用臭氧催化氧化去除溶解性小分子特征有机物，实现了石化二级生化出水中 TP、悬浮物及胶体有机物和溶解性难降解小分子有机物的耦合有序去除。减缓了催化剂活性下降，减少了臭氧无效消耗，提高了处理效率，保障了出水水质稳定达标，并降低了运行成本。采用水专项研发的气液固三相传质强化技术和石化废水专用催化剂，可改进传质效率和反应效率，提高臭氧利用率，降低处理成本。

2）工艺流程及参数　该组合工艺主要由初沉池、微氧水解酸化池、中间沉淀池、缺氧/好氧反应池、二沉池、微絮凝砂滤池和臭氧催化氧化池组成。石化综合污水经初沉池沉淀后，由配水池打入微氧水解酸化反应池，反应池出水经沉淀后进入缺氧/好氧反应池，底部污泥回流至微氧水解酸化池。缺氧/好氧反应池出水经二沉池沉降后进入微絮凝砂滤池，二沉池底部污泥回流至缺氧段。二沉池出水在进入微絮凝砂滤池前和混凝剂在管道混合器内先完成混合絮凝过程。微絮凝砂滤池出水在重力的作用下进入臭氧催化氧化池，臭氧从反应池底部进入，与污水进行逆向接触。臭氧尾气从氧化池上部进入臭氧破坏器破坏后排入大气（图 5-30）。

3）技术特点　该技术有效解决了石化废水处理主要面临的废水中芳香族等有毒有机物及硫酸盐含量高，生物处理单元易遭受抑制性冲击，二级出水中悬浮物（SS）及胶体有机物与难降解小分子有机物共存，单纯臭氧催化氧化处理负荷高，催化剂易污染，出水不稳定等问题，使各工艺单元协调互补，实现有毒及

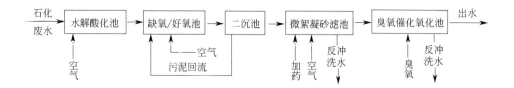

图 5-30　石化废水处理工艺流程

难降解有机物的稳定去除和处理成本降低。

（4）典型案例

某石化企业综合废水，平均 COD 浓度在 750 mg/L 左右。为使排水达到新标准的要求，采用微氧水解酸化-A/O-微絮凝砂滤-催化臭氧氧化集成处理技术进行提标改造（图 5-31、图 5-32），微氧水解酸化池水力停留时间 17 h，气水比 0.25∶1；缺氧/好氧段水力停留时间 22h，气水比 10∶1，污泥回流比 100％；出水经二沉池沉淀后进入内循环连续砂滤池，采用粒径为 0.5～1.0 mm 的石英砂滤料，所投药剂为 PAC，投量 10 mg/L，滤速 7 m/h，气水比 0.2∶1；过滤出水进入臭氧催化氧化池，臭氧催化氧化池水力停留时间 1h，底部通臭氧，投量为 35 mg/L，废水为上进下出，与臭氧逆向接触，催化氧化池中填充负载型催化剂，填充比 75％。最终出水稳定低于 50 mg/L，可满足新标准，吨水处理成本低于 4 元。有机污染物检出种类显著减少，出水常规及特征污染物指标均满足《石油化学工业污染物排放标准》（GB 31571—2015）直接排放限值，藻毒性、溞毒性、鱼卵毒性、致突变性和发光细菌毒性等生物毒性指标控制水平满足德国化工污水排放标准要求，保障了排水的生态安全性，有利于松花江流域水质改善和水生态恢复[81]。

图 5-31　某石化企业污水处理厂水解酸化池改造

图 5-32　某石化企业综合污水微絮凝砂滤-臭氧催化氧化工程

5.2.3　炼油污水隔油气浮+两级 A/O+臭氧催化氧化+BAF+微砂加炭处理技术

（1）技术简介

该技术是传统"老三套"工艺的加强版，生化段采用两级 A/O，用 MBR 代替二次沉淀池，并增加了臭氧催化氧化＋BAF＋微砂加炭沉淀，从而保证出水有机物和氮磷稳定达标。

（2）适用范围

炼油综合污水的达标处理。

（3）技术特征与效能

1）基本原理　隔油和气浮去除废水中的浮油、悬浮油和乳化油，保证后续处理单元的稳定运行。然后利用两级 A/O 实现废水中可生物降解有机物和氮的充分去除，再通过膜过滤保持生物处理系统中的降解微生物，并保证臭氧催化氧化进水中较低的悬浮固体浓度。通过臭氧催化氧化实现溶解性难生物降解有机物的降解，再通过 BAF 实现废水中氨氮和有机物的进一步氧化，微砂加炭沉淀进一步去除 BAF 出水中残余的难降解有机物，保障出水 COD 和氨氮稳定达标。

2）工艺流程　炼油污水首先进入调节隔油罐，隔油后进入气浮机，气浮机出水进入高效溶气气浮机，高效溶气气浮机出水经过提升泵提升进入匀质罐，流至一级缺氧/好氧池，去除 COD、氨氮，出水去二级缺氧/好氧池生物曝气池去除有机物、氨氮；二级好氧生物曝气池出水进入有机膜单元进行泥水分离，利用膜截留的高浓度活性污泥对有机物及 TN 进行进一步去除，上清液进入臭氧催化氧化装置深度处理，进一步去除难生物降解有机物，臭氧氧化装置出水进入 BAF 装置，进一步去除有机物、氨氮，BAF 装置出水进入微砂加炭高效沉淀池，进一步去除 TP、悬浮物，微砂加炭高效沉淀池出水达标外排（图 5-33）。

3）技术特点　该技术工艺流程长，可保障出水各水质指标稳定去除。

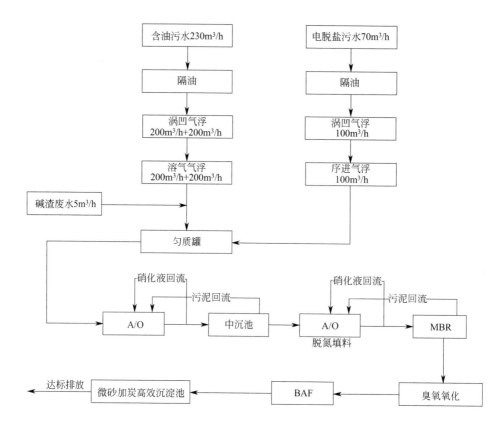

图 5-33　工艺流程

（4）典型案例

采用该技术处理某石化企业炼油污水，MBR 池出口平均 COD 浓度为 85mg/L，去除率 76%，氨氮 2.5mg/L，去除率 90%。再经臭氧催化氧化-BAF-微砂加炭沉淀深度处理，出水 COD、氨氮、石油类、硫化物出水浓度分别为 39 mg/L、0.05 mg/L、1.5 mg/L、0.02mg/L。

5.2.4　臭氧催化氧化耦合 BAF 同步除碳脱氮深度处理技术

（1）技术简介

该技术利用臭氧催化氧化与 BAF 生物降解作用的耦合，可实现石化废水生物处理出水中残留难生物降解物质、悬浮物和氨氮的有效去除。BAF 池增加厌氧区后还可进行反硝化脱氮及除磷。该技术可实现有机物与氮的有效去除。

（2）适用范围

难降解污染物和氨氮浓度高、可生化性低的生物处理出水。

（3）技术特征与效能

1）基本原理　该技术通过臭氧催化氧化实现废水中难降解有机物的氧化降解，同时提高污水的 BOD/COD 值，并将生化尾水中残留的有机氮转化为氨氮；BAF 将生物氧化过程与固液分离集于一体，依靠生物降解和过滤截留作用使有机物去除、固体过滤和硝化过程在同一个单元反应器中完成。BAF 池增加厌氧区后还可进行反硝化脱氮及除磷。

2）工艺流程

① 石化废水生物处理出水经过滤后首先采用臭氧催化氧化单元进行处理，以提高废水中有机物的可生物降解性。

② 臭氧催化氧化处理出水进入曝气生物滤池进行进一步处理，实现有机物和氨氮的进一步去除。

3）技术特点　采用臭氧催化氧化提高难降解有机物降解效率和废水可生化性，为 BAF 进一步脱氮除碳提供基质；工艺流程简单，基建投资省，运行管理方便，臭氧催化氧化不需要将难降解有机物彻底矿化，依靠低成本的生物处理工艺实现大部分有机物和氨氮的去除，大幅削减了运行成本。

（4）典型案例

辽宁某石化企业污水处理单元改造工程采用臭氧催化氧化耦合 BAF 同步除碳脱氮技术，设计规模 650 m³/h，处理生产废水主要为丁苯橡胶废水和乙烯废水的生物处理出水，COD70～80 mg/L、氨氮约 15mg/L、TN 约 20 mg/L。经处理后出水水质达到《辽宁省污水综合排放标准》（DB 21/1627—2008）（COD 50 mg/L、氨氮 8mg/L、TN 15mg/L）。

5.3　石化综合污水回用处理集成技术典型案例

5.3.1　预处理 + UF-RO 的废水回用处理技术

（1）技术简介

该技术是目前应用最为广泛的石化废水脱盐深度处理技术，具有出水污染物浓度及盐度低、水质稳定等特点。经过生化处理的石化废水首先进行澄清、过滤等预处理，去除废水中悬浮物、胶体和硬度离子等膜污染物质；然后进行超滤-反渗透处理，利用超滤膜截留作用彻底去除悬浮物、胶体和大分子物质；最后利用反渗透膜去除盐离子和小分子，获得低污染物含量的高品质再生水，可回用于锅炉化学水处理站原水等。

（2）适用范围

以石化废水生物处理出水为处理对象，生产锅炉化学水原水等高品质再生水。

（3）技术特征与效能

1）基本原理　经过生物处理后的石化废水仍含有显著浓度的各类污染物，包括悬浮物、胶体、溶解性有机物和盐类，直接回用易造成生物膜滋生、设备结垢堵塞或腐蚀、恶臭等问题。通过混凝澄清（混凝气浮、高密度沉淀池、微涡流沉淀等）、过滤（流砂过滤、V 形滤池、多介质过滤、活性炭过滤）等预处理可有效去除废水中大部分悬浮、胶体和大分子物质，根据需要预处理单元也可考虑臭氧催化氧化等高级氧化技术和曝气生物滤池等生物法深度处理技术，减轻后续超滤膜的污染；然后通过超滤膜实现悬浮物、胶体和大分子物质的截留以防止对反渗透膜造成严重污染；最后通过反渗透膜实现废水中盐离子和小分子的有效隔离，反渗透过滤液为低含盐、低污染物浓度的高品质再生水，而反渗透浓水含有较高浓度的盐度和污染物浓度，可针对性开展污染物的去除实现达标排放，或污水经充分处理后进行蒸发浓缩结晶处理，实现近"零排放"。

2）工艺流程

① 生物处理出水汇集到调节池中，然后通过潜水泵提升至澄清池，去除大部分硬度和悬浮物；澄清池出水进行砂滤处理，进一步去除废水中悬浮物。

② 过滤后的废水进入中间水池，再由中间水池进入超滤系统；超滤产水由超滤产品水箱收集，超滤系统反冲洗水来自超滤产品水箱。

③ 超滤产品水经水泵加压，加入还原剂、阻垢剂和杀菌剂后进入保安过滤器，然后进入反渗透系统进行脱盐，反渗透系统的产水率为75%，经过超滤和反渗透产生的浓水排放至放流池中统一排放。反渗透产水回用至厂区循环水（图5-34）。

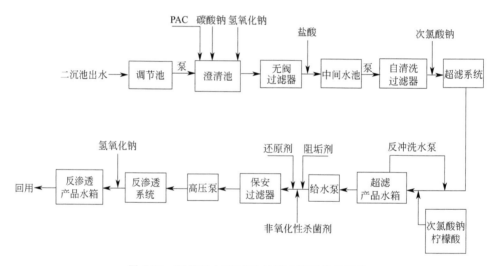

图 5-34　预处理＋UF-RO 的废水回用技术流程

3）技术特点　与传统脱盐工艺相比，可不用大量的化学药剂和酸碱再生处理，无化学废液排放，无废酸碱的中和过程，二次污染少；技术成熟，系统自动化程度高，操作方便，产水水质稳定；适应于较大范围的进水水质，既适用于高含盐废水又适用于低含盐废水；简易可扩大的模块化式设计，分组安装，便于扩大。可生产低含盐、低污染物浓度的高品质再生水，规模化应用可显著提高污水的再生利用率，节约用水并降低企业整体排水量。

（4）典型案例

预处理＋UF-RO 的废水回用处理技术已在多项工程中得到广泛应用。

某石化企业 2014 年年底建成投用乙烯污水回用水装置，将乙烯污水处理厂低含盐的出水采用预处理＋超滤＋反渗透工艺处理后，出水送至供排水厂热电水务车间作为锅炉化学水原水。预处理单元采用加碱沉淀工艺，主要设备为微涡流沉淀池。污水处理厂低含盐污水处理系列流砂过滤器出水进入综合调节池进行均质调节，通过预处理供水泵送入反应水槽，并自流至微涡流沉淀池进行泥水分离，其中投加 30％ NaOH 溶液以降低污水中的总硬度，投加 $FeSO_4$ 及 PAM 进行絮凝，上清液自流入中和水池，通过投加浓 H_2SO_4 中和至中性，然后自流进入中间水池。中间水池污水通过多介质供水泵进入多介质过滤器进行过滤，并投加 NaClO 进行杀菌，出水进入多介质产水池，由超滤供水提升泵加压经自清洗过滤器进入超滤膜过滤系统，出水进入超滤产水罐；然后通过反渗透给水泵、反渗透高压泵、反渗透段间增压泵将超滤产水罐的水送入反渗透系统进行脱盐处理，产水进入反渗透产水罐。

5.3.2　基于 BAF 的回用处理技术

（1）技术简介

该技术以低含盐石化废水的生物处理出水为处理对象，以 BAF 为核心单元，进一步去除废水中的有机物、氨氮、悬浮物等污染物，使其满足循环冷却水补充水等中等品质的再生水，根据来水水质和稳定出水水质的要求，还可辅以混凝沉淀、臭氧氧化、过滤等措施。该技术建设投资和运行成本较双膜法更低，在石化行业应用广泛。

（2）适用范围

以低含盐石化废水生物处理出水为处理对象，生产循环冷却水补充水等中等品质再生水。

（3）技术特征与效能

1）基本原理　部分石化污水含盐量较低，生物处理出水水质接近循环冷却水补水等的水质要求，只需进一步处理即可成为可回用的再生水。BAF 去除污染物的机理包括以反应器内滤料上所附着生物膜（微生物）的生物降解作用、滤料对污水中颗粒物及胶体物的截留吸附作用和滤料对溶解性污染物的吸附作用，是石化污水深度处理常用技术。BAF 后的过滤单元可有效去除 BAF 出水中少量悬浮物，保障出水水质的稳定性。根据来水水质特征，还可增加臭氧氧化单元以提高进入 BAF 废水的可生化性，可增加混凝沉淀、气浮、高效沉淀池等单元，降低 BAF 进水中悬浮及胶体污染物含量，降低 BAF 的反冲洗周期。

2）工艺流程　根据石化废水生物处理出水水质情况，生物处理出水直接进入曝气生物滤池或经高效沉淀、臭氧氧化等处理去除大量悬浮物、胶体和难降解有机物后再进入曝气生物滤池，曝气生物滤池去除 COD、氨氮、石油类、悬浮物等污染物，处理出水再进入后续的过滤处理单元，去除废水中残余悬浮物，然后作为循环冷却水系统补充水回用（图 5-35）。

3）技术特点　该技术建设投资和运行成本较双膜法更低，可实现低含盐石化废水的资源化利用。

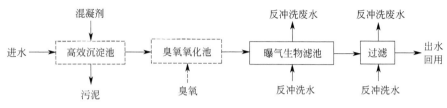

图 5-35　基于 BAF 的回用处理典型工艺流程

（4）典型案例

① 该技术已在多项工程中得到广泛应用。某石化企业采用曝气生物滤池-多介质过滤-臭氧接触氧化-生物活性炭-多介质过滤工艺深度处理其石化综合污水生物处理出水，深度处理出水回用于循环冷却水系统补水。

② 某石化企业采用高效沉淀-曝气生物滤池-活性炭过滤工艺深度处理石化废水生物处理出水，在进水 COD 浓度为 150mg/L 左右、悬浮物浓度为 200mg/L 左右的情况下，出水 COD 和悬浮物浓度分别降至 37 mg/L 和 4 mg/L。

5.3.3　基于 A/O-MBR 的回用处理技术

（1）技术简介

该技术以低含盐炼油废水"老三套"处理（或隔油气浮预处理）出水为处理对象，以 A/O-MBR 为核心单元，进一步去除废水中的有机物、氨氮、悬浮物等污染物，使其满足循环冷却水补充水等中等品质再生水的水质要求。根据出水水质，还可辅以活性炭吸附等措施。该技术工艺流程简单，建设投资和运行成本较双膜法更低，在多家炼油企业得到应用。

（2）适用范围

以低含盐炼油废水"老三套"处理（或隔油气浮预处理）出水为处理对象，生产循环冷却水补充水等中等品质再生水。

（3）技术特征与效能

1）基本原理　炼油污水经"老三套"处理（或隔油气浮预处理）工艺处理后，出水中通常含有一定浓度的石油类、悬浮物、COD 和氨氮等污染物，难于直接回用，仍需进一步处理。该技术将活性污泥法与膜分离技术相结合，采用膜分离代替传统的二次沉淀池，可提高污泥截留效果，降低出水悬浮物含量，实现污泥停留时间与水力停留时间的彻底分离，有利于生长缓慢的硝化细菌和难降解有机物降解菌的培养驯化，在低有机物浓度条件下不必担心污泥膨胀问题，生物反应器内污泥浓度高，内源呼吸作用强，有利于降低污泥产生量。生物处理工艺采用缺氧-好氧工艺有利于提高脱氮效果，并充分利用废水自身碳源。

2）工艺流程　炼油废水"老三套"处理（或隔油气浮预处理）出水经提升后进入缺氧区与膜区回流污泥进行混合，在缺氧条件下进行反硝化，然后流入好氧区，实现有机物好氧降解和氨氮的硝化，然后泥水混合物进入膜区，在膜的分离作用下实现泥水分离。处理出水在水质满足要求时可直接回用；当有机物浓度偏高时，可利用活性炭过滤器进行进一步处理。为保证 MBR 的膜通量，需定期采用次氯酸钠、柠檬酸等清洗药剂对膜组件进行清洗（图 5-36）。

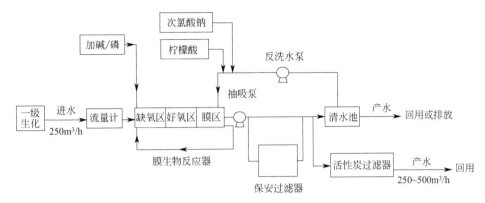

图 5-36　炼油污水 A/O-MBR 深度处理工艺流程

3）技术特点　该技术工艺流程简单，占地面积小，剩余污泥量小，自动化程度高，建设投资和运行成本较双膜法更低，可实现低含盐石化废水的资源化利用。

（4）典型案例

该技术已在多项工程中得到广泛应用。

① 江苏某石化公司分别采用 A/O-MBR 和水解酸化-A/O-MBR 工艺建设了 2 期石化污水深度处理工程，每期处理规模 500 m^3/h，MBR 出水 COD 浓度稳定在 50～60 mg/L 范围内，氨氮浓度稳定在 1.5 mg/L 以下，可回用作循环冷却水补水[151]。

② 海南某石化企业采用以 A/O＋MBR 工艺为核心的废水处理流程对隔油-气浮预处理后的含油污水进行处理，MBR 系统设计水量为 450 m^3/h，在气浮预处理出水 COD、石油类、氨氮平均浓度分别为 344 mg/L、14.1 mg/L 和约 20 mg/L 的情况下，MBR 出水平均浓度分别为 41 mg/L、0.6mg/L 和 0.81mg/L，满足循环冷却水补水水质要求[152]。

③ 某石化企业污水深度处理装置原水为低含盐量的二级生化出水，污染物浓度较低，深度处理工艺选择了 A/O ＋ MBR，设计处理能力为 1000 m^3/h。在进水 COD、BOD_5、氨氮、石油类、悬浮物平均浓度分别为 90mg/L、19.7 mg/L、15mg/L、2.19 mg/L 和 22mg/L 的情况下，出水平均浓度分别为 20 mg/L、1.28 mg/L、0.03mg/L 和 8 mg/L，符合《炼化企业节水减排考核指标与回用水质控制》（Q/SH 0104—2007）中污水回用于循环冷却水水质指标的要求。

5.3.4　预处理-电渗析脱盐再生回用处理技术

（1）技术简介

该技术以处理达标含盐污水为处理对象，以预处理-电渗析为核心单元，进一步去除废水中的胶体、悬浮物和盐离子等污染物，实现部分脱盐，使其满足循环冷却水补充水等中等品质再生水的水质要求。该技术工艺流程简单，已开始在某些石化企业应用。但由于电渗析对盐离子的浓缩作用，电渗析浓水的氮磷指标存在超标风险。

（2）适用范围

以达标含盐污水为处理对象，生产循环冷却水补充水等中等品质再生水。

（3）技术特征与效能

1）基本原理　随着石化废水排放标准的提高，已达标含盐污水经适度脱盐后可实现再生利用。废水首先采用混凝澄清、过滤等预处理实现废水中离子交换膜污染物的有效去除，然后利用电渗析对盐度离子的选择性迁移和浓缩作用，使一部分污水的盐度得到降低而实现再生利用。主要去除废水盐度，对其他不带电荷的污染物去除效果不明显，难于达到锅炉化学水原水等高品质再生水的水质要求，但可满足循环冷却水补充水、绿化用水等中等品质再生水水质要求。由于 NH_4^+、NO_3^-、HPO_4^{2-} 等离子在电渗析过程中可向浓水中聚集，因此氮、磷等指标存在超标风险，可能需要进行二次处理。

2）工艺流程　某典型石化企业达标含盐污水预处理-电渗析脱盐再生回用工艺流程如图 5-37 所示。

图 5-37　石化达标含盐污水预处理-电渗析脱盐再生回用工艺流程

① 达标含盐污水储存于前段处理单元，通过泵提升送入多介质过滤器，多介质过滤器装填石英砂和无烟煤，可滤除大部分悬浮物和少量大分子胶体，同时可去除部分 COD。多介质过滤器设置反洗水泵和空气擦洗设施。

② 多介质过滤器产水（带压）进入超滤装置。超滤装置内有 PVDF 中空纤维膜丝，去除几乎全部的悬浮物以及部分胶体，超滤装置也设有反洗、空气擦洗设施和化学加强反洗、化学清洗装置。

③ 超滤装置产水进入倒极电渗析装置（EDR）。EDR 装置通过频繁倒极的极板和极板上铺设的阴阳离子膜片对水中的离子进行选择性吸附，达到脱盐目的，最终 EDR 产淡水进入回用水池，用于循环水场循环水补充水，系统内超滤装置、EDR 装置的反洗浓水外排至污水管道送至市政污水管网中。

3）技术特点　该技术工艺流程简单，可实现部分达标含盐污水转化为中等品质的再生水。由于电渗析对 NH_4^+、NO_3^-、HPO_4^{2-} 等离子的浓缩作用，浓水氮、磷等指标存在超标风险。电渗析单元进水水质要求较反渗透低，预处理要求和成本更低。

（4）典型案例

该技术已在某炼油厂得到应用。该企业污水主要包括含油含盐污水、酸碱污水、含硫含酸污水、锅炉废水、卸车区原油脱水和化验洗涤水等，经格栅-调节罐-隔油-气浮-生物膜法-厌氧-好氧-沉淀-BAF 工艺处理后，出水达到《石油炼制工业污染物排放标准》（GB 31570—2015）。2017 年开始，达标处理出水采用"多介质过滤器＋超滤＋电渗析"工艺进行深度处理，设计规模为 300 m^3/h，生产淡水作为循环水的补充水，从而降低了该厂的炼油加工耗水量，提高了新鲜水的利用率，有效地缓解了企业的用水压力。2017 年 5～10 月，中水回用系统的总进水量为 50 万吨，产淡水 20 万吨，产水及外排浓水水质均能满足设计要求。整体运行情况良好，但系统运行存在不稳定性，特别在电渗析倒极时淡水池液位波动较大，易引起电渗析装置自保停车等，需频繁进行人工干预操作，操作人员劳动强度大，需要进一步改进。且当中水回用系统原水水质发生波动时，极易造成浓水外排水氨氮等指标超标，不符合《石油炼制工业污染物排放标准》（GB 31570—2015），不能进行直接排放[153]。

5.3.5　循环冷却系统排水电渗析再生回用处理技术

（1）技术简介

敞开式循环冷却系统是目前石化生产中的重点耗水单元，在其运行过程中通过不断蒸发水分带走热量实现冷却，但随着水分的蒸发，循环冷却水中的盐度和污染物浓度升高，冷却水的腐蚀性和结垢倾向增加，需定期排水和补充新鲜水。由于循环冷却系统排水中主要是盐离子影响其继续使用，因此通过电渗析实现其中盐离子的选择性去除浓缩，可实现循环冷却系统排水的部分回用，从而降低水耗，提高水的重复利用率。为保证电渗析单元的稳定运行，除采用频繁倒极电渗析外，通常还需对排水进行预处理，以减轻电渗析单元的膜污染。该技术已在多家石化企业得到应用。

（2）适用范围

以敞开式循环冷却系统排水为处理对象，生产循环冷却水补充水等中等品质再生水。

（3）技术特征与效能

1）基本原理　电渗析法利用水中离子在直流电场作用下的定向迁移和垂直于电场交替排列的阴、阳离子交换膜的选择透过性，使水中的盐离子向浓水室聚集，形成交替的淡水室和浓水室，分别得到脱盐淡水和浓盐水，从而达到废水脱盐目的。为保证电渗析单元的稳定运行，通常还需对废水进行混凝、过滤等预处理，以去除胶体、悬浮物等离子交换膜污染物质。

2）工艺流程　循环冷却系统排水进入混凝沉淀单元，在混凝药剂的作用下使悬浮物和胶体物质形成絮体并在沉淀区沉淀实现泥水分离，沉淀后的污水进入多介质过滤器，对未能沉淀的絮凝体进行滤除，过滤出水再经精密过滤器进一步过滤后，进入电渗析器，脱去大部分的盐类，实现对水质的脱盐与淡化，淡水回用（图 5-38）。

3）技术特点　该技术工艺流程简单，可实现循环冷却系统部分排水转化为中等品质的再生水。由于电渗析对 NH_4^+、NO_3^-、HPO_4^{2-} 等离子的浓缩作用，

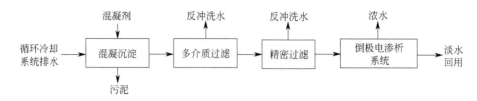

图 5-38　循环冷却系统排水电渗析再生回用工艺流程

浓水需进一步处理。电渗析单元进水水质要求较反渗透低，预处理要求和成本更低。

（4）典型案例

该技术已在山东、河北等地的石化企业得到应用。

① 山东某石化企业采用混凝沉淀-双层滤料过滤-精密过滤-电渗析工艺处理乙烯装置循环冷却系统排水，处理规模 100 m^3/h，淡水硬度 200 mg/L，Cl^- 浓度 120 mg/L，SO_4^{2-} 浓度 150 mg/L，总铁浓度 0.1 mg/L，均满足循环冷却系统补水水质要求，其回用减少了循环水系统的补水量，节约了水资源，并减少了循环水的排污量，节约了排污费用，取得了一定的经济效益和良好的社会效益[154]。需要指出的是，当采用含盐量较高的黄河水作为循环冷却水补充水时，电渗析单元膜污染严重，清洗频繁，直接采用电渗析处理含盐量较高的黄河水，然后将产生的淡水作为循环冷却系统的补水，运行更加稳定[155]。

② 河北某石化企业采用"三法净水一体化设备（混凝-沉淀-过滤）＋电渗析"的组合工艺对循环冷却系统排水进行处理，处理规模 110m^3/h，在原水电导率 4700$\mu S/cm$ 的情况下，淡水电导率 170$\mu S/cm$，电渗析淡水回用作循环冷却水补水，回用率 71%。该项目总投资 669.7 万元，循环水排污水回收处理设施运行能耗为 1.2 元/t，目前该公司使用新鲜水作为原水，每吨约 8 元，循环水排污水回收再利用节省新鲜水用量约 78m^3/h，则每年节省费用 78×24×365×（8－1.2）万元＝464.63 万元，1.5 年可收回设备投资[156]。

5.3.6　污水零液体排放处理技术

5.3.6.1　技术简介

该技术针对反渗透浓水等高含盐浓水，经过除硬、除硅、除 COD 等预处理后，进行膜浓缩、分盐、蒸发、结晶等处理，回收大部分水，同时获得氯化钠、硫酸钠，并产生少量杂盐。该技术的应用可大幅降低高含盐水的排放量，实现大部分水和盐的资源化回收，以及废水的近"零排放"。该技术在水资源短缺的干旱地区以及对排水盐度和污染物较敏感的生态脆弱地区应用前景广阔。

5.3.6.2　适用范围

在一些饮用水源及江河的上游地区、极干旱地区、生态脆弱地区，选择

"零"液体排放作为石化废水最终解决方案，以满足用水和环保要求。

5.3.6.3　技术特征与效能

（1）基本原理

整个处理流程包括预处理、纳滤分盐和盐水分离三部分。预处理段包括高效沉淀、高速过滤、中和-脱碳、臭氧催化氧化、微滤、阳离子交换等，通过预处理，降低废水中硬度、碱度、硅酸盐、悬浮物、油分等有害组分，使废水满足膜元件和分盐要求；纳滤分盐段利用纳滤膜的道南离子效应和孔径筛分原理将废水分为 NaCl 溶液和 Na_2SO_4 溶液；盐水分离段包括 NaCl 盐水分离部分和 Na_2SO_4 盐水分离部分，分别利用 RO 膜再浓缩、MVR 蒸发和冷冻结晶等工艺将盐和水分离。

（2）工艺流程

1）预处理　高盐废水被泵入高效沉淀池，用 NaOH 调节废水 pH 值至 11.5～12.5，在沉淀池中加入 Na_2CO_3，水中的 Ca^{2+}、Mg^{2+} 分别与水中的碳酸盐和碱反应形成 $CaCO_3$ 和 $Mg(OH)_2$ 沉淀，去除大部分硬度；沉淀池出水经多介质高速过滤器过滤去除悬浮物至 5mg/L 以下；过滤后的出水泵入中和池中，加入盐酸调节 pH 值至 5.5～6.5 后，进入脱碳塔中充分曝气脱碳，降低碳酸盐浓度；然后废水进入臭氧催化氧化处理池，在催化剂的作用下用臭氧氧化去除水中剩余有机物；净化后的废水经微滤装置精细过滤后进入阳离子交换树脂柱，进一步脱除钙镁。

2）纳滤分盐　经预处理后废水，进入纳滤装置进行分盐处理，纳滤产水为 NaCl 溶液，纳滤浓水是以 Na_2SO_4 为主的杂盐水溶液。分离出的两种盐溶液进入盐水分离段，分别进行再浓缩和结晶处理。

3）盐水分离　NaCl 溶液经过反渗透单元再浓缩，浓缩液部分作为离子交换树脂再生剂，余下再进入 MVR 进行蒸发结晶，制备 NaCl 结晶盐；Na_2SO_4 杂盐溶液经反渗透再浓缩，浓缩液进入冷冻结晶段分出 Na_2SO_4 结晶盐，冷冻水进行浓缩后再干燥产出杂盐。反渗透产水送至回用水箱，回用于厂区循环冷却水系统（图 5-39）。

（3）技术特点

可实现高含盐浓水中水和盐的资源回收，并大幅降低外排水量。

5.3.6.4　典型案例

某石化企业废水处理厂深度处理回用站产生并排放反渗透膜浓水约 $50m^3/h$，总溶解固体为 17640～24600 mg/L，以 Cl^-、Na^+ 和 SO_4^{2-} 为主，并含有较高浓度的 Ca^{2+} 和（重）碳酸盐碱度，含有的离子种类较多，COD 较高。该企业采用预处理-纳滤分盐-盐水分离处理工艺，水回用率达 98%，盐回收率达 90%。回收再生水 TDS ≤200 mg/L、COD ≤20.0 mg/L、Cl^- ≤30.0mg/L、氨氮≤4.5 mg/L、Ca^{2+}（以 $CaCO_3$ 计）≤5.0 mg/L、总碱度（以 $CaCO_3$ 计）≤40.0mg/

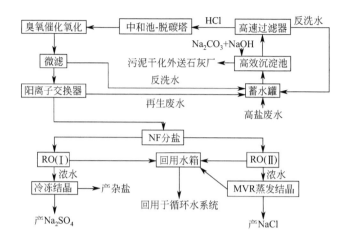

图 5-39　高含盐废水"零排放"典型工艺流程

L。水质优于循环水系统供水水质，可回用于循环水系统。NaCl 结晶盐纯度达 95.26%，符合《工业盐》（GB/T 5462—2015）中日晒工业盐 I 级；Na_2SO_4 结晶盐纯度达 98.71%，符合《工业无水硫酸钠》（GB/T 6009—2014）中Ⅲ类一等品。

吨水综合处理成本为 34.41 元，其中消耗化学品及相应服务费用 1.42 元/吨水，动力费（水、电）28.34 元/吨水，杂盐处理费 4.65 元/吨水[157]。

5.4　污水处理废气处理技术

石化污水处理过程会产生大量废气，主要成分为苯系物、烷烃和环烷烃等挥发性有机化合物（VOCs），以及硫化氢、氨、硫醇等恶臭污染物，易造成大气污染，危害人体健康，因此必须进行废气污染治理。石化污水处理废气治理应采用污染全过程控制的思路：一方面，应加强挥发性污染物的源头控制，如通过生产工艺改进提高挥发性污染物收率、增加挥发性污染物回收单元等方式降低废水挥发性污染物含量，通过密闭式污水处理设备替代开放式污水处理设备、选用低废气产生量的污水处理工艺等方式减少废气产生量；另一方面，应加强对污水处理废气的收集和处理，通过废气的加盖收集和管道输送，减少废气的无组织排放，通过废气的集中处理和处置削减废气污染物排放量。本节重点介绍石化废水处理过程中废气收集输送和处理处置等相关技术，具体如下。

5.4.1　废气收集输送技术

石化污水处理过程中产生的废气主要分布在集水池、均质调节罐（池）、污油罐、隔油池、气浮池、生物处理池、污泥处理与存储设施等构筑物，不同构筑物会产生不同组分和浓度的废气。其中，中高浓度废气多来自于集水池、均质调节罐（池）、隔油池、气浮池（包括溶气气浮、涡凹气浮）、浮渣罐（池）、污油罐（池）、污泥沉降罐、污泥池及污泥脱水间等，通常非甲烷总烃浓度在 $500\sim35000\mathrm{mg/m^3}$ 之间；低浓度废气主要来自曝气池、氧化沟、厌（缺）氧池、二沉池等生物处理单元，非甲烷总烃浓度为 $20\sim400\mathrm{mg/m^3}$。污水处理厂产生的中高浓度和低浓度废气在气量及污染物种类等方面均有较大差异，通常应分别建立独立的收集输送系统和处理系统，所采取的处理工艺也不相同。

为防止石化污水处理过程产生废气的无组织排放，传统的开放式污水处理构筑物需进行加盖密闭。由于石化污水处理过程中产生的废气通常具有较强的腐蚀性，污水处理构筑物密闭应采用玻璃钢、塑料、不锈钢等耐腐蚀材质，常用的结构型式包括全玻璃钢盖板结构、PP 全塑结构、悬吊膜结构、不锈钢拱形盖板、塑料浮顶盖等，各自特点见表 5-6。

表 5-6　不同加盖方式及材料比较

结构形式	不锈钢拱形盖板	PP 全塑结构	全玻璃钢结构	悬吊膜结构	塑料浮顶盖
加盖材料	SUS304、316L 材质	纯 PP 板覆面，采用改性 PP 加强	整体采用玻璃钢结构	钢支承反吊氟碳纤维膜结构	蜂窝状塑料浮顶盖
跨度限制	6～30m	1～10m	1～10m	1～50m	无
投资	初期投资较高	投资一般	投资比 PP 全塑结构高	初期投资较高	投资较高
防腐及抗老化	好	较好	好	很好	较好
安装	施工简单，易拆装	施工简单，但周期较长	施工简单	安装难度较大，费用较高	费用较高
使用寿命	15 年以上	5～8 年	8～10 年	15 年以上	8 年以上
优缺点	优点:跨度大,耐腐蚀、抗老化性能好,使用后材料可回收利用 缺点:一次性投资高	优点:耐腐蚀性能好,经济性好。 缺点:跨度受限,易老化;使用后作为固废处置	优点:耐腐蚀,轻质高强,一次投资较低 缺点:刚性不足,容易变形,易老化,使用后作为固废处置	优点:跨度大,耐腐蚀,耐热性好,防火安全,施工周期短。 缺点:维护工作量大,使用后的膜需处置	优点:耐腐蚀,耐老化,防静电、安装简单。 缺点:投资较高,且使用后作为危废处置
适用范围	废气腐蚀性强、跨度较大的污水处理构筑物	废气腐蚀性强的污水构筑物	小跨度炼油污水处理构筑物	大跨度炼油污水处理构筑物	不带刮渣机的池面或污水罐

污水处理厂废气收集和输送管道设计应参照《石油化工污水处理设计规范》（GB 50747—2012）要求，遵循"应收尽收、分质收集"的原则，管道布置应结合生产工艺，力求简单、紧凑、安全、管线短、占地空间少。废气收集管道应设

置风阀、阻火器、排凝管道；收集罩宜设置呼吸阀、观察口等。引风机应采用防爆电机，设置风量、压力等在线监测仪表。在风管分支处设置调节风阀，确保满足每一个密闭构筑物所需的引风量及系统阻力平衡；在收集罩的适当位置设置呼吸阀，以防止排放设施产生负压而导致收集罩的损坏。废气收集管道一般采用架空铺设方式。主风管的风速不宜大于 10m/s；支管的风速不宜大于 5m/s；由支风管上引出的短管，其风速不应超过 4m/s，以便控制运行噪声，减小阻力。管道应沿流向有一定坡度，并在最低点设凝结水排放阀。收集管道及附件应采用难燃、耐腐蚀材料或材质。由于处理构筑物废气湿度较大，氧浓度高，腐蚀性强，管材应视现场和处理介质、管道安装方式、投资等情况，选用玻璃钢、内防腐钢管、不锈钢材质或其他非金属管。一般选用纤维缠绕玻璃钢管道、改性工程塑料管道或不锈钢管道。其中，玻璃钢管具有管质轻而硬，不导电，机械强度高，抗老化，耐高温，耐腐蚀，可以使用 10～15 年等特点。玻璃钢管道缺点是外观稍差，需要进行专门的表面清洁处理；现场施工受气候影响大，因胶黏剂存在老化，在高温、湿度作用下，其胶接强度会下降；寿命周期后无法回收利用。改性工程塑料通过添加抗紫外老化剂、增塑剂、阻燃剂、增强剂等改善耐腐蚀性、耐老化性、阻燃性、柔韧性等。热熔焊接施工安装方便、外观美观，且塑料制造成本低，其缺点是阳光、空气、热及环境介质中的酸、碱、盐等作用下，易老化，易燃，耐热性差，刚度小。不锈钢管道的优点是耐腐蚀或耐高温，抗静电性能好，防爆阻燃性能好、易于现场安装，使用年限可以长达 15 年以上，其缺点主要是投资高。

应充分考虑废气管道的安全措施，污水罐、污油罐、污油池等含可燃气体的设施宜单罐、单池设置阻火器；废气管道上一般应考虑设置阻火阀，高浓度有机废气管道要求防静电、阻燃；污水处理废气收集系统不应与工艺装置、罐区、装卸设施等共用废气收集系统。

5.4.2 废气治理技术与方法

污水处理厂废气治理分为回收处理技术、销毁处理技术以及组合处理技术三类。

① 回收处理技术通过物理方法，改变温度、压力或采用选择性吸附剂和选择性渗透膜等方法来富集分离污染物，包括碱洗、吸附、吸收、冷凝、膜分离。

② 销毁处理技术通过化学反应或生物降解，用热、催化剂或微生物等将 VOCs 转变成为二氧化碳和水等无毒害无机小分子化合物方法，包括燃烧法、催化氧化法、生物处理法。

③ 组合技术是将回收处理技术和销毁处理技术进行组合使用，实现采用单一治理技术难以达到的治理效果，降低治理费用。污水处理厂废气治理可综合采用活性炭吸附、碱洗、生物法处理、催化氧化、蓄热燃烧（RTO）等方法。

常用的废气处理单元技术如表 5-7 所列。

表 5-7　常用石化污水处理废气处理单元技术

序号	方法名称	主要工作原理	优点	缺点	适用范围
1	吸附法	油气通过活性炭等吸附剂层,有机组分吸附在吸附剂表面,然后再经过减压脱附或蒸汽脱附,富集的有机物用真空泵抽吸到油罐或用其他方法液化;吸附净化后尾气经排气管排放	对浓度和气量变化适应性强,VOCs 去除率高,在 VOCs 处理上广泛应用	工艺复杂;需定期再生吸附剂;吸附床易产生高温热点,存在安全隐患	适合低沸点有机物(如汽油)废气、低浓度废气处理
2	吸收法	根据混合油气中各组分在柴油等吸收剂中溶解度的大小来进行油气和空气的分离。吸收剂对烃类组分进行选择性吸收,未被吸收的气体经阻火器排放	工艺、设备简单,投资小,操作费用低	回收率较低,仅为 80% 左右,需进一步处理	适合大、小气量和复杂组分处理
3	冷凝法	利用烃类在不同温度下的蒸汽压差异,通过降温使油气中一些烃类蒸汽压达到过饱和状态,过饱和蒸汽冷凝成液态,回收油气	系统简单,安全性高,自动化水平高	VOCs 去除率不高,电耗及运维费用较高	适合高浓度或高沸点 VOCs 气体回收
4	膜分离法	利用膜表面超薄功能层材质,优先溶解吸附废气中的 VOCs,并在膜两侧压力及浓度差的驱动下,利用不同气体分子透过膜的速度差异,实现 VOCs 在膜透过侧的富集,实现气相主体净化	回收率高,安全性好,不产生二次污染,适用性广,可高效回收有价值产物	投资大;处理低浓度废气经济性较差	适合回收处理高浓度、高附加值 VOCs 气体
5	热力燃烧	将含有机类气体的废气送入有火焰的燃烧炉中,使可燃成分燃烧,转化成 CO_2 和 H_2O	结构简单,投资小,VOCs 去除率一般在 97% 以上	缺点是能耗高、可能产生 NO_x 二次污染物	适合浓度大于 3000 mg/m^3 的 VOCs 废气
6	蓄热燃烧(RTO)	采用热氧化法处理中低浓度的有机废气,操作过程中气体流动方向间歇逆复,气体在交替通过陶瓷蓄热床进入 RTO 时被加热,流出 RTO 时被冷却。可将 VOCs 氧化为 CO_2 和 H_2O	比直接燃烧法需要更少的停留时间和更低的温度;效率高、处理彻底、消除 VOCs 污染小	污染物浓度低的情况下,需要消耗燃料;有少量氮氧化物生成,易造成二次污染	适于处理各类有机废气(1500~7000mg/m³)的 VOCs 废气和气量大的 VOCs 废气
7	催化氧化(CO)	催化氧化又称催化燃烧,它在 200~450℃,发生无焰燃烧,利用固体催化剂和氧气将有机物转化为 CO_2 和 H_2O,并减少 NO_x 的生成	VOCs 去除率高、运行稳定;自动化程度高,运行成本低、占地小;系统运行安全性高、适应性强,便于操作及维护 可以回收热量,不产生二次污染物	催化燃烧法催化剂价格昂贵且有固定寿命;催化剂有硫中毒失效的风险;污染物浓度低的情况下,需要电加热或者补充燃料	适合无回收价值、中等浓度(1000~8000mg/m³)的 VOCs 废气

序号	方法名称	主要工作原理	优点	缺点	适用范围
8	生物处理法	附着在滤料介质中的微生物在适宜的环境条件下,利用废气中的有机成分作为碳源和能源,维持其生命活动,并将有机物分解成 CO_2、H_2O 的过程。VOCs 首先经历由气相到固相或液相的传质过程,然后才在固相或液相中被微生物分解	处理效果好,无二次污染;工艺设备结构简单,投资和运行费用较低;适用范围广	占地面积较大;需要生物培养,系统启动慢;多与其他工艺(吸附)组合使用	适合于处理低浓度、不具有回收价值或燃烧经济性的 VOCs 废气,包括烃类、醇类、醛类、酸类、酯类、酮类、醚类等
9	吸附+吸收法	废气与自上而下喷淋的吸收剂形成对流接触,大部分的污染物被吸收,形成废吸收剂。未被吸收的残余污染物通过吸附去除	工艺简单,应用成熟,能耗低	回收率较低,VOCs 去除率仅为 85% 左右,需进一步处理	适合含高浓度有回收价值(10000 mg/m³ 以上)VOCs 的废气
10	冷凝+吸附法	先对油气降温,回收液化烃,然后通过吸附罐对废气中残余烃类进行吸附富集,富集的烃类组分脱附后返回冷凝级继续冷凝液化	安全性好,净化效率较高,运行稳定;可回收汽油或苯等有价物质	回收率较低,电耗高,运维工作量较大	适于高温,高浓度、有价值 VOCs 废气
11	总烃浓度均化+催化燃烧法	采用活性炭进行总烃浓度均化,再用液碱脱硫除去杂质后,在催化剂作用下,将废气在 250~450℃ 温度下氧化分解为 CO_2 和 H_2O,尾气达标外排	VOCs 去除率达 99% 以上;能耗低,基本不产生 NO_x,运行稳定可靠	一次性投资费用较大,催化剂需定期更换	适合无回收价值、中低等浓(3000 mg/m³ 以下)的 VOCs 废气治理
12	生物滴滤+除湿+活性炭吸附	通过生物滴滤塔载体上附着微生物的吸附和生物降解作用,实现大部分污染物去除,废气经除湿后进入活性炭吸附单元,实现残余污染物的吸附去除	抗冲击能力强,设备简单,易于维护与管理,处理效果稳定,微生物具有良好的适应性和较高的去除效率,运行费用低	占地面积大,需培养生物膜,系统启动慢	适用于中低浓度 VOCs 废气治理

目前石化污水处理厂的废气处理多为多项技术的组合应用,有应用的典型组合工艺包括"脱硫+总烃浓度均化+催化氧化""生物滴滤+生物催化氧化+活性炭吸附""蓄热燃烧"和"微乳液吸收+生物氧化"等,其具体情况如下。

5.4.3 废气治理组合技术典型案例

5.4.3.1 "脱硫+总烃浓度均化+催化氧化"组合工艺

（1）技术简介

该技术以污水处理厂烃类含量较高的有机废气为处理对象,通过脱硫和催化氧化分步有效去除废气中的含硫污染物和挥发性有机化合物,污染物去除率高,非甲烷总烃和苯系物指标可满足《石油炼制工业污染物排放标准》（GB 31570—2015）和《石油化学工业污染物排放标准》（GB 31571—2015）。含有总烃浓度均化单元,其工艺抗冲击负荷能力强。

（2）适用范围

炼油污水处理厂烃类含量较高的有机废气达标处理。

（3）技术特征与效能

1）基本原理　该组合工艺包含脱硫、总烃浓度均化和催化氧化三个主要环节，各环节技术原理如下。

① 脱硫：废气中硫化氢、硫醇、硫醚等恶臭物质的去除有利于降低废气燃烧尾气的二氧化硫含量，防止催化燃烧催化剂的中毒。常用的脱硫技术包括高浓度含硫化合物的碱洗脱除和低浓度含硫化合物的吸附吸收去除。碱液中的 NaOH 可与硫化氢、硫醚等反应生成硫化钠，从而将硫固定在液相。废气含有的中低浓度含硫化合物可采用装有高硫容脱硫剂的脱硫罐进行去除，转化为单质硫和硫的固态化合物，使废气还原性总硫降到 $30mg/m^3$ 以下。常用的脱硫剂包括氧化铁脱硫剂、氧化锌脱硫剂、炭基材料脱硫剂（活性炭、改性活性炭、改性半焦等）等。

② 总烃浓度均化：通过 VOCs 在活性炭等材料上的吸附与解吸作用，使波动的 VOCs 浓度得到均化处理，防止反应器温度剧烈波动。

③ 催化燃烧：包括换热器、加热器、催化燃烧反应器三个主要设备，催化燃烧反应器内填有催化燃烧催化剂。废气经换热和加热后达到适宜的温度，然后进入催化燃烧反应器，废气中的有机物在催化剂的作用下与空气中的氧气发生氧化反应，生成 H_2O 和 CO_2，并释放出大量反应热，处理后的废气携带大量的热量，通过换热器进行热能回收，对原料废气进行加热。催化燃烧为无火焰燃烧，燃烧温度较直接燃烧低（300～450℃），安全性好，二次污染少。催化燃烧对污染物的分解较彻底，处理后废气可达标排放。

2）工艺流程　污水处理厂产生的高浓度废气经阻火器后进入脱硫总烃浓度均化单元，实现硫化氢和硫醇、硫醚等含硫有机物的去除和废气污染物浓度的均化；经过滤去除废气少量颗粒物后，进入催化燃烧单元，进行换热、加热和催化燃烧处理，燃烧废气首先进入换热器将热量传递给待燃烧废气实现热量回收，然后通过排气筒达标排放（图 5-40）。

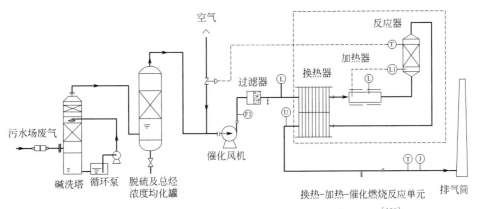

图 5-40　脱硫＋总烃浓度均化＋催化氧化组合工艺典型流程[158]

3）技术参数

① 进入催化燃烧反应器或焚烧装置的废气中有机物浓度应控制小于其爆炸极限下限（LEL）的 25%；当有机物浓度高于 25% LEL 时，应通过空气稀释或增加引气量等方式进行调节。

② 脱硫＋总烃浓度均化罐空床流速 $60\sim260h^{-1}$，并将还原性总硫浓度降到 $30mg/m^3$。

③ 催化燃烧反应器入口温度宜为 $220\sim400℃$，设计空速 $5000\sim20000h^{-1}$，废气燃烧后产生的高温烟气宜进行热能回收，排气温度不宜高于 $180℃$。

④ 催化燃烧 VOCs 去除率大于 95%，净化气体中非甲烷总烃、苯、甲苯、二甲苯符合《石油炼制工业污染物排放标准》（GB 31570—2015）和《石油化学工业污染物排放标准》（GB 31571—2015）。

4）技术特点　催化燃烧为无火焰燃烧，安全性好，要求的燃烧温度低，辅助燃料费用低，对可燃组分浓度和热值限制较少，二次污染物 NO_x 生成量少，燃烧设备的体积小，VOCs 去除率高。该技术缺点是催化剂价格较贵，且需要进行脱硫和过滤等预处理以防止催化剂失活。

（4）典型案例

该技术已在天津、河南、山东、河北等地的多家石化企业得到应用。

① 天津某石化企业污水场采用"脱硫及总烃均化-催化燃烧"组合工艺处理污水场沉水井、隔油池、浮选池等构筑物产生的高浓度废气。该装置于 2004 年 12 月正式运转，一直运行稳定，设计废气处理规模（标态）$3000m^3/h$。催化燃烧反应器入口总有机硫、苯系物和非甲烷总烃平均浓度分别为 $4.8mg/m^3$、$69.0mg/m^3$ 和 $1806mg/m^3$，出口平均浓度分别为 $<1.0mg/m^3$、未检出和 $55mg/m^3$，非甲烷总烃去除率达到 97%。净化后的气体满足《石油炼制工业污染物排放标准》（GB 31570—2015）[159]。

② 河南某石化企业采用"碱洗-脱硫及总烃浓度均化-催化燃烧"组合工艺处理来自污水总进口、斜板隔油池、涡凹气浮池、加压溶气气浮池、水解酸化池的废气。该处理装置设计处理规模（标态）$3000m^3/h$，实际废气处理量（标态）$1600m^3/h$ 左右，于 2011 年 3 月正式投用，运行平稳。装置设计进口总硫含量为 $0\sim200mg/m^3$，实际为 $150\sim400mg/m^3$，含量较高且波动较大，废气经碱洗和脱硫及总烃浓度均化处理后，总硫含量能够达到 $10mg/m^3$ 以下，达到设计催化燃烧反应器进气要求。在催化燃烧反应器入口温度 $270\sim300℃$、总烃浓度 $1000\sim2000mg/m^3$ 的条件下，非甲烷总烃去除率达 95% 以上，出口非甲烷总烃浓度在 $80mg/m^3$ 以下，达到《石油炼制工业污染物排放标准》（GB 31570—2015）[160]。

③ 某石化企业采用"碱洗-脱硫及总烃浓度均化-催化氧化"工艺处理炼油污水处理厂总进水口、隔油池、气浮池等预处理设施排放的高浓度废气，设计处理规模（标态）$5000m^3/h$。碱液洗涤对硫化氢及有机硫化物的去除率达到 80% 以上，再经催化燃烧处理彻底去除。催化燃烧反应器入口非甲烷总烃浓度为 $950mg/m^3$ 以上，出口浓度低于 $20mg/m^3$，去除率达到 97% 以上。催化燃烧反

应器入口苯、甲苯、二甲苯浓度均在 10mg/m³ 以上，出口均未检出。净化后的气体满足《石油炼制工业污染物排放标准》（GB 31570—2015）[158]。

④ 山东、河北等地的石化企业以催化燃烧为核心建立了高浓度废气和低浓度废气的联合处理装置，污水处理厂隔油池、气浮池等高浓度废气采用"脱硫及总烃浓度均化-催化燃烧"工艺处理，曝气池等低浓度废气采用"洗涤-吸附"工艺处理，低浓度废气吸附剂用催化氧化排放的热气再生并返回催化氧化处理（图 5-41）[161]。

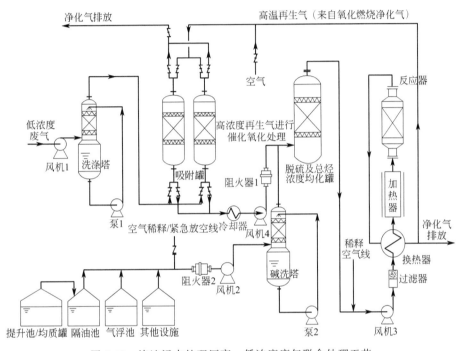

图 5-41　炼油污水处理厂高、低浓度废气联合处理工艺

5.4.3.2　"生物洗涤+生物滴滤"组合工艺

（1）技术简介

该技术以污水处理厂中低浓度废气为处理对象，通过多级生物处理工艺，实现废气中污染物的生物降解，污染物去除率高，非甲烷总烃和苯系物指标可满足《石油炼制工业污染物排放标准》（GB 31570—2015）和《石油化学工业污染物排放标准》（GB 31571—2015）。常温常压运行不产生 NO_x 等二次污染物，建设投资和运行成本低。

（2）适用范围

石化污水处理厂含有机物、硫化氢和氨的中低浓度废气达标处理。

（3）技术特征与效能

1）基本原理　该组合工艺包含生物洗涤和生物滴滤塔两个单元，技术原理如下。

① 生物洗涤法。利用由微生物、营养物和水组成的微生物吸收液处理废气，使污染物被吸收液吸收，进而被吸收液中的悬浮微生物絮体吸附和降解。

② 生物滴滤法。生物滴滤塔内填充生物载体，载体上附着生长生物膜，待处理废气由滴滤塔底部进入，然后穿过生物载体向上流动，在此过程中废气中的污染物被载体微生物膜表面的水膜吸收，进而被水膜内的生物膜吸收和降解，废气得到净化。为维持生物膜表面湿润和微生物生长代谢，需定期向生物膜喷淋营养液，保证生物膜的正常生长。

2）工艺流程　恶臭气体经引风机进入生物洗涤塔，在生物洗涤塔内，难生物降解的恶臭组分被微生物絮体吸附，可生物降解的恶臭组分直接被微生物氧化分解，经过生物洗涤塔预处理恶臭气体进入生物滴滤塔，经过处理后直接排放（图 5-42）。

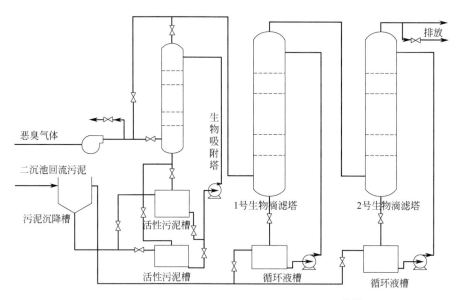

图 5-42　生物洗涤＋生物过滤组合工艺典型流程[162]

3）典型设计参数

① 生物洗涤塔：气液比 200∶1，停留时间 6～8s。

② 生物滴滤塔：气液比 600∶1，停留时间 10～12s。

4）技术特点　常温常压运行，不产生 NO_x 等二次污染物，不消耗昂贵的催化剂，建设投资和运行成本低。

（4）典型案例

某石化企业采用生物洗涤＋生物滴滤装置处理炼油污水处理厂隔油池、气浮池 15000m³/h 废气，工程占地面积 150m²，每处理 100m³ 废气的直接成本（电费＋药剂）为 1.85 元。废气中氨、硫化氢、甲硫醇、VOCs 的平均浓度分别由 12.26mg/m³、7.86mg/m³、3.20mg/m³ 和 629.8mg/m³ 降至处理后的 1.18mg/m³、0.06mg/m³、0.004mg/m³ 和 15.6mg/m³，去除率分别为 90.4%、99.2%、99.8%和 99.1%[162]。

5.4.3.3　蓄热燃烧（RTO）技术

（1）技术简介

RTO 技术是在直接燃烧法基础上发展出来的新技术，将有机废气进行燃烧净化处理，并利用蓄热体对待处理废气进行换热升温、对净化后排气进行换热降温的装置。蓄热燃烧装置通常由换向阀、蓄热室、燃烧室和控制系统等组成，可分为固定式和旋转式两大类，而前者又可根据蓄热体床层的数量分为两室或多室。蓄热燃烧技术主要用于各种固定源 VOCs 的净化，是目前国内外 VOCs 治理的主要技术之一，应用范围广，适用于含高浓度 VOCs 的废气。蓄热燃烧技术从根本上提高了加热炉的能源利用率，既可减少污染物的排放又可节约能源，还可强化加热炉内的炉气循环，均匀炉子的温度场。

（2）适用范围

石化污水处理厂含高浓度 VOCs 的处理。

（3）技术特征与效能

1）基本原理　两室 RTO 系统工作原理为含 VOCs 的有机废气进入 RTO 系统后，首先进入蓄热室一（该蓄热室已被前一个循环的净化气加热），废气从蓄热室一吸收热量使温度升高，然后进入燃烧室，VOCs 在燃烧室内被氧化为 CO_2 和 H_2O，废气从而得到净化。燃烧后的高温净化气离开燃烧室，进入另一个冷的蓄热室二，该蓄热室从净化的烟气中吸收热量并贮存起来（用来预热下一个阶段进入系统的有机废气），并使净化烟气的温度降低。经过一段设定的时间，进入该周期的第二阶段，气体流动方向逆转，有机废气从蓄热室二进入系统，净化气体从蓄热室一排出。气流流向在周期内改变两次，蓄热室也不断地吸收和放出热量，实现了高效热能回收，热回收率可达90%以上。

多室 RTO（以三室为例）与两床式 RTO 的最大区别是增加一个蓄热室用于吹扫系统。在一个蓄热室进气、一个蓄热室排气的同时一个蓄热室处于吹扫状态，吹扫系统可以采用"吹出"方式，也可以采用"吸入"方式。使蓄热室在用于进气以后、用于排气之前得到吹扫，从而解决了双蓄热室 RTO 换向时的 VOCs 直接排放问题。

旋转式 RTO 一般只有一个换向阀和多个蓄热室（6 个、8 个或更多），多个蓄热室环形布置。旋转式 RTO 一般采用旋转换向装置，控制各个蓄热室分别依次处于进气状态、吹扫状态和排气状态；各个蓄热室的换向是逐步完成。这种结构的 RTO 系统较紧凑，占地小，但气流切换装置复杂。

2）工艺流程　蓄热式燃烧装置系统主要由燃烧装置、蓄热室（内有蓄热体）、换向系统、排烟系统和连接管道五部分组成。蓄热室（内有蓄热体）一般为成对布置方式，陶瓷蓄热体应分成两个（含两个）以上的区或室，每个蓄热室依次经历蓄热-放热-吹扫等程序。

含 VOCs 的有机废气经脱硫和总烃浓度均化后送入蓄热燃烧装置，从经过吹扫和加热的蓄热室进入，实现蓄热室存储热量的利用；从经过吹扫的蓄热室排出，并实现热量的回收。经燃烧器处理后的尾气，进行必要的尾气处理后达标排放（图 5-43）。

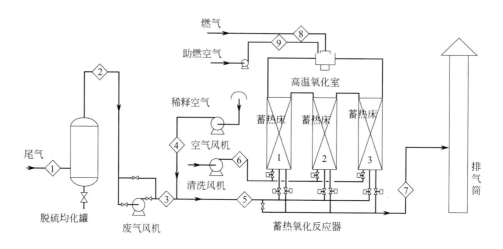

图 5-43　蓄热燃烧技术工艺流程示意（1～9 为提升阀）[163]

3）技术特点　RTO 装置具有净化效率高、适用于组分复杂且波动性大的 VOCs、热回收效率高、运行稳定性好等优点。由于 RTO 燃烧温度高，尾气中含有 NO_x，需进一步处理。

（4）典型案例

① 上海某石化公司采用废气均化-蓄热燃烧工艺处理罐区污水池废气和沥青罐区储罐经低温柴油吸收-碱液脱硫工艺处理后的废气。进入蓄热燃烧反应器中的总烃质量浓度为 1000～3000mg/m³。有机物在蓄热炉中被氧化生成 H_2O 和 CO_2，并释放出反应热。蓄热氧化反应温度为 680～800℃，处理气中非甲烷总烃质量浓度均小于 15mg/m³，苯、甲苯、二甲苯浓度小于检测低限值，NO_x 折算质量浓度均小于 100mg/m³[163]。

② 湖南某石化公司第一污水处理厂高 VOCs 废气，超出 GB 31570—2015 中要求的排放限值，并严重影响厂区及周边环境。自 2017 年 10 月 RTO 装置开工以来，废气中 VOCs 去除率达到了设计要求的 99% 以上。2019 年全年 RTO 装置平稳运行，排放的尾气中非甲烷总烃、苯、甲苯、二甲苯等污染物浓度平均值均低于国标[164]。

5.4.3.4　"微乳液吸收+ 生物氧化"组合处理工艺

（1）技术简介

一种炼化污水处理厂含烃恶臭气体处理组合工艺技术，主要包括可生化降解微乳液增溶吸收＋生物氧化两部分，其中可生化降解微乳液增溶吸收（degrad-able micro-emulsion absorption，DMA）技术，可有效去除含烃恶臭废气中非甲烷总烃、苯、甲苯和二甲苯；同时该技术可与污水场废气生物处理单元相结合，实现污水场外排废气满足国家各项排放标准要求，实现原位升级与技术集成。

（2）适用范围

石化污水处理厂高浓度废气和低浓度废气的综合处理。

（3）技术特征与效能

1）基本原理

① 微乳液吸收填料塔。微乳液通常由表面活性剂、助表面活性剂、油、水或盐水等组分在适当配比下自发生成，其结构有水包油型（O/W）、油包水型（W/O）和油水双连续型（B. C）三种。O/W 型与 W/O 型微乳液随含水量变化可逐渐互相转化；按所使用表面活性剂可分为非离子型、阴离子型、阳离子型和离子-非离子型混合型 4 种。微乳液粒径在 $10^{-8} \sim 10^{-7}$ m 之间，有与胶束相似的球形结构，与胶束相比（特别是 O/W 型微乳液）有更大的有机中心，能溶解更高浓度的非极性分子和体积较大的有机分子，甚至与微乳液滴体积相近的分子，具有超低界面张力和很高的增溶能力，增溶量可高达 60%～70%。在废气与微乳液逆流接触传质过程中，大比表面积的规整填料提供了很大的气液接触面积及均匀的气液比，使得在气液两相界面处 VOCs 由气相可以快速扩散进入液相，进入液相的有机气体分子可以被微乳液胶束中的亲油基吸附而稳定存在，不易逸散出来，从而实现对废气中 VOCs 的稳定吸收处理。

② 生物氧化。主要包括生物过滤和生物滴滤两个处理单元。生物过滤池中填充具有吸附性的滤料，滤料需保持一定的水分。废气污染物和氧气从气相扩散至介质外层的水膜，由填料表面生长的各种微生物消耗氧气而把污染物分解为 CO_2 和 H_2O 等。生物滴滤池则是在填料上方喷淋循环液，通过循环液回流可控制滴滤池水相的 pH 值，并可在回流液中加入 K_2HPO_4 和 NH_4NO_3 等物质，为微生物提供 N、P 等营养元素。填料表面是由微生物形成的一层生物膜，滴滤池中的反应产物能通过冲洗移除。生物滴滤池通过循环喷淋和介质均匀布气有机结合，一方面对污染气体进行加湿洗涤，促进易溶气体的溶解去除；另一方面，气液两相充分对流接触，增加滴滤液中的溶氧量，为滴滤液中丰富的好氧菌群提供了生存和保持活性的条件。

2）工艺流程 高浓度废气经收集后，在前置风机作用下输送至可生化降解微乳液增溶吸收（DMA）处理单元，高浓度含烃恶臭气体由填料塔下部进入，然后与从填料塔顶部喷淋而下的微乳液吸收剂在填料层逆流接触传质，气体中的苯系物及其他挥发性有机化合（VOCs）物由气相进入液相；进入液相的有机物快速被微乳液的胶束所吸附溶解，从而实现高浓度废气中 VOCs 的吸收去除。DMA 处理单元处理后的废气与低浓度废气混合，经过生物氧化单元处理净化后达标排放（图 5-44）。

3）典型技术参数 DMA 处理装置的主要操作条件为：喷淋密度 1.7～3.3m³/(m²·h)，空塔气速 0.3m/s，进气温度 25～35℃，停留时间 15～20s，吸收液循环量 160m³/h，填料层高度 6.0m（均分为 3 层）。

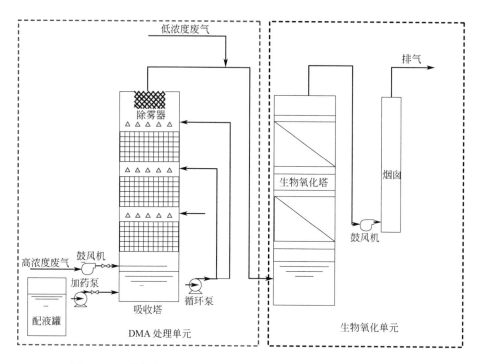

图 5-44 污水场含烃恶臭气体微乳液吸收＋生物氧化组合处理工艺

4）技术特点

① 可生化降解微乳液增溶吸收技术具有 VOCs 吸收率较高、无二次污染、抗冲击能力强、操作简便，投资运行成本低、占地面积小等技术优势，适用于污水处理厂废气治理提标改造工程作为预处理单元来配置。达到饱和吸收容量的微乳液可生化性良好（BOD/COD 值＞0.4），可直接排入现有污水生化处理装置，无需单独再建处理装置，且不产生二次污染。

② 对污水预处理单元和污泥处理单元逸散的高浓度含烃废气进行处理，提高了后续两段滴滤式生物氧化装置的抗冲击能力，保证其稳定运行。

（4）典型案例

陕西某石化企业污水处理厂采用"微乳液吸收＋生物氧化"组合工艺处理污水处理厂产生的高浓度和低浓度废气。高浓度废气来自栅池、沉砂池、污水提升池、高浓度隔油池、低浓度隔油池和气浮池，其中非甲烷总烃、苯、甲苯、二甲苯和 VOCs 的质量浓度依次为 389～625mg/m³、9.8～16.7mg/m³、12.9～23.6mg/m³、11.7～17.5mg/m³ 和 360～1500mg/m³，低浓度废气来自废水生物处理单元，设计处理总风量为 32000m³/h。微乳液吸收单元出口非甲烷总烃、苯、甲苯和二甲苯质量浓度依次为 136～240mg/m³、3.8～5.2mg/m³、4.5～7.1mg/m³ 和 4.3～5.7mg/m³，四者的脱除率均为 62%～71%。生物氧化单元出口含非甲烷总烃 46～77mg/m³、苯 0.816～2.145mg/m³、甲苯 0.724～0.913mg/m³、二甲苯 0.492～0.762mg/m³，均满足《石油炼制工业污染物排放标准》（GB 31570—2015）中排放限值要求[165]。

5.5　污水处理污泥处理与资源化技术

5.5.1　污泥来源与特点

石化污水处理可分三个阶段：一是特殊污水的预处理；二是综合污水处理厂的达标处理；三是污水回用及零排放处理。每个阶段都会产生特定性质的污泥：a. 特殊污水预处理产生的污泥主要为沉淀、浮渣、化学污泥、生物污泥等，通常含有聚合物颗粒、污油、废催化剂等石化生产原料、产品或中间产物，污泥数量相对较少、种类繁多、成分复杂，其综合利用和处理处置方式差异较大；b. 综合污水达标处理产生的污泥，一般为含油污泥和剩余活性污泥，此类污泥数量相对较大，是污水处理固体废弃物产生的主要来源；c. 污水深度处理产生的污泥，主要包括高密度沉淀池、V 形滤池、微絮凝连续流动砂过滤、气浮、高级氧化等处理单元产生的污泥，无机质含量较高。

不同类型污泥宜采取不同的污染控制策略：a. 特殊污水预处理污泥，应遵循清洁生产的理念，尽量从源头消减污染物的产生量，并进行综合利用，实现污泥的"减量化、资源化、无害化"；b. 综合污水达标处理产生的剩余活性污泥特性以及污水深度处理产生的污泥，有毒污染物含量较特殊污水预处理污泥和含油污泥低，且其浓缩、脱水性能与市政污水厂污泥相近；c. 含油污泥含油量高、浓缩脱水难，属于危险废物，其处理处置难度大、成本高。

石化行业的含油污泥主要包括原油罐底油泥、隔油池底泥、气浮池浮渣。原油在贮存过程中会有泥沙、重质石油蜡、胶质和沥青质等重组分随水一起沉积在原油储罐底部，从而形成原油储罐油泥。原油加工过程产生的含油污水、含盐污水以及含硫污水均含有一定量的油，其隔油和气浮处理过程中将产生含油底泥和含油浮渣。含油污泥组成和特性受原油品质、污水处理工艺、污泥来源等因素影响，但均含有较高浓度的石油类，依据《国家危险废物名录》均属于危险废物，需进行专门的处理处置。

含油污泥黏度高、过滤比阻大。其中固体颗粒组成复杂，且多数属"油性固体"（如沥青质、胶质和石蜡等），质软，随着脱水的进行滤饼粒子变形，增加了比阻，而且在过滤脱水过程中这些变形粒子极易黏附在滤料上，堵塞滤孔，进一步增加比阻；在离心脱水时，还因其黏度大、乳化严重，固-固-液粒子间黏附力强和密度差异小等原因导致分离困难。

5.5.2　污泥处理单元技术

石化污水处理污泥的治理涉及污泥的浓缩、调理、稳定化、脱水、干化、焚烧、处置等环节，各环节相关单元技术如下。

5.5.2.1　污泥浓缩技术

污泥浓缩的目的在于降低污泥中的水分，缩小污泥的体积，但仍保持其流动性，有利于污泥的输送、处理和利用。浓缩后的污泥含水率仍较高，可用泵输送。有工程应用的污泥浓缩技术包括重力浓缩法、离心浓缩法和气浮浓缩法，其原理和特点如下。

（1）重力浓缩法

利用污泥中固体颗粒与水之间的相对密度差通过沉降原理来实现污泥浓缩。重力浓缩贮存污泥能力强，操作要求一般，运行费用低，动力消耗小；但占地面积大，污泥易发酵产生臭气；对某些污泥（如剩余活性污泥）浓缩效果不理想。

（2）离心浓缩法

在高速旋转的离心机中，由于污泥中的固体颗粒和水的密度不同，因此所受离心力大小不同而使两者得到分离。离心浓缩法的特点是效率高、时间短、占地少、卫生条件好。

（3）气浮浓缩法

多用于浓缩污泥颗粒较轻（相对密度接近1）的污泥，如剩余活性污泥、生物滤池污泥等。气浮浓缩有部分回流气浮浓缩系统和无回流气浮浓缩系统两种，其中部分回流气浮浓缩系统应用较多。澄清水从池底引出，一部分外排，一部分用水泵引入压力溶气罐加压溶气。溶气水通过减压阀从底部进入进水室，减压后的溶气水释放出大量微小气泡，并迅速依附在待气浮的污泥颗粒上，携带固体上升，形成浓缩污泥浮渣层，浓缩污泥在池面由刮泥机刮出池外。气浮浓缩法优点是泥水分离速度快、停留时间短等；缺点是存在废气污染问题等。

5.5.2.2 污泥调理技术

污泥调理能增大颗粒的尺寸、中和电性，能使吸附水释放出来，这些都有助于污泥浓缩和改善脱水性能。此外，经调理后的污泥，在浓缩脱水时污泥颗粒流失减少，并可提高固体负荷率。最常用的调理方法有化学调理和热调理，此外还有冷冻法、辐射法、淘洗法等。调理方法的选择必须从污泥性状、脱水工艺、有无废热可利用以及整个处理、处置系统的关系等方面综合考虑。

（1）化学调理法

在污泥中加入助凝剂、混凝剂等化学药剂，促使污泥颗粒絮凝，改善其脱水性能。通过向污泥中投加各种混凝剂，可使污泥形成颗粒大、孔隙多和结构强的滤饼。常用的调理剂有铁盐、铝盐、聚合铝铁、聚丙烯酰胺、石灰等。无机调理剂价廉易得，但渣量大，受pH值的影响大。经无机调理剂处理污泥量增加，污泥中无机成分的比例提高，污泥的热值降低；而有机调理剂则与之相反。综合应用2~3种混凝剂，混合投配或依次投配，效能较高。如石灰和三氯化铁同时使用，不但能调节pH值，而且由于石灰和污水中的重碳酸盐能生成碳酸钙，碳酸钙形成的颗粒结构而增加了污泥的孔隙率。调理剂投加范围很大，因此在特定的情况下最好通过试验确定最佳剂量。

（2）热调理法

在一定压力下，短时间将污泥加热，破坏污泥的胶体结构，降低固体和水的亲和力，达到泥水分离的方法。热调理法主要有 Porteus 法和湿式氧化法。

① Porteus 法的一般工艺条件：压力 1.0～1.5MPa，温度 140～200℃；停留时间 30min；再经机械处理后固含量为 30%～50%。

② 湿式氧化法的一般工艺条件：压力 1.1～19MPa，温度 185～300℃；再经机械处理后固含量为 30%～50%。

热调理法污泥脱水率高，但装置的运行成本高，投资成本高，滤液污染物含量高，需要再处理。

（3）冷冻熔融调理法

污泥一旦冷冻后再熔融，因为温度大幅度变化，使胶体脱稳凝聚且细胞膜破裂，细胞内部水分得到游离，从而提高了污泥的沉降性能和脱水性。

石化污水处理厂产生的剩余活性污泥含油量低，通常可采用与市政污泥相似的调理技术，而其产生的含油污泥含油量高，脱水性能差，脱水前需进行调理，以改变污泥粒子表面的物理化学性质，破坏污泥的腔体结构，从而改善污泥浓缩和脱水性能。含油污泥调理过程中，除投加混凝剂外，通常还需采取投加破乳剂、加热等强化手段，以保证其脱水效果。如在含油污泥中加入适量石灰，可以吸附污泥中的部分油脂，改善滤饼的透气性，促进滤饼形成裂纹，使滤饼易于从滤布上脱落下来。用硅藻土、石灰和飞灰等微细粉末作为调节剂，不仅可使易变形的含油污泥粒子形成有刚性的污泥骨架，使泥饼呈毛细结构，从而提供更多的微细水流通道；还可增加污泥粒子和水相的密度差，有利于机械脱水。一般先以适当方式投加飞灰、煤粉等固体粉末调节剂，并混合均匀；再投加混凝剂，进行脱水处理。

5.5.2.3　污泥稳定化技术

工业化应用的污泥稳定化技术包括厌氧消化法、好氧消化法和石灰稳定法。目前我国少数石化企业对污泥进行了厌氧消化处理[166,167]。

（1）厌氧消化法

在无氧的条件下，借兼性菌及专性厌氧细菌降解污泥中的有机污染物。对于有机污泥的厌氧处理（常称污泥消化）已有较多的设计与运转经验，常根据经验数据进行设计。但理想的消化池的设计则宜根据生物化学和微生物原理进行。在传统的污泥消化过程中，有机不溶性固体的水解阶段是整个系统的速度限制阶段，因此所需消化时间相当长。由于污泥的含水率都很高，为 95%～99.5%，加之初沉池污泥一般都与污水生物处理后的沉淀污泥一起进行消化处理，反应器内微生物量大，胞外酶丰富，每天投入反应器的污泥量相对较少，且产甲烷菌对外界环境条件比较敏感，所以具有充分搅拌并连续或几乎连续进泥出泥的现代高负荷污泥消化也可大大缩短消化时间。

（2）好氧消化法

污泥的好氧处理是在延时曝气活性污泥法的基础上发展起来的。消化池内微生物生长处于内源代谢期。通过处理,产生 CO_2 和 H_2O 以及 NO_3^-、SO_4^{2-}、PO_4^{3-} 等。好氧处理需供应足够的空气,并有足够的搅拌使泥中颗粒保持悬浮状态。污泥的含水率必须大于 95%,否则难于搅拌起来。污泥好氧处理系统的设计根据经验数据或反应动力学进行,消化时间根据实验确定。

（3）石灰稳定法

在石灰稳定中,将足够数量的石灰加到处理的污泥中,将污泥的 pH 值提高到 12 或更高。高 pH 值所产生的环境不利于微生物的生存,则污泥不会腐化、产生气味和危害健康。石灰稳定并不破坏细菌滋长所需要的有机物,所以必须在污泥 pH 值显著降低或会被病原体再感染和腐化以前予以处理。

5.5.2.4 污泥脱水技术

污泥经浓缩后,尚有约 98% 的含水率,体积仍很大。污泥脱水可进一步去除污泥中的空隙水和毛细水,减少其体积。经脱水处理,污泥含水率能降低到 60%~80%,其体积约为原体积的 1/4,有利于后续运输和处理。目前工业化应用的污泥脱水机械包括卧式螺旋离心机、板框压滤机、带式压滤机和叠螺式脱水机等。

（1）卧式螺旋离心机

其为一种螺旋卸料沉降离心机,主要由高转速的转鼓、与转鼓转向相同且转速比转鼓略低的带空心转轴的螺旋输送器和差速器等部件组成。待处理浓缩污泥由空心转轴送入转筒后,在高速旋转产生的离心力作用下立即被甩入转鼓腔内。高速旋转的转鼓产生强大的离心力把比液相密度大的固相颗粒甩贴在转鼓内壁上,形成环状的固体层（称固环层）;水分由于密度较小,离心力小,因此只能在固环层内侧形成液体层,称为液环层。由于螺旋和转鼓的转速不同,二者存在有相对运动（即转速差）。利用螺旋和转鼓的相对运动把固环层的污泥缓慢地推动到转鼓的锥端,经干燥区后由转鼓圆周分布的出口连续排出;液环层的液体则靠重力由堰口连续"溢流"排至转鼓外,形成分离液。

（2）板框压滤机

混合液流经过滤介质（滤布）,固体停留在滤布上,并逐渐在滤布上堆积形成过滤泥饼。而滤液部分则透过滤布,成为不含固体的清液。随着过滤过程的进行,泥饼厚度逐渐增加,过滤阻力加大。过滤时间越长,分离效率越高。特殊设计的滤布可截留粒径 $<1\mu m$ 的粒子。板框压滤机由交替排列的滤板和滤框构成一组滤室。滤板的表面有沟槽,其凸出部位用以支撑滤布。滤框和滤板的边角上有通孔,组装后构成完整的通道,能通入悬浮液、洗涤水和引出滤液。板、框之间的滤布起密封垫片的作用。由供料泵将浓缩污泥压入滤室,在滤布上形成滤渣,直至充满滤室。滤液穿过滤布并沿滤板沟槽流至板框边角通道,集中排出。过滤完毕,可通入洗涤水洗涤滤渣。洗涤后,有时还通入压缩空气除去剩余的洗涤液。随后打开压滤机卸除滤渣,清洗滤布,重新压紧板、框,开始下一工作循环。

（3）带式压滤机

由上下两条张紧的滤带夹带着污泥层，从一连串规律排列的碾压筒中呈 S 形经过，依靠滤带本身的张力形成对污泥层的压榨和剪切力，把污泥层中的毛细水挤压出来，获得含固量高的泥饼，从而实现污泥脱水。带式压滤机一般由滤带、辊压筒、滤带张紧系统、滤带调偏系统、滤带冲洗系统和滤带驱动系统组成。污泥在带式压滤机内依次经过重力脱水段、预压脱水段和高压脱水段，所受的挤压力逐渐升高，污泥含水率逐渐降低。

（4）叠螺式脱水机

运用螺杆挤压原理，将污泥的浓缩和压滤脱水在一个筒内完成。污泥进入滤体后，螺旋轴旋转带动固定环、游动环相对游动挤压，使滤液从叠片间隙快速流出，实现迅速浓缩；随着螺旋轴不停地向前推进，污泥向脱水区推移，随着滤缝和螺距逐渐变小，滤腔内的空间不断缩小，污泥内压不断增强，再加上背压板的阻挡作用，使其实现脱水，脱水后形成泥饼排出。叠螺式污泥脱水机采用动定环取代滤布，在螺旋轴的旋转作用下活动板相对固定板不断错动，从而实现了连续的自清洗过程，避免了传统脱水机普遍存在的堵塞问题。叠螺式脱水机抗油能力强，泥水易分离，特别适用于石油化工行业黏性污泥的脱水。

5.5.2.5　污泥干化技术

污泥经机械脱水后的含水率仍在 80% 左右，要使污泥含水率持续降低，必须采用热干化技术，从外部提供能量使其中的水分蒸发。干化可使污泥进一步减容，从而提高污泥热值，降低污泥处置费用。根据干化污泥含水率的不同，污泥干化类型分为全干化和半干化。"全干化"指较低含水率的类型，如含水率 10% 以下；而"半干化"则主要指含水率在 40% 左右的类型。

污泥干化过程中存在着火、爆炸风险，其工艺设计需采取必要的安全措施，包括降低粉尘浓度、降低含氧量、消除点燃源和降低产品干度等。目前工业化应用的污泥干化技术包括涡轮薄层干化、真空圆盘干化、超热蒸汽喷射处理、空气桨叶式污泥干化、空气源热泵干化、低温真空干化和电渗透干化等。

（1）涡轮薄层干化

涡轮薄层干燥器由水平放置的封闭圆柱形干燥鼓和在中心的水平轴转子组成，水平轴转子上装有特殊设计形状和角度的桨叶，工作时转子和桨叶在电机驱动下转动。干燥鼓的夹层内注入饱和蒸汽或高温导热油，内壁形成高温的热壁为污泥干燥提供热源。污泥进入干燥器内部后，在转动的桨叶作用下很快被打散成小颗粒，并在转子转动离心力作用下甩到周围高温的圆柱形干燥鼓内壁上，表面水分迅速蒸发为气态，同时在机械碰撞力作用下污泥分散成更小的颗粒。干燥器内部的气体在桨叶旋转和干燥鼓内壁的共同作用下，形成涡轮状的高温气流，带动松散的小污泥颗粒移动从而形成涡轮干燥薄层。天津某石化企业污泥干化装置采用涡轮薄层干化技术处理该企业污水场污泥，装置设计处理能力10000t/a。处理后的干化污泥含水率达25%～30%，呈颗粒状，具有一定的热值[168]。

（2）真空圆盘干化

真空圆盘干燥机是一种在设备内部设置搅拌桨，叶片为圆盘型。使湿物料在圆盘的搅动下，与热载体以及热表面充分接触，从而达到干燥目的的低速搅拌干燥器，结构形式一般为卧式。真空圆盘干燥机分为热风式和传导式。热风式即通过热载体（如热空气）与被干燥的物料相互接触并进行干燥，在干燥室中热载体并不与被干燥的物料直接接触，而是热表面与物料相互接触。传导式干燥机空心轴上密集排列着圆盘，热介质经空心轴流经圆盘。单位有效容积内传热面积较大，热介质温度范围为60～320℃，可以采用蒸汽或导热油加热，热量均用来加热物料，热量损失主要为通过保温层和排湿向环境散热。圆盘传热面具有自清理功能，物料颗粒与圆盘面的相对运动产生洗刷作用。

（3）超热蒸汽喷射处理

利用500～600℃超热蒸汽对浓缩脱水后的污泥进行干化处理。经脱水后的泥饼或泥渣被送入超热蒸汽处理室，即干化室，同时高温蒸汽以音速或亚音速从特制喷嘴中喷出，与污泥颗粒碰撞。高温环境使得液体从颗粒表面蒸发的速度加快，同时蒸汽蕴含的巨大动能提高了石油类和水分从颗粒内部渗出的速度，使油分和水分与颗粒物质瞬时分开。被粉碎的污泥小颗粒和油气连同蒸汽一起进入旋风分离器进行气固分离。分离后的气相经过冷凝进入管道输至油气回收单元，经冷却后在重力作用下实现油水分离，油分可直接回收使用，污水经处理后外排或回用。回收的油中含水率低于0.5%。分离后的固相为污泥残渣。超热蒸汽喷射干化技术以蒸汽为热源，使整个处理过程均处于蒸汽的保护之下，提高了系统的安全性。超热蒸汽干化系统工艺流程见图5-45。

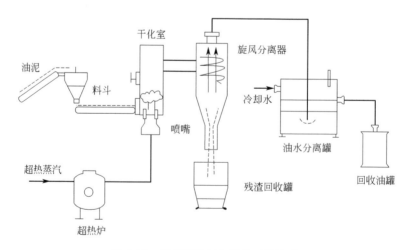

图5-45 超热蒸汽干化系统工艺流程

2007年，某石化企业采用该技术建成设计规模为600kg/h的污泥干化装置用并投产，目前运行正常。处理后残渣干粉呈直径＜2mm 的颗粒状或粉末状，含水率为 1％左右，含油率控制在＜0.1％范围内。

（4）空心桨叶式污泥干化

污泥干化机主机由内部相互咬合 2 根桨叶和外部 W 形壳体组成，桨叶由外部的电机驱动，桨叶和壳体为中空结构，作为热源的蒸汽通入桨叶和壳体进行传导加热，湿污泥在桨叶和壳体中间空隙通过桨叶的咬合旋转进行混合推动；湿污泥在污泥干化机内推进的过程中，蒸汽端传递的热量实现了湿污泥中含水量的蒸发。湿污泥的干化过程是密闭的环境下进行的，干化过程中产生的废气经风机取出后进入臭气治理装置进行处理，干化机内部通过密封、微负压控制和氮气保护等手段实现了干化系统的本质安全，干化后的污泥在干化机出口进行收集，进入后续处理流程继续处理。设备结构紧凑，占地面积小，热量利用率高，无需用气体加热，无气体介入，干化器内气体流速低，被气体挟带出的粉尘少，干化后系统的气体粉尘回收方便。

（5）空气源热泵干化

空气源热泵干燥系统由蒸发器、压缩机、冷凝器、膨胀阀、循环风机和干燥室等组成，是一种利用逆卡诺原理，回收空气中水分凝结的潜热以对循环空气再加热的一种装置。空气源热泵干化系统中主要存在两个循环：一是制冷循环，制冷循环是指内部的制冷剂经过压缩机压缩做功后转变为高温高压气体，在冷凝器内放热后进入蒸发器，在蒸发器内吸收干燥箱体内的水蒸气热量进入下一个循环；二是湿空气循环，进入干燥箱内的干热空气经过与物料直接接触后，吸收物料中的水分降低温度，在蒸发器内与制冷剂间接接触，温度降低从而去除湿空气中的水分，最后与冷凝器间接接触吸收热量提高温度，再次进入干燥箱体内。空气源热泵由于采用封闭式循环运行，对外无直接气体排放，相比热干化法对环境的影响较小，产生的粉尘、臭气及污水的量较少。由于采用低温干化，污泥干化过程中产生的挥发性有机物较少，污泥的热值保存较好，便于最终焚烧或其他资源化处置。

（6）低温真空干化

以板框压滤机为主体设备，在此基础上增加了抽真空系统和加热系统（图 5-46）。其利用环境压强减小，水沸点降低的原理，通过真空系统将腔室内的气压降低，从而使腔室内污泥中水的沸点降低，同时通过滤板对腔室内污泥进行加热。在加热至 50℃左右时污泥中水分便会沸腾汽化，水分得以从污泥中分离出来。污泥经进料过滤、隔膜压滤、吹气穿流以及真空热干化等过程处理以后，滤饼中的水分已得到充分的脱除，污泥含水率降至 30％左右。低温真空干化技术系统集成了污泥脱水与干化工艺，实现了污泥的连续性脱水和干化，可以将含水率从 99％左右降低至 30％左右，干化能耗低，运行效率高，减容减量化高，运行安全性高。鉴于其滤板材料耐油性较低，对含油污泥干化处理，需将含油污泥进行预处理，使其油含量低于 2％。

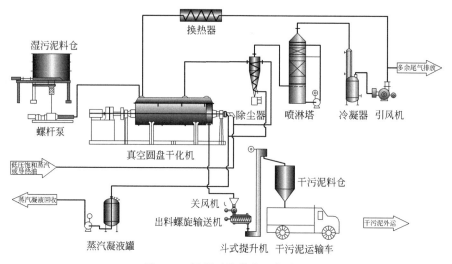

图 5-46　污泥干化技术工艺流程

（7）电渗透干化

利用外加电场的作用，使污泥中带电颗粒向阳极靠近，分散介质扩散层的带相反电荷的离子携带水分向阴极运动，使污泥中的结合水、间隙水变成游离水。同时在电化学反应作用下，温度的提高、内能的增加，使污泥中微生物的细胞膜破裂、DNA 被破坏，在这个过程中大部分微生物被杀灭，实现污泥改性；同时水分冲破细胞膜散失出来，形成游离水而达到污泥干化的目的。也可通过改变电场强度实现增强干化效果。污泥饼进入电渗透干化设备的滚筒和履带之间，通电后，滚筒（带正极）和履带（负极）之间产生电位差，导致强制迁移性的现象发生，使得污泥颗粒向正极移动而水向负极移动，从而实现泥水分离，污泥含水量可降低到约 60%。

5.5.2.6　污泥焚烧技术

焚烧法是一种高温热处理技术，即以一定的过剩空气量与被处理的有机物在焚烧炉内进行氧化燃烧反应，污泥中的有毒有害物质及有机物在高温下氧化、热解而被破坏，是一种可同时实现污泥无害化、减量化、资源化的处理技术。目前，常用的污泥焚烧炉主要为流化床焚烧炉和回转窑焚烧炉。

（1）流化床焚烧炉

通常为圆柱形反应器，反应器的下部设计成圆锥形，由带喷嘴的底盘封闭，圆锥内充满可被空气流化的砂（图 5-47）。空气通过安装于底盘的喷嘴喷入。喷嘴盘下面的风室提供均匀的空气使污泥充分燃烧。燃烧室内加入稍过量的空气作为二次补风。干化污泥进入焚烧炉，通过分配装置将污泥均匀分配到流化床上。流化床内气-固混合强烈，传热传质速率高，单位面积处理能力大，具有极好的着火条件，干化污泥入炉后即和炽热的石英砂迅速处于完全混合状态，污泥受到充分加热、干燥，实现完全燃烧。流化床上部空间被称为燃烧室。燃烧室设计成有足够的容积以保证污泥有足够的停留时间，使烟气温度明显高于最低温度且不高于使灰分熔化的最高温度。温度和停留时间是实现污泥完全燃烧的保证。流化床焚烧炉配有常规的燃料燃烧器,用于炉体启动时的加热,使炉体达到要求的焚烧温度。污泥被连续送入反应器,焚烧过程中在深度混合的流化砂床内被分解。灰分被废气带走,废气从焚烧炉顶部排出,送往热交换器和烟道废气处理系统。流化床焚烧炉单位面积处理能力大;床层内处于完全混合状态,床层反应温度均匀,容易控制,在处理含有大量易挥发性物质时(如含油污泥),爆炸风险小;结构简单,故障少,建造费用低;空气过剩系数可以较小,燃料适应性广,易于实现对有害气体 SO_2 和 NO_x 等的控制,还可获得较高的燃烧效率。

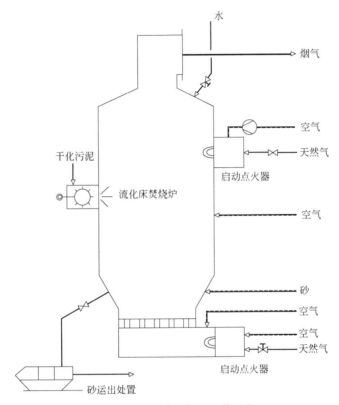

图 5-47　流化床焚烧炉工艺示意

（2）回转窑焚烧炉

回转窑炉由一个内衬耐火材料的与水平线略呈倾斜的旋转圆筒组成,物料经供料装置从回转式转筒的上端送入,与热烟气接触混合,运行过程中,转筒低速旋转(5~8r/min),在旋转过程中污泥依次被烘干、液化、燃烧和灰冷却。转窑直径一般为 4~6m,长度 10~20m,由挡轮、托轮支撑,倾斜放置(图 5-48)。通常,在回转窑后设置二次燃烧室,使前段热解未完全烧掉的有毒有害气体得以在较高温度的氧化状态下完全燃烧。回转窑式焚烧炉对于低热值的污泥及生活垃圾的焚烧比较有效、彻底。回转窑炉需配备二次燃烧室,二次燃烧室需加辅助燃料才能运行,因此建造投资和运行成本较高。

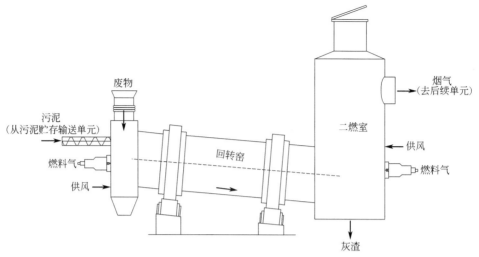

图 5-48   回转窑污泥焚烧工艺流程

5.5.3   污泥处理集成技术典型案例

5.5.3.1   预浓缩-絮凝-离心脱水-无害化工艺

（1）技术简介

"预浓缩-絮凝-离心脱水-无害化工艺"可处理炼化"三泥"，安全性高，运行稳定性好，自动化程度高，能满足落地油、罐底泥等不同生产环节产生的油泥、油砂的环保处理要求，还可回收含油污泥中的原油资源，经济效益和环境效益均较好。

（2）适用范围

炼油厂废水处理过程中产生的隔油池底泥、溶气浮选浮渣及剩余活性污泥的处理。

（3）技术特征与效能

1）技术原理   该集成技术针对炼油厂含油污泥中石油类污染问题，通过污泥调理阶段的混凝破乳，促进石油类与其他固体颗粒的脱附，通过离心脱水机实现部分石油类的回收；在此基础上，利用超热蒸汽喷射处理，实现大部分残余石油类的快速蒸发，从而实现石油类的回收和污泥固体颗粒的无害化。

2）工艺路线   在浓缩处理步骤中，将汇集或收集到污泥池中的含油污泥经污泥提升泵提升至污泥浓缩罐，在浓缩罐中将污泥沉降处理进一步脱出其中的游离水，浓缩后的污泥废水排入污水场；絮凝-离心脱水步骤中将浓缩处理后的浓缩污泥与絮凝剂在管道内混合反应，然后被输送到离心脱水机中，脱水之后的污泥进行无害化处理，油水分离后回收的油进入油罐中，分离后的废水排入污水场；无害化处理步骤中，絮凝-离心脱水后污泥泥饼或泥渣在高温高速蒸汽喷射下被粉碎，其中的油分和水分被蒸发出来，被粉碎的细小颗粒连同蒸汽一起进入旋风分离器，通过旋风分离实现蒸汽与固体颗粒的分离，固体颗粒直接进入残渣回收槽，蒸汽经冷凝器冷却后进入油水分离罐实现油水分离（图 5-49）。无害化处理后的污泥外运以进行综合利用。

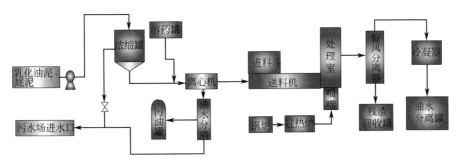

图 5-49　预浓缩-絮凝-离心脱水-无害化工艺

3）技术特点

① 无害化处理后残渣含油率达到《农用污泥中污染物控制标准》，处理后残渣含油≤0.3%。利用残渣固化制成的砖块的浸出液主要污染物指标 COD、石油类等达到《污水综合排放标准》（GB 8978—1996）Ⅰ级标准要求。

② 运行成本低，原始"三泥"（含水>98%）处理成本<26 元/m³，浓缩泥饼综合处理成本≤350 元/t。

③ 回收的油纯净，不含重金属并且脱除了大部分硫，油中含水率可降至 0.12%。

④ 与现有技术相比，该技术具有处理效果好、广谱性强、无二次污染、可回收废弃石油资源、能耗低、运行成本低等特点。

（4）典型案例

该技术已成功应用于新疆某石化企业"三泥"综合处理工程，工程装置建设在公司工业水车间，设计处理规模为离心脱水 20m³/h，浓缩油泥 10t/d，设计指标为处理后残渣含油率小于 0.3%，残渣掺入煤粉中进热电厂焚烧。该项目工程建设于 2007 年 4 月 23 日完成并投产运行，运行效果如下：a. 原始"三泥"进料含水率约为 99%，经预浓缩后含水率降至 98% 以下，体积减少近 1/2；b. 离心脱水处理能力为 15～20m³/h，离心脱水后浓泥含水率<80%，体积仅为原始"三泥"的 1/20；c. 无害化干化工艺段实际处理量为 10t/d，处理后残渣含油率<0.3%[169]。

5.5.3.2　沉降浓缩-机械脱水-干化-焚烧工艺

（1）技术简介

石化污水处理污泥首先经沉降浓缩和机械脱水将污泥含水率降至 80% 左右；然后进行干化处理，使污泥含水率降至 40% 左右，从而显著提高污泥热值；最后通过焚烧工艺实现污泥的减量化和无害化，焚烧过程仅需添加少量燃料即可完成。

（2）适用范围

石化企业的含油污泥、剩余活性污泥以及浮选池排出的浮渣等的处理。

（3）技术特征与效能

1）技术原理　该组合工艺包含沉降浓缩、机械脱水、干化和焚烧 4 个单元。

① 沉降浓缩单元利用污泥颗粒与水的密度差实现重力浓缩处理。

② 机械脱水单元通过药剂和脱水机械的离心或挤压等机械力实现污泥的脱水。

③ 干化单元通过热蒸汽等提供外部能量，促进污泥颗粒中内部水和结合水的去除，提高污泥热值。

④ 焚烧单元在助燃空气和燃料的帮助下，实现干化污泥有机物的高温氧化分解。

2) 工艺流程 隔油池的底部油泥、气浮池的底泥和浮渣、剩余活性污泥经沉降浓缩后，采用离心脱水机进行脱水，脱水后污泥含水率为 80%～85%，由螺旋输送机送至污泥料仓。湿污泥由泵输送至干化机内。通常以蒸汽为热源进行污泥干化，使含水率降至 40% 以下。从干化机出来的干泥和工艺气体一起进入旋风分离器，在旋风分离器内固形物和气体因密度差别而被分离，干燥的产品收集在底部，而气体从顶部离开，进入文丘里洗涤塔净化。在旋风分离器的底部，安装有旋转阀，通过该阀产品落入干泥冷却输送机，从冷却旋输送机出来的干泥被送往焚烧系统或者装车外运。焚烧系统包括回转窑、二燃室、余热锅炉、急冷塔和尾气净化系统（图 5-50）。

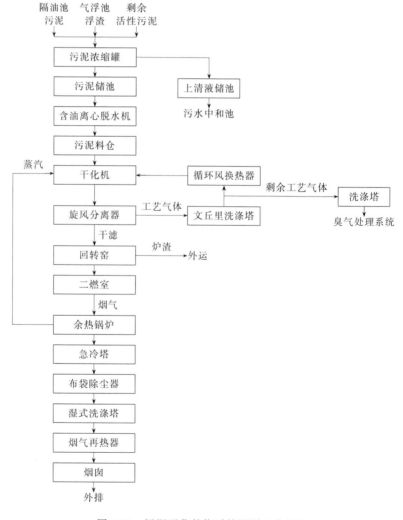

图 5-50 污泥干化焚烧系统原则工艺流程

3）技术特点　与传统的"沉降浓缩-机械脱水-焚烧"工艺相比，该技术在污泥脱水后增加了干化处理，从而大幅降低了污泥含水率，提高了污泥热值，焚烧过程仅需添加少量燃料即可完成污泥的焚烧处理，焚烧处理成本大幅下降，而且避免了污泥高含水率造成的焚烧过程中废气产生量大、焚烧炉内部和二次燃烧室温度偏低、尾气处置不达标等问题。

（4）典型案例

某石化企业工业污水处理厂采用该工艺对污泥进行处理，所用干化设备为空心桨叶式污泥干化机。干化机以厂区内过热蒸汽减温、减压后作为干化热源。湿污泥的干化过程在密闭环境中进行，干化过程中产生的废气经风机取出后进入臭气治理装置进行处理，干化机内部通过密封、微负压控制和氮气保护等手段实现了干化系统的本质安全。

5.5.3.3　沉降浓缩-酸化破乳脱油-干化处理集成工艺

（1）技术简介

该技术针对高含油污泥，通过沉降浓缩和酸化破乳脱油实现含油污泥中油与固体颗粒的分离和油的回收，脱油后污泥再进行干化处理，为污泥的进一步资源化和无害化奠定基础。

（2）适用范围

石化污水处理产生含油污泥的资源化与减量化。

（3）技术特征与效能

1）技术原理

① 沉降浓缩：利用污泥中固体颗粒与水之间的相对密度差通过沉降原理来实现污泥浓缩。

② 酸化破乳脱油：含油污泥中固体颗粒高度乳化，且含有较高的石油类物质，形成了水、泥和油的稳定混合液。在破乳剂的作用下，可对油泥进行破乳分离和污油回收处理。经过脱油后的污泥排入后续调理器中，加碱中和，利用污泥中残余高价金属离子反应时产生的混凝作用，对污泥进行混凝调理。

③ 污泥干化原理：污泥经机械脱水再采用干化机进行加热干化处理。

2）工艺路线　污水处理厂产生的含油污泥在油泥调节罐沉降浓缩脱水后进入油泥分离装置，在油泥分离装置中加入浓硫酸调节 pH 值在 1～2.5 范围内，对油泥破乳除油。除油后的污泥进入污泥调理器调整 pH 至中性，然后进入泥水分离器，与活性污泥一起进行污泥浓缩处理，处理后污泥含水率 98%。浓缩后的污泥通过给料泵送入离心脱水机。经离心脱水处理后的污泥在重力作用下排入污泥罐中暂存，然后通过干泥泵将脱水污泥送入"双向剪切楔形扇面叶片式污泥干燥机"中进行干化处理。干化过程中产生的水蒸气采用排湿风机引入洗气塔中进行冷凝和洗气处理。排出气体送入粉末活性炭生化处理池。装置产生的污水送污水处理厂处置，污油送到焦化装置回炼（图 5-51）。

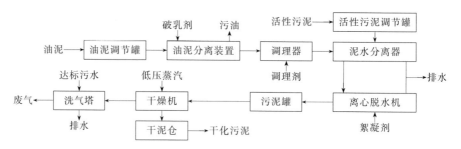

图 5-51　沉降浓缩-酸化破乳脱油-干化处理集成工艺

3）技术特点　该集成技术通过酸化破乳脱油实现污油的有效回收，实现污泥的资源化，并降低了污泥脱水的难度和污泥干燥过程的安全风险和废气处理难度。

（4）典型案例

某石化企业污水处理厂每年产生含水率98％的剩余活性污泥量约为14000t，含水率98％的含油污泥量约为28000t，年总污泥量约为42000t。离心脱水后，每年产生含水率85％的污泥量约5600吨，按当地污泥处置价格2800元/吨计算，每年污泥处置费用需1568万元，给企业造成较大的经济负担，且需承担第三方污泥处置过程中的环保风险。采用沉降浓缩-酸化破乳脱油-干化处理集成工艺处理污泥后，污油平均回收率为91.67％，油泥处理的资源化效果显著；干化后的污泥仅为原污泥量的2.70％，减量97.30％，减量效果显著；吨污泥处置费用下降了2191元，处置费用大幅下降；干化污泥相比原污泥，外委处置运输环节环境风险大幅降低。

5.5.3.4　含油污泥热萃取处理工艺

（1）技术简介

油泥热萃取处理技术以炼厂馏分油为载体，低压蒸汽作热源，在泵强制循环的条件下，对机械脱水后含油污泥进行热萃取脱水。在萃取污泥中油的同时将污泥中的水分全部蒸发脱出，从而使污泥转变成体积很小且易于处理的含油固体。该含油固体不含水，热容低，采用小规模汽提干燥设备脱出其中的油，最终形成具有可燃烧性的、低含油的固体燃料。另外，根据污泥灰分大小，可将脱水后的含油污泥送入延迟焦化装置，污泥中低分子有机组分变成石油产品，大分子有机组分变成焦炭，无机组分变成石油焦的灰分，从而实现污泥的资源化。

（2）适用范围

石化污水处理厂含油污泥的资源化前处理。

（3）技术特征与效能

1）技术原理　萃取是利用液体中各组分在溶剂（即萃取剂）中溶解度的差异分离液体混合物的方法。含油污泥主要是油、泥和水组成的乳化混合物。根据"相似相溶"原理，选择合适的有机溶剂作萃取剂，在与含油污泥充分混合，发生相间传质后，可将油从泥、水中萃取到萃取剂中。然后，萃取相（油和萃取剂组成的混合物）与萃余相（水相）因密度差而彼此分层，从而达到分离目的。

2）工艺路线

工艺路线如图 5-52 所示。

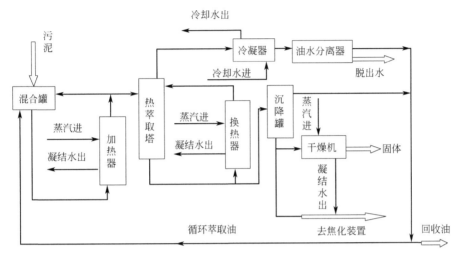

图 5-52　热萃取油泥处理技术工艺路线示意

① 油泥和馏分油按一定比例混合并送入换热器和萃取脱水罐中，利用循环泵强制混合，形成均匀的、具有流动性的混合物。

② 以低压蒸汽为热源，对油泥与馏分油混合物进行加热、萃取、脱水，使油泥中的水分全部蒸发脱出，固体物和油则转移至馏分油中。

③ 脱水后物料送入沉降罐，使固体物沉降分离，馏分油返回至萃取脱水罐并循环使用。

④ 沉降罐中分离出的固体物定期送入汽提干燥设备，在间壁加热的同时，以水蒸气为载气，与物料直接接触并降低油的蒸发分压，在较低温度下完成脱油干燥，形成粉状固体产物。

⑤ 萃取脱水过程和固体物脱油干燥过程中的水及轻质油蒸汽经冷凝换热后，进入油水分离器，轻质油返回至装置，水排入污水处理厂。随着污泥处理量和回收油量的逐渐增加，馏分油量将逐渐增多，需定期将过量的馏分油送至炼油装置。

3）技术特点

① 馏分油是传热介质和输送载体，为蒸发脱水传递热量，保证装置内物料的流动性；

② 馏分油除了起到稀释作用外，为水的蒸发提供了互不相容的蒸发体系，可有效降低油泥完全脱水时的温度，提高脱水速率；

③ 彻底实现了油水固三相分离；

④ 最大限度地回收了油泥中的油，做到综合利用；

⑤ 馏分油不用外购，取自炼厂，且不需要再生，可在装置中循环使用，节

省投资和运行成本；

⑥ 油-水-固三个产物均有合理去向，不排向外环境，减少了油泥外运带来的环境风险。

（4）典型案例

热萃取技术应用于某石化企业炼油污水厂含油污泥处理，以炼厂馏分油为输送和传热介质（溶剂油）。

① 设计规模为 1～2t/h。

② 进料污泥为离心机脱水后物料：含水率 66.1%～91.3%（平均 78.1%），含固率 2.45%～12.7%（平均 7.1%），含油率 6.3%～21.2%（平均 14.9%）。

③ 脱出水水质：COD 797～1630mg/L（平均 1071mg/L），含油量 27.8～94.7mg/L（平均 69.2mg/L）。

④ 回收油送炼厂回炼，固体物呈干粉状，含固率 90.8%，含油率 9.56%，热值 16.79MJ/kg，硫含量 1.38%。

本章编著者：中国环境科学研究院周岳溪、吴昌永、宋玉栋、付丽亚、沈志强、王盼新；中国石化北京化工研究院栾金义、张新妙、魏玉梅；中国矿业大学（北京）何绪文、夏瑜、徐恒；中国石油吉林石化分公司李志民、郭树君；中国石油昆仑工程有限公司陈扬；中国石化九江分公司唐安中；中国石油兰州化工研究中心刘发强。

第6章
炼化一体化园区（企业）水污染全过程控制优化技术

炼化一体化园区（企业）的水污染控制系统由各装置的水污染控制系统、园区污水收集与水污染防控系统和园区集中式污水处理系统组成。园区层面的水污染全过程控制，以园区综合污水处理厂出水稳定达标和综合治理成本最小化为主要目标，通过生产装置源头减量、废水预处理和综合污水处理厂末端处理实现废水污染物控制，并通过关键控制点识别，装置间废水和污染物资源化利用，废水分质处理，废水预处理设施与综合污水处理厂之间的联合优化，以及事故污水的暂存和预处理等，提高污染治理效率，保障稳定达标，降低污染治理成本。

炼化一体化园区（企业）水污染全过程控制的指导思想是在保证园区排水稳定达标的前提下，按照排放最小化、效益最大化和保障受纳水体水生态安全的原则，遵循控源优先、循环利用优先、末端保障强化的污染全过程控制理念，管理措施与工程措施并重，以石化废水污染物组成特征和去除特性为根本依据，生产废水与事故污水统筹考虑，从石化行业污染物控制着眼，从园区实际情况着手，科学规划，筛选经济适用技术，制订适合园区实施的水污染全过程控制技术方案。

炼化一体化园区（企业）水污染控制装置众多，各装置排水特征和水污染控制系统各异，园区污水收集管网错综复杂，综合污水处理厂来水复杂多变，处理工艺流程长、单元多，因此园区的水污染全过程控制通常以问题为导向，针对要解决的污染物减排或成本降低的具体目标，按照污染全过程控制理念，从园区水污染控制整体优化的角度出发，通过废水产生及处理过程中特征污染物的跟踪监测，识别影响园区水污染控制和水资源循环利用的关键污染物，并对污染物溯源至装置及其排水节点。在此基础上，站在整个园区的角度识别水污染全过程控制的关键环节，并针对性地采取水污染控制优化措施，从而实现园区水污染控制系统的整体优化（图6-1）。

因此，炼化一体化园区（企业）的水污染全过程控制优化技术包括石化废水污染源的全面解析技术、园区水污染控制关键装置的识别技术和园区水污染控制系统整体优化技术。

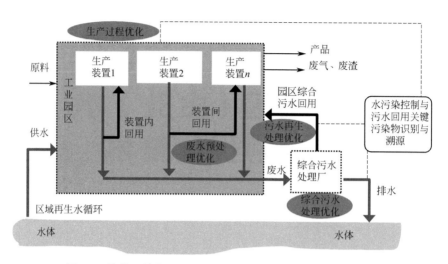

图 6-1　炼化一体化园区（企业）水污染全过程控制优化示意

6.1　石化废水污染源解析技术

炼化一体化园区（企业）废水来源众多，组成复杂。在水污染全过程控制中需要重点考虑的污染物包括废水中的难降解有机物、强生物抑制性污染物、盐、高浓度可回收污染物、碳源类污染物等。目前，对部分有毒有机物已制定了标准分析方法，但石化废水中的大部分污染物缺少标准分析方法，其准确的定量分析还需要结合废水水质建立适用的分析方法。另外，对废水中有毒污染物的生物抑制性和难降解有机物的分析方法已开展了一定的研究，但仍存在不足和局限性，需要近期加大研发力度予以攻关。

6.1.1　石化废水特征污染物分析技术

（1）技术简介

石化废水组分复杂，特别是特征有机物种类多，其全面解析是实施水污染全过程控制的基础。石化废水特征有机物分析方法按照方法的适用范围和检测对象，可分为两类：一是针对典型石化装置废水中多种特征污染物的成套分析方法；二是针对某种或某类特征污染物的分析方法。

（2）适用范围

石化废水特征污染物分析。

（3）技术特征与效能

1）典型石化装置废水中多种特征污染物的成套分析方法　不同石化装置的原料和产品不同；同类石化装置生产规模、生产负荷、工艺控制水平和原材料差异，废水排放特征也有差别；同一装置不同排水节点废水水质也可能存在明显差距[1,171,172]。石化装置排放废水中有机物组成复杂，除可能含有原料和产品组分外，可能还有反应副产物、原料杂质、有机助剂等。目前关于石化装置废水中有机物的定性研究较少，具体石化装置排放废水中有机物的种类不明，弄清石化废水排放特征，首先需对废水中的有机物进行定性分析。

石化废水中不同种类的有机物的测定，现有分析方法很多。同时测定多种不同类型有机物多采用吹扫捕集-气相色谱质谱法［测定挥发性有机物，如《水质　挥发性有机物的测定　吹扫捕集/气相色谱-质谱法》（HJ 639—2012）、《挥发性有机物的测定　气相色谱-质谱法》（US EPA 8260D）等］和液液萃取-气相色谱质谱法［测定半挥发性有机物、《半挥发性有机物的测定　气相色谱-质谱法》（US EPA 8270D）］。

石化废水有机物成分复杂、浓度差别大，其分析不能机械地照搬现有分析方法。对某些特定装置废水而言，需要从众多的分析方法中，选择快捷、经济、高效的分析方法；同时，在保证方法精密度和准确度的前提下对方法进行适当优化和改进，以缩短分析时间，提高分析效率。

水体污染控制与治理科技专项以《水质　挥发性有机物的测定　吹扫捕集/气相色谱-质谱法》（HJ 639—2012）、《挥发性有机物的测定　气相色谱-质谱法》（US EPA 8260D）、《水质　半挥发性有机物的测定　气相色谱-质谱法（GC-MS）》（F-HZ-HJ-SZ-0161）、《半挥发性有机物的测定　气相色谱-质谱法》（US EPA 8270D）为基础，结合装置废水特性，对样品前处理方法和色谱质谱条件分别进行了优化，对废水中存在，但上述方法中未涵盖的挥发性、半挥发性有机物，分别对其回收率、精密度、检出限等进行了验证，在此基础上提出了乙醛、苯酚丙酮等典型石化装置废水中有机物分析方法（表 6-1），并应用这些方法对典型石化装置废水有机物进行监测，得到生产装置废水有机物排放特征。

表 6-1　典型石化装置废水有机物分析方法

装置名称	废水有机物分析方法组成
炼油装置	炼油废水中挥发性有机物分析方法——顶空-气相色谱/质谱法（HS-GC/MS） 炼油废水中半挥发性有机物分析方法——液液萃取/气相色谱-质谱法（LLE-GC/MS）
乙醛装置	乙醛装置废水中挥发性有机物分析方法——吹扫捕集/气相色谱-质谱法（P&T-GC/MS） 乙醛装置废水中半挥发性有机物分析方法——液液萃取-气相色谱/质谱法（LLE-GC/MS） 乙醛装置废水中乙酸分析方法——离子色谱法（IC）
苯酚丙酮装置	苯酚丙酮废水中挥发性有机物分析方法——顶空-气相色谱/质谱法（HS-GC/MS） 苯酚丙酮废水中半挥发性有机物分析方法——液液萃取-气相色谱/质谱法（LLE-GC/MS）
丙烯酸(酯)装置	丙烯酸(酯)生产废水中挥发性有机物分析方法——吹扫捕集-气相色谱/质谱法（P&T-GC/MS） 丙烯酸(酯)生产废水中半挥发性有机物分析方法——液液萃取-气相色谱/质谱法（LLE-GC/MS） 丙烯酸(酯)生产废水中有机酸分析方法——离子色谱法（IC）
乙烯装置	乙烯生产废水中挥发性有机物分析方法——吹扫捕集-气相色谱/氢火焰离子检测法（P&T-GC/FID） 乙烯生产废水中半挥发性有机物分析方法——液液萃取-气相色谱/质谱法（LLE-GC/MS）
丁辛醇装置	丁辛醇生产废水中挥发性有机物分析方法——吹扫捕集-气相色谱/质谱法（P&T-GC/MS） 丁辛醇生产废水中半挥发性有机物分析方法——液液萃取-气相色谱/质谱法（LLE-GC/MS） 丁辛醇生产废水中丁酸分析方法——离子色谱法（IC）

装置名称	废水有机物分析方法组成
环氧乙烷/ 乙二醇装置	环氧乙烷/乙二醇生产废水中挥发性有机物分析方法——吹扫捕集-气相色谱/质谱法（P&-T-GC/MS） 环氧乙烷/乙二醇生产废水中半挥发性有机物分析方法——液液萃取-气相色谱/质谱法（LLE-GC/MS）
三羟甲基 丙烷装置	三羟甲基丙烷生产废水中挥发性有机物分析方法——吹扫捕集-气相色谱/质谱法（P&-T-GC/MS） 三羟甲基丙烷生产废水中半挥发性有机物分析方法——液液萃取-气相色谱/质谱法（LLE-GC/MS） 三羟甲基丙烷生产废水中乙酸分析方法——离子色谱法（IC）
2-丁烯醛	2-丁烯醛生产废水中挥发性有机物分析方法——吹扫捕集-气相色谱/质谱法（P&-T-GC/MS） 2-丁烯醛生产废水中半挥发性有机物分析方法——液液萃取-气相色谱/质谱法（LLE-GC/MS）
ABS树脂 装置	ABS树脂生产废水中挥发性有机物分析方法——吹扫捕集-气相色谱/质谱法（P&-T-GC/MS） ABS树脂生产废水中半挥发性有机物分析方法——液液萃取-气相色谱/质谱法（LLE-GC/MS）
丁苯橡胶 装置	丁苯橡胶生产废水中挥发性有机物分析方法——吹扫捕集-气相色谱法（P&-T-GC/FID） 丁苯橡胶生产废水中半挥发性有机物分析方法——液液萃取-气相色谱/质谱法（LLE-GC/MS）
石化综合 污水	石化综合污水中挥发性有机物分析方法——吹扫捕集-气相色谱/质谱法（P&-T-GC/MS） 石化综合污水中半挥发性有机物分析方法——液液萃取-气相色谱/质谱法（LLE-GC/MS）

2）石化废水典型特征污染物的分析方法 水体污染控制与治理科技专项课题建立了《石油化学工业污染物排放标准》（GB 31571—2015）中双酚A等16种尚无分析方法标准的有机特征污染物监测方法。采用气相色谱-质谱法实现双酚A、β-萘酚、邻苯二甲酸二乙酯、二（2-乙基己基）己二酸酯的定量分析，采用离子色谱法实现丙烯酸、二氯乙酸、三氯乙酸、环烷酸的定量分析，采用吹扫捕集-气相色谱/质谱法实现五氯丙烷、二溴乙烯、乙醛、戊二醛、苯甲醚、四乙基铅、黄原酸丁酯的定量分析，采用分光光度法实现水合肼的定量分析。

石化废水典型污染物分析方法见表6-2。

表6-2 石化废水典型污染物分析方法

序号	污染物项目	标准名称	标准编号
1	pH值	水质 pH值的测定 玻璃电极法	GB/T 6920
2	悬浮物	水质 悬浮物的测定 重量法	GB/T 11901
3	化学需氧量	水质 化学需氧量的测定 重铬酸盐法	HJ 828—2017
		水质 化学需氧量的测定 快速消解分光光度法	HJ/T 399
		高氯废水 化学需氧量的测定 氯气校正法	HJ/T 70
		高氯废水 化学需氧量的测定 碘化钾碱性高锰酸钾法	HJ/T 132

续表

序号	污染物项目	标准名称	标准编号
4	五日生化需氧量	水质　五日生化需氧量（BOD$_5$）的测定　稀释与接种法	HJ 505
5	氨氮	水质　氨氮的测定　气相分子吸收光谱法	HJ/T 195
		水质　氨氮的测定　纳氏试剂分光光度法	HJ 535
		水质　氨氮的测定　水杨酸分光光度法	HJ 536
		水质　氨氮的测定　蒸馏-中和滴定法	HJ 537
		水质　氨氮的测定　连续流动-水杨酸分光光度法	HJ 665
		水质　氨氮的测定　流动注射-水杨酸分光光度法	HJ 666
6	总氮	水质　总氮的测定　碱性过硫酸钾消解紫外分光光度法	HJ 636
		水质　总氮的测定　连续流动-盐酸萘乙二胺分光光度法	HJ 667
		水质　总氮的测定　流动注射-盐酸萘乙二胺分光光度法	HJ 668
7	总磷	水质　总磷的测定　钼酸铵分光光度法	GB/T 11893
		水质　磷酸盐和总磷的测定　连续流动-钼酸铵分光光度法	HJ 670
		水质　总磷的测定　流动注射-钼酸铵分光光度法	HJ 671
8	总有机碳	水质　总有机碳的测定　燃烧氧化-非分散红外吸收法	HJ 501
9	石油类	水质　石油类和动植物油类的测定　红外分光光度法	HJ 637
10	硫化物	水质　硫化物的测定　亚甲基蓝分光光度法	GB/T 16489
		水质　硫化物的测定　碘量法	HJ/T 60
		水质　硫化物的测定　气相分子吸收光谱法	HJ/T 200
11	氟化物	水质　氟化物的测定　离子选择电极法	GB/T 7484
		水质　氟化物的测定　茜素磺酸锆目视比色法	HJ 487
		水质　氟化物的测定　氟试剂分光光度法	HJ 488
12	挥发酚	水质　挥发酚的测定　溴化容量法	HJ 502
		水质　挥发酚的测定　4-氨基安替比林分光光度法	HJ 503
13	总钒	水质　钒的测定　钽试剂（BPHA）萃取分光光度法	GB/T 15503
		水质　钒的测定　石墨炉原子吸收分光光度法	HJ 673
		水质　65 种元素的测定　电感耦合等离子体质谱法	HJ 700
14	总铜	水质　铜、锌、铅、镉的测定　原子吸收分光光度法	GB/T 7475
		水质　铜的测定　二乙基二硫代氨基甲酸钠分光光度法	HJ 485
		水质　铜的测定　2,9-二甲基-1,10-菲啰啉分光光度法	HJ 486
		水质　65 种元素的测定　电感耦合等离子体质谱法	HJ 700
15	总锌	水质　锌的测定　双硫腙分光光度法	GB/T 7472
		水质　铜、锌、铅、镉的测定　原子吸收分光光度法	GB/T 7475
		水质　65 种元素的测定　电感耦合等离子体质谱法	HJ 700
16	总氰化物	水质　氰化物的测定　容量法和分光光度法	HJ 484
17	可吸附有机卤化物	水质　可吸附有机卤素（AOX）的测定　微库仑法	GB/T 15959
		水质　可吸附有机卤素（AOX）的测定　离子色谱法	HJ/T 83

序号	污染物项目	标准名称	标准编号
18	苯并[a]芘	水质　苯并[a]芘的测定　乙酰化滤纸层析荧光分光光度法	GB/T 11895
		水质　多环芳烃的测定　液液萃取和固相萃取高效液相色谱法	HJ 478
19	总铅	水质　铅的测定　双硫腙分光光度法	GB/T 7470
		水质　铜、锌、铅、镉的测定　原子吸收分光光度法	GB/T 7475
		水质　65种元素的测定　电感耦合等离子体质谱法	HJ 700
20	总镉	水质　镉的测定　双硫腙分光光度法	GB/T 7471
		水质　铜、锌、铅、镉的测定　原子吸收分光光度法	GB/T 7475
		水质　65种元素的测定　电感耦合等离子体质谱法	HJ 700
21	总砷	水质　总砷的测定　二乙基二硫代氨基甲酸银分光光度法	GB/T 7485
		水质　汞、砷、硒、铋和锑的测定　原子荧光法	HJ 694
		水质　65种元素的测定　电感耦合等离子体质谱法	HJ 700
22	总镍	水质　镍的测定　丁二酮肟分光光度法	GB/T 11910
		水质　镍的测定　火焰原子吸收分光光度法	GB/T 11912
		水质　65种元素的测定　电感耦合等离子体质谱法	HJ 700
23	总汞	水质　总汞的测定　高锰酸钾-过硫酸钾消解法　双硫腙分光光度法	GB/T 7469
		水质　总汞的测定　冷原子吸收分光光度法	HJ 597
		水质　汞、砷、硒、铋和锑的测定　原子荧光法	HJ 694
24	烷基汞	水质　烷基汞的测定　气相色谱法	GB/T 14204
25	总铬	水质　总铬的测定	GB/T 7466
		水质　65种元素的测定　电感耦合等离子体质谱法	HJ 700
26	六价铬	水质　六价铬的测定　二苯碳酰二肼分光光度法	GB/T 7467
27	一氯二溴甲烷、二氯一溴甲烷	水质　挥发性卤代烃的测定　顶空气相色谱法	HJ 620
		水质　挥发性有机物的测定　吹扫捕集/气相色谱-质谱法	HJ 639
28	二氯甲烷、1,2-二氯乙烷、三氯甲烷、三溴甲烷、1,1-二氯乙烯、1,2-二氯乙烯、三氯乙烯、四氯乙烯、氯丁二烯、六氯丁二烯、四氯化碳	水质　挥发性卤代烃的测定　顶空气相色谱法	HJ 620
		水质　挥发性有机物的测定　吹扫捕集/气相色谱-质谱法	HJ 639
		水质　挥发性有机物的测定　吹扫捕集/气相色谱法	HJ 686
29	1,1,1-三氯乙烷、氯乙烯	水质　挥发性有机物的测定　吹扫捕集/气相色谱-质谱法	HJ 639
30	环氧氯丙烷	水质　挥发性有机物的测定　吹扫捕集/气相色谱-质谱法	HJ 639
		水质　挥发性有机物的测定　吹扫捕集/气相色谱法	HJ 686
31	苯、甲苯、邻二甲苯、间二甲苯、对二甲苯、乙苯、苯乙烯、异丙苯	水质　苯系物的测定　气相色谱法	GB/T 11890
		水质　挥发性有机物的测定　吹扫捕集/气相色谱-质谱法	HJ 639
		水质　挥发性有机物的测定　吹扫捕集/气相色谱法	HJ 686

续表

序号	污染物项目	标准名称	标准编号
32	硝基苯类	水质 硝基苯类化合物的测定 气相色谱法	HJ 592
		水质 硝基苯类化合物的测定 液液萃取/固相萃取-气相色谱法	HJ 648
		水质 硝基苯类化合物的测定 气相色谱-质谱法	HJ 716
33	氯苯	水质 氯苯的测定 气相色谱法	HJ/T 74
		水质 氯苯类化合物的测定 气相色谱法	HJ 621
		水质 挥发性有机物的测定 吹扫捕集/气相色谱-质谱法	HJ 639
34	1,2-二氯苯、1,4-二氯苯、三氯苯	水质 氯苯类化合物的测定 气相色谱法	HJ 621
		水质 挥发性有机物的测定 吹扫捕集/气相色谱-质谱法	HJ 639
35	四氯苯	水质 氯苯类化合物的测定 气相色谱法	HJ 621
36	多环芳烃	水质 多环芳烃的测定 液液萃取和固相萃取高效液相色谱法	HJ 478
37	多氯联苯	水质 多氯联苯的测定 气相色谱-质谱法	HJ 715
38	甲醛	水质 甲醛的测定 乙酰丙酮分光光度法	HJ 601
39	三氯乙醛	水质 三氯乙醛的测定 吡啶啉酮分光光度法	HJ/T 50
40	2,4-二氯酚、2,4,6-三氯酚	水质 酚类化合物的测定 液液萃取/气相色谱法	HJ 676
41	丙烯腈	水质 丙烯腈的测定 气相色谱法	HJ/T 73
42	邻苯二甲酸二丁酯、邻苯二甲酸二辛酯	水质 邻苯二甲酸二甲(二丁、二辛)酯的测定 液相色谱法	HJ/T 72
43	苯胺类	水质 苯胺类化合物的测定 N-(1-萘基)乙二胺偶氮分光光度法	GB/T 11889
44	丙烯酰胺	水质 丙烯酰胺的测定 气相色谱法	HJ 697
45	吡啶	水质 吡啶的测定 气相色谱法	GB/T 14672
46	二噁英类	水质 二噁英类的测定 同位素稀释高分辨气相色谱-高分辨质谱法	HJ 77.1
47	双酚A	水质 双酚A 气相色谱-质谱法	水体污染控制与治理科技专项课题(2017ZX0740 2002)研发
48	β-萘酚	水质 β-萘酚 气相色谱-质谱法	
49	邻苯二甲酸二乙酯	水质 邻苯二甲酸二乙酯 气相色谱-质谱法	
50	二(2-乙基己基)己二酸酯	水质 二(2-乙基己基)己二酸酯 气相色谱-质谱法	
51	丙烯酸	水质 丙烯酸 离子色谱法	
52	二氯乙酸	水质 二氯乙酸 离子色谱法	
53	三氯乙酸	水质 三氯乙酸 离子色谱法	
54	环烷酸	水质 环烷酸 离子色谱法	
55	五氯丙烷	水质 五氯丙烷 吹扫捕集/气相色谱-质谱法	
56	二溴乙烯	水质 二溴乙烯 吹扫捕集/气相色谱-质谱法	
57	乙醛	水质 乙醛 吹扫捕集/气相色谱-质谱法	
58	戊二醛	水质 戊二醛 吹扫捕集/气相色谱-质谱法	

序号	污染物项目	标准名称	标准编号
59	苯甲醚	水质　苯甲醚　吹扫捕集/气相色谱-质谱法	水体污染控制与治理科技专项课题(2017ZX0740 2002)研发
60	四乙基铅	水质　四乙基铅　吹扫捕集/气相色谱-质谱法	
61	黄原酸丁酯	水质　黄原酸丁酯　吹扫捕集/气相色谱-质谱法	
62	水合肼	水质　水合肼　分光光度法	

（4）典型案例

典型石化装置废水中多种特征污染物的成套分析方法应用于依托炼化一体化企业 60 余套主要装置的工艺废水排放特征调研分析，获得主要节点废水有机物数据，为该企业水污染控制关键污染物和关键装置识别以及水污染控制技术研发提供了技术依据[81]。

6.1.2　废水生物抑制性分析技术

6.1.2.1　技术简介

该技术针对石化污水易对污水生物处理系统产生生物抑制性冲击的问题，以典型水处理微生物为受体，通过微生物接触废水后生长代谢特性的变化反映废水对污水生物处理系统中微生物的抑制效应。根据水处理微生物类型的不同，废水生物抑制性指标可分为好氧生物抑制性指标和厌氧生物抑制性指标，前者可采用耗氧速率抑制率和硝化速率抑制率等指标，后者可采用水解酸化产酸抑制率和厌氧产甲烷抑制率等指标。废水生物抑制性分析技术可用于炼化一体化园区（企业）高生物抑制性废水的快速筛查，高生物抑制性废水中高毒性污染物的鉴别，并可为石化装置废水间接排放限值的制定提供依据。

6.1.2.2　适用范围

各类废水。

6.1.2.3　技术特征与效能

（1）基本原理

1）耗氧速率抑制率　在含有充足的溶解氧和营养物质的条件下，活性污泥代谢旺盛，耗氧速率较高，且耗氧速率与活性污泥中微生物的量有关；投加一定剂量的抑制性物质时，活性污泥耗氧速率会迅速降低。因此，活性污泥耗氧速率抑制效应能够表达抑制性物质对活性污泥的毒害作用。将活性污泥、易降解基质以及被测样品混合接触后，利用氧电极测定试验混合液中溶解氧含量随时间的变化情况，计算单位时间内的耗氧速率；同时以不含被测样品的试验组为对照，通过两者的比较考察活性污泥耗氧速率受被测样品抑制的情况。

2）硝化速率抑制率　以氨氮为底物，通过评估标准条件下产生的氧化态氮（亚硝酸盐加硝酸盐）或消耗的铵的浓度差异，计算不同浓度石化废水对硝化的抑制百分比，方法是硝化污泥在标准条件下进行曝气后，测试并对比其中氧化态氮的浓度值。

3）水解酸化产酸抑制率　水解酸化污泥能够将葡萄糖等营养物质降解为挥发性脂肪酸；投加一定剂量的抑制性物质时，挥发性脂肪酸产生速率会降低。这种产酸抑制效应能够表达抑制性物质对水解酸化污泥的毒害作用。将水解酸化污泥、营养物质以及被测样品混合接触后，测定挥发性脂肪酸产量随时间的变化情况，计算挥发性脂肪酸产生速率；同时以不含被测样品的试验组为对照，通过两者的比较考察产酸过程受被测样品抑制的情况。

4）厌氧产甲烷抑制率　厌氧污泥能够利用乙酸钠等营养物质产生甲烷、二氧化碳、硫化氢等气体产物，用碱性溶液吸收酸性气体，利用排水法可以测定甲烷产生量；投加一定剂量的抑制性物质时，产甲烷速率会降低。因此，产甲烷抑制效应能够表达抑制性物质对厌氧污泥的毒害作用。将厌氧污泥、营养物质以及被测样品混合接触后，测定甲烷产量随时间的变化情况，计算产甲烷速率；同时以不含被测样品的试验组为对照，通过两者的比较考察产甲烷过程受被测样品抑制的情况。

（2）工作流程

石化废水生物抑制性的分析基本可分为以下几个步骤。

1）试验混合液的配制　试验混合液通常由营养基质、活性污泥或厌氧污泥等活性微生物和被测废水样品组成，并以稀释用水补足到一定体积。先混合除活性微生物之外的成分，最后投加活性微生物。为评价试验结果的有效性，还需配置不投加废水和抑制性物质的实验组（空白对照）、投加已知抑制性物质的实验组（标准抑制性物质对照）和不投加活性微生物的实验组（非生物对照）。

2）混合接触　使试验混合液与活性微生物充分接触一段时间，以使废水中的有毒污染物对活性微生物产生抑制作用。在产甲烷抑制率和产酸抑制率等试验周期较长的试验中，混合接触阶段是微生物活性测试阶段的一部分。

3）微生物活性测试　根据评价指标测定反映微生物生长代谢活性的指标，如活性污泥耗氧速率、硝化速率、产酸速率、产甲烷速率等。

4）抑制率计算与分析　根据微生物活性测试结果，计算得到投加不同废水比例下微生物活性的抑制率，绘制剂量-效应曲线，计算达到一定抑制率的抑制浓度，并根据空白对照、标准抑制性物质对照和非生物对照结果，评估测定结果的有效性。

（3）技术特点

该技术可有效反映石化废水对水处理微生物的整体抑制效应，能够反映废水中多种污染物共同作用的结果，较根据废水污染物组成分析结果推测废水生物抑制性更加直接和准确。但由于微生物活性抑制性试验的条件与实际污水处理工艺的运行条件仍有许多差别，因此生物抑制性试验结果难以直接反映废水生物抑制性对废水生物处理工艺的影响。

6.1.2.4 典型案例

废水生物抑制性分析方法用于依托炼化一体化企业几十套生产装置排水的生物抑制性分析，为企业水污染控制关键装置的识别提供了依据。废水生物抑制性分析技术应用于丙烯酸酯、三羟甲基丙烷等高生物抑制性废水中生物抑制性关键污染物的识别[26]。

6.1.3 石化废水生物抑制性关键物质识别技术

6.1.3.1 技术简介

该技术根据废水污染物组成和生物抑制性分析结果，通过疑似抑制性特征污染物的提出、单一污染物配水抑制性测试、混合污染物配水抑制性测试、删除试验以及抑制性污染物贡献度分析等，综合分析识别废水中生物抑制性关键物质。识别结果可为石化废水污染源控制和抑制性削减工艺的开发提供理论指导和依据。

6.1.3.2 适用范围

高生物抑制性废水。

6.1.3.3 技术特征与效能

（1）基本原理

石化废水对水处理微生物的抑制效应通常是多种有毒污染物在相应的营养基质条件下对水处理微生物生长代谢特征的综合影响，不同污染物之间会表现出对抑制性的加和、协同、拮抗等相互作用，但各有毒污染物在单独作用时通常也会表现出明显的抑制效应。因此，通过单一污染物配水抑制性测试或多种污染物混合配水抑制性测试可以在很大程度上说明各种污染物对废水生物抑制性的贡献，从而识别出影响废水生物抑制性的关键污染物。

（2）工作流程

石化废水生物抑制性关键物质识别过程如图 6-2 所示。首先对废水的生物抑制性进行全面评价，确定废水主要的抑制性类型和水平，对废水污染物进行全面分析，获得主要污染物清单；然后通过文献调研和数据分析，确定疑似抑制性污染物清单；再后进行单一或多种污染物配水抑制性试验，评价各污染物或污染物组合对废水生物抑制性的贡献率；最终得到生物抑制性关键物质清单。

（3）技术特点

该技术可系统解析废水生物抑制性的来源，确定导致废水生物抑制性的主要污染物，从而为开发该废水抑制性削减技术提供直接依据。

6.1.3.4 典型案例

采用上述方法，识别出过氧化氢异丙苯为某苯酚丙酮生产废水主要抑制性物

质，甲醛为某三羟甲基丙烷废水主要抑制性物质，甲醛为某丙烯酸生产废水主要
抑制性物质，丙烯酸钠为某丙烯酸丁酯废水主要生物抑制性物质[26]。

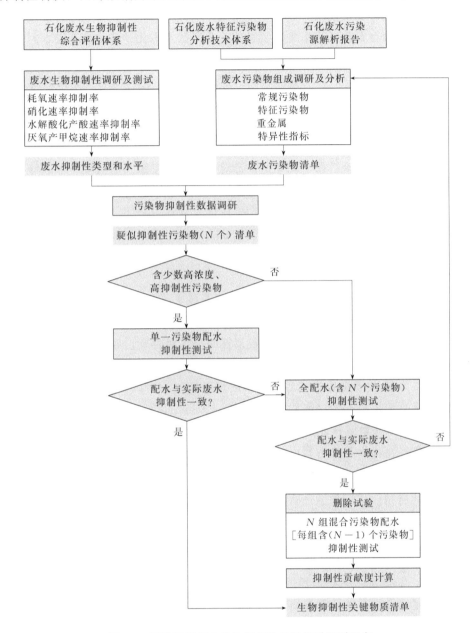

图 6-2　石化装置废水生物抑制性关键物质识别程序

6.2　炼化一体化园区（企业）水污染控制关键装置识别技术

（1）技术简介

该技术以炼化一体化园区（企业）各装置及节点污水污染物组成、生物抑制
性以及园区污水预处理、综合污水处理工艺及其运行情况为依据，识别对园区污水

处理系统处理效果和运行稳定性具有显著影响的关键装置。该技术识别结果可为炼化一体化园区（企业）水污染控制全过程控制优化重点和目标的确定提供依据。

（2）适用范围

含有石化或化工生产装置的工业园区及炼化一体化企业废水。

（3）技术特征与效能

1）基本原理　炼化一体化园区（企业）废水污染全过程控制重点装置，是指影响园区综合污水处理厂出水污染物排放的装置，其筛选原则包括装置废水污染物排放负荷大、标准控制特征污染物排放负荷大以及生物抑制性强。

水污染全过程控制重点装置的识别，需在充分调研各生产装置生产工艺、测试生产装置水平衡的基础上，针对生产装置废水开展污染物排放特征研究和生物抑制性评价，从而构建园区废水污染物物质流和毒性流，计算装置废水污染物排放负荷、标准控制特征污染物排放负荷及其占全部装置排放负荷的比例、生物抑制性当量负荷及其占全部装置排放负荷的比例，再根据加权和排序结果，筛选废水有机物全过程控制重点装置。

2）实施流程

① 园区水平衡分析。在园区内开展水平衡分析，依据测定的水量数据建立水量平衡关系，全面了解园区管网状况和各生产装置水资源消耗和废水产生情况。水平衡分析有利于掌握各装置的用水回收率，寻找水资源重复利用潜力，从而提高用水效率、降低企业废水排放量。

② 生产装置特征污染物排放情况调查。对园区内各石化装置排水的特征污染物组成进行测试或调查，特别是 COD、氨氮等重要污染物浓度以及主要特征污染物浓度，废水的产生原因、影响因素和排放节点，以为后续实施污染物全过程控制提供坚实的数据基础。

③ 生产装置废水活性污泥抑制性评价。对园区内各装置排水进行生物抑制性监测，获得各废水的生物抑制率，然后根据废水抑制率换算为标准毒性物质（如 3,5-二氯苯酚、3,5-DCP）产生同等生物抑制性的当量浓度，再结合废水流量计算废水生物抑制性的当量负荷，从而便于比较不同装置废水对综合污水处理厂进水生物抑制性的贡献。

④ 废水污染物物质流、毒性流构建。根据各生产装置废水流量、废水中常规污染物及特征污染物浓度、废水生物抑制性当量浓度，计算并绘制园区级废水流向图、废水污染物流向图和废水毒性流图。根据水平衡分析结果，在管网图上标注各节点的废水排放量。根据有机物排放特征研究结果，得出各节点废水中各污染物的浓度，结合废水排放量计算污染物排放负荷，标注在各节点上，形成物质流。根据废水生物抑制性评价结果，得出各节点废水对应标准毒性物质当量浓度，结合废水排放量计算对应标准毒性物质当量负荷，标注在各节点上，形成毒性流。

⑤ 重点装置判定。园区废水有机物全过程控制重点装置，是指影响企业出水有机物排放的装置。由于事故污水组成不确定性较大，且可能对综合污水处理

厂产生明显冲击，因此不需论证，直接作为园区水污染控制的重点装置。重点生产装置的主要判定因子包括装置废水的污染物排放负荷（L_{TOS}）、标准控制的特征污染物排放负荷（L_{COSP}）及生物抑制性当量负荷（L_{TBT}）。其权重分别以 η_{TOS}、η_{COSP} 和 η_{TBT} 表示，其中，η_{TOS}、η_{COSP} 和 η_{TBT} 之和等于 1，且赋值应体现园区水污染控制的核心问题。

重点装置贡献率（φ）如式(6-1)所示：

$$\varphi_i = \eta_{TOS}\varphi_{TOSi} + \eta_{COSP}\varphi_{COSPi} + \eta_{TBT}\varphi_{TBTi} \tag{6-1}$$

$$\varphi_{COSPi} = L_{COSPi} / \sum_{i=1}^{n} L_{COSPi} \tag{6-2}$$

式中　η_{TOS}——φ_{TOS} 的权重；

　　　φ_{TOSi}——i 装置废水污染物排放负荷占全部装置排放负荷的比例；

　　　η_{COSP}——φ_{COSP} 的权重；

　　　φ_{COSPi}——i 装置特征污染物［《石油化学工业污染物排放标准》（GB 31571—2015）中列出控制限值的有机物］排放负荷占全部装置排放负荷的比例；

　　　L_{COSPi}——i 装置废水排放的综合污水处理厂出水中含有的特征污染物排放负荷，kg/a；

　　　η_{TBT}——φ_{TBT} 的权重；

　　　φ_{TBTi}——i 装置废水生物抑制性当量负荷占全部装置排放负荷的比例。

根据装置贡献率排序结果确定重点装置。

3）技术特点　该技术综合考虑了废水污染物组成和生物抑制性以及污染物可生物降解性等多种因素对园区污水处理系统稳定达标的影响，使关键装置的识别过程更加科学。

（4）典型案例　应用该技术识别出某炼化一体化企业废水污染物全过程控制重点装置，包括苯酚丙酮、乙醛、ABS 树脂、丁苯橡胶、丁辛醇、三羟甲基丙烷、丙烯酸（酯）、常减压等装置，占所有装置总贡献率之和的 84.2%，为该企业水污染控制系统的优化奠定了坚实的基础[81]。

6.3　炼化一体化园区（企业）水污染控制系统整体优化技术

（1）技术简介

按照水污染全过程控制的技术思路，以炼化一体化园区（企业）污水源解析和污水处理技术为基础，通过关键装置识别、全过程控制策略制定，实现炼化一体化园区（企业）水污染控制系统的整体优化。

（2）适用范围

炼化一体化园区（企业）水污染控制系统优化。

（3）技术特征与效能

1）基本原理　废水污染全过程控制是指在废水产生、混合、输送、处理、回用或排放的整个过程中，综合采用源头减量、过程资源化减排和末端处理等措施，实现废水污染物经济高效减排。废水污染全过程控制是与末端处理相对的一种污染控制模式，包含园区和装置两个层面。

园区层面的废水污染全过程控制，以排放废水的生产装置为源头，以废水混合、预处理等为过程，以综合污水处理厂为末端，具体见图 6-3。该模式以园区废水污染控制系统整体优化为主要目标，根据废水组成、特性及产排特征，识别园区废水污染控制关键生产装置及污染物；按照废水分质治理的理念，根据各类减排措施的技术经济性能，针对不同水质废水采取不同的污染物减排策略；在此基础上，统筹协调并充分发挥装置源头减量、过程资源化减排和综合污水处理厂末端处理等各环节的减排能力，以提高污染控制效率，降低污染控制成本。

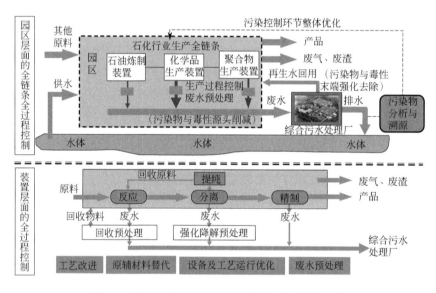

图 6-3　园区和装置层面废水污染全过程控制示意

2）实施流程　实施流程如图 6-4 所示：按照水污染全过程控制策略，分别从园区和装置层面，对每一项优化措施开展具体研究。对于技术优化措施，通过废水处理工艺模拟、污染物处理特性分析、废水污染物分析、废水生物抑制性测试等试验研究，明确最佳的工艺条件和运行参数。对于结构优化措施，明晰现有技术水平所能达到的出水水质条件和经济成本，确定优化对象。对于管理控制措施，完善制度管理和设施管理，建立风险防范体系和控制预案。

针对已制订的措施，分别从环境、经济和社会等方面开展措施实施的效益分析。

① 从环境效益方面，分析措施实施对削减园区废水及其污染物排放量、保护水环境的贡献。

② 从经济效益方面，计算措施实施对降低生产和处理成本、创造收益的贡献。

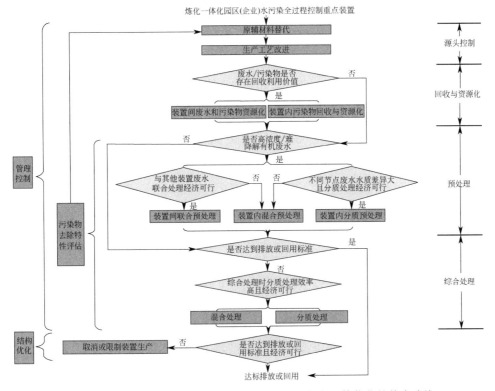

图 6-4　炼化一体化园区（企业）水污染全过程控制整体优化的技术路线

③ 从社会效益方面，分析措施实施对园区生态良性循环、区域经济可持续发展、流域水质管理控制等方面的意义。

根据效益分析结果，评价措施的技术经济性能，进而对污染控制策略进行调整和优化。

3）技术特点　废水污染全过程控制的本质在于针对污染产生和减排的各个环节，在满足排放标准和回用水水质标准的前提下，从成本最小化、效益最大化的角度出发，寻求全局最优方案。而传统末端处理模式着眼于末端污水处理厂本身的优化，只能寻求局部最优。

污染全过程控制理念与传统末端处理理念的对比如表 6-3 所列。

表 6-3　废水污染全过程控制与废水末端处理的对比

对比内容	废水全过程控制	废水末端处理
污染控制措施的实施对象	从生产装置排出的废水以及产生废水的生产单元	从生产装置排出的废水或多套生产装置的混合废水
污染控制措施涉及的过程	生产过程和废水处理过程	废水处理过程
污染控制采用的技术手段	产品生产相关工艺技术以及废水处理相关技术	废水处理相关技术
污染控制优化目标	在废水达标排放或回用的前提下，废水污染控制的综合成本最低或综合收益最大	在废水达标排放或回用的前提下，废水处理成本最低

对比内容	废水全过程控制	废水末端处理
污染控制优化范围	生产过程＋废水处理过程	废水处理过程
需要的废水特征了解程度	尽可能详细了解各节点废水的水质水量特征,除 COD 等综合性水质指标外,特别关注可回收、有毒及难降解污染物	主要关注末端处理设施进水
对废水冲击负荷的应对措施	通过工艺优化减小冲击负荷频次和强度,或对产生冲击负荷废水进行分质处理	设置停留时间较长的调节池
对废水高浓度有毒污染物的应对措施	通过生产过程优化减少有毒污染物排放,或对废水进行脱毒预处理	通过生物处理反应器构型和出水回流比等工艺条件优化
对废水高浓度污染物的去除	资源回收优先,辅以末端处理	末端处理为主
对不同水质废水的处理模式	分质处理优先	混合处理
废水回用模式	综合污水深度处理回用与生产装置废水就地处理回用相结合,高端回用、梯级利用和就地处理回用相结合	综合污水经深度处理后进行高端回用
出水水质稳定性	稳定性高	易受冲击负荷影响,稳定性差
污染控制成本	较低	较高

(4) 典型案例

依托国家水体污染控制与治理科技专项课题,按照水污染全过程控制理念,开展了松花江上游代表性炼化一体化企业内石化装置废水精细化解析和水污染控制重点装置识别,并在"十二五"期间针对 ABS 树脂、苯酚丙酮、三羟甲基丙烷等重点装置采取了废水源头治理措施,每年减少向综合污水厂排放 COD 5624t、特征有机物 1070t,增收产品 1800 多吨,增创收益 1239 万元,显著降低后续综合污水处理厂处理负荷和冲击影响,降低了末端综合污水处理厂提标改造工程的投资、运行成本和管理难度。

在此基础上,采用"微氧水解酸化-缺氧/好氧-微絮凝砂滤-臭氧催化氧化"对综合污水处理厂(设计规模 24 万吨/天)进行提标改造,并按照水污染全过程控制的理念,提出了生活污水＋炼油废水与化工废水分质处理方案,仅对难降解有机物含量较高的化工废水进行深度处理,节约废水深度处理单元建设投资近 8500 万元。

上述工程建成后,依托企业总排水 COD 浓度由 94mg/L 降至 60mg/L 以下,有机污染物检出种类显著减少,出水常规及特征污染物指标均满足《石油化学工业污染物排放标准》(GB 31571—2015),藻毒性、溞毒性、鱼卵毒性、致突变性和发光细菌毒性等生物毒性指标控制水平满足德国化工污水排放标准要求,保障了排水的生态安全性,有利于松花江流域水质改善和水生态恢复[81]。

本章编著者:中国环境科学研究院周岳溪、席宏波、于茵、沈志强、吴昌永、宋玉栋。

附录

附录 1　石油炼制工业污染物排放标准

（GB 31570—2015）（节选）

1　适用范围

本标准规定了石油炼制工业企业及其生产设施的水污染物和大气污染物排放限值、监测和监督管理要求。

本标准适用于现有石油炼制工业企业或生产设施的水污染物和大气污染物排放管理，以及石油炼制工业建设项目的环境影响评价、环境保护设施设计、竣工环境保护验收及其投产后的水污染物和大气污染物排放管理。

石油炼制工业企业内的汽油储罐及发油过程油气排放控制按本标准规定执行，不再执行 GB 20950—2007 中的相关规定。

本标准适用于法律允许的污染物排放行为。新设立污染源的选址和特殊保护区域内现有污染源的管理，按照《中华人民共和国水污染防治法》《中华人民共和国大气污染防治法》《中华人民共和国海洋环境保护法》《中华人民共和国固体废物污染环境防治法》《中华人民共和国环境影响评价法》等法律、法规和规章的相关规定执行。

2　规范性引用文件

本标准内容引用了下列文件或其中的条款。凡是不注日期的引用文件，其最新版本适用于本标准。

GB 20950—2007	储油库大气污染物排放标准
GB/T 6920	水质　pH 值的测定　玻璃电极法
GB/T 7469	水质　总汞的测定　高锰酸钾-过硫酸钾消解法　双硫腙分光光度法
GB/T 7470	水质　铅的测定　双硫腙分光光度法
GB/T 7475	水质　铜、锌、铅、镉的测定　原子吸收分光光度法
GB/T 7485	水质　总砷的测定　二乙基二硫代氨基甲酸银分光光度法

GB/T 8017	石油产品蒸气压的测定	雷德法
GB/T 11890	水质 苯系物的测定	气相色谱法
GB/T 11893	水质 总磷的测定	钼酸铵分光光度法
GB/T 11895	水质 苯并[a]芘的测定	乙酰化滤纸层析荧光分光光度法
GB/T 11901	水质 悬浮物的测定	重量法
GB/T 11910	水质 镍的测定	丁二酮肟分光光度法
GB/T 11912	水质 镍的测定	火焰原子吸收分光光度法
GB/T 11914	水质 化学需氧量的测定	重铬酸盐法
GB/T 14204	水质 烷基汞的测定	气相色谱法
GB/T 15439	环境空气 苯并[a]芘的测定	高效液相色谱法
GB/T 15503	水质 钒的测定	钽试剂（BPHA）萃取分光光度法
GB/T 16489	水质 硫化物的测定	亚甲基蓝分光光度法
HJ/T 60	水质 硫化物的测定	碘量法
HJ/T 70	高氯废水 化学需氧量的测定	氯气校正法
HJ/T 91	地表水和污水监测技术规范	
HJ/T 132	高氯废水 化学需氧量的测定	碘化钾碱性高锰酸钾法
HJ/T 195	水质 氨氮的测定	气相分子吸收光谱法
HJ/T 200	水质 硫化物的测定	气相分子吸收光谱法
HJ/T 373	固定污染源监测质量保证与质量控制技术规范（试行）	
HJ/T 399	水质 化学需氧量的测定	快速消解分光光度法
HJ 478	水质 多环芳烃的测定	液液萃取和固相萃取高效液相色谱法
HJ 484	水质 氰化物的测定	容量法和分光光度法
HJ 493	水质 样品的保存和管理技术规定	
HJ 494	水质 采样技术指导	
HJ 495	水质 采样方案设计技术规定	
HJ 501	水质 总有机碳的测定	燃烧氧化—非分散红外吸收法
HJ 502	水质 挥发酚的测定	溴化容量法
HJ 503	水质 挥发酚的测定	4-氨基安替比林分光光度法
HJ 505	水质 五日生化需氧量（BOD$_5$）的测定	稀释与接种法
HJ 535	水质 氨氮的测定	纳氏试剂分光光度法
HJ 536	水质 氨氮的测定	水杨酸分光光度法
HJ 537	水质 氨氮的测定	蒸馏-中和滴定法
HJ 597	水质 总汞的测定	冷原子吸收分光光度法
HJ 636	水质 总氮的测定	碱性过硫酸钾消解紫外分光光度法
HJ 637	水质 石油类和动植物油类的测定	红外分光光度法
HJ 639	水质 挥发性有机物的测定	吹扫捕集/气相色谱-质谱法
HJ 665	水质 氨氮的测定	连续流动-水杨酸分光光度法

HJ 666	水质　氨氮的测定　流动注射-水杨酸分光光度法
HJ 667	水质　总氮的测定　连续流动-盐酸萘乙二胺分光光度法
HJ 668	水质　总氮的测定　流动注射-盐酸萘乙二胺分光光度法
HJ 670	水质　磷酸盐和总磷的测定　连续流动-钼酸铵分光光度法
HJ 671	水质　总磷的测定　流动注射-钼酸铵分光光度法
HJ 673	水质　钒的测定　石墨炉原子吸收分光光度法
HJ 686	水质　挥发性有机物的测定　吹扫捕集/气相色谱法
HJ 694	水质　汞、砷、硒、铋和锑的测定　原子荧光法
HJ 700	水质　65 种元素的测定　电感耦合等离子体质谱法

《污染源自动监控管理办法》（国家环境保护总局令　第 28 号）

《环境监测管理办法》（国家环境保护总局令　第 39 号）

3　术语和定义

下列术语和定义适用于本标准。

3.1　石油炼制工业　petroleum refining industry

以原油、重油等为原料，生产汽油馏分、柴油馏分、燃料油、润滑油、石油蜡、石油沥青和石油化工原料等的工业。

3.2　石油炼制工业废水　petroleum refining industry wastewater

石油炼制工业生产过程中产生的废水，包括工艺废水、污染雨水（与工艺废水混合处理）、生活污水、循环冷却水排污水、化学水制水排污水、蒸气发生器排污水、余热锅炉排污水等。

3.3　工艺废水　process wastewater

石油炼制工业生产过程中与物料直接接触后，从各生产设备排出的废水。工艺废水包括含油废水、含碱废水、含硫含氨酸性水、含苯系物废水、含盐废水等。

3.4　污染雨水　polluted rainwater

石油炼制工业企业或生产设施区域内地面径流的污染物浓度高于本标准规定的直接排放限值的雨水。

3.5　含碱废水　alkaline wastewater

石油炼制工业生产油品、气体产品碱精制，脱硫胺液再生过程产生的废水。

3.6　含硫含氨酸性水　sour water

石油炼制工业生产过程中产生的含硫≥50mg/L，含氨氮≥100mg/L 的废水。

3.7　含苯系物废水　aromatic hydrocarbon wastewater

芳烃（苯、甲苯、二甲苯、苯乙烯）生产过程中与物料直接接触后，从各生产设备排出的废水。

3.8 废水集输系统 wastewater collection and transportation system

用于废水收集、储存、输送设施的总和，包括地漏、管道、沟、渠、连接井、集水池、罐等。

3.9 排水量 effluent volume

企业或生产设施向环境排放的废水量，包括与生产有直接或间接关系的各种外排废水（不包括热电站排水、直流冷却海水）。

3.10 加工单位原（料）油排水量 effluent volume of per ton crude oil

在一定的计量时间内，石油炼制企业生产过程中，排入环境的废水量与原（料）油加工量之比。原（料）油加工量包括一次加工及直接进入二次加工装置的原（料）油的数量。

3.11 公共污水处理系统 public wastewater treatment system

通过纳污管道等方式收集废水，为两家以上排污单位提供废水处理服务并且排水能够达到相关排放标准要求的企业或机构，包括各种规模和类型的城镇污水处理厂、园区（包括各类工业园区、开发区、工业聚集地等）污水处理厂等，其废水处理程度应达到二级或二级以上。

3.12 直接排放 direct discharge

排污单位直接向环境水体排放水污染物的行为。

3.13 间接排放 indirect discharge

排污单位向公共污水处理系统排放水污染物的行为。

3.14 挥发性有机物 volatile organic compounds

参与大气光化学反应的有机化合物，或者根据规定的方法测量或核算确定的有机化合物。

3.15 非甲烷总烃 non-methane hydrocarbon

采用规定的监测方法，检测器有明显响应的除甲烷外的碳氢化合物的总称（以碳计）。本标准使用"非甲烷总烃（NMHC）"作为排气筒和厂界挥发性有机物排放的综合控制指标。

3.16 挥发性有机液体 volatile organic liquid

任何能向大气释放挥发性有机物的符合以下任一条件的有机液体：（1）20℃时，挥发性有机液体的真实蒸气压大于0.3kPa；（2）20℃时，混合物中，真实蒸气压大于0.3kPa的纯有机化合物的总浓度等于或者高于20%（重量比）。

3.17 真实蒸气压 true vapor pressure

有机液体气化率为零时的蒸气压，又称泡点蒸气压，根据GB/T 8017测定的雷德蒸气压换算得到。

3.18 泄漏检测值 leakage detection value

采用规定的监测方法，检测仪器探测到的设备（泵、压缩机等）或管线组件（阀门、法兰等）泄漏点的挥发性有机物浓度扣除环境本底值后的净值（以碳计）。

3.19 现有企业 existing facility

本标准实施之日前已建成投产或环境影响评价文件已通过审批的石油炼制工业企业或生产设施。

3.20 新建企业 new facility

自本标准实施之日起环境影响评价文件通过审批的新建、改建和扩建石油炼制工业建设项目。

3.21 企业边界 enterprise boundary

石油炼制工业企业的法定边界。若无法定边界，则指企业或生产设施的实际占地边界。

4 水污染物排放控制要求

4.1 现有企业 2017 年 7 月 1 日前仍执行现行标准，自 2017 年 7 月 1 日起执行表 1 规定的水污染物排放限值。

4.2 自 2015 年 7 月 1 日起，新建企业执行表 1 规定的水污染物排放限值。

表 1 水污染物排放限值

单位：mg/L（pH 值除外）

序号	污染物项目	限值		污染物排放监控位置
		直接排放	间接排放[1]	
1	pH 值	6～9	—	
2	悬浮物	70	—	
3	化学需氧量	60	—	
4	五日生化需氧量	20	—	
5	氨氮	8.0	—	
6	总氮	40	—	
7	总磷	1.0	—	
8	总有机碳	20	—	
9	石油类	5.0	20	
10	硫化物	1.0	1.0	企业废水总排放口
11	挥发酚	0.5	0.5	
12	总钒	1.0	1.0	
13	苯	0.1	0.2	
14	甲苯	0.1	0.2	
15	邻二甲苯	0.4	0.6	
16	间二甲苯	0.4	0.6	
17	对二甲苯	0.4	0.6	
18	乙苯	0.4	0.6	
19	总氰化物	0.5	0.5	

续表

序号	污染物项目	限值		污染物排放监控位置
		直接排放	间接排放[1]	
20	苯并[a]芘	0.00003		车间或生产设施废水排放口
21	总铅	1.0		
22	总砷	0.5		
23	总镍	1.0		
24	总汞	0.05		
25	烷基汞	不得检出		
	加工单位原(料)油基准排水量/(m³/t原油)	0.5		排水量计量位置与污染物排放监控位置相同

注:(1)废水进入城镇污水处理厂或经由城镇污水管线排放,应达到直接排放限值;废水进入园区(包括各类工业园区、开发区、工业聚集地等)污水处理厂执行间接排放限值,未规定限值的污染物项目由企业与园区污水处理厂根据其污水处理能力商定相关标准,并报当地环境保护主管部门备案。

4.3 根据环境保护工作的要求,在国土开发密度已经较高、环境承载能力开始减弱,或水环境容量较小、生态环境脆弱,容易发生严重水环境污染问题而需要采取特别保护措施的地区,应严格控制企业的污染排放行为,在上述地区的企业执行表2规定的水污染物特别排放限值。

执行水污染物特别排放限值的地域范围、时间,由国务院环境保护主管部门或省级人民政府规定。

表2 水污染物特别排放限值

单位:mg/L(pH值除外)

序号	污染物项目	限值		污染物排放监控位置
		直接排放	间接排放[1]	
1	pH值	6~9	—	企业废水总排放口
2	悬浮物	50	—	
3	化学需氧量	50	—	
4	五日生化需氧量	10	—	
5	氨氮	5.0	—	
6	总氮	30	—	
7	总磷	0.5	—	
8	总有机碳	15	—	
9	石油类	3.0	15	
10	硫化物	0.5	1.0	
11	挥发酚	0.3	0.5	
12	总钒	1.0	1.0	
13	苯	0.1	0.1	
14	甲苯	0.1	0.1	
15	邻二甲苯	0.2	0.4	

序号	污染物项目	限值		污染物排放监控位置
		直接排放	间接排放[1]	
16	间二甲苯	0.2	0.4	
17	对二甲苯	0.2	0.4	
18	乙苯	0.2	0.4	
19	总氰化物	0.3	0.5	
20	苯并[a]芘	0.00003		车间或生产设施废水排放口
21	总铅	1.0		
22	总砷	0.5		
23	总镍	1.0		
24	总汞	0.05		
25	烷基汞	不得检出		
	加工单位原(料)油基准排水量/(m³/t 原油)	0.4		排水量计量位置与污染物排放监控位置相同

注:(1)废水进入城镇污水处理厂或经由城镇污水管线排放,应达到直接排放限值;废水进入园区(包括各类工业园区、开发区、工业聚集地等)污水处理厂执行间接排放限值,未规定限值的污染物项目由企业与园区污水处理厂根据其污水处理能力商定相关标准,并报当地环境保护主管部门备案。

4.4 水污染物排放浓度限值适用于加工单位原(料)油实际排水量不高于基准排水量的情况。若加工单位原(料)油实际排水量超过规定的基准排水量,须按公式(1)将实测水污染物浓度换算为基准水量排放浓度,并与排放限值比较判定排放是否达标。原(料)油加工量和排水量统计周期为一个工作日。

$$\rho_{基} = \frac{Q_{总}}{\sum Y \cdot Q_{基}} \times \rho_{实} \tag{1}$$

式中 $\rho_{基}$ ——水污染物基准水量排放浓度,mg/L;

　　$Q_{总}$ ——排水总量,m³;

　　Y ——原(料)油加工量,t;

　　$Q_{基}$ ——加工单位原(料)油基准排水量,m³/t;

　　$\rho_{实}$ ——实测水污染物排放浓度,mg/L。

若 $Q_{总}$ 与 $\sum Y \cdot Q_{基}$ 的比值小于1,则以水污染物实测浓度作为判定排放是否达标的依据。

附录 2 石油化学工业污染物排放标准

(GB 31571—2015)(节选)

1 适用范围

本标准规定了石油化学工业企业及其生产设施的水污染物和大气污染物排放限值、监测和监督管理要求。

本标准适用于现有石油化学工业企业或生产设施的水污染物和大气污染物排放管理，以及石油化学工业建设项目的环境影响评价、环境保护设施设计、竣工环境保护验收及其投产后的水污染物和大气污染物排放管理。

本标准适用于法律允许的污染物排放行为。新设立污染源的选址和特殊保护区域内现有污染源的管理，按照《中华人民共和国水污染防治法》《中华人民共和国大气污染防治法》《中华人民共和国海洋环境保护法》《中华人民共和国固体废物污染环境防治法》《中华人民共和国环境影响评价法》等法律、法规和规章的相关规定执行。

2 规范性引用文件

本标准内容引用了下列文件或其中的条款。凡是不注日期的引用文件，其最新版本适用于本标准。

GB/T 6920	水质	pH 值的测定 玻璃电极法
GB/T 7466	水质	总铬的测定
GB/T 7467	水质	六价铬的测定 二苯碳酰二肼分光光度法
GB/T 7469	水质	总汞的测定 高锰酸钾-过硫酸钾消解法 双硫腙分光光度法
GB/T 7470	水质	铅的测定 双硫腙分光光度法
GB/T 7471	水质	镉的测定 双硫腙分光光度法
GB/T 7472	水质	锌的测定 双硫腙分光光度法
GB/T 7475	水质	铜、锌、铅、镉的测定 原子吸收分光光度法
GB/T 7484	水质	氟化物的测定 离子选择电极法
GB/T 7485	水质	总砷的测定 二乙基二硫代氨基甲酸银分光光度法
GB/T 8017	水质	石油产品蒸气压的测定 雷德法
GB/T 11889	水质	苯胺类化合物的测定 N-(1-萘基)乙二胺偶氮分光光度法
GB/T 11890	水质	苯系物的测定 气相色谱法
GB/T 11893	水质	总磷的测定 钼酸铵分光光度法
GB/T 11895	水质	苯并[a]芘的测定 乙酰化滤纸层析荧光分光光度法
GB/T 11901	水质	悬浮物的测定 重量法
GB/T 11910	水质	镍的测定 丁二酮肟分光光度法
GB/T 11912	水质	镍的测定 火焰原子吸收分光光度法
GB/T 11914	水质	化学需氧量的测定 重铬酸盐法
GB/T 14204	水质	烷基汞的测定 气相色谱法
GB/T 14672	水质	吡啶的测定 气相色谱法
GB/T 15503	水质	钒的测定 钽试剂（BPHA）萃取分光光度法
GB/T 15959	水质	可吸附有机卤素（AOX）的测定 微库仑法
GB/T 16489	水质	硫化物的测定 亚甲基蓝分光光度法

HJ/T 50	水质　三氯乙醛的测定　吡啶啉酮分光光度法
HJ/T 60	水质　硫化物的测定　碘量法
HJ/T 70	高氯废水　化学需氧量的测定　氯气校正法
HJ/T 72	水质　邻苯二甲酸二甲（二丁、二辛）脂的测定　液相色谱法
HJ/T 73	水质　丙烯腈的测定　气相色谱法
HJ/T 74	水质　氯苯的测定　气相色谱法
HJ/T 75	固定污染源烟气排放连续监测技术规范（试行）
HJ/T 76	固定污染源烟气排放连续监测系统技术要求及检测方法（试行）
HJ 77.1	水质　二噁英类的测定　同位素稀释高分辨气相色谱-高分辨质谱法
HJ/T 83	水质　可吸附有机卤素（AOX）的测定　离子色谱法
HJ/T 91	地表水和污水监测技术规范
HJ/T 132	高氯废水　化学需氧量的测定　碘化钾碱性高锰酸钾法
HJ/T 195	水质　氨氮的测定　气相分子吸收光谱法
HJ/T 200	水质　硫化物的测定　气相分子吸收光谱法
HJ/T 373	固定污染源监测质量保证与质量控制技术规范（试行）
HJ/T 399	水质　化学需氧量的测定　快速消解分光光度法
HJ 478	水质　多环芳烃的测定　液液萃取和固相萃取高效液相色谱法
HJ 484	水质　氰化物的测定　容量法和分光光度法
HJ 485	水质　铜的测定　二乙基二硫代氨基甲酸钠分光光度法
HJ 486	水质　铜的测定　2,9-二甲基-1,10-菲啰啉分光光度法
HJ 487	水质　氟化物的测定　茜素磺酸锆目视比色法
HJ 488	水质　氟化物的测定　氟试剂分光光度法
HJ 493	水质　样品的保存和管理技术规定
HJ 494	水质　采样技术指导
HJ 495	水质　采样方案设计技术规定
HJ 501	水质　总有机碳的测定　燃烧氧化-非分散红外吸收法
HJ 502	水质　挥发酚的测定　溴化容量法
HJ 503	水质　挥发酚的测定　4-氨基安替比林分光光度法
HJ 505	水质　五日生化需氧量（BOD_5）的测定　稀释与接种法
HJ 535	水质　氨氮的测定　纳氏试剂分光光度法
HJ 536	水质　氨氮的测定　水杨酸分光光度法
HJ 537	水质　氨氮的测定　蒸馏-中和滴定法
HJ 592	水质　硝基苯类化合物的测定　气相色谱法
HJ 597	水质　总汞的测定　冷原子吸收分光光度法
HJ 601	水质　甲醛的测定　乙酰丙酮分光光度法
HJ 620	水质　挥发性卤代烃的测定　顶空气相色谱法
HJ 621	水质　氯苯类化合物的测定　气相色谱法

| HJ 636 | 水质 | 总氮的测定 | 碱性过硫酸钾消解紫外分光光度法 |

HJ 636　水质　总氮的测定　碱性过硫酸钾消解紫外分光光度法

HJ 637　水质　石油类和动植物油类的测定　红外分光光度法

HJ 639　水质　挥发性有机物的测定　吹扫捕集/气相色谱-质谱法

HJ 648　水质　硝基苯类化合物的测定　液液萃取/固相萃取-气相色谱法

HJ 665　水质　氨氮的测定　连续流动-水杨酸分光光度法

HJ 666　水质　氨氮的测定　流动注射-水杨酸分光光度法

HJ 667　水质　总氮的测定　连续流动-盐酸萘乙二胺分光光度法

HJ 668　水质　总氮的测定　流动注射-盐酸萘乙二胺分光光度法

HJ 670　水质　磷酸盐和总磷的测定　连续流动-钼酸铵分光光度法

HJ 671　水质　总磷的测定　流动注射-钼酸铵分光光度法

HJ 673　水质　钒的测定　石墨炉原子吸收分光光度法

HJ 676　水质　酚类化合物的测定　液液萃取/气相色谱法

HJ 686　水质　挥发性有机物的测定　吹扫捕集/气相色谱法

HJ 694　水质　汞、砷、硒、铋和锑的测定　原子荧光法

HJ 697　水质　丙烯酰胺的测定　气相色谱法

HJ 700　水质　65 种元素的测定　电感耦合等离子体质谱法

HJ 715　水质　多氯联苯的测定　气相色谱-质谱法

HJ 716　水质　硝基苯类化合物的测定　气相色谱-质谱法

《污染源自动监控管理办法》（国家环境保护总局令　第 28 号）

《环境监测管理办法》（国家环境保护总局令　第 39 号）

3　术语和定义

下列术语和定义适用于本标准。

4　石油化学工业　petroleum chemistry industry

以石油馏分、天然气等为原料，生产有机化学品、合成树脂、合成纤维、合成橡胶等的工业。

4.1　石油化学工业废水　petroleum chemistry industry wastewater

石油化学工业生产过程中产生的废水，包括工艺废水、污染雨水（与工艺废水混合处理）、生活污水、循环冷却水排污水、化学水制水排污水、蒸汽发生器排污水、余热锅炉排污水等。

4.2　工艺废水　process wastewater

石油化学工业生产过程中与物料直接接触后，从各生产设备排出的废水。

4.3　污染雨水　polluted rainwater

石油化学工业企业或生产设施区域内地面径流的污染物浓度高于本标准规定的直接排放限值的雨水。

4.4　废水集输系统　wastewater collection and transportation system

用于废水收集、储存、输送设施的总和，包括地漏、管道、沟、渠、连接井、集水池、罐等。

4.5　排水量　effluent volume

企业或生产设施向环境排放的废水量，包括与生产有直接或间接关系的各种外排废水（不包括热电站排水、直流冷却海水）。

4.6　公共污水处理系统　public wastewater treatment system

通过纳污管道等方式收集废水，为两家以上排污单位提供废水处理服务并且排水能够达到相关排放标准要求的企业或机构，包括各种规模和类型的城镇污水处理厂、园区（包括各类工业园区、开发区、工业聚集地等）污水处理厂等，其废水处理程度应达到二级或二级以上。

4.7　直接排放　direct discharge

排污单位直接向环境水体排放水污染物的行为。

4.8　间接排放　indirect discharge

排污单位向公共污水处理系统排放水污染物的行为。

4.9　废水有机特征污染物　organic characteristic wastewater pollutants

（略。）

4.10　挥发性有机物　volatile organic compounds

参与大气光化学反应的有机化合物，或者根据规定的方法测量或核算确定的有机化合物。

4.11　非甲烷总烃　non-methane hydrocarbon

采用规定的监测方法，检测器有明显响应的除甲烷外的碳氢化合物的总称（以碳计）。本标准使用"非甲烷总烃（NMHC）"作为排气筒和厂界挥发性有机物排放的综合控制指标。

4.12　废气有机特征污染物　organic characteristic air pollutants

（略。）

4.13　挥发性有机液体　volatile organic liquid

任何能向大气释放挥发性有机物的符合以下任一条件的有机液体：（1）20℃时，挥发性有机液体的真实蒸气压大于 0.3kPa；（2）20℃时，混合物中，真实蒸气压大于 0.3kPa 的纯有机化合物的总浓度等于或者高于 20％（重量比）。

4.14　真实蒸气压　true vapor pressure

有机液体气化率为零时的蒸气压，又称泡点蒸气压，根据 GB/T 8017 测定的雷德蒸气压换算得到。

4.15　泄漏检测值　leakage detection value

采用规定的监测方法，检测仪器探测到的设备（泵、压缩机等）或管线组件（阀门、法兰等）泄漏点的挥发性有机物浓度扣除环境本底值后的净值（以碳计）。

4.16 工艺加热炉 process heater

用燃料燃烧加热管内流动的液体或气体物料的设备。

4.17 空气氧化反应器 air oxidation reactor

用空气，或空气和氧气（氯气、氨气）的组合作为氧源的反应器。

4.18 序批操作 batch operation

不连续的操作，原料被分批添加进一个化学生产过程单元内进行加工。在此操作中设备是间歇或间断的运行。原材料的添加和产品的导出不同时发生在一个序批操作。每个批操作后，到新一批操作之前设备通常是空置的。

4.19 非正常工况 malfunction/upsets

生产设施生产工艺参数不是有计划地超过装置设计弹性变化的工况。

4.20 排气筒高度 stack height

自排气筒（或其主体建筑构造）所在的地平面至排气筒出口计的高度。

4.21 标准状态 standard condition

温度为 273.15K、压力为 101325Pa 时的状态。本标准规定的大气污染物排放浓度限值均以标准状态下的干气体为基准。

4.22 现有企业 existing facility

本标准实施之日前已建成投产或环境影响评价文件已通过审批的石油化学工业企业或生产设施。

4.23 新建企业 new facility

自本标准实施之日起环境影响评价文件通过审批的新建、改建和扩建石油化学工业建设项目。

4.24 企业边界 enterprise boundary

石油化学工业企业的法定边界。若无法定边界，则指企业或生产设施的实际占地边界。

5 水污染物排放控制要求

5.1 现有企业 2017 年 7 月 1 日前仍执行现行标准，自 2017 年 7 月 1 日起执行表 1 规定的水污染物排放限值。

5.2 自 2015 年 7 月 1 日起，新建企业执行表 1 规定的水污染物排放限值。

表 1 水污染物排放限值

单位：mg/L（pH 值除外）

序号	污染物项目	限值		污染物排放监控位置
		直接排放	间接排放[1]	
1	pH 值	6.0~9.0	—	
2	悬浮物	70	—	
3	化学需氧量	60 100[2]	—	企业废水总排放口
4	五日生化需氧量	20	—	

续表

序号	污染物项目	限值		污染物排放监控位置
		直接排放	间接排放[(1)]	
5	氨氮	8.0	—	企业废水总排放口
6	总氮	40	—	
7	总磷	1.0	—	
8	总有机碳	20 30[(2)]	—	
9	石油类	5.0	20	
10	硫化物	1.0	1.0	
11	氟化物	10	20	
12	挥发酚	0.5	0.5	
13	总钒	1.0	1.0	
14	总铜	0.5	0.5	
15	总锌	2.0	2.0	
16	总氰化物	0.5	0.5	
17	可吸附有机卤化物	1.0	5.0	
18	苯并[a]芘	0.00003		车间或生产设施废水排放口
19	总铅	1.0		
20	总镉	0.1		
21	总砷	0.5		
22	总镍	1.0		
23	总汞	0.05		
24	烷基汞	不得检出		
25	总铬	1.5		
26	六价铬	0.5		
27	废水有机特征污染物	表3所列有机特征污染物及排放浓度限值		企业废水总排放口

注:(1)废水进入城镇污水处理厂或经由城镇污水管线排放,应达到直接排放限值;废水进入园区(包括各类工业园区、开发区、工业聚集地等)污水处理厂执行间接排放限值,未规定限值的污染物项目由企业与园区污水处理厂根据其污水处理能力商定相关标准,并报当地环境保护主管部门备案。
(2)丙烯腈-腈纶、己内酰胺、环氧氯丙烷、2,6-二叔丁基-4-甲基苯酚(BHT)、精对苯二甲酸(PTA)、间甲酚、环氧丙烷、萘系列和催化剂生产废水执行该限值。

5.3　根据环境保护工作的要求,在国土开发密度已经较高、环境承载能力开始减弱,或水环境容量较小、生态环境脆弱,容易发生严重水环境污染问题而需要采取特别保护措施的地区,应严格控制企业的污染排放行为,在上述地区的企业执行表2规定的水污染物特别排放限值。

执行水污染物特别排放限值的地域范围、时间,由国务院环境保护主管部门或省级人民政府规定。

表 2　水污染物特别排放限值

单位：mg/L（pH 值除外）

序号	污染物项目	限值		污染物排放监控位置
		直接排放	间接排放[1]	
1	pH 值	6.0～9.0	—	企业废水总排放口
2	悬浮物	50	—	
3	化学需氧量	50	—	
4	五日生化需氧量	10	—	
5	氨氮	5.0	—	
6	总氮	30	—	
7	总磷	0.5	—	
8	总有机碳	15	—	
9	石油类	3.0	15	
10	硫化物	0.5	1.0	
11	氟化物	8.0	15	
12	挥发酚	0.3	0.5	
13	总钒	1.0	1.0	
14	总铜	0.5	0.5	
15	总锌	2.0	2.0	
16	总氰化物	0.3	0.5	
17	可吸附有机卤化物	1.0	5.0	
18	苯并[a]芘	0.00003		车间或生产设施废水排放口
19	总铅	1.0		
20	总镉	0.1		
21	总砷	0.5		
22	总镍	1.0		
23	总汞	0.05		
24	烷基汞	不得检出		
25	总铬	1.5		
26	六价铬	0.5		
27	废水有机特征污染物	表 3 所列有机特征污染物及排放浓度限值		企业废水总排放口

注：(1)废水进入城镇污水处理厂或经由城镇污水管线排放,应达到直接排放限值;废水进入园区(包括各类工业园区、开发区、工业聚集地等)污水处理厂执行间接排放限值,未规定限值的污染物项目由企业与园区污水处理厂根据其污水处理能力商定相关标准,并报当地环境保护主管部门备案。

5.4 企业应根据使用的原料，生产工艺过程，生产的产品、副产品，从表 3 中筛选并上报需要控制的废水中有机特征污染物的种类及排放浓度限值，经环境保护主管部门确认执行。

表 3　废水中有机特征污染物及排放浓度限值

单位：mg/L

序号	污染物项目	排放限值	序号	污染物项目	排放限值
1	一氯二溴甲烷	1	31	异丙苯	2
2	二氯一溴甲烷	0.6	32	多环芳烃	0.02
3	二氯甲烷	0.2	33	多氯联苯	0.0002
4	1,2-二氯乙烷	0.3	34	甲醛	1
5	三氯甲烷	0.3	35	乙醛[1]	0.5
6	1,1,1-三氯乙烷	20	36	丙烯醛[1]	1
7	五氯丙烷[1]	0.3	37	戊二醛[1]	0.7
8	三溴甲烷	1	38	三氯乙醛	0.1
9	环氧氯丙烷	0.02	39	双酚A[1]	0.1
10	氯乙烯	0.05	40	β-萘酚[1]	1
11	1,1-二氯乙烯	0.3	41	2,4-二氯酚	0.6
12	1,2-二氯乙烯	0.5	42	2,4,6-三氯酚	0.6
13	三氯乙烯	0.3	43	苯甲醚[1]	0.5
14	四氯乙烯	0.1	44	丙烯腈	2
15	氯丁二烯	0.02	45	丙烯酸[1]	5
16	六氯丁二烯	0.006	46	二氯乙酸[1]	0.5
17	二溴乙烯[1]	0.0005	47	三氯乙酸[1]	1
18	苯	0.1	48	环烷酸[1]	10
19	甲苯	0.1	49	黄原酸丁酯[1]	0.01
20	邻二甲苯	0.4	50	邻苯二甲酸二乙酯[1]	3
21	间二甲苯	0.4	51	邻苯二甲酸二丁酯	0.1
22	对二甲苯	0.4	52	邻苯二甲酸二辛酯	0.1
23	乙苯	0.4	53	二(2-乙基己基)己二酸酯[1]	4
24	苯乙烯	0.2	54	苯胺类	0.5
25	硝基苯类	2	55	丙烯酰胺	0.005
26	氯苯	0.2	56	水合肼[1]	0.1
27	1,2-二氯苯	0.4	57	吡啶	2
28	1,4-二氯苯	0.4	58	四氯化碳	0.03
29	三氯苯	0.2	59	四乙基铅[1]	0.001
30	四氯苯	0.2	60	二噁英类	0.3ng-TEQ/L
注：(1)待国家污染物监测方法标准发布后实施。					

5.5　含有铅、镉、砷、镍、汞、铬的废水应在产生污染物的车间或生产设施进行预处理并达到表 1 或表 2 的限值。

5.6　水污染物排放浓度限值适用于生产单位产品实际排水量不高于生产设施环保验收确定的单位产品基准排水量的情况。若生产单位产品实际排水量超过生产设施环保验收确定的水量，须将实测水污染物浓度换算为基准水量排放浓度，并与排放限值比较判定排放是否达标。产品产量和排水量统计周期为一个工作日。

附录 3　合成树脂工业污染物排放标准

（GB 31572—2015）（节选）

1　适用范围

本标准规定了合成树脂工业企业及其生产设施（包括合成树脂加工和废合成树脂回收再加工企业及其生产设施）的水污染物和大气污染物排放限值、监测和监督管理要求。

本标准适用于现有合成树脂工业企业或生产设施的水污染物和大气污染物排放管理，以及合成树脂工业建设项目的环境影响评价、环境保护设施设计、竣工环境保护验收及其投产后的水污染物和大气污染物排放管理。

合成树脂企业内的单体生产装置执行《石油化学工业污染物排放标准》，聚氯乙烯树脂（PVC）生产装置执行《烧碱及聚氯乙烯工业污染物排放标准》。

本标准适用于法律允许的污染物排放行为。新设立污染源的选址和特殊保护区域内现有污染源的管理，按照《中华人民共和国水污染防治法》《中华人民共和国大气污染防治法》《中华人民共和国海洋环境保护法》《中华人民共和国固体废物污染环境防治法》《中华人民共和国环境影响评价法》等法律、法规和规章的相关规定执行。

2　规范性引用文件

本标准内容引用了下列文件或其中的条款。凡是不注日期的引用文件，其最新版本适用于本标准。

GB/T 6920　　水质　　pH 值的测定　玻璃电极法

GB/T 7466　　水质　　总铬的测定

GB/T 7467　　水质　　六价铬的测定　二苯碳酰二肼分光光度法

GB/T 7469　　水质　　总汞的测定　高锰酸钾-过硫酸钾消解法　双硫腙分光光度法

GB/T 7470　　水质　　铅的测定　双硫腙分光光度法

GB/T 7471　　水质　　镉的测定　双硫腙分光光度法

GB/T 7475　　水质　　铜、锌、铅、镉的测定　原子吸收分光光度法

GB/T 7484　　水质　　氟化物的测定　离子选择电极法

GB/T 7485　　水质　　总砷的测定　二乙基二硫代氨基甲酸银分光光度法

GB/T 8017　　石油产品蒸气压的测定　雷德法

GB/T 11890　　水质　　苯系物的测定　气相色谱法

GB/T 11893　　水质　　总磷的测定　钼酸铵分光光度法

GB/T 11901　　水质　　悬浮物的测定　重量法

GB/T 11910	水质　镍的测定　丁二酮肟分光光度法
GB/T 11912	水质　镍的测定　火焰原子吸收分光光度法
GB/T 11914	水质　化学需氧量的测定　重铬酸盐法
GB/T 14204	水质　烷基汞的测定　气相色谱法
GB/T 14678	空气质量　硫化氢、甲硫醇、甲硫醚和二甲二硫的测定　气相色谱法
GB/T 15959	水质　可吸附有机卤素（AOX）的测定　微库仑法
HJ/T 70	高氯废水　化学需氧量的测定　氯气校正法
HJ/T 73	水质　丙烯腈的测定　气相色谱法
HJ/T 74	水质　氯苯的测定　气相色谱法
HJ/T 83	水质　可吸附有机卤素（AOX）的测定　离子色谱法
HJ/T 91	地表水和污水监测技术规范
HJ/T 132	高氯废水　化学需氧量的测定　碘化钾碱性高锰酸钾法
HJ/T 195	水质　氨氮的测定　气相分子吸收光谱法
HJ/T 373	固定污染源监测质量保证与质量控制技术规范（试行）
HJ/T 399	水质　化学需氧量的测定　快速消解分光光度法
HJ 484	水质　氰化物的测定　容量法和分光光度法
HJ 487	水质　氟化物的测定　茜素磺酸锆目视比色法
HJ 488	水质　氟化物的测定　氟试剂分光光度法
HJ 493	水质　样品的保存和管理技术规定
HJ 494	水质　采样技术指导
HJ 495	水质　采样方案设计技术规定
HJ 501	水质　总有机碳的测定　燃烧氧化-非分散红外吸收法
HJ 505	水质　五日生化需氧量（BOD_5）的测定　稀释与接种法
HJ 535	水质　氨氮的测定　纳氏试剂分光光度法
HJ 536	水质　氨氮的测定　水杨酸分光光度法
HJ 537	水质　氨氮的测定　蒸馏-中和滴定法
HJ 597	水质　总汞的测定　冷原子吸收分光光度法
HJ 601	水质　甲醛的测定　乙酰丙酮分光光度法
HJ 620	水质　挥发性卤代烃的测定　顶空气相色谱法
HJ 621	水质　氯苯类化合物的测定　气相色谱法
HJ 636	水质　总氮的测定　碱性过硫酸钾消解紫外分光光度法
HJ 639	水质　挥发性有机物的测定　吹扫捕集/气相色谱-质谱法
HJ 665	水质　氨氮的测定　连续流动-水杨酸分光光度法
HJ 666	水质　氨氮的测定　流动注射-水杨酸分光光度法
HJ 667	水质　总氮的测定　连续流动-盐酸萘乙二胺分光光度法
HJ 668	水质　总氮的测定　流动注射-盐酸萘乙二胺分光光度法
HJ 670	水质　磷酸盐和总磷的测定　连续流动-钼酸铵分光光度法

HJ 671	水质　总磷的测定　流动注射-钼酸铵分光光度法
HJ 676	水质　酚类化合物的测定　液液萃取/气相色谱法
HJ 686	水质　挥发性有机物的测定　吹扫捕集/气相色谱法
HJ 694	水质　汞、砷、硒、铋和锑的测定　原子荧光法
HJ 700	水质　65 种元素的测定　电感耦合等离子体质谱法

《污染源自动监控管理办法》（国家环境保护总局令　第 28 号）

《环境监测管理办法》（国家环境保护总局令　第 39 号）

3　术语和定义

下列术语和定义适用于本标准。

3.1　合成树脂　synthetic resin

人工合成的一类高分子聚合物，依据其受热后的行为分为热塑性和热固性两大类合成树脂。其中：热塑性合成树脂为黏稠液体或加热可软化的固体，受热时熔融或软化，在外力作用下呈塑性流动状态；热固性合成树脂为加热、加压下或者在固化剂、紫外光作用下发生化学反应，最终交联固化为不溶、不熔的合成树脂，受热时不熔融或软化。

3.2　合成树脂工业　synthetic resin industry

以低分子化合物——单体为主要原料，采用聚合反应结合成大分子的方式生产合成树脂的工业，或者以普通合成树脂为原料，采用改性等方法生产新的合成树脂产品的工业。也包括以合成树脂为原料，采用混合、共混、改性等工艺，通过挤出、注射、压制、压延、发泡等方法生产合成树脂制品的工业，或者以废合成树脂为原料，通过再生的方法生产新的合成树脂或合成树脂制品的工业。

3.3　排水量　effluent volume

企业或生产设施向环境排放的废水量，包括与生产有直接或间接关系的各种外排废水（不包括热电站排水、直流冷却海水）。

3.4　单位产品基准排水量　benchmark effluent volume per unit product

用于核定水污染物排放浓度而规定的生产单位合成树脂产品的废水排放量的上限值（m^3/t 产品）。

3.5　公共污水处理系统　public wastewater treatment system

通过纳污管道等方式收集废水，为两家以上排污单位提供废水处理服务并且排水能够达到相关排放标准要求的企业或机构，包括各种规模和类型的城镇污水处理厂、园区（包括各类工业园区、开发区、工业聚集地等）污水处理厂等，其废水处理程度应达到二级或二级以上。

3.6　直接排放　direct discharge

排污单位直接向环境水体排放水污染物的行为。

3.7　间接排放　indirect discharge

排污单位向公共污水处理系统排放水污染物的行为。

3.8 挥发性有机物 volatile organic compounds

参与大气光化学反应的有机化合物，或者根据规定的方法测量或核算确定的有机化合物。

3.9 非甲烷总烃 non-methane hydrocarbon

采用规定的监测方法，检测器有明显响应的除甲烷外的碳氢化合物的总称（以碳计）。本标准使用"非甲烷总烃（NMHC）"作为排气筒和厂界挥发性有机物排放的综合控制指标。

3.10 挥发性有机液体 volatile organic liquid

任何能向大气释放挥发性有机物的符合以下任一条件的有机液体：（1）20℃时，挥发性有机液体的真实蒸气压大于 0.3kPa；（2）20℃时，混合物中，真实蒸气压大于 0.3kPa 的纯有机化合物的总浓度等于或者高于 20％（重量比）。

3.11 真实蒸气压 true vapor pressure

有机液体气化率为零时的蒸气压，又称泡点蒸气压，根据 GB/T 8017 测定的雷德蒸气压换算得到。

3.12 泄漏检测值 leakage detection value

采用规定的监测方法，检测仪器探测到的设备（泵、压缩机等）或管线组件（阀门、法兰等）泄漏点的挥发性有机物浓度扣除环境本底值后的净值（以碳计）。

3.13 单位产品大气污染物排放量 air pollutant emissions per unit product

生产单位合成树脂产品的大气污染物排放量的上限值（kg/t 产品）。

3.14 排气筒高度 stack height

自排气筒（或其主体建筑构造）所在的地平面至排气筒出口计的高度。

3.15 标准状态 standard condition

温度为 273.15K，压力为 101325 Pa 时的状态。本标准规定的大气污染物排放浓度限值均以标准状态下的干气体为基准。

3.16 现有企业 existing facility

本标准实施之日前已建成投产或环境影响评价文件已通过审批的合成树脂工业企业或生产设施。

3.17 新建企业 new facility

自本标准实施之日起环境影响评价文件通过审批的新建、改建和扩建合成树脂工业建设项目。

3.18 企业边界 enterprise boundary

合成树脂工业企业的法定边界。若无法定边界，则指企业或生产设施的实际占地边界。

4 水污染物排放控制要求

4.1 现有企业 2017 年 7 月 1 日前仍执行现行标准，自 2017 年 7 月 1 日起执行表 1 规定的水污染物排放限值。

4.2 自 2015 年 7 月 1 日起，新建企业执行表 1 规定的水污染物排放限值。

表 1 水污染物排放限值

单位：mg/L（pH 值除外）

序号	污染物项目	限值		适用的合成树脂类型	污染物排放监控位置
		直接排放	间接排放[1]		
1	pH 值	6.0～9.0	—	所有合成树脂	企业废水总排放口
2	悬浮物	30	—		
3	化学需氧量	60	—		
4	五日生化需氧量	20	—		
5	氨氮	8.0	—		
6	总氮	40	—		
7	总磷	1.0	—		
8	总有机碳	20	—		
9	可吸附有机卤化物	1.0	5.0		
10	苯乙烯	0.3	0.6	聚苯乙烯树脂 ABS 树脂 不饱和聚酯树脂	
11	丙烯腈	2.0	2.0	ABS 树脂	
12	环氧氯丙烷	0.02	0.02	环氧树脂 氨基树脂	
13	苯酚	0.5	0.5	酚醛树脂	
14	双酚 A[2]	0.1	0.1	环氧树脂 聚碳酸酯树脂 聚砜树脂	
15	甲醛	1.0	5.0	酚醛氨基树脂 聚甲醛树脂	
16	乙醛[2]	0.5	1.0	热塑性聚酯树脂	
17	氰化物	10	20	氟树脂	
18	总氰化物	0.5	0.5	丙烯酸树脂	
19	丙烯酸[2]	5	5	丙烯酸树脂	
20	苯	0.1	0.2	聚甲醛树脂	
21	甲苯	0.1	0.2	聚苯乙烯树脂 ABS 树脂 环氧树脂 有机硅树脂 聚砜树脂	
22	乙苯	0.4	0.6	聚苯乙烯树脂 ABS 树脂	
23	氯苯	0.2	0.4	聚碳酸酯树脂	
24	1,4-二氯苯	0.4	0.4	聚苯硫醚树脂	
25	二氯甲烷	0.2	0.2	聚碳酸酯树脂	

续表

序号	污染物项目	限值		适用的合成树脂类型	污染物排放监控位置
		直接排放	间接排放[1]		
26	总铅	1.0		所有合成树脂	车间或生产设施废水排放口
27	总镉	0.1			
28	总砷	0.5			
29	总镍	1.0			
30	总汞	0.05			
31	烷基汞	不得检出			
32	总铬	1.5			
33	六价铬	0.5			
注：(1) 废水进入城镇污水处理厂或经由城镇污水管线排放，应达到直接排放限值；废水进入园区（包括各类工业园区、开发区、工业聚集地等）污水处理厂执行间接排放限值，未规定限值的污染物项目由企业与园区污水处理厂根据其污水处理能力商定相关标准，并报当地环境保护主管部门备案。(2) 待国家污染物监测方法标准发布后实施。					

4.3　根据环境保护工作的要求，在国土开发密度已经较高、环境承载能力开始减弱，或水环境容量较小、生态环境脆弱，容易发生严重水环境污染问题而需要采取特别保护措施的地区，应严格控制企业的污染排放行为，在上述地区的企业执行表 2 规定的水污染物特别排放限值。

执行水污染物特别排放限值的地域范围、时间，由国务院环境保护主管部门或省级人民政府规定。

表 2　水污染物特别排放限值

单位：mg/L（pH 值除外）

序号	污染物项目	限值		适用的合成树脂类型	污染物排放监控位置
		直接排放	间接排放[1]		
1	pH 值	6.0～9.0	—	所有合成树脂	企业废水总排放口
2	悬浮物	20	—		
3	化学需氧量	50	—		
4	五日生化需氧量	10	—		
5	氨氮	5.0	—		
6	总氮	15	—		
7	总磷	0.5	—		
8	总有机碳	15	—		
9	可吸附有机卤化物	1.0	5.0		
10	苯乙烯	0.1	0.2	聚苯乙烯树脂 ABS 树脂 不饱和聚酯树脂	
11	丙烯腈	2.0	2.0	ABS 树脂	
12	环氧氯丙烷	0.02	0.02	环氧树脂 氨基树脂	

续表

序号	污染物项目	限值		适用的合成树脂类型	污染物排放监控位置
		直接排放	间接排放[1]		
13	苯酚	0.3	0.5	酚醛树脂	
14	双酚 A[2]	0.1	0.1	环氧树脂 聚碳酸酯树脂 聚砜树脂	
15	甲醛	1.0	2.0	酚醛树脂 氨基树脂 聚甲醛树脂	
16	乙醛[2]	0.5	0.5	热塑性聚酯树脂	
17	氟化物	8.0	15	氟树脂	
18	总氰化物	0.3	0.5	丙烯酸树脂	
19	丙烯酸[2]	5	5	丙烯酸树脂	
20	苯	0.1	0.1	聚甲醛树脂	
21	甲苯	0.1	0.1	聚苯乙树脂 ABS 树脂 环氧树脂 有机硅树脂 聚砜烯树脂	
22	乙苯	0.2	0.4	聚苯乙烯树脂 ABS 树脂	
23	氯苯	0.2	0.2	聚碳酸酯树脂	
24	1,4-二氯苯	0.4	0.4	聚苯硫醚树脂	
25	二氯甲烷	0.2	0.2	聚碳酸酯树脂	
26	总铅	1.0		所有合成树脂	车间或生产设施废水排放口
27	总镉	0.1			
28	总砷	0.5			
29	总镍	1.0			
30	总汞	0.05			
31	烷基汞	不得检出			
32	总铬	1.5			
33	六价铬	0.5			

注：(1) 废水进入城镇污水处理厂或经由城镇污水管线排放，应达到直接排放限值；废水进入园区（包括各类工业园区、开发区、工业聚集地等）污水处理厂执行间接排放限值，未规定限值的污染物项目由企业与园区污水处理厂根据其污水处理能力商定相关标准，并报当地环境保护主管部门备案。

(2) 待国家污染物监测方法标准发布后实施。

4.4 新建企业自 2015 年 7 月 1 日起，现有企业自 2017 年 7 月 1 日起，执行表 3 规定的单位产品基准排水量。

表 3　合成树脂单位产品基准排水量

序号	合成树脂类型	单位产品基准排水量 /(m³/t 产品)	监控位置
1	悬浮法聚苯乙烯树脂	3.5	
2	ABS 树脂	4.5(7.0)	
3	环氧树脂	4.0(6.0)	
4	酚醛树脂	3.0	
5	不饱和聚酯树脂	3.5	
6	氨基树脂	3.5	
7	氟树脂	4.0(6.0)	
8	有机硅树脂	2.5	排水量计量位置
9	聚酰胺树脂	4.0	与污染物排放
10	光气法聚碳酸酯树脂	7.0(8.0)	监控位置相同
11	丙烯酸树脂	3.0	
12	醇酸树脂	3.5	
13	热塑性聚酯树脂	3.5	
14	聚甲醛树脂	6.0	
15	聚苯硫醚树脂	3.5	
16	聚砜树脂	3.0	
17	聚对苯二甲酸丁二醇酯树脂	3.5	

注：ABS 树脂、环氧树脂、氟树脂、光气法聚碳酸酯树脂间接排放的单位产品基准排水量执行表中括号内的限值。

4.5　合成树脂加工以及废合成树脂回收再加工企业或生产设施的水污染物排放限值根据其涉及到的合成树脂种类，分别执行表 1、表 2 和表 3 的标准限值。

4.6　水污染物排放浓度限值适用于单位产品实际排水量不高于单位产品基准排水量的情况。若单位产品实际排水量超过规定的基准排水量，须将实测水污染物浓度换算为基准水量排放浓度，并与排放限值比较判定排放是否达标。产品产量和排水量统计周期为一个产品生产周期。若未规定单位产品基准排水量，则以实测浓度判定排放是否达标。

附录 4　石油炼制工业废水治理工程技术规范❶

（HJ 2045—2014）

1　适用范围

本标准规定了石油炼制工业废水治理工程的设计、施工、验收及运行管理等

---

❶　为遵从标准原文，本附录中保留"污水处理场"称法。

的技术要求。

本标准适用于石油炼制企业的废水治理工程，可作为环境影响评价、可行性研究、设计、施工、安装、调试、验收、运行和监督管理的技术依据。

2 规范性引用文件

本标准内容引用了下列文件中的条款。凡是不注日期的引用文件，其有效版本适用于本标准。

GB 150	压力容器
GB 12348	工业企业厂界环境噪声排放标准
GB 14554	恶臭污染物排放标准
GB 18484	危险废物焚烧污染控制标准
GB 18597	危险废物贮存污染控制标准
GB 18598	危险废物填埋污染控制标准
GB 50003	砌体结构设计规范
GB 50007	建筑地基基础设计规范
GB 50009	建筑结构荷载规范
GB 50010	混凝土结构设计规范
GB 50011	建筑抗震设计规范
GB 50014	室外排水设计规范
GB 50016	建筑设计防火规范
GB 50017	钢结构设计规范
GB 50033	建筑采光设计标准
GB 50037	建筑地面设计规范
GB 50046	工业建筑防腐蚀设计规范
GB 50058	爆炸危险环境电力装置设计规范
GB 50068	建筑结构可靠度设计统一标准
GB 50069	给水排水工程构筑物结构设计规范
GB 50108	地下工程防水技术规范
GB 50141	给水排水构筑物工程施工及验收规范
GB 50160	石油化工企业设计防火规范
GB 50191	构筑物抗震设计规范
GB 50202	建筑地基基础工程施工质量验收规范
GB 50203	砌体结构工程施工质量验收规范
GB 50204	混凝土结构工程施工质量验收规范
GB 50205	钢结构工程施工质量验收规范
GB 50206	木结构工程施工质量验收规范
GB 50231	机械设备安装工程施工及验收通用规范
GB 50235	工业金属管道工程施工规范

GB 50254　　电气装置安装工程低压电器施工及验收规范

GB 50255　　电气装置安装工程电力变流设备施工及验收规范

GB 50256　　电气装置安装工程起重机电气装置施工及验收规范

GB 50257　　电气装置安装工程爆炸和火灾危险环境电气装置施工及验收规范

GB 50268　　给水排水管道工程施工及验收规范

GB 50275　　风机、压缩机、泵安装工程施工及验收规范

GB 50300　　建筑工程施工质量验收统一标准

GB 50334　　城市污水处理厂工程质量验收规范

GB 50345　　屋面工程技术规范

GB/T 50087　　工业企业噪声控制设计规范

GB/T 50934　　石油化工工程防渗技术规范

GBZ 2.1　　工作场所有害因素职业接触限值 第 1 部分：化学有害因素

GBZ 2.2　　工作场所有害因素职业接触限值 第 2 部分：物理因素

CECS 117　　给水排水工程混凝土构筑物变形缝设计规程

CECS 138　　给水排水工程钢筋混凝土水池结构设计规程

CJJ 60　　城镇污水处理厂运行、维护及安全技术规程

HJ 2010　　膜生物法污水处理工程技术规范

HJ 2025　　危险废物收集 贮存 运输技术规范

SH 3017　　石油化工生产建筑设计规范

SH 3043　　石油化工设备管道钢结构表面色和标志规定

SH 3501　　石油化工有毒、可燃介质钢制管道工程施工及验收规范

SH/T 3022　　石油化工设备和管道涂料防腐蚀设计规范

SH/T 3053　　石油化工企业厂区总平面布置设计规范

JB/T 8471　　袋式除尘器安装技术要求与验收规范

JB/T 8536　　电除尘器 机械安装技术条件

《建设项目环境保护设施竣工验收监测技术要求》（环发〔2000〕38 号）

《建设项目竣工环境保护验收管理办法》（国家环境保护总局令 第 13 号）

3　术语和定义

下列术语和定义适用于本标准。

3.1　石油炼制工业　petroleum refining industry

指以原油、重油等为原料生产汽油馏分、柴油馏分、燃料油、石油蜡、石油沥青、润滑油和石油化工原料等的工业企业或生产设施。

3.2　石油炼制工业废水　petroleum refining industry wastewater

指在石油炼制工业生产过程中产生的废水，包括生产废水、污染雨水（与生产废水混合处理）、生活污水、循环冷却水排污水、化学水制水排污水、蒸汽发生器排污水、余热锅炉排污水等。不包括炼油企业自备电站、锅炉排污水及为其

服务的化学水制水排污水。

3.3 生产废水 process wastewater

指在石油炼制工业生产过程中与生产物料直接接触后从各生产设备排出的废水。生产废水分为含油废水、含硫废水、含盐废水等。

3.4 污染雨水 polluted rainwater

指受物料污染而不符合排放标准的雨水。

3.5 催化裂化装置再生烟气脱硫废水 flue gas desulfurization effluent of FCC regenerator

指催化裂化装置再生烟气脱硫系统排放的废水。

3.6 隔油 oil separation

指利用油与水的密度差异，分离去除废水中悬浮状态油类的过程。

3.7 混凝 coagulation

指投加混凝剂，在一定水力条件下完成水解、缩聚反应，使胶体分散体系脱稳和凝聚的过程。

3.8 絮凝 flocculation

指完成凝聚的胶体在一定水力条件下相互碰撞、聚集或投加少量絮凝剂助凝，以形成较大絮状颗粒的过程。

3.9 气浮 air floatation

指通过某种方法产生大量微气泡，粘附水中悬浮和脱稳胶体颗粒，在水中上浮完成固液分离的一种过程。

3.10 水解酸化 hydrolytic acidification

指在厌氧条件下，使结构复杂的不溶性或溶解性高分子有机物经过水解和产酸，转化为简单低分子有机物的过程。

3.11 缺氧区 anoxic zone

指非充氧池（区），溶解氧浓度一般为 $0.2 \sim 0.5 \mathrm{mg/L}$，主要功能是进行反硝化脱氮。

3.12 好氧区 aerobic zone

指充氧池（区），溶解氧浓度一般不小于 $2 \mathrm{mg/L}$，主要功能是降解有机物和硝化氨氮。

3.13 深度处理 advanced treatment

指进一步处理生物处理出水中污染物的净化过程。

4 设计水质及水量

4.1 生产废水来源及分类

石油炼制工业主要排放生产废水有：含油废水、含硫废水、含盐废水等。

4.2 设计水量

4.2.1 废水处理场设计水量应包括：生产废水量、生活污水量、污染雨水量和未预见废水量。

4.2.2 废水处理场设计规模应按下列各项之和确定。

4.2.3 当上述水量数据无法取得时，炼油废水处理场设计规模可按原油加工量的 0.6～0.7 倍确定。

4.2.4 石油炼制企业的最高允许排水量，应符合国家和行业相关标准的规定，并应符合项目环境影响评价等的要求。

4.3 设计水质

4.3.1 废水处理场设计进水水质宜根据各装置排水量、排水水质数据加权平均计算确定。

4.3.2 主要及全部加工劣质重油的企业，其废水处理场设计进水水质可参考表 1。

表 1 废水处理场设计进水水质指标

序号	参数	单位	控制指标
1	pH 值	—	6～9
2	温度	℃	≤40
3	石油类	mg/L	≤300
4	硫化物	mg/L	≤20
5	化学需氧量(COD_{Cr})	mg/L	≤800
6	挥发酚	mg/L	≤30
7	氨氮	mg/L	≤50
8	SS	mg/L	≤300
9	BOD_5/COD_{Cr} 值	—	≥0.3

4.3.3 废水处理场进水废水温度应在 15～40℃。

4.3.4 水质波动频繁、易对废水处理场运行造成冲击的装置废水应单独收集、输送，并设置相应的在线分析仪表及将废水切入废水处理场事故水罐（池）的设施。

5 总体要求

5.1 一般规定

5.1.1 石油炼制工业废水治理工程的建设，除应符合本标准的规定外，还应遵守国家基本建设程序以及国家、地方有关法规与标准的规定。

5.1.2 石油炼制工业废水治理工程应以企业生产情况及发展规划为依据，贯彻国家产业政策和行业污染防治技术政策，与场址所在地区的环境保护规划、城市发展规划相结合，统筹废水预处理与集中处理、现有与规划改、扩建的关系。

5.1.3 石油炼制企业应积极采用清洁生产技术，改进生产工艺，提高水循环利用率，降低废水的产生量和排放量。

5.1.4 石油炼制工业废水治理宜遵循清污分流、污污分治的原则。

5.1.5 废水处理场内污染物均宜通过密闭设施输送。

5.1.6 经处理后排放的废水应符合环境影响评价批复文件和相关排放标准的要求。

5.1.7 石油炼制工业废水治理工程应配套建设二次污染的预防设施，保证噪声、恶臭、危险废物等满足 GB 12348、GB 14554 和 HJ 2025 等相关环保标准的要求。

5.1.8 废水处理场应根据 GB/T 50934 等相关环保标准要求做防渗处理，以免污染地下水资源。

5.1.9 污染治理工程应按照有关规定安装水质在线监测系统。

5.2 场址选择

5.2.1 废水处理场的场址选择，应符合 GB 50014、GB 50160 和 SH/T 3053 的要求。

5.2.2 废水处理场宜布置在工厂的低处和全年最小频率风向的上风侧，并宜远离环境敏感区。

5.2.3 废水处理场应不受洪涝影响，且防洪标准应与厂区相同。

5.3 总体布置

5.3.1 废水处理场平面布置应符合 GB 50014 和 GB 50160 的有关规定。

5.3.2 废水处理场平面布置应满足工艺流程的要求，并宜结合风向、总排口位置、地形、危险程度、防火安全距离等因素，按功能相对集中、清污相对分离布置。

5.3.3 废水处理场内各处理构筑物间宜采用重力流布置，尽量减少提升次数。

5.3.4 各处理构筑物间水头损失计算时应考虑管路沿程损失、局部损失和构筑物的水头损失，并应留有一定的安全系数，安全系数可按总水头损失的 10%～20%选取。

5.4 工程构成

5.4.1 石油炼制工业废水治理工程由生产废水预处理工程和综合废水处理工程组成。

5.4.2 生产废水预处理工程包括电脱盐废水预处理工程、含硫废水预处理工程、碱渣废水预处理工程、气化制氢废水预处理工程等。

5.4.3 综合废水处理工程包括主体工程、辅助工程和生产管理设施。

a) 主体工程主要包括废水处理、污泥处理与处置和废气处理系统。

1) 废水处理包括物化、生化和深度处理系统。

2) 污泥处理与处置包括污泥减量处理和最终处置系统。

3) 废气处理包括废气收集、输送和处理系统。

b) 辅助工程主要包括电气、电信、建筑与结构、消防、场区道路等系统。

　c）生产管理设施包括控制室、分析化验室、办公用房、值班室等。

6　工艺设计

6.1　一般规定

6.1.1　废水处理系统应根据废水水质、处理后的水质要求等因素划分。

6.1.2　含油含盐废水混合处理、分质处理方案的选择宜充分考虑项目废水总排放量指标、废水含盐量、废水去向及水质要求、废水处理难度、排放标准等因素，经技术经济比较后确定。

6.1.3　废水处理场核心设施，如气浮、水解酸化池、生化池等，应按不少于两系列设计，且各系列之间应设置必要的联通管道。

6.1.4　催化裂化再生烟气脱硫废水应单独处理至满足废水排放标准的要求。

6.2　生产装置废水预处理

6.2.1　常减压装置的电脱盐废水宜就近进行破乳、除油、降温处理。

6.2.2　含硫废水应采用汽提法处理，处理后应用作电脱盐注水、催化富气洗涤用水或其他工艺用水，且回用率应不小于 65％，剩余部分排至废水处理场进行集中处理。

6.2.3　气化制氢装置的废水宜进行汽提、沉降处理。

6.2.4　延迟焦化装置冷焦水应密闭循环使用，切焦水应循环使用。

6.2.5　沥青成型机及石蜡成型机冷却水应循环使用。

6.2.6　碱渣废水宜采用生物法、湿式氧化等方法进行预处理。

6.2.7　酸、碱废水宜经物化处理后，排入废水处理场进行集中处理。

6.2.8　罐区的油罐切水应设自动切水，油罐切水、清洗排水、槽车清洗水等宜进行除油预处理。

6.3　工艺路线选择

6.3.1　石油炼制工业废水治理工艺流程如图 1 所示。

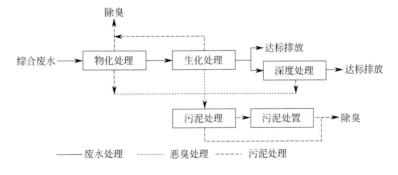

图 1　石油炼制工业废水治理工艺流程图

6.3.2　工艺单元推荐工艺如表 2 所示，推荐但不仅限于以下工艺。

表 2   废水处理工艺单元的推荐工艺

工艺单元	推荐工艺
物化处理	调节罐(池)→隔油池→中和池→均质池→混凝气浮池
生化处理	工艺一：生化池→二沉池
	工艺二：水解酸化池→生化池→二沉池
	工艺三：水解酸化池→CAST 工艺→水解酸化池→A/O 生化池→二沉池
	工艺四：A/O 或 A/O/O 生化池(池中投加粉末活性炭)→二沉池
	工艺五：氧化沟→二沉池
深度处理	工艺一：三级除浊→监控池
	工艺二：生化处理段二沉池取消，采用 MBR 法后监控外排。
	工艺三：三级除浊→过滤罐(池)→臭氧高级氧化池→曝气生物滤池等→监控池

注：1. 对于加工掺炼劣质重油比例较低的炼厂，推荐生化处理工艺一；对于加工掺炼劣质重油比例较高的炼厂，当含油含盐废水混合生化处理时，推荐生化处理工艺二、三、四；当含油含盐废水分质处理时，含油废水处理系统中推荐生化处理工艺二，含盐废水处理系统中推荐生化处理工艺三、四、五。

2. 生化处理工艺一和二中，生化池可采用 A/O、A/O/O 或序批式活性污泥法及在此基础上衍生的泥膜混合法。

3. 深度处理的工艺路线应根据废水排放标准的具体指标进行选择。

6.4   格栅井

6.4.1   废水处理场应设置收集场内自流废水的格栅井，格栅宜采用机械格栅。

6.4.2   格栅的栅条间隙应根据提升泵及后续处理设施的要求确定，宜为 5～20mm。

6.4.3   格栅的主体材质应耐油、耐腐蚀、耐老化。

6.4.4   格栅井应密闭并设置管道将废气引入废气处理设施。

6.4.5   格栅的设计还应该符合 GB 50014 的规定。

6.5   调节罐（池）

6.5.1   废水处理场应设置调节罐（池）及独立的事故水储存设施。

6.5.2   调节罐（池）容积宜根据废水水质、水量变化规律，采用图解法计算；当无废水水质、水量变化资料时，可按 16～24h 的设计水量计算确定，其数量应不少于 2 座。

6.5.3   事故水罐（池）的容积根据来水系统管网的设置情况考虑，当无法取得上述资料时，可按 8～12h 的设计水量确定。

6.5.4   废水处理场事故水罐（池）应设置至全厂应急池（罐）的自流或泵送管道。

6.5.5   含油废水的调节罐（池）应设置收油、排泥设施、消防设施。

6.5.6   调节罐（池）内废水通过重力流进入下一级处理设施时，其实际调蓄能力应核减调节罐（池）最低运行液位以下占用的容积。

6.6   隔油池

6.6.1   油水分离设施可采用平流式隔油池、斜板式隔油池或竖流式隔油池等。

6.6.2　在寒冷地区或被分离出的油品凝固点高于环境气温时，隔油池集油管所在的油层、污油收集池内应设置加热设施。

6.6.3　隔油池排水管与干管交汇处，应设置水封井，水封深度应不小于250mm；距离池壁 5.0m 以内的水封井、检查井的井盖与盖座接缝处应密封，且井盖不得有孔洞。

6.6.4　隔油池应设难燃烧材料的盖板，且应设置管道将废气引入废气处理设施。

6.6.5　平流式隔油池的设计宜符合下列要求：

a）水力停留时间宜为 1.5～2h。

b）水平流速宜采用 2～5mm/s。

c）单格池宽应不大于 6.0m，长宽比应不小于 4。

d）有效水深应不大于 2.0m，超高应不小于 0.4m。

e）池内宜设链板式刮油刮泥机，刮板移动速度应不大于 1m/min。

f）排泥管应耐腐蚀，公称直径应不小于 $DN200$，管端应设置清通设施。

g）集油管公称直径宜为 $DN200～300$，其串联总长度应不超过 20m，串联管数应不超过 4 根。

6.6.6　斜板式隔油池的设计宜符合下列要求：

a）斜板板体应选用耐腐蚀、难燃型、表面光洁、亲水疏油、耐高温水和低压蒸汽清洗的材料。

b）隔油池内应设置收油及清洗斜板等设施。

c）表面水力负荷宜为 $0.6～0.8m^3/(m^2 \cdot h)$。

6.7　中和池

6.7.1　废水处理场宜设置中和池，通过投加酸或碱将废水的 pH 值调整到合适值，为后续的处理单元提供适宜的 pH 值环境。

6.7.2　中和池的容积宜按废水停留时间 10～30min 确定。

6.7.3　中和池内宜设置机械搅拌设施。

6.7.4　中和池应采用防腐措施，酸碱投加位置的选择应避免腐蚀搅拌设备。

6.8　均质罐（池）

6.8.1　废水处理场宜设置均质罐（池），且均质罐（池）与调节罐（池）宜分开设置。

6.8.2　均质罐（池）的容积宜根据进水水量、水质变化资料或参照同类企业资料确定。当无法取得上述资料时，容积可按 8～12h 的设计水量计算确定。

6.8.3　均质罐（池）内应设置空气或动力搅拌设施，保证水质得到充分的均衡。

6.8.4　均质罐（池）若采用空气搅拌设施，每 100m³ 有效容积的气量

（标）宜按 $1.0\sim1.5m^3/min$ 设计。

6.8.5　均质罐（池）应密闭，并设置管道将废气引入废气处理设施。

6.9　混凝絮凝池

6.9.1　混凝剂、絮凝剂的选择应综合考虑当地药剂供应、技术经济情况，并通过参照类似水质炼厂的处理经验或现场试验确定。

6.9.2　混凝剂、絮凝剂的混合可采用管道混合、机械搅拌混合等。

6.9.3　混凝剂、絮凝剂的投加采用机械搅拌混合时应符合下列要求：

a）混凝的反应时间应小于 2min；絮凝的反应时间根据水质相似条件下的运行经验数据或实验数据确定；当无数据时，反应时间可采用 $10\sim20min$。

b）机械絮凝可采用单级梯形或多级矩形框式搅拌机，搅拌机应采取防腐措施。

c）混凝进水处桨板边缘线速度宜为 0.5m/s；絮凝进水处桨板边缘线速度宜为 0.2m/s，并应采用可调速的搅拌器。

d）池内应设防止水流短路的设施。

6.10　气浮池

6.10.1　一般规定

a）废水处理场生化处理前宜根据水质情况设置一级或两级气浮，且应不超过两级。

b）气浮池前应设置药剂混合和絮凝设施。

c）每级气浮池不宜少于 2 间，且每间应能单独运行和检修。

d）气浮池应设置难燃材料制成的盖板，并应设置管道将废气引入废气处理设施。

e）气浮池出水应设置调节水位的设施。

f）气浮池底部应设排泥设施。

6.10.2　溶气气浮

a）溶气气浮处理宜采用部分回流加压溶气方式，其回流比宜采用 $30\%\sim50\%$。每间气浮池宜配置 1 台溶气罐。

b）溶气罐的设计应符合下列要求：

1）进入溶气罐的废水温度应不大于 40℃。

2）溶气罐的运行压力宜为 0.3～0.7MPa（表压）；当气浮为一级时，溶气罐的运行压力不宜小于 0.6MPa（表压）。

3）空气量可按废水回流量的 $15\%\sim20\%$（以体积计）计算。

4）废水在溶气罐内的停留时间宜采用 1～3min。

5）溶气罐内应设气水充分混合的设施和水位控制设施。

6）溶气罐应设置安全阀、放空阀、压力表。

c）气浮池内宜设溶气释放器，且不易堵塞。

d）气浮池可采用矩形或圆形。矩形气浮池设计应符合下列要求：

1）絮凝段出口流速宜控制在 0.2m/s。

2）单格池宽不宜大于 6.0m，分离区长度不宜超过 12.0m。

3）气浮分离时间宜为 30～45min。

4）废水在气浮分离池的水平流速不宜大于 10mm/s。

5）池内应设刮渣机，刮板的移动速度宜为 1～2m/min。

6.10.3　散气气浮

a）散气气浮宜采用叶轮散气气浮。

b）叶轮散气气浮产生的气泡直径应小于 $500\mu m$。

c）叶轮散气气浮池有效水深不宜大于 2.0m，长宽比不宜小于 4。

6.11　水解酸化罐（池）

6.11.1　水解酸化罐（池）的有效容积宜根据废水在池内的水力停留时间确定，一般为 4.0～8.0h。

6.11.2　水解酸化罐（池）的池截面面积根据废水在池内的上升流速确定。上升流速应保证污泥不沉积，同时又不能使活性污泥流失；一般控制在 0.5～1.8m/h。

6.11.3　水解酸化罐（池）的有效水深宜不小于 4.0m，温度宜控制在20～40℃。

6.11.4　水解酸化罐（池）内应设布水和泥水混合设施，防止污泥沉淀。

6.11.5　水解酸化罐（池）内应设置排泥设施。

6.12　生化池

6.12.1　一般规定

a）生化池进水中石油类含量应不大于 20mg/L，硫化物含量应不大于 20mg/L。

b）生化池宜根据废水性质设置水力或化学消泡设施。

6.12.2　A/O 生化池

a）A/O 生化池的设计参数应通过试验或类似废水的运行数据确定，当无类似数据时，可按以下数据选取：

1）BOD_5 污泥负荷 0.05～0.15kg/(kg MLSS·d)。

2）总氮污泥负荷不大于 0.05kg/(kg MLSS·d)。

3）混合液悬浮固体平均浓度 2.5～4.5g MLSS/L。

4）污泥龄宜为 11～23d。

5）污泥回流比应根据计算确定，且宜为 40%～200%。

6）污泥产率取 0.3～0.6kg VSS /kg BOD_5。

7）生化池应设置混合液回流设施，并根据进水总氮浓度计算确定回流比。

b）采用污泥负荷法计算时，反应池有效容积取值应同时满足按 BOD_5 负荷和总氮负荷分别计算的结果。

c）好氧区混合液的剩余碱度不宜小于 80mg/L（以 $CaCO_3$ 计），当碱度不足时宜采用碳酸钠补充碱度。

d）生化池应设置补充磷盐的设施。

e）缺氧区应设置液下搅拌或推流设施，混合功率宜为 3～8W/m^3。

6.12.3　序批式活性污泥法

a) 序批式活性污泥法工艺生物反应池的间数不应少于 2 间。

b) 序批式活性污泥法工艺生物反应池主要设计参数，应根据试验或相似废水的实际运行数据确定，当无数据时设计参数宜在下列范围内取值：

1) BOD_5 污泥负荷 $0.08 \sim 0.15 kg/(kg\ MLSS \cdot d)$；容积负荷 $0.20 \sim 0.60 kg/(m^3 \cdot d)$。

2) 总氮污泥负荷不大于 $0.05 kg/(kg\ MLSS \cdot d)$。

3) 混合液悬浮固体平均浓度 $2.5 \sim 5.0g\ MLSS/L$。

c) 序批式活性污泥法工艺的运行周期及每个周期内各阶段的组合安排，应根据废水水质、处理水量和出水水质 及操作要求等综合确定。

d) 反应池宜采用矩形，水深宜为 $4.0 \sim 6.0m$。间歇进水时反应池长度与宽度之比宜为 (1∶1)～(2∶1)，连续进水时宜为(2.5∶1)～(4∶1)。

e) 反应池排水设备宜采用滗水器，滗水器的排水能力应满足排水时间的要求。

f) 反应池应设置固定式事故排放设施，并可设在排水结束时的水位处。

g) 反应池宜设置防止浮渣流出设施。

h) 序批式活性污泥法工艺系统运行宜采用自动控制。

6.12.4　氧化沟

a) 氧化沟曝气设备可采用曝气转碟、曝气转刷等。

b) 当采用曝气转碟、转刷时，氧化沟的超高宜为 $0.5 \sim 1.0m$。

c) 氧化沟采用转刷曝气器时，其有效水深宜为 $3.0 \sim 4.0m$，采用转碟曝气器时，其有效水深不宜大于 $4.0m$。

d) 氧化沟沟内水平流速不宜小于 $0.3m/s$。

e) 氧化沟出水应设置可调节水位的出水堰板。

6.13　二沉池

6.13.1　二沉池的主要设计参数，应根据试验或实际运行参数确定；当无数据时，二沉池宜取下列数据进行设计：

a) 表面水力负荷宜取 $0.5 \sim 0.6m^3/(m^2 \cdot h)$。

b) 二沉池污泥含水率为 99.2%～99.6%。

c) 有效水深宜采用 $2.5 \sim 4.0m$，超高应不小于 $0.3m$。

6.13.2　二沉池宜设置表面撇渣设施。

6.13.3　直径超过 $30.0m$ 的二沉池，应设置刮吸泥机。

6.13.4　沉淀池不宜少于 2 座。当圆形沉淀池的径深比小于 6 且刮泥机检修有应急措施时，沉淀池可按 1 座设计。

6.14　深度处理

6.14.1　除浊

为满足二沉池出水全面稳定达标要求或为减少臭氧高级氧化中臭氧的损耗量，宜进一步除浊，去除悬浮物和胶体等污染物。

a）除浊宜采用气浮、絮凝沉淀、过滤等方法。

b）除浊采用气浮工艺时，宜采用溶气气浮，且溶气气浮宜按照 6.10.2 中的内容选取。

c）除浊采用絮凝沉淀工艺时，絮凝沉淀的设计参数宜根据试验资料或参照类似运行经验选取。

d）除浊采用过滤工艺时，过滤罐（池）设计应满足：

1）过滤罐（池）形式应根据进出水水质、运行管理要求、技术经济比较确定；数量不宜少于 2 台（间）。

2）滤料应具有足够的强度和抗腐蚀性，宜选择石英砂、无烟煤等。

3）过滤罐（池）滤速根据不同的滤池形式和进出水水质确定，正常滤速不宜超过 10m/h，强制滤速不宜超过 16m/h。

4）过滤罐（池）应设置必要的监测设施及自动化仪表，实现反冲洗自动化操作。

5）过滤罐（池）反冲洗废水应回收并提升至废水处理场适合的工艺段进行处理。

6）过滤罐（池）反冲洗废水池有效容积应满足一套滤池反洗一次的用水量要求。

6.14.2　臭氧高级氧化池

a）臭氧高级氧化的设计参数宜根据实验资料确定，也可参照类似项目运行经验确定。

b）高级氧化池的接触时间宜选取 15～30min。

c）臭氧高级氧化池应密闭，并应设置处理尾气中残余臭氧的设施。

d）出水应采取措施满足后续工艺对臭氧残余量的要求。

6.14.3　曝气生物滤池

a）曝气生物滤池的设计参数宜根据实验资料确定，也可参照类似项目运行经验确定；数量不宜少于 2 间。

b）曝气生物滤池进水悬浮物不宜大于 60mg/L。

c）曝气生物滤池应设置布水、排水、曝气设施；且曝气设施宜设置反冲洗设施。

6.14.4　膜生物反应器膜生物反应器设计应符合 HJ 2010 的规定。

6.15　监测与外排

6.15.1　废水排放前应设置监控池。

6.15.2　监控池的容积宜按照 1～2h 的废水量计算。

6.15.3　监控池内应设置必要的在线监测仪表，对 pH 值、COD、氨氮、石油类等指标进行监测。

6.15.4　外排水管道上应设置隔断阀、流量计，并应将不达标水送至场内的事故水罐（池）。

6.15.5　当外排指标对大肠菌落指标有要求时，应设置消毒设施。

6.16 污油回收

6.16.1 废水处理场宜设置污油罐对场内产生的污油进行回收，并送回炼厂回炼，且污油罐数量应不少于 2 个。

6.16.2 污油罐应设置加热设施，罐体应保温，且加热温度宜为 70～80℃。

6.16.3 污油罐的轮换周期宜为 5～7d。

6.16.4 污油输送管道宜伴热保温。

6.17 加药

6.17.1 一般规定

a）加药宜采用自动加药系统。

b）加药间宜与药剂库合建。

c）加药间内液体药剂宜设置独立的储存罐及围堰。

d）袋装药剂的堆放高度宜为 1.5～2.0m；储存量较大的散装药剂可采用隔墙分隔。

e）药剂储备量视当地供应、运输等条件确定，一般按最大用药量的 7～15d 用量计算；次氯酸钠等易分解的药剂根据其性质确定。

f）加药间应设置通风设施，并应防止药剂受潮。

g）加药间围堰内、管沟、排水沟等应有相应的防腐措施。

h）加药间冬季温度不宜低于 5℃。

i）加药泵或围堰周围应设置防护帘防止药液喷溅伤人。

j）化学药剂不宜通过管道长距离输送，宜就近设置药剂储罐。

6.17.2 加药系统配置

a）加药系统基本配置宜包括：安全阀、背压阀、过滤器、脉冲阻尼器、计量泵校验柱、隔膜压力表、冲洗接口等。

b）加药系统应设置备用的加药泵。

6.17.3 加药管道宜埋沟或架空敷设；架空敷设时应设置管道托盒，并应在托盒上设置观察窗或观察口。

6.18 污泥处理

6.18.1 污泥量的确定

a）污泥量应包括：油泥量、剩余活性污泥量、浮渣量等废水处理场产生的全部污泥。

b）油泥量取值宜按照废水输送系统情况且参照同类炼厂运行数据选取，当无参照资料时可按废水排放污泥量为 $0.0002～0.0005m^3/m^3$ 确定。

6.18.2 污泥输送

a）脱水后污泥一般采用螺旋输送机、皮带输送机或管道输送。

b）输送污泥的压力流管道应避免出现高低折点，弯头的半径应不小于 5 倍管径。

c）输送污泥管道应设置蒸汽吹扫接口。

d）输送污泥管道宜设置高点排气和低点排空的阀门，并宜在适当位置设置清扫口。

e）污泥外运时，应采用专用的污泥输送车，避免沿途抛洒、散发恶臭气体。

6.18.3 污泥脱水与处置

a）污泥采用离心脱水机进行脱水时，其设计应符合下列规定：

1）污泥进入脱水机前应设置污泥浓缩设施，使含水率不大于98％。

2）机械脱水间应考虑泥饼运输设施及通道。

3）脱水后的污泥应设置污泥堆料场或储存料仓，其容量应根据运输条件和污泥的出路确定。

4）污泥脱水间应设置通风除臭设施。每小时换气次数应不小于6次。

5）污泥脱水前应进行加药调理。

b）污泥经脱水后可填埋、干化或焚烧处理。油泥、浮渣等危险废弃物贮存和最终处置应符合 GB 18598、GB 18597、GB 18484 的要求。

6.19 废气处理设施

6.19.1 废水处理场调节罐（池）、隔油池、均质池（罐）、气浮池、水解酸化罐（池）及污油回收、污泥处理设施，应设置废气收集及集中处理设施；生化处理设施可根据环境影响评价的要求设置废气处理设施。

6.19.2 废气处理工艺宜采用催化氧化燃烧法、化学催化氧化法、生物法等。

6.19.3 废气处理设施处理后的尾气应通过排气筒进行有组织排放。

6.19.4 废气输送管道低点应设计排凝设施。

附录 5 石油化工污水处理设计规范[1]

（GB 50747—2012）

1 总则

1.0.1 为使石油化工污水处理工程设计符合国家的有关法律、法规，达到防治水污染、改善和保护环境、保障人民健康和安全，制定本规范。

1.0.2 本规范适用于新建、扩建和改建的石油化工污水处理工程的设计。

1.0.3 石油化工污水处理工程设计，应体现节水减排、节能降耗、保护环境的原则，做到运行可靠、经济合理、技术先进。

1.0.4 石油化工污水处理工程的设计，除应符合本规范外，尚应符合国家现行有关标准的规定。

2 术语

2.0.1 生产污水 polluted process wastewater
生产过程中被污染的工业废水。

---

[1] 为遵从原文，本附录中保留"污水处理场"称法。

2.0.2　含油污水　oily wastewater

石油化工装置及单元等排放的含有浮油、分散油、乳化油和溶解油的生产污水。

2.0.3　碱渣污水　spent caustic

汽油、柴油、液化石油气和乙烯裂解气等碱洗后的废碱液。

2.0.4　含硫污水　sour wastewater

产品分离切水或脱硫洗涤后排出的含有硫化物的生产污水。

2.0.5　事故排水　accidental drainage

事故发生时或事故处理过程中产生的物料泄漏和污水。

2.0.6　污染雨水　polluted rainwater

受物料污染且未满足排放标准的雨水。

2.0.7　再生水　reclaimed water

污水经适当处理后，达到一定的水质标准，满足某种使用要求的水。

2.0.8　污泥　sludge

油泥、浮渣、剩余活性污泥的统称。

2.0.9　油泥　oily sludge

隔油设施、气浮设施、调节设施等排出的含油底泥。

2.0.10　浮渣　scum

气浮设施、生物处理等设施排出的漂浮物。

2.0.11　浮油　floating oil

油珠粒径大于 $100\mu m$ 的油。

2.0.12　分散油　dispersed oil

油珠粒径为 $10\sim100\mu m$ 的油。

2.0.13　乳化油　emulsified oil

油珠粒径小于 $10\mu m$ 的油。

2.0.14　预处理　pretreatment

为满足污水处理场进水水质的要求，在进入污水处理场前，针对某些特殊污染物进行的处理。

2.0.15　局部处理　local treatment

将部分污水就地单独进行处理而不进入污水处理场，使其可重复利用、循环使用或直接排放。

2.0.16　深度处理　advanced treatment

进一步处理生物处理出水中的污染物的净化过程。

3　设计水量和设计水质

3.1　设计水量

3.1.1　设计水量应包括生产污水量、生活污水量、污染雨水量和未预见污水量。各种污水量应按下列规定确定：

（1）生产污水量应按各装置（单元）连续小时排水量与间断小时排水量综合确定。

（2）生活污水量应按现行国家标准《室外排水设计规范》（GB 50014）的有关规定执行。

（3）污染雨水储存设施的容积宜按污染区面积与降雨深度的乘积计算。

（4）污染雨水量应按一次降雨污染雨水储存容积和污染雨水折算成连续流量的时间计算确定。

（5）未预见污水量应按各工艺装置（单元）连续小时排水量的 10%～20% 选取。

3.1.2　一级提升泵站设计水量应按流入提升泵站的连续小时污水量的 1.1～1.2 倍与同时出现的最大间断小时污水量之和确定。

3.1.3　污水处理场的设计水量应按下式计算：

$$Q = a \sum Q_i + \frac{\sum (Q_j t_j)}{t} \qquad (3.1.3)$$

式中　Q——设计水量，m^3/h；

$\quad Q_i$——各装置（单元）连续污水量，m^3/h；

$\quad Q_j$——调节时间内间断污水量，m^3/h；

$\quad t$——间断水量的处理时间，h，可取调节时间的 2～3 倍；

$\quad t_j$——调节时间内出现的间断污水量的连续排水时间，h；

$\quad a$——不可预见系数，取 1.1～1.2。

3.1.4　石油化工企业的最高允许排水量，应符合现行国家标准《污水综合排放标准》（GB 8978）的有关规定，并应符合清洁生产、项目环境影响评价的要求。

3.2　设计水质

3.2.1　装置（单元）排出的污水水质和进入污水处理场的水质，应符合国家现行标准《石油化工给水排水水质标准》（SH 3099）的有关规定，并应符合清洁生产的要求。

3.2.2　污水处理场的设计进水水质，应根据装置（单元）的小时排水量和水质采用小时加权平均的方法计算确定，也可按同类企业实际运行数据确定；炼油污水无水质资料时，其水质可按表 3.2.2 的规定取值。

表 3.2.2　炼油污水处理场进水水质

项目	pH 值	COD_{Cr} /(mg/L)	BOD_5 /(mg/L)	NH_3-N /(mg/L)	石油类 /(mg/L)	硫化物 /(mg/L)	酚 /(mg/L)	SS /(mg/L)
炼油污水	6～9	600～800	240～320	50～80	≤500	≤20	≤40	≤200

3.2.3　污水处理场各处理构筑物的出水水质应按处理构筑物的去除率经计算确定。

3.2.4　装置（单元）的排水温度和进入污水处理场的污水温度，不应大于 40℃。

3.3 系统划分

3.3.1 污水处理系统的划分应根据污染物的性质、浓度和处理后水质要求，经技术经济比较后确定。

3.3.2 污水处理系统划分应遵循清污分流、污污分治的原则。

4 污水预处理和局部处理

4.1 一般规定

4.1.1 第一类污染物浓度超标的污水应在装置（单元）内进行达标处理。

4.1.2 直接进入污水处理场会影响运行的下列污水应进行预处理：

（1）含有较高浓度不易生物降解有机物的污水；

（2）含有较高浓度生物毒性物质的污水；

（3）高温污水；

（4）酸、碱污水。

4.1.3 含有易挥发的有毒、有害物质的污水应进行预处理。

4.1.4 影响管道输送的污水应进行预处理。

4.1.5 污水中可利用的物质在技术经济合理时应回收。

4.1.6 经简单物化处理可达到排放标准的污水宜局部处理。

4.1.7 预处理设施的平面位置应结合处理工艺和工厂统一规划要求确定，可设置在装置区，也可设置在污水处理场。当第一类污染物浓度超标时，应在装置区预处理；当预处理采用生物处理工艺时，宜设置在污水处理场内；当采用湿式氧化处理工艺时，宜设置在装置区。

4.1.8 预处理设施宜分区、分类集中设置。

4.1.9 预处理过程中应采取防止大气污染的措施。

4.2 炼油污水

4.2.1 常减压装置的电脱盐污水宜进行破乳、除油、降温处理。

4.2.2 催化裂化、延迟焦化、加氢裂化等装置的氨型含硫污水，应采取汽提法处理，处理后水可回用，可作电脱盐注水、催化富气洗涤用水或其他工艺用水。

4.2.3 延迟焦化装置冷焦水可循环使用，切焦水应循环使用。

4.2.4 沥青成型机及石蜡成型机冷却水应经沉淀、冷却处理后循环使用。

4.2.5 洗罐站的槽车清洗水宜除油、过滤、加热处理后循环使用。

4.2.6 碱渣污水可采用湿式氧化等方法进行脱硫处理。

4.3 化工污水

4.3.1 乙烯装置排出的碱渣污水可采用湿式氧化等方法进行脱硫处理。

4.3.2 裂解炉清焦污水宜进行降温、沉淀法处理。

4.3.3 聚乙烯装置产生的含铬污水宜进行还原、沉淀法处理。

4.3.4 裂解汽油加氢装置的生产污水宜在装置区内进行隔油处理。

4.3.5 采用异丙苯生产苯酚丙酮装置排放的高浓度 COD_{Cr}，生产污水，宜进行中和、生物法处理。

4.3.6 丁二烯装置排出的生产污水应进行溶剂回收处理，并应符合下列要求：

(1) 以二甲基甲酰胺为溶剂的丁二烯抽提装置排出的污水中二甲基甲酰胺浓度应小于 300mg/L；

(2) 以乙腈（ACN）为溶剂的丁二烯抽提装置排出的污水中乙腈浓度应小于 150mg/L。

4.3.7 采用共氧化法生产环氧丙烷联产苯乙烯装置中产生的碱渣污水，宜采用焚烧法处理。

4.3.8 采用全低压羰基合成工艺的丁辛醇装置中的生产污水，可进行下列处理：

(1) 高浓度污水可采取蒸汽汽提法处理；

(2) 丁醛缩合层析器排水可采用中和法处理。

4.3.9 采用平衡氧氯化工艺生产氯乙烯装置产生的生产污水，应进行沉淀、pH 值调节处理。

4.3.10 采用丙烯-氨氧化法生产丙烯腈装置的有机物汽提塔排水，宜采用四效蒸发法处理。

4.3.11 以异丁烯、异戊二烯为原料，用淤浆法生产丁基橡胶装置的排水，可采用沉淀、气浮等方法处理。

4.3.12 以溶液法生产丁苯橡胶装置的排水，可采用沉淀或气浮等方法处理。

4.3.13 采用乳液接枝掺合工艺生产工程塑料装置的排水，可采用气浮方法处理。

4.3.14 聚酯装置的生产污水宜采用中和方法处理。

4.3.15 涤纶、腈纶、丙纶、维纶等含油剂纺丝污水，应采用破乳、混凝、固液分离方法处理。

4.3.16 湿法纺丝腈纶污水宜降温后采用中和、生物方法处理。

4.3.17 干法纺丝腈纶污水宜降温后采用过滤分离、生物方法处理。

4.3.18 气化单元产生的含氰污水可采用沉淀-加压水解法或沉淀-生物滤塔法处理。

4.3.19 含硫污水及含氨污水宜采用汽提法处理。

4.3.20 炭黑污水可采用沉淀-加压水解法、汽提-凝聚沉淀法、膜过滤法处理。

4.3.21 尿素装置排放的工艺冷凝液，宜采用中压水解解析法处理。

4.3.22 精对苯二甲酸污水宜进行沉淀分离处理，并应回收对苯二甲酸沉渣。

4.4 油库污水

4.4.1 油库的污水应包插油罐切水、油罐清洗排水、油库污染雨水、油库生活污水、油轮压舱水等。

4.4.2 油库污水宜送污水处理场处理，无条件时可设置污水处理站。

4.4.3 污水处理站应设置污水调节储存设施，容积应根据逐次进水量、进水时间间隔、处理水量综合确定。

4.4.4 海水压舱水宜单独储存。

4.4.5 污水处理站宜采用物化处理工艺。

4.4.6 污水采用生物处理时，宜采用序批式活性污泥法、接触氧化法处理工艺。

5 污水处理设施

5.1 格栅

5.1.1 石油化工企业的污水处理场应采用机械格栅。

5.1.2 格栅主体材质应耐油、耐腐蚀、耐老化，格栅栅条间隙宜为 5~20mm。

5.2 调节与均质

5.2.1 污水处理场应设置调节设施、均质设施及独立的应急储存设施。

5.2.2 调节设施容积宜根据污水水质、水量变化规律，采用图解法计算；特殊污水宜按实际需要确定；当无污水水质、水量变化资料时，炼油污水可按 16~24h 的设计水量确定，化工污水可按 24~48h 的设计水量确定。均质设施的容积应根据正常情况下生产装置的污水排放规律和变化周期确定，当无实际运行数据时可按 8~12h 的设计水量确定。

5.2.3 污水处理场应急储存设施的容积，炼油污水可按 8~12h 的设计水量确定，化工污水可按实际需要确定。

5.2.4 调节和均质设施可合并设置，但其数量不宜少于 2 个（间）。

5.2.5 含油污水调节设施宜设置在隔油处理前，且宜设置收油、排泥、消防设施。

5.2.6 调节、均质设施应密闭。

5.3 中和

5.3.1 酸碱污水应进行中和处理。

5.3.2 酸碱中和药剂的选择应满足污水后续处理的要求。

5.3.3 中和方式可采用间歇式或连续式，间歇式中和池容积可按污水中和操作周期计算；连续式中和池容积宜按污水停留时间 10~30min 确定。

5.3.4 中和池应采取防腐措施，搅拌设备应采用防酸碱腐蚀的材料。

5.3.5 中和设施可采用机械搅拌或空气搅拌，含有易挥发性物质或经中和后有可能产生有毒气体的污水不应采用空气搅拌。

5.4 隔油

Ⅰ. 一般规定

5.4.1 油水分离设施可采用平流隔油池、斜板隔油池、聚结油水分离器等。

5.4.2 隔油池应密闭，盖板应采用难燃材料。

5.4.3 隔油池、隔油罐、聚结油水分离器，宜设置蒸汽消防设施。

5.4.4 隔油池（罐）排水管与干管交汇处应设置水封井，水封深度不应小于250mm。

5.4.5 平流隔油池、隔油罐去除油珠最小粒径宜按150μm设计；斜板隔油池、油水分离器去除油珠最小粒径宜按60μm设计。

5.4.6 污水在进入隔油设施前需提升时，宜采用容积式泵或低转速离心泵。

5.4.7 隔油池不宜少于2间，且每间应能单独运行和检修。

5.4.8 隔油池的集油管所在油层内应设置加热设施。

5.4.9 隔油池分离段应设置集泥斗。集泥斗侧壁与水平面的倾角宜为45°～50°，池底刮泥板刮送终点与集泥坑上缘的距离不应大于0.3m。

Ⅱ．平流隔油池

5.4.10 水力停留时间宜为1.5～2h。

5.4.11 水平流速宜采用2～5mm/s。

5.4.12 单格池宽不应大于6m，长宽比不应小于4。

5.4.13 有效水深不应大于2m，超高不应小于0.4m。

5.4.14 池内宜设置链板式刮油刮泥机，刮板移动速度不应大于1m/min。

5.4.15 排泥管应耐腐蚀，公称直径不应小于$DN200$，管端应设置清通设施。

5.4.16 集油管公称直径宜为$DN200～300$，其串联总长度不应超过20m，串联管数不应超过4根。

Ⅲ．斜板隔油池

5.4.17 表面水力负荷宜为$0.6～0.8m^3/(m^2 \cdot h)$。

5.4.18 斜板板间净距宜采用40mm，斜板与水平面的倾角不应小于45°。

5.4.19 隔油池内应设置收油、清洗斜板等设施。

5.4.20 斜板板体应选用耐腐蚀、难燃型、表面光洁、亲水疏油、耐高温水或低压蒸汽清洗的材料。

5.4.21 斜板板体与池壁、板体与板体间不得产生水流短路。

Ⅳ．聚结油水分离器

5.4.22 聚结材料应采用耐油性能好、疏水亲油性材料，并应具有机械强度高、不易磨损、耐高温、不易板结、冲洗方便等特点。

5.4.23 聚结油水分离器表面水力负荷宜为$15～35m^3/(m^2 \cdot h)$。

5.4.24 聚结油水分离器水力停留时间不宜小于20min。

5.4.25 聚结油水分离器应设置收油、排泥等设施。

5.4.26 聚结油水分离器应设置反冲洗设施，反冲洗强度应根据填料种类确定。

5.5 混合

5.5.1 混合设施应使药剂与水充分接触，投加药剂品种、数量应根据实际水质筛选确定。

5.5.2 混合方式可采用管道混合、机械混合、空气混合或水泵混合等。混合时间应小于 2min。

5.6 絮凝

5.6.1 絮凝宜采用机械絮凝。

5.6.2 机械絮凝设计应符合下列要求：

（1）絮凝时间应根据试验数据或水质相似条件下的运行经验数据确定；当无数据时可采用 10~20min；

（2）机械絮凝可采用单级梯形或多级矩形框式搅拌机，搅拌机应采取防腐蚀措施；

（3）絮凝设施宜为 2 级。第一级进水处桨板边缘线速度宜为 0.5m/s，第二级出水处桨板边缘线速度宜为 0.2m/s。

5.7 气浮

Ⅰ．一般规定

5.7.1 气浮法宜用于去除分散油和乳化油。

5.7.2 气浮处理宜采用溶气气浮、散气气浮。

5.7.3 气浮池前应设置药剂混合和絮凝设施。

5.7.4 气浮池不宜少于 2 间，且每间应能单独运行和检修。

5.7.5 气浮池应设置难燃材料制成的盖板，并宜设置排气设施。

5.7.6 气浮池出水应设置调节水位的设施。

Ⅱ．溶气气浮

5.7.7 溶气气浮宜采用部分污水回流加压溶气气浮，其回流比宜采用 30%~50%。每间气浮池宜配置 1 台溶气罐。

5.7.8 溶气罐的设计应符合下列要求：

1）进入溶气罐的污水温度不应大于 40℃；

2）溶气罐的工作压力宜采用 0.3~0.5MPa（表压）；

3）溶气量可按回流污水量 5%~10% 的体积比计算；

4）污水在溶气罐内的停留时间宜采用 1~3min；

5）溶气罐内应设置水位控制设施；

6）溶气罐应设置放气阀、安全阀、放空阀、压力表。

5.7.9 气浮池应根据水质条件设置溶气释放器，其设计条件应符合下列要求：

（1）释放器应耐腐蚀、不易堵塞；

（2）释放器应安装在水面下不小于 1.5m 处。

5.7.10 气浮池可采用矩形或圆形。矩形气浮池设计应符合下列要求：

（1）絮凝段出口流速宜控制在 0.2m/s；

（2）单格池有效宽度不宜大于 4.5m，长宽比宜为 3~4；

（3）有效水深宜为 1.5~2.0m，超高不应小于 0.4m；

（4）污水在气浮池分离段停留时间宜为 30~45min；

（5）污水在分离段水平流速不应大于 6mm/s；

（6）池内应设置刮渣机，刮渣机宜选用链板式，刮板的移动速度宜为 1～2m/min。

Ⅲ. 散气气浮

5.7.11　散气气浮宜采用叶轮散气气浮。

5.7.12　叶轮散气气浮池停留时间不宜大于 20min，气体释放区停留时间宜为 1～3s。

5.7.13　叶轮散气气浮池产生的气泡直径应小于 500μm。

5.7.14　叶轮散气气浮池有效水深不宜大于 2.0m，长宽比不宜小于 4。

5.8　活性污泥法

Ⅰ. 一般规定

5.8.1　活性污泥法处理工艺应根据设计水量、污水进水水质、出水水质要求，经技术经济比较后确定。

5.8.2　生物反应池进水的石油类含量不应大于 30mg/L，硫化物含量不应大于 20mg/L。

5.8.3　生物反应缺氧池溶解氧不应大于 0.5mg/L，生物反应好氧池溶解氧不应小于 2.0mg/L。

5.8.4　生物反应池池宽宜为 5～10m，超高不应小于 0.5m，有效水深宜为 4～6m。廊道式生物反应池的池宽与有效水深之比宜为（1∶1）～（2∶1）。

5.8.5　生物反应池的出水宜设置溢流堰。

5.8.6　生物反应池应选用耐油、耐化学腐蚀、氧转移率高的曝气设备。

5.9　生物膜法

Ⅰ. 一般规定

5.9.1　生物膜法可采用生物接触氧化法、曝气生物滤池、塔式生物滤池等。

5.9.2　生物膜法进水石油类含量不应大于 20mg/L。

5.9.3　生物膜反应池不宜少于 2 间，且每间应能单独运行和检修。

5.10　厌氧生物法

5.10.1　厌氧生物反应器内混合液的 pH 值宜为 6.5～7.5，进水碱度（以 $CaCO_3$ 计）宜为 1500～3000mg/L，硫化物（以 S^{2-} 计）不得超过 150mg/L，氧化还原电位不宜大于 -350mV。设计参数可按同类企业的运行数据或通过模拟试验确定。

5.10.2　厌氧生物处理工艺选择及设计参数确定，应符合下列要求：

（1）处理工艺应根据污水特性、出水水质，进行技术经济比较后确定；

（2）反应器的数量不宜少于 2 间；

（3）反应器内部应进行防腐处理。

5.10.3　厌氧生物处理产生的沼气应妥善处置。

5.10.4　厌氧生物处理场所应按现行国家标准《爆炸和火灾危险环境电力装置设计规范》（GB 50058）的有关规定划分防爆区，并应设置有毒有害气体及可燃气体探测报警仪。

5.11 沉淀

5.11.1 沉淀池宜采用辐流沉淀池，也可采用斜板沉淀池。

5.11.2 辐流沉淀池的主要设计参数，应根据试验或实际运行数据确定，当无试验数据时，可按表 5.11.2 的规定取值。

表 5.11.2 沉淀池设计数据

沉淀池类型		沉淀时间/h	表面水力负荷 /[m³/(m²·h)]	污泥含水率/%
二次沉淀池	生物膜法后	2~4	0.50~1.00	96~98
	活性污泥法后	2~4	0.50~0.75	99.2~99.6
混凝沉淀池	生物膜法后	1~2	0.75~1.00	96~98
	活性污泥法后	1~2	0.50~1.00	99.2~99.6

5.12 监控池

污水处理场出水应设置监控池，当有稳定塘时可不设置监控池的容积宜按 1~2h 的设计水量确定。监控池应设置不合格污水返回再处理的设施。

5.13 污水深度处理

Ⅰ. 一般规定

5.13.1 污水深度处理工艺应根据原水水质和用户对水质的要求，通过技术经济比较后，选择技术可靠、经济适用的处理工艺。

5.13.2 污水深度处理应包括过滤、活性炭吸附、超滤、反渗透、化学氧化、生物滤池、膜生物反应器、消毒等工艺。

Ⅱ. 过滤

5.13.3 过滤设施的型式选择应根据处理水量、进水水质和出水水质等要求，通过技术经济比较确定。过滤设施不宜少于 2 台（间）。

5.13.4 过滤设施的滤料应具有足够的机械强度和抗腐蚀性。去除悬浮物时，滤料宜采用石英砂、无烟煤、纤维球（束）滤料等；去除石油类时，滤料宜采用核桃壳滤料等。

5.13.5 过滤设施应符合现行国家标准《室外给水设计规范》（GB 50013）和《污水再生利用工程设计规范》（GB 50335）的有关规定。

Ⅲ. 活性炭吸附

5.13.6 当处理后的污水中有机物、色度和臭味仍不能达到标准时，可采用活性炭吸附工艺。

5.13.7 活性炭吸附工艺宜进行静态选炭及炭柱动态试验，应根据进出水质要求，确定活性炭的用量、接触时间、水力负荷和再生周期等。

5.13.8 活性炭吸附应选择吸附性能好、中孔发达、机械强度高、化学性能稳定的活性炭。

Ⅳ. 超滤

5.13.9 超滤可用于去除水中的悬浮物、胶体及细菌。

5.13.10 超滤可采用浸没式超滤和压力式超滤,进水水质 应根据工艺要求确定。

5.13.11 超滤装置的操作压力应根据膜产品确定,跨膜压差宜小于 0.1 MPa。

5.13.12 超滤应设置反冲洗、化学清洗、加药和自动控制系统。

5.13.13 超滤排水宜返回污水系统处理。

5.13.14 污水进压力式超滤前宜设置 $100 \sim 150\mu m$ 的过滤器,超滤的进水水质宜符合表 5.13.14 的规定。

表 5.13.14 超滤的进水水质指标

水质项目	单位	超滤进水
温度	℃	$15 \sim 35$
石油类	mg/L	$\leqslant 5$
COD_{Cr}	mg/L	$\leqslant 50$
悬浮物	mg/L	$\leqslant 20$
pH 值		$2 \sim 10$

5.13.15 当采用浸没式超滤时,进水水质 可适当放宽,但应根据具体试验数据确定。

5.13.16 压力式超滤的设计通量宜小于 $60L/(m^2 \cdot h)$。

5.13.17 压力式超滤的进水泵宜设置变频装置,也可在进超滤前设置压力调节阀。超滤装置的进、出口均应设置浊度表、压力表和压力变送器,出口应设置流量计。

Ⅴ. 反渗透

5.13.18 反渗透进水宜采用超滤作预处理,进水水质宜符合表 5.13.18 的规定。

表 5.13.18 反渗透进水水质指标

水质项目	单位	反渗透进水
pH 值		$2 \sim 11$
浊度	NTU	$\leqslant 1.0$
淤泥密度指数(SDI)		$\leqslant 3$
游离氯(以 Cl_2 计)	mg/L	$\leqslant 0.1$
总铁(Fe)	mg/L	$\leqslant 0.05$

5.13.19 反渗透前应设置保安过滤器。保安过滤器的孔径不宜大于 $5\mu m$。

5.13.20 反渗透膜元件的型号和数量应根据进水水质、水温、产水量、回收率等,通过优化计算确定。污水深度处理应选用操作压力低、抗污染的膜。

5.13.21 反渗透系统应设置加药、化学清洗和自动控制系统。

5.13.22 反渗透系统高压泵宜设置变频器，也可在泵出口设置调压阀，高压泵进口和出口应分别设置低压保护开关和高压保护开关。

5.13.23 反渗透系统进水、产水和浓水均应计量，进水应设置电导率、pH值、温度、余氯或氧化还原电位等仪表，产水应设置电导率仪表。

5.13.24 反渗透系统宜布置在室内，当环境温度低于4℃时，应采取防冻措施。装置豫端应留有不小于膜元件长度1.2倍距离的空间。

Ⅵ. 膜生物反应器

5.13.25 膜生物反应器进水水质应符合下列要求：

(1) 应控制pH值在6.5~8.0；

(2) 颗粒物直径应小于0.8mm；

(3) 石油类含量应小于5mg/L；

(4) 应不易结垢。

5.13.26 膜生物反应器应设置污泥回流系统、供气系统、排水系统、清洗系统和控制系统等。

5.13.27 膜池宜与生物反应池分开设置，膜池的间数不宜少于2间。

5.13.28 膜组件应分成若干块，膜块的数量应通过技术经济比较后确定。

5.13.29 设计膜通量应通过对同类型污水的试验确定，计算总通量时，应扣除水反洗、在线化学反洗和在线化学清洗时不产水部分膜块的通量，并应留出10%~20%的余量。

5.13.30 膜生物反应系统应采用自动控制。

5.14 消毒

5.14.1 污水处理场再生水处理系统应设置消毒设施。

5.14.2 污水投加氯、二氧化氯后应进行混合和接触，接触时间不宜小于30min。

5.14.3 药剂用量宜根据试验资料或类似运行经验确定，无资料时应符合下列要求：

(1) 氯投加量宜为5~10mg/L；

(2) 二氧化氯投加量宜为2~4mg/L；

(3) 当污水出水口附近有鱼类养殖场时，余氯量不应大于0.03mg/L。

5.15 污水再生利用

5.15.1 污水再生利用宜采用溶解固体含量低的处理后合格污水作为水源。

5.15.2 再生水可用于循环水补充水、绿化用水、地面冲洗水、施工用水、除盐水站用水等。

5.15.3 污水再生利用处理工艺应根据水源水质、回用水质选择，可采用混凝沉淀（气浮）、过滤、消毒等工艺，必要时可采用生物滤池、活性炭吸附、膜过滤、化学氧化等工艺，同时应满足经济、适用、运行稳定的要求。

5.15.4 有条件时，污水再生利用处理设施可布置在污水处理场。

5.15.5 再生水系统应设置回用水池（罐），宜设置2间（座）。有效容积应根据用水量变化确定，可采用日处理水量的 5%～10%。

5.15.6　再生水系统应独立设置，严禁与生活饮用水管道连接，并应设置明显的标志。

6　污泥处理和处置

6.1　一般规定

6.1.1　污泥处理和处置方法应遵循减量化、稳定化、无害化、资源化的原则，并应符合清洁生产的要求。

6.1.2　污水处理场的污泥应根据污泥性质和所在地区的条件采取不同的处理和处置措施。

6.1.3　属于危险废物的污泥与一般污泥应分别收集、输送、储存、处理和处置。

6.2　污泥量的确定

6.2.1　污泥量应包括油泥量、浮渣量、剩余活性污泥量等污水处理场产生的全部污泥。

6.2.2　污泥量宜按污水的年平均水质、年总水量，并结合污水处理工艺计算确定，也可根据同类企业、同类污水处理工艺的经验确定。

6.3　污泥输送

6.3.1　浓缩后污泥宜采用螺杆泵、旋转叶型泵输送。

6.3.2　脱水后污泥宜采用螺旋输送机、皮带输送机输送；当必须采用管道输送时，可采用高压活塞泵、高压螺杆泵输送。

6.3.3　输送污泥的压力管道最小设计流速，可按表 6.3.3 的规定取值。

表 6.3.3　压力管道最小设计流速

含水率/%	90	91	92	93	94	95	96	97	98	＞98
最小流速/(m/s)	1.5	1.4	1.3	1.2	1.1	1.0	0.9	0.8	0.7	0.7

6.3.4　污泥管道输送的压力损失可根据表 6.3.4 的规定确定。

表 6.3.4　污泥管道输送压力损失

污泥含水率/%	压力损失（相当于清水压力损失的倍数）
＞99	1.3
98～99	1.3～1.6
97～98	1.6～1.9
96～97	1.9～2.5
95～96	2.5～3.4
94～95	3.4～4.4

6.3.5　压力管道输送污泥时管道公称直径不宜小于 $DN100$；重力管道输送污泥时管道公称直径不宜小于 $DN200$，坡度应大于 1%。

6.3.6　压力管道的适当位置应设置蒸汽、非净化风或压力水扫线。输送污泥的管道、管件材质应满足扫线介质对管材的要求。

6.3.7 脱水污泥压力输送管道敷设应避免高低转折，弯管的曲率半径不宜小于$5DN$。

6.4 污泥浓缩

6.4.1 污泥浓缩可采用重力浓缩、浮选浓缩。

6.4.2 污泥浓缩的运行方式应根据排泥规律、污泥脱水运行方式确定。

6.4.3 辐流式浓缩池应设置刮泥机；竖流式浓缩池及浓缩罐的底部锥角不应小于$50°$。

6.4.4 寒冷地区应采取防冻措施。

6.4.5 间断操作的浓缩池（罐）应在不同高度处设置上清液切水管，并宜在阀后设置水流观测设施；浓缩池（罐）不宜少于2间。

6.4.6 油泥、浮渣浓缩池（罐）宜设置蒸汽加热设施。

6.4.7 连续操作的浓缩池（罐）面积应按固体负荷或水力负荷计算确定，水力负荷可取$4\sim8m^3/(m^2 \cdot d)$，固体负荷可取$20\sim40kg/(m^2 \cdot d)$。

6.4.8 间断操作时，重力浓缩池（罐）容积应包括一次最大进泥量和留有一定的浓缩污泥容积，并应按污泥浓缩时间进行校核。污泥浓缩时间可按表6.4.8的规定取值。

表 6.4.8 污泥浓缩时间

污泥类型	浓缩时间/h
油泥	12~16
浮渣	12~16
剩余活性污泥	8~16
油泥＋浮渣	12~20

6.4.9 浓缩池宜设置浮渣收集设施。

6.5 污泥脱水

6.5.1 污泥脱水机类型应根据污泥性质和脱水要求，经技术经济比选后确定。污泥脱水可采用带式脱水机或离心脱水机，油泥、浮渣脱水宜采用离心脱水机。

6.5.2 进入脱水机的污泥含水率不宜大于98%，污泥脱水后含水率不宜大于85%。

6.5.3 污泥脱水前宜采取加药、蒸汽加热等调理措施。

6.5.4 脱水后的污泥应设置污泥堆场或料仓储存，污泥堆场或料仓的容积应根据污泥出路和输送条件确定。当采用车辆运输时，污泥堆场或料仓的容积不宜小于运输车辆一次的运输能力。

6.5.5 污泥脱水机房应设置通风设施，每小时换气次数不应小于6次。

6.6 污泥干化

6.6.1 污泥干化的设置应根据污泥处置要求确定。

6.6.2　油泥、浮渣不应进行热干化处理。

6.6.3　污泥热干化工艺应结合污泥性质、热源条件、干化污泥要求，并经技术经济比较后确定。

6.6.4　污泥热干化系统应设置安全事故监测和控制设施。干化循环气应进行惰性化处理。

6.6.5　热干化过程产生的尾气、排水应进行达标处理。

6.7　污泥焚烧

6.7.1　焚烧系统设计能力应根据年平均焚烧废物量及年运行时间确定，并应留有一定的富裕量。

6.7.2　焚烧炉型式应根据物料性质、焚烧要求、焚烧舰模、燃料消耗等因素综合确定。

6.7.3　焚烧污泥的热值、元素组成应实测确定或采用相似污泥的实测值。

6.7.4　危险废物焚烧应符合现行国家标准《危险废物焚烧污染控制标准》（GB 18484）的有关规定，并应符合项目环境影响评价的要求。

6.8　污泥贮存和填埋

6.8.1　属于危险废物的污泥、污泥焚烧飞灰贮存、填埋，应分别符合现行国家标准《危险废物贮存污染控制标准》（GB 18597）和《危险废物填埋污染控制标准》（GB 18598）的有关规定。

6.8.2　填埋污泥的含水率不应大于85%。

7　污油回收

7.1　一般规定

7.1.1　污水处理场内隔油设施、污水调节设施等收集的污油应回收。

7.1.2　污油脱水罐应设置加热设施。

7.2　污油脱水

7.2.1　污油脱水宜采用脱水罐重力脱水，脱水后的污油含水率不宜大于3%。

7.2.2　污油脱水罐加热温度宜为70～80℃，罐体应保温。

7.2.3　污油脱水罐不应少于2个。

7.3　污油输送

7.3.1　脱水后的污油宜采用管道输送到污油罐或原油罐。

7.3.2　污油输送泵不应少于2台，污油泵的连续工作时间宜为2～8h。

7.3.3　重力流的污油管道，公称直径不宜小于DN200。

7.3.4　污油输送管道宜伴热保温，并宜设置蒸汽吹扫设施。

8　废气处理

8.1　一般规定

8.1.1　污水处理场隔油、气浮、调节及污油处理设施，宜设置废气处理设施；污水处理场生物处理设施，可根据项目环境影响评价的要求设置废气处理设施。

8.1.2 隔油设施、气浮设施、污泥池、污油池的废气量，可根据上方的气体空间与换气次数确定，换气次数宜为 1～4 次/h；生物反应池收集的废气量可根据鼓风量确定。调节罐、污泥储存罐、污油储存罐的废气量，可按国家现行标准《石油化工储运系统罐区设计规范》（SH/T 3007）有关储罐呼吸通气量的规定执行。

8.2 废气收集及输送

8.2.1 废气收集管道应设置风阀、阻火器、排凝管道；收集罩宜设置呼吸阀、观察口等。

8.2.2 废气的收集罩应采用难燃、耐腐蚀材料。

8.2.3 收集管道主风管的风速不宜大于 10m/s，支管的风速不宜大于 5m/s，由支风管上引出的短管，其风速不应超过 4m/s。

8.2.4 废气应采用引风机输送，引风机、输送管道应耐腐蚀、防静电。

8.3 废气处理

8.3.1 隔油、浮选设施、储罐及生物处理单元产生的混合废气，可采用生物处理法处理。

8.3.2 隔油、浮选设施及储罐的废气非甲烷总烃含量不低于 3000mg/L 时，可采用催化燃烧法处理。

8.3.3 含有较高浓度硫化氢、有机硫等废气，可采用碱洗法处理。

8.3.4 低浓度的废气可采用活性炭吸附法处理。

9 事故排水处理

9.0.1 事故排水中的物料应回收。

9.0.2 事故排水宜送污水处理场处理，当不能进入污水处理场时应妥善处置。

9.0.3 能进行生物处理的事故排水，应限流进入污水生物处理系统。

9.0.4 事故排水的监测项目应根据物料种类确定。

9.0.5 处理事故排水时，应根据物料挥发性、毒性等采取安全防护措施。

参 考 文 献

[1] 欧盟委员会联合研究中心.大宗有机化学品工业污染综合防治最佳可行技术 [M].周岳溪，伏小勇，陈学民，张国宁，等译.北京：化学工业出版社，2014.

[2] Federal Ministry for the Environment，Nature Conservation and Nuclear Safety，Germany. Ordinance on Requirements for the Discharge of Waste Water into Waters（Waste Water Ordinance-AbwV）of 17. June 2004.

[3] 美国水环境联合会.工业废水的管理、处理和处置（第3版）[M].周岳溪，李杰，等译.北京：中国石化出版社，2012.

[4] 程俊梅.某石油炼制污水重大污染源分析与控制对策 [J].水处理技术，2014，10（12）：115-118.

[5] 高岱巍.原油二次脱水设计总结 [J].内蒙古石油化工，1999，25（4）：143-145.

[6] 邵博强，李鑫，郭鹏，等.自动脱水器在锦州石化原油储罐中的应用 [J].当代化工，2013，42（10）：1404-1406.

[7] 潘武汉.储罐自动脱水器在原油脱水中的应用 [J].油气储运，2008，43（8）：58-63.

[8] 陈立.用短波界面仪构成的自动放水系统 [J].节能，2004，（6）：55-56.

[9] 刘贵，郑文晶，盛彬武.原油储罐自动脱水技术的选择应用 [J].广东化工，2016，43（8）：166-167.

[10] 贾红军.储罐自动脱水器在原油罐的应用 [J].河南化工，2014，31（9）：41-42.

[11] 张建芳，山红红，涂永善.炼油工艺基础知识 [M].2版.北京：中国石化出版社，2006.

[12] 王福善，苏冠男，张宏生，等.EC 2472 A破乳剂在降低常减压装置电脱盐污水油含量中的工业应用 [J].石化技术与应用，2015，33（1）：67-69.

[13] 郭锋.常减压装置电脱盐系统改造和优化 [J].化工机械，2020，47（5）：710-718.

[14] 潘小强.降低电脱盐污水含油量的研究 [J].石油石化节能与减排，2013，3（1）：30-33.

[15] 王家，李五星.电脱盐装置污水含油量超标原因分析及解决措施 [J].炼油与化工，2017，28（1）：14-16.

[16] 中国石化北京设计院.交直流电脱盐装置 [P].CN 2177723Y.1994-9-21.

[17] 任满年.原油脉冲电脱盐技术研究 [J].石油炼制与化工，2011，42（12）：16-22.

[18] 司朋朋.针对不同原油品种的破乳剂筛选及工业应用 [D].西安：西安石油大学，2016.

[19] 陈家庆，刘文津，姬宜朋，等.原油电脱盐稀释水掺混用油水混合技术研究进展 [J].化工进展，2020，39（6）：2312-2326.

[20] 陶雪，刘明冲，韩晶，等.双进油双电场电脱盐脱水技术及其在大港石化的应用 [J].石油炼制与化工，2016，47（12）：11-16.

[21] 刘宏伟，李稳宏，罗万明，等.超声波技术在陕北混合原油脱盐装置上的应用 [J].化学工程，2012，40（4）：74-78.

[22] 沈伟.电脱盐装置应对高含水原油加工的措施及建议 [J].石油炼制与化工，2013，44（11）：75-80.

[23] 陈东魁，冯纯妍，于学战，等.高酸重质原油电脱盐用破乳剂的工业应用研究南美重质高含盐原油脱盐脱水技术分析 [J].全面腐蚀控制，2015，29（8）：27-30，85.

[24] 王纪刚，王龙祥，韦伟，等.高酸重质原油的电脱盐技术选择 [J].炼油技术与工程，2012，42（2）：31-34.

[25] 王仕文，闫玉玲，陈俊，等.高酸重质原油加工污水减排技术 [J].石化技术与应用，2013，31（3）：222-225.

[26] 中国环境科学研究院，等."石化行业水污染全过程控制技术集成与工程实证"课题技术报告 [R].北京：2021.

[27]　王军. 水力旋流器对含油污水分离性能的研究 [D]. 苏州：江苏科技大学，2012.

[28]　李长江，王振波. 旋流分离技术在原油电脱盐装置污水处理中的应用 [J]. 炼油技术与工程，2008，38（2）：43-45.

[29]　李自力，訾毅东. 旋流器对电脱盐装置含油污水的处理 [J]. 化工机械，2008，27（4）：225-227.

[30]　王晓猛，张黎明，姚亮，等. 电脱盐污水除油设施在常减压蒸馏装置中的应用 [J]. 炼油技术与工程，2013，43（7）：36-39.

[31]　王波，陈家庆，梁存珍，等. 含油废水气浮旋流组合处理技术浅析 [J]. 工业水处理，2008，28（4）：87-92.

[32]　陈家庆，蔡小垒，谭德宽，等. 气旋浮高效除油技术及其在电脱盐切水预处理中的应用 [J]. 石油炼制与化工. 2016，47（5）：29-34.

[33]　王波，陈家庆，梁存珍，等. 含油废水气浮旋流组合处理技术浅析 [J]. 工业水处理，2008，28（4）：87-92.

[34]　夏取胜. 含硫含氨污水预处理工艺的研究. 石油化工安全环保技术 [J]，2007，23（5）：51-55.

[35]　董国良，王丽莉. 含硫污水油水分离技术开发与应用 [J]. 金山油化纤，2001，（02）：19-22.

[36]　杨健，谢国善. 污水汽提装置扩能改造运行总结 [J]. 江西石油化工，1998，（2）：11-17.

[37]　曹华民. 延迟焦化含硫污水处理技术 [J]. 安全、健康和环境，2012，12（09）.

[38]　王淑兰. 含硫污水水蒸气汽提流程探讨 [J]. 炼油工业环境保护，1982，（2）：30-65.

[39]　中国石油化工集团公司安全环保局. 石油石化环境保护技术 [M]. 北京：中国石化出版社. 2005.

[40]　李菁菁. 炼油厂酸性水汽提工艺的选择 [J]. 中外能源，2008，13（4）：108-110.

[41]　梁生于，朱倩. 石油石化环境保护技术 [M]. 北京：中国石化出版社. 2005

[42]　吴潮汉，邓德刚. 湿式氧化法处理碱渣的工业应用 [J]. 石油化工环境保护，2003，16（3）：34-37.

[43]　徐斌，徐冰洁，张凌，等. 高压湿式氧化法处理炼油碱渣 [J]. 中国给水排水，2016，32（12）：123-127.

[44]　林敏亮. 碱渣高压湿式氧化（WAO）出水在污水场的综合利用 [J]. 石油化工环境保护，2006，29（1）：38-40.

[45]　仝源，秦王健. 碱渣湿式氧化装置的工艺条件优化 [J]. 石化技术与应用，2012，30（1）：36-39.

[46]　陈育坤，杨文瑛. 采用缓和湿式氧化脱臭-间歇式生物氧化组合工艺处理碱渣废水. 石化技术与应用，2007，25（1）：36-39.

[47]　牟彤，白冰，崔毓利. 高效生物处理技术在炼油厂碱渣废水处理中的应用 [J]. 油气田环境保护，2007，17（1）：23-26.

[48]　肖学梅，李杰，路斌，等. 生物强化技术处理化工碱渣废水 [J]. 辽宁化工，2011，40（8）：813-816.

[49]　陈建军，唐新亮，张柯. 内循环 BAF 在高浓度含甲醛废水预处理中的应用研究 [J]. 石油化工安全环保技术，2012，28（1）：58-64.

[50]　李明达，王建. 内循环 BAF 技术处理碱渣工程应用 [J]. 工业水处理，2016，36（11）：109-111.

[51]　何爱明，张静，李聪敏，等. 碱渣处理工艺应用 [J]. 天然气与石油，2008，26（6）：31-34.

[52]　张国伟，江奇志，李强，等. 浅谈脱硫脱硝高浊度废水处理工艺 [J]. 山东化工，2016，45（24）：147-149.

[53]　吕鹏波，彭良辉. MVR 在炼厂烟气脱硫废水处理装置的应用 [J]. 科学管理，2020，（1）：239，241.

[54]　温福. 催化裂化烟气脱硫脱硝国产技术的应用 [J]. 石油石化绿色低碳，2020，5（1）：39-44.

[55]　邱东声，王建文，汪华林. 焦化冷焦水处理技术研究 [J]. 环境污染治理技术与设备，2003，4（9）：68-69.

[56]　杨涛，孙艳朋，翟志清，等. 延迟焦化装置冷焦水系统生产优化和节能措施 [J]. 炼油技术与工

程，2013，43（5）：61-64.

[57] 张宗有，马新文，赵永山，等．延迟焦化装置节水措施［J］．炼油技术与工程，2015，45（4）：56-59.

[58] 邹圣武，李平阳．焦化装置冷切焦水系统运行分析及优化改造［J］．中外能源，2011，16（11）：98-102.

[59] 薛海峰．乙烯装置碱洗系统长周期运行优化技术［J］．乙烯工业，2017，29（2）：40-45.

[60] 中国石油化工集团公司人事部，中国石油天然气集团公司人事服务中心．乙烯装置操作工．北京：中国石化出版社，2008.

[61] 邹余敏，尹兆林，鲁卫国，等．乙烯装置中碱洗塔黄油生成原因分析及对策［J］．石油化工，2000，29（6）：443-445.

[62] 张晓彤，孙兆林，姜恒．红外光谱在乙烯装置碱洗系统黄油组成及生成机理分析中的应用研究［J］．光谱实验室，2003，20（2）：287-291.

[63] 李宏冰，李元明，张家申．抚顺石化80万吨/年乙烯装置碱洗塔黄油生成原因分析及解决措施［J］．当代化工，2013，42（6）：794-796，802.

[64] 陈怡，卢建国，于锋．乙烯厂废碱液氧化处理系统的投药脱油预处理技术［J］．中国给水排水，2012，28（14）：68-70.

[65] 林鹏．乙烯装置碱洗及废碱氧化系统存在问题及处理措施［J］．乙烯工业．2017，29（1）54-57.

[66] 邹玉军．乙烯装置外送废碱黄油含量偏高及解决措施［J］．中国设备工程，2018，（9）：182-184.

[67] 李云龙，周磊．乙烯装置碱洗塔稳定运行及黄油的抑制［J］．乙烯工业，2019，31（2）：38-40.

[68] 朱坤．扬子乙烯裂解气碱洗黄油的抑制及回收措施探讨［J］．化学工业与工程技术，2011，32（3）：53-56.

[69] 魏月娥．乙烯碱洗系统操作优化［J］．乙烯工业，2019，31（4）：40-43.

[70] 申屠灵女．乙烯-废碱氧化装置技改效果的评价［J］．广东化工，2000，（1）：56-57.

[71] 刘炳鹏．齐鲁乙烯废碱处理系统运行优化与改进［J］．齐鲁石油化工，2006，34（增刊）：90-93.

[72] 杜江，刘晓榆，王生伟，等．低压湿式空气氧化法处理乙烯废碱液［J］．石化技术与应用，2005，23（5）：32-34.

[73] 黄杰．茂名乙烯装置废碱液处理［J］．乙烯工业，2010，22（1）：39-42.

[74] 路明，武兴彬，邵李华．乙烯废碱液处理装置存在问题分析及改进措施［J］．乙烯工业，2005，17（1）：40-43.

[75] 黄平．乙烯废碱液处理装置长周期运行探讨［J］．乙烯工业，2016，28（3）：60-64.

[76] 周彤，邓德刚，秦丽姣．乙烯裂解气碱洗废碱液处理技术的开发及工业应用［J］．当代化工，2019，48（6）：1178-1181.

[77] 王晓亮，董万军，郝昭．乙烯装置废碱氧化改造分析［J］．化工设计，2017，27（5）：14-17，36.

[78] 周群英，高庭耀．环境工程微生物学［M］．2版．北京：高等教育出版社，2000.

[79] 季雅晴．乙烯碱渣对高含盐装置的出水影响及对策研究［J］．石油化工安全环保技术，2020，36（4）：56-61.

[80] 张勇，罗义坤，张彤．IRBAF技术在乙烯装置废碱液处理中的应用［J］．石油化工安全环保技术，2018，34（5）：58-61.

[81] 中国环境科学研究院，等．"松花江石化行业有毒有机物全过程控制关键技术与设备"课题技术报告，北京：2018.

[82] 李国屏．丙烯酸及其酯的废水处理［J］．上海化工，1994，19（1）：30-31.

[83] 文海全，于晟昊．废水热力焚烧装置工艺改造分析［J］．广东化工，2013，40（9）：142-143，100.

[84] 何琳，杨新春．内循环BAF技术处理碱渣工程应用汽提-双效蒸发-焚烧法处理丙烯酸及酯装置废水［J］．石化技术与应用，2017，35（4）：314-316.

[85]　李海燕，肖华飞，马林，等．丙烯酸及丙烯酸酯生产废水处理工程[J]．给水排水，2010，36（3）：58-61.

[86]　刘玮，张滔，张爱东，等．丙烯酸及其酯类生产废水处理工程实例[J]．中国给水排水，2019，35（2）：88-91.

[87]　阚红元．赛科丙烯腈废水焚烧炉简介[J]．化工设备与管道，2007，44（5）：24-27.

[88]　姜其舟．国内丙烯腈行业废水焚烧现状与重要性分析[J]．广州化工，2018，46（11）：93-94.

[89]　中国环境科学研究院，等．"松花江重污染行业有毒有机物减排关键技术与工程示范"课题技术报告，北京：2012.

[90]　张化文．PTA精制废水资源化处理技术应用研究[D]．上海：华东理工大学，2016.

[91]　中国石化有机原料科技情报中心站．昆仑工程公司等合作开发百万吨级PTA装置成套技术[J]．石油炼制与化工，2015，46（6）：16.

[92]　林昌伟．UASB工艺在PTA废水处理中的应用[J]．化工管理，2018，（35）：79-80.

[93]　杨淑霞．高效厌氧反应器在PTA废水处理中的应用[J]．环境工程，2012，30（增刊）：181-182，96.

[94]　杨亚丽，王国栋，刘书琴，等．厌氧生物滤池在PTA废水处理中的应用[J]．中国给水排水，2012，28（8）：103-105.

[95]　顾秋月，宋洋，陈思蒙，等．己内酰胺废水深度处理工程设计及运行[J]．中国给水排水，2016，32（4）：44-47.

[96]　潘新明，刘发强，管位农，等．ABS装置EBR聚合釜和接枝釜工艺废水处理技术研究[J]．石化技术与应用，2003，21（6）：408-411，419.

[97]　潘新明，曹兰花，张思燕．ABS装置清洁生产工业试验[J]．石化技术与应用，2005，23（2）：141-143.

[98]　黄立本．ABS树脂及其应用[M]．北京：化学工业出版社，2001：84-85.

[99]　武术芳．聚酯酯化废水中COD的影响因素探讨[J]．合成纤维工业，2013，36（5）：61-63.

[100]　李红彬，甘胜华，张学斌，等．PET树脂酯化废水中有机物回收技术开发及应用[J]．聚酯工业，2017，30（5）：5-8

[101]　中国石化有机原料科技情报中心，上海石化聚酯装置应用"聚酯酯化废水中有机物回收技术"[J]．石油炼制与化工，2018，49（6）：100.

[102]　田爱军，王水，刘伟，等．气提-厌氧-接触氧化-气浮工艺处理聚酯废水[J]．环境科技，2010，23（1）：40-42，45.

[103]　牛新征，马恒亮．提高炼油污水处理效果的措施[J]．石油化工安全环保技术，2015，31（6）：66-69.

[104]　黄进，杨震．沉淀均质调节罐在炼油污水处理中的应用[J]．石油化工安全环保技术，2007，23（6）：59-61.

[105]　李立宏，孙江虎，李建雷，等．浅谈"罐中罐"技术在炼油化工污水处理过程中的应用[J]．化学工程师，2014，（12）：40-42.

[106]　王彭维．"罐中罐"在炼油污水处理场的建设及应用[J]．能源环境保护，2003，17（4）：45-47.

[107]　王旭江，张晓方，林涛．"罐中罐"技术在炼油废水处理中的工业应用[J]．石油化工环境保护，2003，26（4）：19-22.

[108]　杨婷婷，李福生，唐彦明．炼油废水缓冲除油罐的改造[J]．工业用水与废水，2007，38（5）：35-37.

[109]　陈长顺．炼油废水处理工艺的改造实例[J]．给水排水，2007，33（10）：73-75.

[110]　王慧娟，段新耿．炼油污水处理装置优化技改与运行[J]．工业用水与废水，2013，44（1）：98-99，111.

[111]　王良均，吴孟周．石油化工废水处理设计手册［M］．北京：中国石化出版社，1996.

[112]　邹茂荣，李长青，张苇．涡凹气浮（CAF）在石化废水处理中的应用［J］．工业用水与废水，2000，31（4）：34-35.

[113]　盛雪芹，武占华，王晓阳，等．大庆石化污水厂改扩建工程生化池的优化设计［J］．中国给水排水，2011，27（10）：61-64.

[114]　于冰．锦州石化公司炼油污水装置生化处理技术改造［J］．油气田环境保护，2017，27（4）：34-37.

[115]　刘斌，彭静．宁夏石化炼油厂污水处理场升级改造内容及效果评价［J］．给水排水，2019，45（10）：84-89.

[116]　李勇，钟捷．石化废水处理中MBR工艺的运行管理［J］．工业水处理，2011，31（12）：81-84.

[117]　唐安中．MBR工艺在石化污水处理中的应用［J］．工业用水与废水，2016，47（2）：39-42.

[118]　周健生．废炭泥湿式空气再生（WAR）装置结构及安装调试［J］．工业水处理，2014，34（6）：90-92.

[119]　王球．湿式空气再生技术处理废炭泥工程实例［J］．给水排水，2015，41（8）：59-63.

[120]　卢欣，朱宇硕，李嫣宁，等．两种工艺处理石化废水的工程应用［J］．给水排水，2015，41（9）：43-46.

[121]　赵丹丹，陈彩赞．炼油化工废水深度处理工程实践［J］．科技与企业，2015，（1）：155.

[122]　刘小刚．微砂加炭高效沉淀工艺用于石化污水厂提标改造［J］．中国给水排水，2017，33（24）：108-110.

[123]　刘亚洲．气浮滤池水处理技术的实际应用效果分析［J］．化工技术与开发，2015，44（4）：56-57.

[124]　盛骐．气浮澄清池处理炼化废水出口总磷影响因素研究［J］．能源化工，2018，39（5）：82-85.

[125]　郑广秋．乙烯化工污水回用循环水工程实践［J］．广东化工，2009，36（6）：111-113.

[126]　李为民．污水深度处理后的回用［J］．节能与环保，2007，（1）：37-39.

[127]　万旭荣，魏毅，边江，等．石化工业废水深度处理工艺各单元处理效果研究［J］．中国卫生工程学，2012，11（3）：177-183.

[128]　舒作舟．臭氧＋BAF工艺在石化废水深度处理中的应用实例［J］．绿色科技，2012，（2）：153-155.

[129]　马玉成，王正收，李本锋，等．臭氧＋过滤工艺在回用石化污水中的应用［J］．石油化工安全环保技术，2014，30（3）：10-12，27.

[130]　刘铁民，王铁汉，王春芝，等．臭氧-活性炭技术在炼油厂污水深度处理及回用中的应用［J］．辽宁城乡环境科技，2003，32（4）：43-44.

[131]　Changyong Wu，Yanan Li，Yuexi Zhou，et al．Upgrading the Chinese biggest petrochemical wastewater treatmentplant：Technologies research and full scale application［J］．Science of the Total Environment，2018，633：189-197.

[132]　卢晓艳．臭氧催化氧化——内循环曝气生物滤池在污水深度处理中的实践［J］．区域治理，2019，（52）：156-158.

[133]　李庆，王志国，丁士兵．石化工业园区污水处理厂升级改造技术探讨［J］．污染防治技术，2016，29（2）：53-58.

[134]　艾合买提江·热依木，党亚萍，奥斯曼·吐尔地，等．曝气生物滤池在污水处理工业中的应用［J］．广东化工，2014，41（12）：164-165，144.

[135]　贾秀芹，陈长顺，宋风明．炼油污水处理改造工程设计［J］．工业用水与废水，2020，51（2）：69-72.

[136]　赵倩怡，周映，刘钧，等．炼油厂污水处理场深度处理改造设计［J］．中国给水排水，2020，36（18）：99-101，107.

[137]　张梅.污水深度处理在石化企业中的应用 [J].石油化工技术与经济，2017，33（2）：38-42.

[138]　柯小军.A/O+BAF 组合工艺处理石化废水现场应用 [J].大氮肥，2016，39（6）：418-419.

[139]　林殿滨，李晖，张文婷，等.曝气生物滤池工艺在炼油废水深度处理中的应用 [J].工业水处理，2011，31（12）：85-86，92.

[140]　王刚.炼化污水提标工艺的比选与应用 [J].化工环保，2019，39（3）：354-359.

[141]　申庆伟.反渗透膜法在污水回用上的应用 [J].石化技术，2011，18（3）：28-32.

[142]　任秀芹.双膜组合工艺在石化废水处理中的应用 [J].石油化工安全环保技术，2011，27（6）：60-64.

[143]　何晨燕.膜技术在中原石化污水回用中的应用 [J].石油化工安全环保技术，2012，28（5）：41-44.

[144]　吴雅琴，杨波，张高旗，等.膜集成技术在高盐废水资源化工程中的应用 [J].水处理技术，2019，45（4）：131-134.

[145]　刘金武，赵凯智，李云，等.膜分离技术在石化企业污水回用中的应用 [J].石油化工应用，2011，30（1）：83-87.

[146]　刘娟.超滤、反渗透组合工艺在石化污水回用中的应用 [J].石油石化绿色低碳，2016，1（5）：43-48.

[147]　申庆伟.反渗透膜法在污水回用上的应用 [J].石化技术，2011，18（3）：28-32.

[148]　中电环保股份有限公司，等."重点流域石化废水资源化与'零排放'关键技术产业化"课题技术报告 [R].南京：2018.

[149]　许加海，万树春，王乃琳，等.石化高盐废水处理及零排放回用 [J].工业水处理，2020，40（5）：122-125.

[150]　刘天齐.石油化工环境保护手册.北京：烃加工出版社，1990.

[151]　彭波.MBR 组合工艺在炼油污水处理中的应用 [J].石油化工安全环保技术.2011，27（5）：45-49，52.

[152]　孙武，王泉，王能才，等.国产 PVDF 中空纤维膜在炼油废水深度处理回用中的应用 [J].石油炼制与化工，2013，43（3）：79-82.

[153]　白小春，刘锦芳，刘喜平.中水回用技术在炼油厂污水处理装置中的应用 [J]，炼油与化工，2018，29（5）：19-21.

[154]　王瑞，王春玉.电渗析在乙烯循环水排污回用上的应用 [J].石油化工，2005，34（增刊）：730-732.

[155]　窦传杰.电渗析技术在循环水场的应用 [J].石油化工，2005，34（增刊）：733-735.

[156]　杨士峰.中海石油中捷石化有限公司循环水排污回收再利用 [J].工业水处理，2018，38（6）：100-102.

[157]　许加海，万树春，王乃琳，等.石化高盐废水处理及零排放回用 [J].工业水处理，2020，40（5）：122-125.

[158]　周丽.催化氧化工艺在炼化污水场高浓度废气治理上的应用 [J].环境保护与治理，2020，20（9）：24-28.

[159]　王刚.炼油恶臭污染治理技术在中国石化天津分公司的应用实例 [J].化工环保，2014，34（3）：235-239.

[160]　张显明，马磊.脱硫-催化燃烧处理技术在恶臭气体治理中的应用 [J].河南化工，2012，29（3）：45-47.

[161]　刘忠生，王新，王海波，等.炼油污水处理场挥发性有机物和恶臭废气处理技术 [J].石油炼制与化工，2018，49（5）：85-91.

[162]　齐国庆，刘发强，刘光利.生物洗涤＋生物滴滤组合工艺处理炼油污水场恶臭气体工程设计 [J].环境工程，2013，31（1）：56-58，76.

[163] 王炳华.储罐及污水池废气治理技术在石化企业的应用 [J].石油化工技术与经济.2021，37
（9）：91-95.

[164] 张翼攀.RTO 装置在污水处理场恶臭处理中的应用 [J].中外能源，2020，25（9）：47-57.

[165] 谷丽芬，杜小华，王语林，等.微乳液吸收法处理工业废气中的挥发性有机物 [J].石化技术与
应用，2019，37（6）：413-416.

[166] 张建琴，张凤娥，董良飞，等.含油污泥复合调理方案研究 [J].西南师范大学学报：自然科学
版，2017，42（3）：136-140.

[167] 张琇.扬子石化污水剩余活性污泥的中温消化 [J].化工给排水设计，1993，（3）：8-13.

[168] 时永前.天津石化污泥干化装置运行分析 [J].石油化工安全环保技术，2014，30（4）：45-47.

[169] 王占生，李春晓，杨忠平，等.炼化"三泥"无害化处理技术及应用 [J].石油科技论坛，2011，
（4）：57-58.

[170] 欧盟委员会联合研究中心.石油炼制与天然气加工工业污染综合防治最佳可行技术 [M].周岳
溪，吴昌永，伏小勇，等译.北京：化学工业出版社，2016.

[171] 欧盟委员会联合研究中心.聚合物生产工业污染综合防治最佳可行技术 [M].周岳溪，宋玉栋，
伏小勇，等泽.北京：化学工业出版社，2016.

[172] 顾园松，吴长江，陈俊，等.炼油化工行业水污染治理技术进展与实践 [M].北京：中国石化出
版社，2021.

（a）未投加磺酸盐　　（b）投加1倍磺酸盐　　（c）投加2倍磺酸盐

图4-2　不同拉开粉投加量下ABS接枝胶乳凝聚效果（硫酸为凝聚剂）

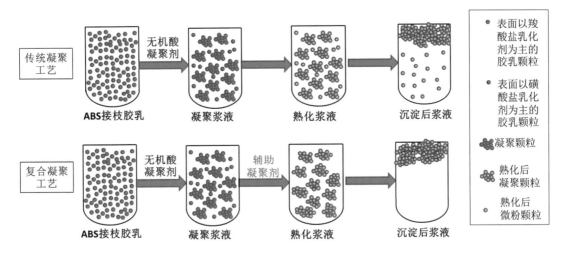

图4-3　ABS接枝胶乳复合凝聚原理

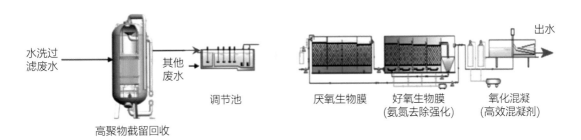

图4-6　腈纶废水高聚物截留回收-A/O生物膜-氧化混凝集成处理技术流程

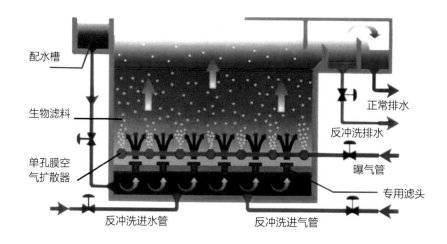

图5-21 曝气生物滤池结构示意

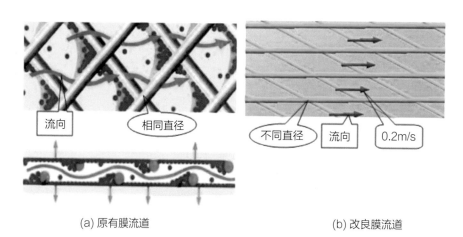

(a) 原有膜流道   (b) 改良膜流道

图5-23 原有膜的流道及改良后膜流道

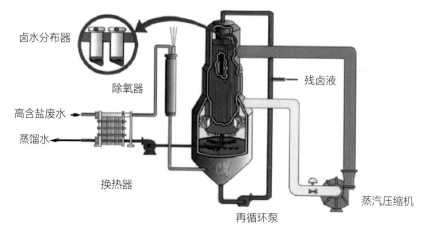

图5-28 MVR工艺流程示意